Studien zur theoretischen und empirischen Forschung in der Mathematikdidaktik

Reihe herausgegeben von

Gilbert Greefrath, Münster, Deutschland

Stanislaw Schukajlow, Münster, Deutschland

Hans-Stefan Siller, Würzburg, Deutschland

In der Reihe werden theoretische und empirische Arbeiten zu aktuellen didaktischen Ansätzen zum Lehren und Lernen von Mathematik – von der vorschulischen Bildung bis zur Hochschule – publiziert. Dabei kann eine Vernetzung innerhalb der Mathematikdidaktik sowie mit den Bezugsdisziplinen einschließlich der Bildungsforschung durch eine integrative Forschungsmethodik zum Ausdruck gebracht werden. Die Reihe leistet so einen Beitrag zur theoretischen, strukturellen und empirischen Fundierung der Mathematikdidaktik im Zusammenhang mit der Qualifizierung von wissenschaftlichem Nachwuchs.

Weitere Bände in der Reihe https://link.springer.com/bookseries/15969

Lena Frenken

Mathematisches Modellieren in einer digitalen Lernumgebung

Konzeption und Evaluation auf der Basis computergenerierter Prozessdaten

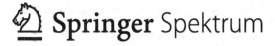 Springer Spektrum

Lena Frenken
Münster, Deutschland

Dissertation am Institut für Didaktik der Mathematik und der Informatik der WWU Münster, 2021
Tag der mündlichen Prüfung: 21.12.2021
Erstgutachter: Prof. Dr. Gilbert Greefrath
Zweitgutachterin: Prof. Dr. Bärbel Barzel

ISSN 2523-8604   ISSN 2523-8612 (electronic)
Studien zur theoretischen und empirischen Forschung in der Mathematikdidaktik
ISBN 978-3-658-37329-0   ISBN 978-3-658-37330-6 (eBook)
https://doi.org/10.1007/978-3-658-37330-6

Die Deutsche Nationalbibliothek verzeichnet diese Publikation in der Deutschen Nationalbibliografie; detaillierte bibliografische Daten sind im Internet über http://dnb.d-nb.de abrufbar.

Planung/Lektorat: Marija Kojic
Springer Spektrum ist ein Imprint der eingetragenen Gesellschaft Springer Fachmedien Wiesbaden GmbH und ist ein Teil von Springer Nature.
Die Anschrift der Gesellschaft ist: Abraham-Lincoln-Str. 46, 65189 Wiesbaden, Germany

Geleitwort

Die Konzeption einer digitalen Lernumgebung zum mathematischen Modellieren stellt nicht nur einen zentralen Aspekt in Hinblick auf die Umsetzung der Digitalisierung zum Lernen und Lehren von Mathematik dar, sondern ermöglicht ebenso die Förderung selbstregulierter Arbeitsformen sowie die Initiierung realitätsbezogener Lernprozesse. Eine systematische Erforschung in diesem Zuge ist jedoch ebenfalls von besonderer Relevanz, sodass Lena Frenken im Rahmen der Arbeit eine digitale Lernumgebung zum mathematischen Modellieren mit metakognitiven Wissenselementen konzipiert und erstellt sowie evaluiert. Dabei wurde auf besonders innovative Weise eine Analyse der Prozessdaten durchgeführt. Die Bereiche digitale Kompetenz, mathematisches Modellieren und Metakognition werden im Rahmen dieser Arbeit zusammengeführt. Die digitale Kompetenz ist im Laufe der Erstellung der Arbeit durch die Veränderungen, die die Corona-Pandemie beschleunigt hat, noch mehr in den Fokus gerückt. Hier kann die Arbeit einen sehr wichtigen Beitrag leisten.

Im theoretischen Teil wird zunächst der Begriff des mathematischen Modellierens auf der Basis eines sehr gut recherchierten Modellbegriffs beschrieben. Zur Erfassung von Modellierungskompetenz kann auf unterschiedliche Vorarbeiten zurückgegriffen werden. Ansätze zum Kompetenzerwerb beim mathematischen Modellieren werden sehr ausführlich recherchiert und diskutiert sowie aus der Perspektive der Lehrenden, der Lernenden und der Aufgaben beschrieben. Besondere Aufmerksamkeit widmet Lena Frenken im nachfolgenden theoretischen Teil der dynamische Geometriesoftware als digitalem Mathematikwerkzeug. Hier werden prototypisch sehr umfassend Informationen zusammengetragen und vernetzt. Auf dieser Basis können sehr gut das Begriffsverständnis der digitalen mathematischen Kompetenz sowie der Erwerb dieser Kompetenz herausgearbeitet werden. Sehr detailliert widmet sich Lena Frenken darauf aufbauend dem Themenfeld der digitalen Lernumgebungen. Dabei werden auch Gestaltungsaspekte in den Blick genommen. Im dritten Teil der Theorie widmet sich Lena Frenken nach einer angemessenen Einordnung der Metakognition fokussiert dem metakognitiven Wissen, indem sowohl bildungswissenschaftliche als auch mathematikdidaktische Perspektiven eingenommen werden. Die verschiedenen Stränge, die in der Arbeit betrachtet werden, werden passend zusammengeführt.

Die Forschungsfragen werden zu Fragenkomplexen zusammengefasst und wenn möglich werden sinnvolle Hypothesen aufgestellt. Dazu wird in geeigneter Weise eine Interventionsstudie im Prä-Posttest-Design mit zwei Gruppen durchgeführt. Lena Frenken hat dazu das Projekt Modi initiiert. An diesem Projekt haben über 250 Schülerinnen und Schüler teilgenommen. Dabei wird auch die Datenerhebung vor allem in Bezug auf die computergenerierten Prozessdaten sehr genau geplant und abgewogen. Die digitale Lernumgebung, die in der Studie genutzt wird, ist auf der Basis fachdidaktischer Überlegungen sehr überzeugend konzipiert worden. Exemplarisch werden Aufgaben sowie Strukturierung und Navigation der digitalen Lernumgebung dargestellt. Es wird deutlich, dass die eigens für die Studie entwickelte Lernumgebung hervorragend geeignet ist, die aufgeworfenen Forschungsfragen zu beantworten, darüber hinaus aber auch sehr großes Potenzial für weitere Untersuchungen hat. Auch die technische Umsetzung wird beschrieben. Sie ist als sehr anspruchsvoll für eine Arbeit in der Mathematikdidaktik anzusehen. Die Log- und Prozessdaten werden auch genutzt, um Testinstrumente zu Modellierungsteilkompetenzen sowie zum metakognitiven Wissen über mathematisches Modellieren effizient zur Analyse einsetzen zu können. Für letzteres wurde ein eigenes Testinstrument entwickelt. Diese Konzeption wird sehr gut beschrieben und ist sehr gut nachvollziehbar.

Anschließend werden sowohl eine Reihe von Analysen zur Skalierung der Testinstrumente und hinsichtlich der Veränderungen über die Zeit oder durch die Gruppenzugehörigkeit durchgeführt als auch andere Zusammenhänge verschiedener Konstrukte untersucht. So zeigt sich beispielsweise, dass alle Gruppen in der Teilkompetenz des Vereinfachens eine positive Veränderung der Leistung von Prä- zu Posttest aufweisen. Im metakognitiven Wissen über mathematisches Modellieren sind im Mittel lediglich positive Veränderungen in der Experimentalgruppe herauszustellen. Diese sind jedoch nicht signifikant.

Nach diesen Untersuchungen werden Einflussfaktoren auf die Kompetenzentwicklung gesucht, indem aus den computergenerierten Prozessdaten extrahierte Variablen genutzt wurden. Dieses explorative Vorgehen wird gewählt, um weitere Informationen aus den vorhandenen Daten gewinnen zu können. So kann vor allem die Entwicklung der einzelnen, modellierungsspezifischen Teilkompetenzen fundiert in Zusammenhang mit Merkmalen der Bearbeitungsprozesse betrachtet werden. Sehr interessant sind hier die Ergebnisse zu sprachlichen sowie werkzeugbezogenen Variablen, welche unterschiedlich starke Prädiktoren in den einzelnen Teilkompetenzen mathematischen Modellierens darstellen. Insgesamt zeigt sich außerdem die Relevanz einer globalen selbstregulativen Kompetenz. Die Diskussion greift die erlangten Ergebnisse sehr gut auf. Dabei werden sehr interessante Verweise auf andere Studien sowie theoretische Überlegungen angestellt. Im gelungenen Fazit und Ausblick wird noch einmal verdeutlicht, dass die Arbeit in hervorragender Weise drei thematische Stränge auf völlig neue Weise miteinander verbindet und untersucht.

Die Arbeit zeigt insgesamt eine herausragend geplante und durchgeführte sowie innovative Studie, die einen sehr wichtigen neuen Beitrag für die mathematikdidaktische Forschung in diesem Forschungsbereich darstellt. Die Arbeit eröffnet auch für folgende Arbeiten neue Untersuchungsmethoden.

Münster   Gilbert Greefrath
im Januar 2022

Danksagung

Zu Beginn dieser Arbeit möchte ich mich bei den Personen bedanken, die mich in der Zeit der Promotion sowie am Institut für Didaktik der Mathematik und der Informatik an der WWU Münster begleitet und unterstützt haben. Dabei blicke ich auf drei sehr spannende, herausfordernde und vor allem erfüllte Jahre zurück, in denen ich viele von der Wissenschaft, sowie speziell der Mathematikdidaktik begeisterte Personen kennen- und schätzenlernen durfte.

Zunächst möchte ich mich bei meinem Betreuer und Mentor Prof. Dr. Gilbert Greefrath bedanken, welcher mir von Anfang an sehr viel Vertrauen entgegenbrachte, mich bei meinen Vorhaben immer unterstützte und mein Denken stets mit konstruktiv-kritischen Anmerkungen sowie Diskussionen geformt hat. Die durch ihn gebotenen Möglichkeiten, an nationalen sowie internationalen Tagungen – teils vor Ort und teils digital – teil- zunehmen, habe ich sehr geschätzt und als bereichernd wahrgenommen. Ebenso danke ich für die ermöglichte Teilhabe am Projekt *IEIV8: Innovative E-Items für VERA-8*, sowie die Anregung zu verschiedenen, auch über mein Promotionsprojekt hinausgehenden, Publikationen.

Ich möchte außerdem der Zweitgutachterin dieser Arbeit – Prof. Dr. Bärbel Barzel – meinen besonderen Dank aussprechen. Vor allem durch Vorträge auf verschiedenen Tagungen und die gemeinsame Gestaltung einer Publikation konnte ich im Rahmen der entstandenen Diskussionen neue Perspektiven einnehmen und mein Forschungsvorhaben voran bringen. Auch für die herzliche Annahme und bereitwillige Anfertigung des Zweitgutachtens bin ich sehr dankbar.

Dem Drittprüfer, Prof. Dr. Stanislaw Schukajlow, möchte ich sowohl für die sofortige Annahme meiner Anfrage als auch für die bereichernden Kommentare und Diskussionen, vor allem innerhalb des Austauschs am Institut für Didaktik der Mathematik der WWU Münster, danken.

Auch meinen Kolleginnen und Kollegen, die mich während der letzten drei Jahre am genannten Institut begleitet haben, bin ich für den stets konstruktiven Austausch, für eine Vielzahl bereichernder Gespräche beim Mittagessen, zu einem leckeren Kaffee, während unserer AG-Treffen, auf Spaziergängen, in Videokonferenzen oder auf gemeinsam besuchten Tagungen sehr dankbar.

Als besonders bereichernd habe ich die Teilhabe und Mitgestaltung am Projekt IEIV8 erlebt, wodurch ich wertvolle Kontakte für die technische Umsetzung meines Promotionsvorhabens knüpfen konnte und einen extrem guten Austausch an Ideen erlebt habe. Ich möchte allen am Projekt Beteiligten herzlich danken.

Da im Rahmen dieser Arbeit eine digitale Lernumgebung entstanden ist, welche mit dem CBA-ItemBuilder gestaltet wurde, bin ich auch dem zur Verfügung stellenden Institut, dem DIPF Frankfurt, und speziell dem dort angegliederten Zentrum für technologiebasiertes Assessment außerordentlich dankbar. Vor allem möchte ich an dieser Stelle Prof. Dr. Paul Libbrecht danken, welcher mich in die Verwaltung eines eigenen Servers eingeführt hat und mir stets bei technischen Problemen zur Seite stand. Auch Dr. Daniel Schiffner möchte ich für seinen technischen Support danken.

Bei der technischen Umsetzung hat mich außerdem die IVV5 der WWU Münster – vor allem Jan Goden – durch die Bereitstellung und Einrichtung eines Servers unter- stützt. Ohne diese Bereitstellung wäre die innovative Auswertung computergenerierter Prozessdaten in der vorliegenden Arbeit nicht möglich gewesen.

Zum Gelingen dieser Arbeit hat außerdem Hanna Masslich beigetragen, indem sie den Text sprachlich sehr intensiv und konstruktiv Korrektur gelesen hat. Dafür möchte ich mich an dieser Stelle ebenfalls außerordentlich bedanken.

Doch ohne den Rückhalt und die Unterstützung durch meine Familie und Freunde hätte ich mein Promotionsvorhaben in dieser Form nicht durchführen können. Vor allem meinen Eltern, Walter und Kornelia Frenken und meiner Schwester, Lisa Frenken, möchte ich für ihr stets aufgebrachtes Verständnis in arbeitsreichen Phasen, für ihren Glauben an mich und meine Arbeit, sowie für ihre bedingungslose Unterstützung auf allen Ebenen danken.

Mich auf allen Ebenen bedingungslos unterstützt hat auch mein Freund, Martin Masslich. Sein stets offenes Ohr, seine wertvollen Ratschläge, seine beruhigende und humorvolle Art, sowie sein entgegengebrachtes Vertrauen in mich und meine Arbeit, haben mir viel Kraft, Ruhe und Motivation gegeben, um diese Arbeit fertigzustellen. Auch für das Korrekturlesen der letzten Fassung möchte ich mich an dieser Stelle bedanken.

Vielen Dank euch allen!

Inhaltsverzeichnis

Abbildungsverzeichnis

Tabellenverzeichnis

Einleitung

> Der Unterricht muss auch mit Einsatz digitaler Mittel gut sein, damit die Kinder etwas lernen. Wir müssen systematisch erforschen, welche Unterrichtsmethoden geeignet sind, um Schülerinnen und Schüler gut zum Lernen zu bringen. (Ernst, 2020)

Systematische Forschung hinsichtlich des Lernens und Lehrens (mathematischer) Kompetenzen im unterrichtlichen Umgang mit digitalen Technologien ist relevant und bei Weitem noch nicht auf dem Stand, dass ein adäquater Einsatz im schulischen Kontext erfolgen kann. Darauf verweist auch die aktuelle Präsidentin der Kultusministerkonferenz, Britta Ernst, in einem Interview zum Antritt ihrer Amtsperiode. In der Offensive und Beschlussfassung zur Bildung in der digitalen Welt von Bund und Ländern (BMBF, 2016; KMK, 2017) wird die Relevanz und Notwendigkeit einer zielorientierten Einbindung digitaler Technologien in den Unterricht bzw. allgemeiner in die Bildung ebenso aufgezeigt.

Dass Schülerinnen und Schüler nicht nur den kompetenzerwerbenden Umgang mit digitalen Technologien, sondern auch selbstgesteuertes Arbeiten oder metakognitive Fähigkeiten erlernen sollen, hat der Distanzunterricht im Rahmen der Covid-19-Pandemie stark verdeutlicht, waren es doch auch vor dieser Situation bereits bedeutsame Ziele der schulischen Bildung im Allgemeinen sowie des Mathematikunterrichts im Speziellen (KMK, 2004, 2012). Im Sinne des letzteren soll außerdem Realitätsbezügen eine entscheidende Rolle zukommen, um die Relevanz der Mathematik aufzeigen und eine situationsunabhängige Anwendung dieser fördern zu können (KMK, 2004, 2012; Niss und Højgaard, 2019; Winter, 1995).

An dieser Stelle lässt sich eine geeignete Verknüpfung identifizieren, um eine Digitalisierung nicht nur um des Digitalisierens Willens, sondern sowohl aufgrund theoretischer und empirischer Erkenntnisse als auch wegen gesellschaftlicher sowie allgemeinbildender Ziele umzusetzen und zu eruieren, wie es auch von Seiten der

L. Frenken, *Mathematisches Modellieren in einer digitalen Lernumgebung*, Studien zur theoretischen und empirischen Forschung in der Mathematikdidaktik, https://doi.org/10.1007/978-3-658-37330-6_1

Fachdidaktik und Bildungswissenschaften gefordert wird (BMBF, 2016; Gesellschaft für Didaktik der Mathematik, 2017; KMK, 2017).

Die in dieser Arbeit dargelegte Studie, welche im Rahmen des Projekts *Modi – Modellieren digital* an der WWU Münster konzipiert und durchgeführt wurde, kombiniert die drei dargestellten Bereiche, welche auch Gegenstand mathematikdidaktischer Forschung sind: digitale Kompetenz, mathematisches Modellieren und Metakognition. Diese drei bedeutsamen Aspekte der mathematischen Bildung können sinnvoll verknüpft werden, indem bisherige empirische und theoretische Erkenntnisse herangezogen werden. So können realitätsbezogene Aufgaben, welche die mathematische Modellierungskompetenz anregen und fördern können, authentischer oder realistischer durch den Einbezug digitaler Technologien dargestellt und gelöst werden (Carreira et al., 2013; Confrey und Maloney, 2007; Greefrath et al., 2018; Son und Lew, 2006), weshalb eine Umsetzung einer digitalen Lernumgebung zum mathematischen Modellieren sinnvoll erscheint. Während der Bearbeitungsprozesse, die auf eigenständiges und selbstreguliertes Arbeiten hinzielen, werden jedoch weitere Unterstützungsmaßnahmen benötigt. Im Sinne einer systematischen Forschung wird an dieser Stelle ein Teilaspekt der Metakognition gewählt, da hier sowohl positive Effekte auf das selbstregulierte Arbeiten in digitalen Lernumgebungen (Daumiller und Dresel, 2019; Kramarski und Mevarech, 2003; Moos und Azevedo, 2009) als auch in Bezug auf Modellierungsprozesse (Stillman, 2004, 2011; Vorhölter et al., 2019; Zöttl et al., 2010) bekannt sind.

Ein wichtiger Bestandteil des Projekts Modi lag dementsprechend in der Entwicklung einer digitalen Lernumgebung zum mathematischen Modellieren mit metakognitiven Wissenselementen. Die Evaluation dieser Lernumgebung stellt das Zentrum der vorgestellten Arbeit dar, in welcher den Forschungsdesideraten nachgegangen werden soll, inwiefern eine solche digitale Lernumgebung modellierungsspezifische Kompetenzen und metakognitive Aspekte fördern kann. Ein besonderer Fokus liegt darüber hinaus in der Identifikation von Prädiktoren für einen erfolgreichen Kompetenzerwerb aus den differenten und in den computerbasierten Prozessdaten gespeicherten Bearbeitungsmustern. Entsprechend der aufgezeigten Forschungsdesiderate wurde eine quasi-experimentelle Interventionsstudie im Prä-Post-Test-Design durchgeführt, deren zentrales Instrument die digitale Lernumgebung auf einem eigenen Server mit den Optionen zur Speicherung der Prozessdaten sowie der Integration verschiedener digitaler Medien und Werkzeuge darstellt.

Die bereits erwähnte Analyse der Prozessdaten kann als durch die vorliegende Arbeit angebahnte Innovation angesehen werden und bietet einen neuen Blickwinkel auf die zu Beginn dargestellte Digitalisierung. Denn nicht nur die Lehr- und Lernmethoden können durch den adäquaten Einsatz digitaler Technologien Optimierungen erfahren, sondern auch die fachdidaktische Forschung kann davon profitieren. Diese Möglichkeiten aufzuzeigen, ist ebenfalls Bestandteil der vorliegenden Arbeit, indem etwa die Nutzung des Treatments durch die Analyse von auf bestimmten Seiten verbrachten Zeiten erfolgt, welche grundlegende Aussagen über die Aussagekraft und Wirkung des Treatments in der Experimentalgruppe ermöglichen. Auch die noch offene Frage danach, wie Schülerinnen und Schüler tatsächlich mit digitalen, mathematikspezifischen Werkzeugen arbeiten (Barzel und Roth, 2018; Drijvers et al., 2016; Hankeln, 2019), kann durch die Analyse der in der Software enthaltenen Mikrobausteine eine Annäherung erfahren.

Insgesamt lässt sich die Arbeit also auf drei theoretische Stränge zurückführen, welche alle durch den Kompetenzbegriff geprägt wurden. Dementsprechend beginnt der erste Teil, die theoretische Herleitung und Definition der drei relevanten Konstrukte, mit einer Hinführung zum Kompetenzbegriff, woraufhin die Begrifflichkeiten des mathematischen Modellierens, digitaler mathematischer Kompetenz sowie der Metakognition dargestellt werden. Zentral ist die darauf aufbauende schrittweise Verknüpfung der drei Grundlagenkapitel, indem jeweils theoretische sowie empirische Erkenntnisse zu zwei kombinierten Strängen dargelegt werden. Daran anschließend kann die Herleitung der Forschungsfragen und zugehöriger Hypothesen für die Studie im Rahmen des Projekts Modi erfolgen, welche sich zunächst auf die eingesetzten Erhebungsinstrumente, im Anschluss auf die globalen sowie gruppenspezifischen Entwicklungen und schließlich explorativ auf die Identifikation von Prädiktoren zum Erwerb mathematischer Modellierungskompetenzen beziehen. Der methodische Rahmen wird zur Verdeutlichung und Nachvollziehbarkeit detailliert präsentiert, indem nicht nur auf das allgemeine Design und die Konzeption der digitalen Lernumgebung, sondern auch auf eine literaturbasierte Auseinandersetzung mit verschiedenen Erhebungs- sowie Auswertungsmethoden eingegangen wird. Als zentrales Kapitel der empirischen Untersuchung kann die ausführliche Darlegung der Ergebnisse angesehen werden. Diese werden im abschließenden Teil unter Verwendung der im ersten Teil dargestellten bisherigen theoretischen sowie empirischen Erkenntnisse interpretiert und hinsichtlich ihrer Reichweite diskutiert, sodass im Anschluss an das Fazit Implikationen sowohl für die Forschung als auch für die Praxis formuliert werden können.

Teil I
Theoretische Grundlagen

Mathematische Kompetenz 2

Globalisierung bedeutet internationale Arbeitsteilung, Wettbewerbsfähigkeit nationaler Systeme, Standortoptimierung und Kompetenz auf allen Feldern, die den grundlegenden Wandel markieren, in dem sich moderne Gesellschaften derzeit befinden. Ohne Kompetenz ist dieser Wandel nicht zu bewältigen, geschweige denn im Sinne einer zukunftsgerichteten Projektion des Wissens und des Könnens einer Gesellschaft zu gestalten. (Der Rat für Forschung, Technologie und Innovation, 1998, S. 9)

Mit diesen Worten leitet der Rat für Forschung, Technologie und Innovation in seiner Broschüre *Kompetenz im globalen Wettbewerb* ein und markiert damit die besondere Relevanz eines Kompetenzbegriffs, welcher hier für den gesellschaftlichen Wandeln verwendet wird. Die bildungsbezogene Auffassung des Kompetenzbegriffs vermag einer anderen Definition zu unterliegen, jedoch im späteren Leben der Schülerinnen und Schüler auch für die Einbringung in gesellschaftliche Bereiche von Bedeutung zu sein. Die bildungspolitische Dimension betreffend fordert der Rat weiterhin, „Freiräume für die individuelle Gestaltung von Strukturen zu schaffen und zu erweitern"(Der Rat für Forschung, Technologie und Innovation, 1998, S. 23), sowie „das Leistungsvermögen des deutschen Bildungssystems im internationalen Vergleich deutlich zu machen"(Der Rat für Forschung, Technologie und Innovation, 1998, S. 23). Doch was unter dem Begriff der Kompetenz aus einem bildungstheoretischen oder -politischen und mathematikdidaktischen Blickwinkel verstanden werden kann und somit essentiell für die vorliegende Arbeit ist, wird in diesem Kapitel erörtert.

Der Begriff der Kompetenz wird in der Bildungsforschung allgemein umschrieben als „kontextspezifische kognitive Leistungsdispositionen unter Ausschluss motivationaler und affektiver Faktoren"(Hartig und Klieme, 2006). Der Ausschluss der zuletzt genannten motivationalen und affektiven Faktoren ist in der nachfolgen-

© Der/die Autor(en), exklusiv lizenziert an Springer Fachmedien Wiesbaden GmbH, ein Teil von Springer Nature 2022
L. Frenken, *Mathematisches Modellieren in einer digitalen Lernumgebung*, Studien zur theoretischen und empirischen Forschung in der Mathematikdidaktik, https://doi.org/10.1007/978-3-658-37330-6_2

den, ebenfalls bildungswissenschaftlichen Auffassung hingegen nicht enthalten, in welcher Kompetenz als „bei Individuen verfügbaren oder durch sie erlernbaren kognitiven Fähigkeiten und Fertigkeiten, um bestimmte Probleme zu lösen, sowie die motivationalen, volitionalen und sozialen Bereitschaften und Fähigkeiten, um die Problemlösungen in variablen Situationen erfolgreich und verantwortungsvoll nutzen zu können" beschrieben wird (Weinert, 2014)[1]. Eine Gemeinsamkeit beider Definitionen ist jedoch die Kontextspezifität, weshalb der Fokus in diesem Kapitel auch auf eine Konstruktdefinition *mathematischer Kompetenz* abzielt. Daraus wird jedoch schon deutlich, dass die Verankerung von Kompetenz trotz der Anwendbarkeit auf einen spezifischen Bereich in verschiedenen Situationen möglich ist. Kompetenz ist also funktional und lässt sich durch Flexibilität, die ein Individuum im Umgang mit einem breiten Spektrum eines Inhaltsgebiets zeigt, beschreiben (Ziegler et al., 2012). Darüber hinaus geht aus der genannten Umschreibung hervor, dass Definitionen einen Bezug zur kognitiven Aktivität aufweisen, auch wenn beispielsweise in Schulleistungsstudien eventuell Einflüsse motivationaler und affektiver Faktoren in den tatsächlich gemessenen Resultaten vorliegen. Darauf geht Weinert (2001) mit seiner prägenden Definition ein, indem vorgeschlagen wird, neben den kognitiven Fokus weiterhin motivationale, ethische, berufliche wie auch soziale Aspekte einzubeziehen. Weiterhin sollte konstituiert werden, dass Kompetenzen zielgerichtet erlernt werden, da der Erwerbsprozess dem Erreichen kognitiver, sozialer oder beruflicher Leistung dient. Dieser Vorgang erfordert teilweise kognitive Voraussetzungen, welche manchmal auch als Fähigkeiten bezeichnet werden (Weinert, 2001). Weinert (2001) stellt jedoch ebenso heraus, dass motivationale Aspekte oder weitere Einflüsse auch getrennt von Kompetenz erhoben werden können. Außerdem sei Motivation ein nicht konstantes Konstrukt, wohingegen Kompetenz andauert und sich über die Zeit nicht so schnell verändert (Hartig, 2006). Da durch Windeler (2014) postuliert wird, dass Kompetenz stets nur im Zusammenhang mit sozialtheoretischen Perspektiven erläutert und verstanden werden kann, wird in dieser Arbeit – wie auch vom genannten Autor beschrieben – ein fachmathematischer Kompetenzbegriff fokussiert, welcher durch die Institution Schule mitsamt ihrer Organisationsstruktur, der sozialen Interaktionen dort sowie der arrangierten

---

[1] An anderer Stelle wird jedoch der Ausschluss motivationaler und affektiver Faktoren aus pragmatischen Gründen empfohlen (Weinert, 1999, 2001), sodass auch großangelegte Studien, wie etwa PISA, eine Konstruktdefinition wie die erstgenannte verwenden (Hartig und Klieme, 2006).

Lernumgebungen geprägt ist. Und auch der Erwerb fachmathematischer Kompetenzen muss stets in diesem Kontext betrachtet werden (Ortmann, 2014).[2] Auch wenn der Kompetenzbegriff darauf abzielt, Fähigkeiten flexibel und kontextuell einsetzen zu können, ist er nicht immer so eindeutig von dem Begriff der Leistung abzugrenzen, wie gewünscht (Köller und Reiss, 2013). Dies kann beispielsweise dadurch aufgezeigt werden, dass es auch möglich ist, Items aus diagnostischen Tests, die auf die Erfassung mathematischer Leistung abzielen, in das Kompetenzmodell der Bildungsstandards einordnen zu lassen (Haschke et al., 2013; Schmidt et al., 2012). Dieses Modell der Bildungsstandards soll im Folgenden näher erläutert werden, um so den im deutschen Schulsystem verwendeten Kompetenzbegriff zu konkretisieren.

Ausgehend von den Bildungsstandards, welche ein aus der Schulpraxis heraus entwickeltes (KMK, 2004), oftmals normatives Kompetenzmodell zugrunde legen, ist abzuleiten, dass unter mathematischer Kompetenz ein verständnisorientierter Umgang mit Mathematik zu verstehen ist, welcher sich in verschiedenen prozessbezogenen, inhaltsspezifischen sowie anforderungsbezogenen Bereichen beobachten lässt (KMK, 2004). Bildungsstandards sind ein für die Qualitätssicherung wie auch -entwicklung relevantes Instrument im Bildungssystem (Köller, 2018). Diese stehen als zentrale Voraussetzung in essentieller Wechselwirkung mit der Konzeptionalisierung und anschließender Erfassung von Kompetenzen (Fleischer et al., 2013). Damit wird die Vermittlung von (mathematischer) Kompetenz zentrales Ziel des Schulunterrichts (Köller, 2018). Kompetenzen sind also Fähigkeiten, die zunächst einmal als erlernbar beschrieben werden können (Klieme et al., 2007). Die erlernbaren Fähigkeiten sind dabei weiterhin domänenspezifisch bzw. an einen Kontext gebunden, wobei die Mathematik oder Teile derer als solcher Kontext aufgefasst werden können (Klieme et al., 2008; Leuders, 2014). Das Kompetenzverständnis in den deutschen Bildungsstandards für das Fach Mathematik basiert auf den Konzeptionalisierungen der PISA-Studie. Daher ist die nachfolgende Beschreibung essentiell für das deutsche Kompetenzverständnis:

Mathematische Kompetenz zeigt sich nach der internationalen Rahmenkonzeption im verständnisvollen Umgang mit Mathematik und in der Fähigkeit mathematische Begriffe als „Werkzeug" in einer Vielfalt von Kontexten einzusetzen. (Klieme, Neubrand et al., 2001)

---

[2] Zur weiteren bildungswissenschaftlichen Eingrenzung des Kompetenzbegriffs sei an dieser Stelle noch auf die Differenzierung der beiden Begriffe Intelligenz und Kompetenz durch Hartig und Klieme (2006) verwiesen, welche nicht in den Rahmen dieser Arbeit passt.

Genau wie bei dem durch internationale Vergleichsstudien wie PISA geprägten Begriff der *Mathematical Literacy* wird eine Entfernung von konkret vorgeschriebenen mathematischen Inhalten angestrebt. Stattdessen sollen mathematische Fähigkeiten ausgebildet werden, die sich auf vielfältige und differente Kontexte anwenden lassen. Dabei soll eine funktionale Anwendung, die Reflexion wie auch Einsicht erfordert, vorwiegend gefordert und gefördert bzw. in den Studien überprüft werden (OECD, 1999). Darüber hinaus können Kompetenzen genutzt werden, um die gesellschaftlichen Gegebenheiten zu erfahren, zu entwickeln und zu optimieren. Dies inkludiert auch, Prozesse des Selbstlernens anstoßen sowie verfolgen zu können (Klieme et al., 2007). In die Konzeption der deutschen Bildungsstandards geht jedoch noch die Diskussion über verschiedenartige Strukturen innerhalb der mathematischen Fähigkeiten ein, welche in den PISA-Framework vornehmlich durch die drei Anforderungsbereiche *reproduction – connection – generalization* eingegangen ist (OECD, 1999). Neubrand (2004) verweist auf die verschiedenen Denkweisen über das mathematische Arbeiten durch Freudenthal (1977, 1981), Kilpatrick (2001) oder auch Winter (1995), die verschiedene Charaktereigenschaften mathematischer Fähigkeiten herausstellen. Diese sind in die Klassifikation des zunächst zusätzlichen nationalen PISA-Frameworks eingegangen, indem durch das Zusammenfassen des in den Aufgaben vorwiegend zu aktivierenden Wissens fünf Kompetenzklassen gebildet wurden (Neubrand et al., 2001). In späteren Berichten wurden daraus drei Klassen: *technische Aufgaben, rechnerische Modellierungs- und Problemlöseaufgaben* sowie *begriffliche Modellierungs- und Problemlöseaufgaben* (z. B. Klieme, Neubrand et al., 2001; Knoche et al., 2002). Zusammenfassend kann aus der dargelegten Entwicklung die Erkenntnis gezogen werden, dass ein Test zur Erfassung der mathematical literacy darauf abzielt, die verschiedenen mathematischen Aktivitäten abzubilden, ohne konkret inhaltsspezifisches Wissen zu erfassen. Darüber hinaus lässt sich außerdem schließen, dass die Relevanz und Anwendbarkeit von Mathematik für das alltägliche Leben fokussiert wird (Neumann et al., 2013). Beide genannten Aspekte werden in der von Niss (2003) formulierten Definition mathematischer Kompetenz aufgegriffen:

To possess a competence (to be competent) in some domain of personal, professional or social life is to master (to a fair degree, modulo the conditions and circumstances) essential aspects of life in that domain. Mathematical competence then means the ability to understand, judge, do, and use mathematics in a variety of intra- and extra-mathematical contexts and situations in which mathematics plays or could play a role. Necessary, but certainly not sufficient, prerequisites for mathematical competence are lots of factual knowledge and technical skills, in the same way as vocabulary,

orthography, and grammar are necessary but not sufficient prerequisites for literacy.
(Niss, 2003, S. 118 f.)

Diese Definition gliedert sich an das dänische *KOM-Projekt*, in welchem die fachdidaktische Perspektive auf mathematische Kompetenzen deutlich fokussiert wie auch ausdifferenziert wurde. Daraus geht auch hervor, dass der Kompetenzbegriff mehr umfasst als Wissen oder sich durch verschiedene Erlebnisse entwickelnde Erfahrung (vgl. BMBF, 1998). Vor allem die Unterscheidung der beiden englischsprachigen Begriffe *mathematical competence* und *mathematical competencies* (Blömeke et al., 2015) bzw. später im Singular auch *mathematical competency* zur konzeptuellen Differenzierung einer globalen mathematischen Fähigkeit im Gegensatz zu einzelnen Facetten, die jedoch distinktiv voneinander messbar sind, wurde so artikuliert (Niss und Højgaard, 2011, 2019). Die Beschreibung als *ability* wurde dabei im späteren Verlauf durch den Begriff *readiness* ersetzt, welcher also eine (stetige) Bereitschaft zur Nutzung von Mathematik in verschiedenen Situationen – im kognitiven Sinne[3] – beschreibt (Niss und Højgaard, 2019). Darüber hinaus kann konstituiert werden, dass sowohl das Erwerben als auch das Präsentieren von Kompetenz mit Aktivitäten einhergeht. Diese Aktivitäten werden basierend auf der persönlichen Einschätzung vor allem ausgeführt, wenn Aufgaben bewältigt oder Hürden überwunden werden müssen (Niss und Højgaard, 2019). Ihr Ziel ist stets, eine Frage mit der Verwendung von Mathematik zu beantworten oder zu stellen. So lässt sich bereits die Abgrenzung zu Wissen oder Fähigkeiten ableiten (Blomhøj und Jensen, 2007). Jaworski (2012) stellt außerdem die Relevanz des Verstehens heraus, die notwendig ist, um Fragestellungen mithilfe von Mathematik sinnvoll und zielgerichtet nachzugehen oder solche zu formulieren. Um kompetenzbezogene Aktivitäten von Lernenden beobachten und erfassen zu können, nennen Boesen et al. (2014) das *Interpretieren*, das *Tuen und Verwenden*, sowie das *Beurteilen* als Facetten von Aktivitäten, in denen sich Kompetenz feststellen lässt. Auch hier fließen die Überlegungen des KOM-Projekts ein und die Bereitschaft zur Verwendung kognitiver, mathematischer Ressourcen wird deutlich. Auf Basis des Frameworks mit kompetenzbezogenen Aktivitäten wurde beispielsweise evaluiert, dass die Kompetenzorientierung innerhalb des schwedischen Schulsystems nicht erfolgreich war, da nach fünfzehn Jahren immer noch Prozeduren und Kalkülorientierung in den Klassenräumen dominierten (Boesen et al., 2014). Niss et al. (2016) vergleichen verschie-

---

[3] Kompetenz kann auch als Bündel kognitiver, affektiver und emotionaler Konstrukte angesehen werden; innerhalb der Forschung und der Erfassung von Kompetenz wird jedoch in der Regel der kognitive Aspekt fokussiert (Leuders, 2014).

dene Ansätze der Definition von mathematischen Fähigkeiten oder Kompetenzen[4].
Dabei stellen sie heraus, dass unabhängig voneinander vergleichbare Konstrukt-
beschreibungen akzentuiert und entwickelt wurden, sodass das KOM-Projekt an
dieser Stelle exemplarisch bleiben soll. Zur Erhebung (mathematischer) Kompetenz ist aus den beschriebenen Erläuterungen herzuleiten, dass eine Unterscheidung
der beiden Begriffe *Kompetenz* und *Performanz* notwendig ist, um die eigentlich
kognitiven Aktivitäten von dem zu trennen, was auch von motivationalen, sozialen
oder affektiven Aspekten beeinflusst, aber sichtbar werden kann. In der Mathematik-
didaktik lassen sich verschiedene Auffassungen von Kompetenz wiederfinden und
die beschriebene lässt sich den generativen Kompetenzmodellen zuordnen. Wird
jedoch das Ziel verfolgt, die tatsächliche Umgangsweise mit mathematischen Fragestellungen zu erheben und somit Kompetenz als Leistungsdisposition angesehen,
so ist das Kompetenzmodell funktional-pragmatischer Natur (Klieme et al., 2008).

Zentral am Kompetenzbegriff und durch die Distinktion von *mathematical competence* und *mathematical competencies* ist außerdem die Konzeptualisierung verschiedener Facetten mathematischer Kompetenz, welche sich auch in den deutschen Bildungsstandards widerspiegelt. Dort werden die Kompetenzen *Mathematisch argumentieren (K1)*, *Probleme mathematisch lösen (K2)*, *Mathematisch modellieren (K3)*, *Mathematische Darstellungen verwenden (K4)*, *Mit symbolischen, for-
malen und technischen Elementen der Mathematik umgehen (K5)* sowie *Kommunizieren (K6)* benannt (KMK, 2004). Das Kompetenzmodell der deutschen Bildungsstandards differenziert weiterhin, indem neben den genannten *prozessbezogenen Kompetenzen* außerdem eine inhaltsbezogene Dimension und darüber hinaus
die Beschreibung von drei Anforderungsbereichen eingehen. Kratz (2011) betont
jedoch, dass vor allem die inhaltsbezogenen und prozessbezogenen Kompetenzen lediglich in Wechselwirkung zueinander erworben werden können. So ist es
nur möglich, prozessbezogene Kompetenzen anzuwenden, wenn ein inhaltlicher
Gegenstand in einer Aufgabe thematisiert wird und umgekehrt kann mit der inhaltlichen Dimension nur umgegangen werden, indem prozessbezogene Kompetenzen
Anwendung finden (Abbildung 2.1).

Der Erwerb mathematischer Kompetenz wird im KOM-Projekt auf drei verschiedenen Ebenen betrachtet: dem *degree of coverage*, dem *radius of action* und dem
technical level (Niss und Højgaard, 2011). Dabei umfasst der *degree of coverage*, wie
viele Einzelaspekte ein Individuum von einer Kompetenz in verschiedenen inner-
oder außermathematischen Situationen aktivieren kann und wie eigenständig diese

---

[4] Es wurden außerdem die NCTM-Standards (NCTM, 1980, 2000), australische Ansätze
(Australian Education Council, 1990, 1994) oder auch die Publikation des National Research
Council National Research Council (2001) verglichen. Darüber hinaus erfolgte eine histori-
sche Herleitung mathematikdidaktischer Theorien zum Kompetenzbegriff.

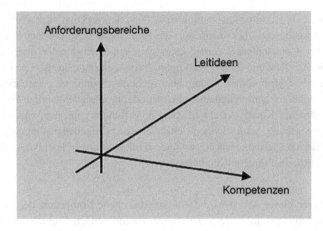

Abbildung 2.1 Das dreidimensionale Kompetenzmodell der Bildungsstandards (Blum, 2012, S. 19)

Aktivierung verläuft. Der *radius of action* bezieht sich auf das Spektrum an inner- sowie außermathematischen Kontexten und Situationen, in denen die Kompetenz aktiviert werden kann. Die letzte Ebene, in der sich die Ausprägung einer Kompetenz manifestiert, umfasst das technische oder konzeptuelle Level, auf dem das Individuum die Prozeduren ausführen kann, die für die Kompetenznutzung relevant sind (Niss und Højgaard, 2011).

In Anlehnung an die genannten Aspekte und Definitionen – vor allem an jene des KOM-Projekts, der Aspekte aus den deutschen Bildungsstandards, aber auch der bildungswissenschaftlichen Perspektive Weinerts – wird für die vorliegende Arbeit die nachfolgende Definition zugrunde gelegt:

Als mathematische Kompetenz wird die Aktivierung und Verwendung kognitiver Fähigkeiten zur Bearbeitung mathematischer Fragestellungen sowie zur Formulierung solcher in verschiedenen inhaltlichen Bereichen und auf unterschiedlichen Niveaus verstanden. Dabei wird beachtet, dass bei der Beobachtung von Kompetenz auch motivationale, volitionale, soziale oder ethische Aspekte eine beeinflussende Wirkung haben können, die als Bereitschaft zur Verwendung von mathematischer Kompetenz zusammengefasst werden können, in dieser Arbeit jedoch nicht zum Kompetenzbegriff gefasst werden. Insgesamt wird das Verwenden mathematischer Kompetenz im Rahmen die-

ser Arbeit als Leistungsdisposition bzw. Personenmerkmal angesehen. Das
Erlernen mathematischer Kompetenz wird außerdem im schulischen Rahmen
betrachtet. Unterschieden werden kann zwischen einer globalen mathematischen Kompetenz und ihren zugehörigen (prozessbezogenen) Kompetenzen,
die eine Untergruppierung bilden, aber nicht als disjunkt zu verstehen sind
und dennoch getrennt voneinander erfasst oder beschrieben werden können.
Auch wenn der Kompetenzerwerb stets in Verbindung mit mathematischen
Inhalten geschieht, kennzeichnen sich die prozessbezogenen mathematischen
Kompetenzen dadurch, dass sie auf andere Inhalte mit vergleichbarer Frage-
oder Aufgabenstellung anwendbar ist.

Im Rahmen dieser Arbeit wird die prozessbezogene Kompetenz des mathematischen Modellierens fokussiert, welche im nachfolgenden Kapitel 3 beleuchtet
wird. Auf Basis der vorangegangenen Definitionen des Kompetenzbegriffs lässt
sich jedoch an dieser Stelle bereits konstituieren, dass auch metakognitive sowie
digitale Aspekte eine besondere Rolle einnehmen, welche ebenfalls anhand des
Kompetenzbegriffs verdeutlicht werden können. Entsprechend werden nun die drei
Theoriestränge beleuchtet, um darauf aufbauend Verknüpfungen aus theoretischer
sowie empirischer Sicht herstellen und im Anschluss die Forschungsfragen herleiten
zu können.

Mathematisches Modellieren

3

Wie in Kapitel 2 erläutert, ist das mathematische Modellieren in den deutschen Bildungsstandards eine der sechs prozessbezogenen Kompetenzen, mit deren konzeptueller Näherung sich dieses Kapitel befasst. Das Modellieren ist jedoch nicht nur Gegenstand der deutschen Bildungsstandards, sondern wird zum einen in einer Vielzahl anderer nationaler schulischer Vorgaben, Leitlinien bzw. Curricula (z. B. curriculum.nu, 2019; Ministerium für Schule und Bildung des Landes Nordrhein-Westfalen, 2019; National Governors Association Center for Best Practices und Council of Chief State School Officers, 2010; NCTM, 2000) und zum anderen in verschiedensten Studien aufgegriffen. Darüber hinaus wurden bereits früh verschiedene Strömungen in der Debatte zu Anwendungen im Mathematikunterricht identifiziert (Blum und Kaiser, 1984; Kaiser-Messmer, 1986), die sowohl in der deutschsprachigen Diskussion als auch in internationalen Perspektiven sichtbar werden. Dabei konnte vor allem zwischen einer wissenschaftlich-humanistischen Richtung und einer pragmatischen Richtung unterschieden werden, wobei die für den Mathematikunterricht formulierten Ziele in den beiden Strömungen bereits different sind. Die erstgenannte Strömung zielt auf die Vermittlung von gewissen Haltungen zur Mathematik und der Realität ab, letztere hingegen eher auf die Fähigkeit, Mathematik auch bei realen Problemen anwenden zu können (Kaiser-Messmer, 1986). Insgesamt bestehen nach wie vor differente Auffassungen zum Modellierungs- bzw. Anwendungsbegriff für den Mathematikunterricht, sodass dieser im Folgenden für die vorliegende Arbeit definiert und ausgeschärft werden soll. Dazu wird zunächst das mathematische Modellieren auf Basis des Kompetenzbegriffs erläutert. Im Anschluss werden verschiedene Modelle beschrieben, die sowohl als Orientierung beim Modellieren als auch als Analyseinstrument verwendet werden können und damit der Begriffsbestimmung zuträglich werden.

© Der/die Autor(en), exklusiv lizenziert an Springer Fachmedien Wiesbaden
GmbH, ein Teil von Springer Nature 2022
L. Frenken, *Mathematisches Modellieren in einer digitalen Lernumgebung*,
Studien zur theoretischen und empirischen Forschung in der
Mathematikdidaktik, https://doi.org/10.1007/978-3-658-37330-6_3

3.1   Begriffsbestimmung

Es ist offensichtlich, dass in dem Begriff des mathematischen Modellierens (von
nun an auch kurz Modellieren) das Wort *Modell* den Wortstamm bildet. In Bezug
auf die Kompetenzdefinition kann daher bereits abgeleitet werden, dass Individuen
beim Modellieren in der Lage sind, mithilfe von konstruierten Modellen realweltliche Fragestellungen zu bearbeiten oder solche zu gestalten. Daher sollte zunächst
der Begriff des Modells präzise dargestellt werden. Im Anschluss wird auf dieser
Basis auf den Begriff des Modellierens eingegangen, wobei sich zeigt, dass mit
dieser prozessorientierten Tätigkeit verschiedene Aktivitäten einhergehen, die wiederum in Form eines Modells dargestellt werden können, um eine Orientierung für
Modellierende zu bieten oder Lernende beim Modellieren zu analysieren. So konnten auch verschiedene Teilschritte identifiziert werden, welche in die Definition der
Modellierungskompetenz eingehen.

3.1.1   Modell

Widmet man sich der in diesem Unterkapitel zugrunde liegenden Frage, was überhaupt unter einem Modell verstanden werden kann, sollten zunächst die Ausführungen nach Stachowiak (1973) herangezogen werden, welche in der mathematikdidaktischen Forschung zum Modellieren wegweisend waren. Demnach ist ein
Modell ein Abbild, Vorbild oder eine Repräsentation und erfüllt die folgenden drei
Merkmale: (1) Abbildungsmerkmal, (2) Verkürzungsmerkmal und (3) Pragmati-
sches Merkmal (Stachowiak, 1973). Das Abbildungsmerkmal beschreibt dabei, dass
Modelle sich stets auf einen Gegenstand oder einen Sachverhalt beziehen, der dargestellt wird. Dabei wird dieser Gegenstand oder Sachverhalt jedoch nie gänzlich
dargestellt, sondern in der Regel zweckgebunden reduziert. Die Zweckgebunden-
heit, welche auch nur dem erstellenden oder verwendenden Individuum bekannt
sein kann, wird im dritten Merkmal beschrieben. Daraus lässt sich also schließen,
dass Modelle nicht eindeutig sind. Vor allem konstatiert Stachowiak (1973) auch,
dass beim Erstellen eines Modells häufig Elemente eingehen, die zum eigentlichen Interessensbereich nichts beitragen (sogenannte *abundante Attribute*). Darüber hinaus ist die Grundlage für das heutige Modellverständnis die Ausführung
von Hertz (1910), welcher beschrieb, dass die Modellbildung der Erklärung von
Naturphänomenen dient. Zwecks dieses Erkenntnisgewinns werden logische und
mathematische Operationen verwendet, um aus dem komplexen Bild der Natur ein
verwendbares oder verständnisbringendes Abbild zu schaffen. Die primäre Funktion von Modellen ist nach Hertz das Treffen von Vorhersagen (Büchter und Henn,

2015). Den Prozess beschreibt Hertz (1910) mithilfe einer kommutativen Abbildung (vgl. Abbildung 3.1):

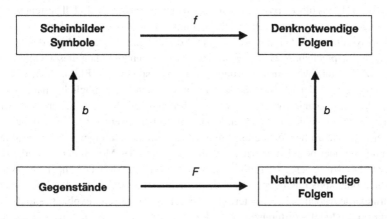

Abbildung 3.1 Veranschaulichung des Hertz'schen Modellbegriffs (Ortlieb, 2008, S. 55; siehe auch Hertz, 1910, S. 1 f.)

Als Konsens beschreiben Greefrath et al. (2013) weiterhin, dass Modelle sowohl widerspruchsfrei als auch stimmig und zweckmäßig sein sollen, um sie sinnvoll nutzen zu können (Hertz, 1910). Zusammenfassend bilden Modelle also einen Ausschnitt aus der Realität oder Natur ab, um eine bestimmte Fragestellung beantworten zu können. Dazu wird der abzubildende Gegenstand sinnvoll und nach Möglichkeit fehlerfrei reduziert. Da dieser Prozess allerdings keinesfalls eindeutig ist und von den gewählten Vereinfachungen abhängt, resultiert auch, dass Modelle nicht eindeutig sind (Greefrath, 2018). Es gilt also, dass Modelle – auch die Kombination verschiedener Modelle – nicht in der Lage sind, die Komplexität unserer Wirklichkeit zu beschreiben, damit sie verwendbar und umgänglich bleiben. Darüber hinaus kann ein zu einer realen Situation gebildetes Modell auch als Ausgangspunkt verstanden werden, um mathematische Theorien zu entwickeln, die nicht mehr lediglich auf eine Situation zurückzuführen sind, sondern ein breiteres Spektrum abbilden könnten (Bender, 2004).

In Anlehnung daran wird im Speziellen unter einem mathematischen Modell ein Tripel (R, M, f) verstanden, wobei R für einen Teil der außer-mathematischen Welt, M für eine Teilmenge der mathematischen Welt sowie f für eine mögliche Abbildung von R zu M stehen (Niss et al., 2007). Dabei sollte auch die Rückabbildung von M zu R existieren, um mithilfe des mathematischen Modells Rückschlüsse

über die Realität ziehen zu können und somit das genannte Kriterium der Zweck-
mäßigkeit zu erfüllen. Es wird durch das Konstruieren oder Nutzen eines Modells
also das Ziel verfolgt, eine realweltliche Frage- oder Problemstellung zu bearbeiten. Blum (1985) führt zuvor bereits aus: „Ein mathematisches Modell besteht somit
im Allgemeinen aus gewissen Objekten (Funktionen, Vektoren, Punktmengen,...),
die im Wesentlichen den ‚Grundelementen' der Ausgangssituation bzw. des realen
Modells entsprechen, sowie aus gewissen Beziehungen zwischen diesen Objekten,
die Beziehungen zwischen den Grundelementen entsprechen." (Blum, 1985, S. 203)

Da der Zweck der Modellbildung different sein kann, ist es möglich, (mathematische) Modelle nach jenen zu klassifizieren. Dabei unterscheidet man zunächst zwischen deskriptiven und normativen Modellen, wobei erstere zur Beschreibung der
außer-mathematischen Welt dienen und letztere, um neue Elemente in der Realität
zu kreieren oder bestehende nach bestimmten, durch das Modell herausgearbeiteten Merkmalen zu verändern (Winter, 2004). Deskriptive Modelle können physisch,
bildlich oder sprachlich-symbolisch dargestellt werden (Winter, 2004). Sie lassen
sich außerdem noch weiter in deterministische, probabilistische, explikative und rein
deskriptive Modelle differenzieren (vgl. Henn, 2002, siehe Abbildung 3.2). Dabei
variiert vor allem, welche Art von Annahmen oder Konzepten über die Realität
oder Natur in das jeweilige Modell einfließen, welche Hilfsmittel (also zum Beispiel Computer) gewählt werden, um die Modelle anzuwenden und welches Ziel
verfolgt wird. Allen gemeinsam ist jedoch, dass als Gütekriterium herangezogen
werden kann, wie sehr sich das jeweilige Modell bewährt und, ob die Nutzung
zu einem weiterführenden oder tiefgreiferenden Verständnis führt (Winter, 2004).
Besonders die primär vorgenommene Unterscheidung in deskriptive und normative
Modelle ist auch für den Schulunterricht und den dortigen Einsatz verschiedener
Modelle von Relevanz (Büchter und Henn, 2015).

Auch wenn das Ziel der Konstruktion eines mathematischen Modells variieren
kann, geht aus den genannten Eigenschaften hervor, dass Modelle als Denk- und
Kommunikationsinstrumente genutzt werden können (Ortlieb, 2004). Damit erlangen sie eine gewichtige Bedeutung für unser alltägliches Leben, wie es auch in
den Winterschen Grunderfahrungen bereits beschrieben wurde. Das mathematische
Modellieren, welches die Verwendung und Konstruktion unterschiedlicher Modelle
einschließt, ist daher ein etablierter Baustein der mathematischen Allgemeinbildung
und soll im Folgenden näher erläutert werden.

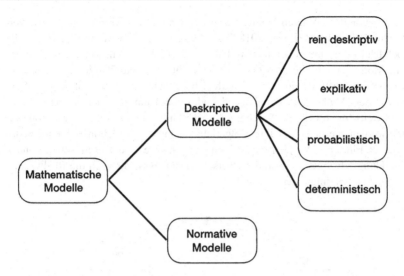

Abbildung 3.2 Differenzierung mathematischer Modelle (vgl. Greefrath, 2010b; Winter, 2004)

3.1.2 Modellieren

Die Literatur über das mathematische Modellieren ist sehr umfassend und es existiert bereits eine Vielzahl an Zusammenfassungen oder Übersichtsartikeln[1]. An dieser Stelle wird daher darauf verzichtet, die gesamte Historie des Modellbildungsbegriffs darzustellen, welche beispielsweise durch Ortlieb (2008) ausführlich beschrieben wurde. In den Ausführungen geht jedoch hervor, dass die Entwicklung um den Begriff der mathematischen Modellbildung, welcher teilweise eng mit dem des mathematischen Modellierens zu verknüpfen ist, mit einer Unterscheidung von Mathematik und Natur oder Welt einhergeht, bei der je nach Auffassung unklar bleibt, ob die Mathematik als ein Teil gesehen wird, der ohne die weltlichen Aspekte gar nicht existieren kann, oder ob sie beispielsweise aus weltlichen Fragen heraus entstanden ist und dazu dient, diese zu erklären oder zu beantworten. Engel (2018) beschreibt die mathematische Modellbildung als „die Kunst, Mathematik auf

---

[1] Eine Übersicht über die deutsche Modellierungsdiskussion findet sich beispielsweise bei Greefrath und Vorhölter (2016). Einen Überblick zu aktuellen Forschungsprojekten gibt Greefrath (2020). Darüber hinaus sei auf die zahlreichen ICTMA-Bände, die ICMI-study (Blum et al., 2007), sowie einen internationalen Übersichtsbeitrag (Kaiser, 2017) verwiesen.

Probleme anderer Wissensbereiche anzuwenden und zu deren Lösung bzw. Verständnis beizutragen" (Engel, 2018, S. 3). Als etwas so Kreatives wie Kunst, mit der doch häufig für viele unerreichbare Fähigkeiten einhergehen, soll das mathematische Modellieren in dieser Arbeit nicht betrachtet werden. Stattdessen ist hier der Kompetenzbegriff essentiell, bei dem die Übersetzungsprozesse zwischen der Realität und der Mathematik grundlegend sind. Dabei kann der Übersetzungsprozess, wie bereits im vorherigen Abschnitt 3.1.1 beschrieben, als Abbildung charakterisiert werden, die sich durch ihre Zielgerichtetheit und Informationsreduktion kennzeichnet. Eine erste Annäherung an das mathematische Modellieren bietet demnach Abbildung 3.3, in der sowohl die Übersetzungsprozesse als auch die Realität und die Mathematik implementiert sind.

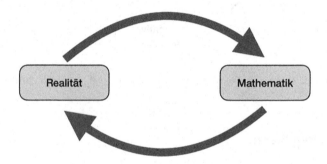

Abbildung 3.3 Übersetzungsprozesse beim Modellieren

Der Übersetzungsprozess von der Realität in die Mathematik kann auch als Abstraktion bezeichnet werden, um die Sprache der Mathematik verwenden zu können (Greefrath, 2010b). Allerdings kann diese Abstraktion auch schrittweise geschehen und innerhalb eines Modellierungsprozesses können mehrere mathematische Modelle gebildet werden, sodass der Prozess des Modellierens deutlich mehr als das Bilden eines mathematischen Modells inkludiert (Niss et al., 2007). Daran anknüpfend beschreibt Siller (2015): „Beim mathematischen Modellieren (im Unterricht) wird das Konkrete, d. h. das für Schülerinnen und Schüler Erlebbare, in den Fokus der Aufmerksamkeit gestellt." (S. 2) Ausschlaggebend für die Begriffsbildung in der deutschen Mathematikdidaktik war außerdem die Sichtweise nach Blum (1985), welcher die Unterscheidung von Realität – oder auch in Anlehnung an Pollak (1979) *Rest der Welt* – und Mathematik als charakteristisch umschrieb und darauf aufbauend den Modellierungsprozess in Form eines Kreislaufs darstellte. Im nachfolgenden Kapitel sollen solche Kreislaufdarstellungen und

Prozessbeschreibungen näher beleuchtet werden, da eine Definition der Modellierungskompetenz häufig darauf aufbaut.

Zuvor sollen jedoch noch einige Positionierungen und Abgrenzungen vorgenommen werden. Insgesamt wird in dieser Arbeit im Gegensatz zu Auffassungen im Rahmen von PISA oder auch Kodierungen des kognitiven Anspruchniveaus mit dem Modellieren stets ein Realitätsbezug einhergehen (vgl. etwa Drüke-Noe, 2014; Jordan et al., 2008; Jordan et al., 2006). Der Auffassung in dieser Arbeit entsprechend ist ein vergleichbarer kognitiver Prozess im Umgang mit innermathematischen Aufgaben der Kompetenz des mathematischen Problemlösens zuzuordnen.

Zum Abschluss dieses Abschnitts soll das mathematische Modellieren außerdem noch von den beiden Begriffen *Modellbilden* sowie *Angewandte Mathematik* abgegrenzt werden. Bezüglich des *Modellbildens* soll das mathematische Modellieren in dieser Arbeit die Kompetenz beschreiben, eine realweltliche Fragestellung zu bearbeiten, indem Vereinfachungen und Annahmen getroffen, ein mathematisches Modell erzeugt, ein mathematisches Ergebnis interpretiert und der gesamte Prozess hinterfragt sowie überprüft wird, um als Endergebnis die realweltliche Fragestellung sinnvoll bearbeiten zu können. Der Begriff des mathematischen Modellierens umfasst also deutlich mehr als das Bilden eines mathematischen Modells. Denn darüber hinaus werden auch metakognitive oder motivationale Aspekte benötigt, um die komplexen Abläufe zu gestalten. Der Begriff des Modellbildens diente jedoch in der Vergangenheit auch zur Beschreibung des gesamten Modellierungsprozesses, wobei heute die Modellierung die verwendete Bezeichnung ist (Greefrath et al., 2013). Die *angewandte Mathematik* hingegen wird in dieser Arbeit als ein Bereich der Mathematik als Fachwissenschaft angesehen. Um diese sinnvoll zu betreiben, sind sicherlich auch Kompetenzen dieser Art notwendig, allerdings werden die damit verknüpften kognitiven Prozesse der bearbeitenden Individuen nicht fokussiert. Stattdessen wird betrachtet, für welche Bereiche – und das ist in der heutigen Zeit eine wahre Vielzahl – die Mathematik genutzt werden kann. Hierbei ist die Mathematik auch häufig sehr viel komplexer als sie im Schulunterricht thematisiert werden kann. Dennoch wird bei allen drei Begriffen der Werkzeugcharakter der Mathematik zur Beantwortung realweltlicher Fragestellungen, wie er auch durch Winter (1995) beschrieben wurde, inkludiert.

3.1.3 Modelle des mathematischen Modellierens

Zur Abgrenzung des mathematischen Modellierens von anderen verwandten Begrifflichkeiten wurde im letzten Abschnitt bereits der Prozess, der zur Beantwortung einer realweltlichen Fragestellung mithilfe von Mathematik durchlaufen wird, hinzugezogen. Um solche Prozesse theoretisch zu beschreiben, wurde im Zuge verschiedener empirischer und theoretischer Studien zum Modellieren in der Mathematikdidaktik häufig die Kreislaufdarstellung gewählt, mit deren Entwicklung und Ausdifferenzierung sich dieser Abschnitt beschäftigt, da so auch wichtige Erkenntnisse über die Teilschritte oder -prozesse gewonnen werden können. Es ist allerdings bereits zu Beginn zu konstituieren, dass es sich dabei um aus der Theorie heraus entwickelte Modelle handelt, welche den Prozess des Modellierens idealisiert beschreiben sollen. Damit sind sie ebenfalls als Modelle zu sehen und somit keineswegs als tatsächliches, ohne Reduktion vorgenommenes Abbild aller Modellierungsprozesse mit all ihrer Komplexität anzusehen (vgl. Abschnitt 3.1.1). Außerdem involvieren die verschiedenen Darstellungen mathematischer Modellierungsprozesse differente Zielsetzungen, sodass auch daher differenzierter oder reduzierender auf verschiedene Teilschritte eingegangen wird (Greefrath, 2018). Unterschieden werden können die verschiedenen Kreisläufe hinsichtlich der dort aufgenommenen Schritte bis zum mathematischen Modell. Ein grundlegender Kreislauf nach Schupp (1998) ist beispielsweise der basalen Kategorie des *direkten Mathematisierens* zuzuordnen (Borromeo Ferri, 2006; Greefrath et al., 2013). Dieser Kreislauf besteht aus vier Teilprozessen: dem Modellieren, dem Deduzieren, dem Interpretieren, sowie dem Validieren (vgl. Abbildung 3.4). Das Bilden des mathematischen Modells – oder anders beschrieben die Übersetzung der realen Situation in die Welt der Mathematik – nimmt in diesem Kreislauf somit einen Schritt ein. Die nachfolgenden Teilprozesse verarbeiten das erstellte Modell dann (Deduzieren), um es im Anschluss wieder in die Realität zurück zu übersetzen. Der letzte Schritt beinhaltet eine Rückschau auf das gewählte Modell und die erhaltenen Resultate, sodass der Modellierungsvorgang geprüft werden kann.

Das Validieren kann im Sinne von Winter (2004) auch als Bewährungsprobe für das Modell aufgefasst werden, welche vor allem bei prognostischen Modellen anhand der zu einem späteren Zeitpunkt eintretenden realen Gegebenheiten vorgenommen werden kann. Doch auch das Heranziehen von Vergleichsgrößen in der Realität gibt Hinweise darauf, inwieweit das gebildete Modell und die damit ermittelten Resultate sinnvoll sind.

Ein erweitertes Modell des mathematischen Modellierens betrachtet bis zum Erhalt des mathematischen Modells zwei Teilprozesse und lässt sich somit als Modell des *zweischrittigen Mathematisierens* bezeichnen (Borromeo Ferri, 2006; Greefrath et al., 2013). Ein bekanntes Modell dieser Rubrik ist das von Blum (1985) (vgl. Abbildung 3.5), welches integriert, dass ein eine Modellierungsaufgabe bearbeitendes Individuum zunächst ein Abbild der realen Situation formt, welches bereits reduziert, aber ebenso zusätzliche, individuell geprägte Informationen enthalten kann. Dies entspricht also auch der Umschreibung eines Modells nach

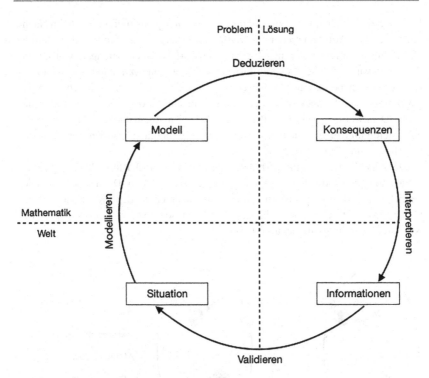

Abbildung 3.4 Der Modellierungskreislauf nach Schupp (1998, S. 11)

Stachowiak (1973). Sowohl für die Deskription als auch für die Präskription mathematischer Modellierungsprozesse ist es jedoch relevant, dass ein solcher Prozess abläuft oder ablaufen kann, bevor die eigentliche Übertragung in die Mathematik – das sogenannte Mathematisieren – vorgenommen wird. Außerdem lässt sich in dieser Kategorie der Kreislauf von Maaß (2005) einordnen, welcher als Erweiterung zum Interpretieren als letzten Schritt das Validieren aufnimmt.

Die dritte Kategorie der Modellierungskreisläufe umfasst entsprechend der Bezeichnung *Dreischrittiges Mathematisieren* eine noch detailliertere Ausgestaltung der Prozesse hin zum mathematischen Modell (Borromeo Ferri, 2006; Greefrath et al., 2013). Diese differenzierte Sichtweise ist auf das DISUM-Projekt (siehe z. B. Blum und Leiss, 2005; Blum und Schukajlow, 2018; Blum et al., 2009; Leiss et al., 2007; Schukajlow und Leiss, 2008) und die dort angelegte kognitive Perspektive (Kaiser und Sriraman, 2006) zurückzuführen. Aufgrund dieser wurde der

Prozess des Verstehens zusätzlich betrachtet, welchen jedes Individuum beim Nachvollziehen und Aufnehmen der realweltlichen Situation samt Fragestellung durchläuft. Hierbei sind die eigenen Erfahrungen und Weltanschauungen von besonderer Relevanz, welche auch Einfluss auf die weiteren Aktivitäten im Modellierungsprozess haben können (Leiss et al., 2010). Das Ziel einer solchen kognitiv-psychologischen Perspektive auf das mathematische Modellieren ist es, mathematische Denkweisen sowie kognitive Prozesse bei mathematischen Aktivitäten zu analysieren und zu verstehen, um sie auf dieser Grundlage besser fördern zu können (Kaiser und Sriraman, 2006).

Der zugehörige 7-schrittige Modellierungskreislauf nach Blum (2010) (vgl. auch Blum und Leiss (2005, 2007)) ist in Abbildung 3.6 dargestellt. Da dieses Kapitel der begrifflichen Konzeptionalisierung dient und entsprechend den Prozess des mathematischen Modellierens möglichst genau darlegen soll, wird die zuletzt aufgeführte Kreislaufdarstellung nun detailliert erörtert.

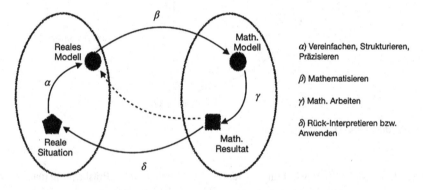

Abbildung 3.5 Der Modellierungskreislauf nach Blum (1985, S. 200)

Ein holistischer, also ganzheitlicher (vgl. Blomhøj und Jensen, 2003; Brand, 2014; Brand und Vorhölter, 2018; Zöttl, 2010), Modellierungsprozess beginnt mit der **Realsituation**. Diese ist ein tatsächlich vorkommendes Ereignis in unserer Lebenswelt, welches mit einer konkreten, authentischen, aber häufig offenen Fragestellung endet, die dann mit mathematischen Hilfsmitteln bearbeitet werden soll (K. Maaß, 2004). Ein solches Ereignis wird im Schulunterricht mit Hilfe eines Textes, Bildes oder auch anderer Medien repräsentiert und möglichst nah am eigentlichen Geschehen verdeutlicht. Ein Beispiel für eine Fragestellung könnte etwa sein, wie viele Personen nach gewissen Auflagen in einen Raum passen und die zuge-

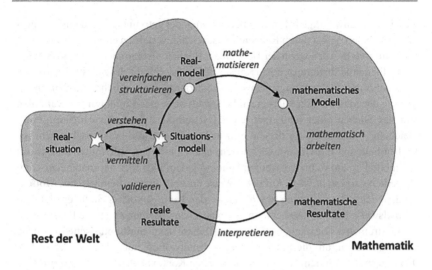

Abbildung 3.6 Der siebenschrittige Modellierungskreislauf nach Blum (2010, S. 42) (vgl. auch Blum und Leiss, 2005, 2007)

hörige Situation kann dann durch einen Videorundgang durch den Raum oder ein Foto dargestellt werden. Die Fragestellung kann also auf die Optimierung eines Prozesses oder einer Situation abzielen, sodass es auch denkbar ist, sozialkritische, ethische oder gesellschaftliche Fragestellungen zu behandeln, die beispielsweise den Klimawandel oder die Umweltverschmutzung betreffen (K. Maaß et al., 2019). Durch die Integration solcher Themen in den Mathematikunterricht kann mithilfe des Modellierens auch der Forderung nach Allgemeinbildung und Erziehung mündiger Bürgerinnen und Bürger nachgegangen werden (Greefrath und Maaß, 2020; Winter, 1995). Der erste an die Realsituation anschließende Teilprozess ist das *Verstehen* dieser samt der Fragestellung. Hierbei sind die individuellen Vorstellungen und Voraussetzungen (Artelt et al., 2001), aber auch soziale Gegebenheiten (z. B. im Klassenraum) prägend (Reusser, 1988), welche aus kognitionspsychologischer Perspektive beim Vorstellen der zum Text, Bild oder anderem Material zugehörigen Situation einfließen und daher essentiell für den weiteren Verlauf des Modellierungsprozesses sind (Leiss et al., 2010). Entsprechend der Eigenschaften von Modellen können die individuellen Einflüsse somit auch abundante Attribute darstellen, welche nicht direkt zweckgebunden dem Verstehen der eigentlichen Situation oder Fragestellung dienen, jedoch dennoch im kognitiv erstellten Situationsmodell enthalten sind. Auf Basis dessen werden im Teilprozess *vereinfachen und strukturieren* wichtige und unwichtige Informationen voneinander getrennt, fehlende Informationen identifiziert sowie durch Recherche oder Schätzverfahren ermittelt. So entsteht das **Realmodell**. Auch wenn der Bereich der Realität nicht immer klar vom Bereich der Mathematik abzugrenzen ist (Kaiser, 2017), beschreibt der Schritt des *Mathematisierens* den Übersetzungsprozess des reduzierten realweltlichen Modells in die Sprache der Mathematik. Hierbei sind beispielsweise das Einführen von Variablen oder das Suchen einer mathematischen Darstellungsform – etwa in Form einer Gleichung – inkludiert. In diesem Schritt besteht also die Frage nach einem für das bearbeitende Individuum geeigneten, mathematischen Hilfsmittel, sodass das Realmodell erneut reduziert werden kann, in jedem Fall aber mit mathematischen Elementen dargestellt wird. Auf diese Weise entsteht ein **mathematisches Modell**, mit dem dann *mathematisch gearbeitet* werden kann. An dieser Stelle erfolgt also beispielsweise das Auflösen einer mathematischen Gleichung oder die Berechnung eines Extremums. Die mathematischen Ergebnisse (auch **mathematische Resultate** genannt) müssen, um die Fragestellung zu beantworten, außerdem wieder zurück übersetzt werden, indem sie dem authentischen Kontext entsprechend *interpretiert* werden. Die Frage nach der Bedeutung des mathematischen Endergebnisses für die eigentliche Fragestellung ist hier zentral, sodass auch ein **reales Resultat** formuliert werden kann. Es ist jedoch notwendig und sinnvoll das erhaltene reale Resultat im Schritt des *Validierens* noch einmal zu überdenken, eine Rückschau zum Modellierungsprozess und vor allem zum verwendeten mathematischen Modell anzustellen und zu prüfen, ob das erhaltene Ergebnis plausibel ist (K. Maaß, 2004, 2005). Hierbei fließen erneut die kognitiven, gesellschaftlichen und sozialen Voraussetzungen der Person ein, die sich der realweltlichen Fragestellung widmet. Nur für den Fall, dass diese Person mit dem Ergebnis und dem gewählten, mathematischen Modell zufrieden ist, wird die Modellierungsaufgabe gelöst, indem die Fragestellung abschließend beantwortet und somit *vermittelt* wird. Es besteht aber auch die Möglichkeit, Modelle zu überarbeiten, um zu einer zufriedenstellenden Lösung zu kommen, indem der Kreislauf – oder Teile daraus – erneut durchlaufen und bearbeitet werden.

Wie bereits einleitend in diesem Kapitel erwähnt, zeigen empirische Studien, dass die Kreisläufe das Modellieren lediglich idealisiert prozessual darstellen können. Tatsächliche Modellierungsprozesse können hingegen sprunghaft sein und aus mehreren kleinen Zyklen bestehen (Borromeo Ferri, 2006, 2011; Galbraith und Stillman, 2006; Wild und Pfannkuch, 1999). Alternativ zum Kreislauf werden daher auch andere Darstellungen herangezogen, um Modellierungsprozesse abbilden und beschreiben zu können. So wurde der Kreislauf beispielsweise aufgebrochen und als Spirale dargestellt, um stärker zu visualisieren, dass ein mehrfaches Durchlaufen einzelner Teilschritte möglich ist, wobei auf den vorherigen Überlegungen aufgebaut werden kann (vgl. Büchter und Leuders, 2018; J. Maaß, 2015). Um die Länge einzelner Phasen sowie den direkten Wechsel zwischen einzelnen Teilprozessen analysieren und veranschaulichen zu können, wird außerdem teilweise auf ein *Modelling-Activity-Diagram* (vgl. Abbildung 3.7) zurückgegriffen (Ärlebäck, 2009; Ärlebäck und Albarracín, 2019). Dieses ist jedoch primär für die Analyse beobachteter Modellierungsprozesse geeignet, wohingegen die Modellierungskreisläufe auch eine präskriptive Funktion aufweisen, indem sich beispielsweise Modellierende in Form eines strategischen Hilfsmittels daran orientieren können (vgl. z. B. Beckschulte, 2019; Schukajlow, Kolter et al., 2015). Das Schätzen nimmt im Modelling-Activity-Diagram außerdem einen besonderen Stellenwert ein, indem diesem eine eigene Phase zugeordnet wird. Dies ist auf die Entwicklung für Analysen des Umgangs mit Fermi-Problemen[2] zurückzuführen.

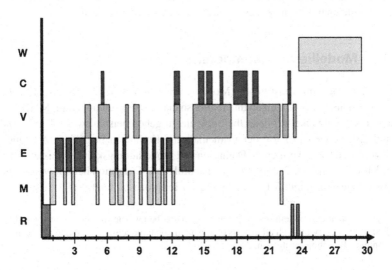

Abbildung 3.7 Das *M*odelling *A*ctivity *D*iagram mit den Teilschritten **R**eading, **M**aking **M**odel, **E**stimating, **V**alidating, **C**alculating und **W**riting nach Ärlebäck (2009, S. 345)

---

[2] Unter Fermi-Problemen sind offene, nicht-routinemäßig zu bearbeitende Aufgaben zu verstehen, die einen realweltlichen Kontext aufweisen und durch ihre Offenheit und Unterbestimmtheit, welche sich u. a. durch fehlende Informationen in der Aufgabe kennzeichnet, das Schätzen als einen essentiellen und elementaren Lösungsschritt integrieren (Ärlebäck, 2009; Greefrath, 2018).

Zusammenfassend muss bei der Auswahl eines Modells des mathematischen Modellierens stets der Zweck jener Auswahl berücksichtigt werden, da dieser je nach Modell sehr unterschiedlich sein kann (Blum, 2015). So eignet sich etwa der Modellierungskreislauf nach Blum (2010) (vgl. auch Blum und Leiss, 2005, 2007), um die kognitive Sichtweise einzunehmen und möglichst viele Teilprozesse zu beobachten oder zu beschreiben; als Strategieinstrument im unterrichtlichen Einsatz wäre diese Darstellung hingegen eher ungeeignet. Dennoch lässt sich auf der Basis der verschiedenen vorgestellten Modelle mathematischen Modellierens konstituieren, dass Modellierungen umfangreiche, mit vielen Hürden versehene kognitive Prozesse auslösen. Vor allem an den Übergängen einer jeden Phase können Schwierigkeiten für Lernende auftreten (Blum und Borromeo Ferri, 2009; Galbraith und Stillman, 2006; Stillman, 2011). Eine Chance der prozessualen Darstellung ist daher aber auch, den Begriff der Modellierungskompetenz an die dargestellten Teilprozesse anzulehnen. Darum soll es im nachfolgenden Abschnitt gehen.

3.2   Modellierungskompetenz

Die Auffassung zum Konstrukt der Modellierungskompetenz hat sich im Laufe der Diskussion über Anwendungen und realitätsnahe Problemstellungen im Mathematikunterricht entwickelt. Einen Überblick hierzu geben beispielsweise Kaiser und Brand (2015). Genauso wie der mathematische Kompetenzbegriff im Allgemeinen wurde auch eine verbreitete Definition von Modellierungskompetenz durch das KOM-Projekt geprägt. Daraus geht die nachfolgende Definition hervor, welche die im vorherigen Abschnitt 3.1.3 beschriebenen Teilprozesse nutzt:

> By mathematical modelling competence we mean being able to autonomously and insightfully carry through all aspects of a mathematical modelling process in a certain context. (Blomhøj und Jensen, 2003, S. 126)

Blomhøj und Jensen (2003) beziehen sich also darauf, dass Modellierungskompetenz umfasst, alle Teilschritte oder auch Teilkompetenzen eines Modellierungsprozesses durchführen zu können. Aus diesem Grund werden die verschiedenen Teilkompetenzen in ihrer differenziertesten Form, also in Anlehnung an Abbildung 3.6, tabellarisch (siehe Tabelle 3.1) dargestellt.

Eine vergleichbare Operationalisierung, die auf ähnlichen Vorarbeiten (Haines et al., 2000; Houston und Neill, 2003b; Kaiser, 2007; Kaiser und Schwarz, 2010; K. Maaß, 2004) aufbaut, findet sich bei Kaiser et al. (2015) (vgl. Tabelle 3.2). Allerdings besteht auch Evidenz darüber, dass es nicht genügt, diese Teilkompetenzen

Tabelle 3.1 Teilkompetenzen des Modellierens (vgl. Greefrath et al., 2013; Greefrath und Maaß, 2020, Teilkompetenzen nach Abbildung 3.6)

Teilkompetenz	Beschreibung
Verstehen	Die Schülerinnen und Schüler konstruieren ein eigenes mentales Modell zu einer gegebenen Problemsituation und verstehen so die Fragestellung
Vereinfachen	Die Schülerinnen und Schüler trennen wichtige und unwichtige Informationen einer Realsituation
Mathematisieren	Die Schülerinnen und Schüler übersetzen geeignet vereinfachte Realsituationen in mathematische Modelle (z. B. Term, Gleichung, Figur, Diagramm, Funktion)
Mathematisch arbeiten	Die Schülerinnen und Schüler arbeiten mit dem mathematischen Modell
Interpretieren	Die Schülerinnen und Schüler beziehen die im Modell gewonnenen Resultate auf die Realsituation und erzielen damit reale Resultate
Validieren	Die Schülerinnen und Schüler überprüfen die realen Resultate im Situationsmodell auf Angemessenheit.
	Die Schülerinnen und Schüler vergleichen und bewerten verschiedene mathematische Modelle für eine Realsituation
Vermitteln	Die Schülerinnen und Schüler beziehen die im Situationsmodell gefundenen Antworten auf die Realsituation und beantworten so die Fragestellung

im einzelnen ausführen zu können oder zu beherrschen (Brand, 2014), da vor allem die Transformation zwischen den jeweiligen Phasen Hürden darstellt (Blum und Borromeo Ferri, 2009; Galbraith und Stillman, 2006; Stillman, 2011) und außerdem ganzheitliche Modellierungsprozesse nicht so linear verlaufen, sondern eher als sprunghaft zu beschreiben sind (Borromeo Ferri, 2006, 2011; Galbraith und Stillman, 2006). Ebenso beschreiben Haines und Crouch (2001), dass mathematisches Modellieren nicht isoliert, sondern vielmehr als ein Zusammenspiel verschiedenster Disziplinen, welche die Mathematik übersteigen, zu sehen ist. Aus diesem Grund beschreiben K. Maaß (2006) und Kaiser (2007) weitere Faktoren, die bei einer ganzheitlichen Definition von Modellierungskompetenz betrachtet werden müssen. So formuliert K. Maaß (2006) die folgende Definition:

> Modelling competencies include skills and abilities to perform modelling processes appropriately and goal-oriented as well as the willingness to put these into action. (K. Maaß, 2006, S. 117)

Tabelle 3.2 Teilkompetenzen des Modellierens (vgl. Kaiser et al., 2015)

Teilkompetenz	Beschreibung
Vereinfachen	Kompetenzen zum Verständnis eines realen Problems und zum Aufstellen eines realen Modells, d. h. die Fähigkeiten... ... nach verfügbaren Informationen zu suchen und relevante von irrelevanten Informationen zu trennen; ... auf die Situation bezogene Annahmen zu machen bzw. Situationen zu vereinfachen; ... die eine Situation beeinflussenden Größen zu erkennen bzw. zu explizieren und Schlüsselvariablen zu identifizieren; ... Beziehungen zwischen den Variablen herzustellen;
Mathematisieren	Kompetenzen zum Aufstellen eines mathematischen Modells aus einem realen Modell, d. h. die Fähigkeiten... ... die relevanten Größen und Beziehungen zu mathematisieren, genauer in mathematische Sprache zu übersetzen; ...falls nötig, die relevanten Größen und ihre Beziehungen zu vereinfachen bzw. ihre Anzahl und Komplexität zu reduzieren; ... adäquate mathematische Notationen zu wählen und Situationen ggf. graphisch darzustellen;
Mathematisch Arbeiten	Kompetenzen zur Lösung mathematischer Fragestellungen innerhalb eines mathematischen Modells, d. h. die Fähigkeiten... ... heuristische Strategien anzuwenden wie Aufteilung des Problems in Teilprobleme, Herstellung von Bezügen zu verwandten oder analogen Problemen, Reformulierung des Problems, Darstellung des Problems in anderer Form, Variation der Einflussgrößen bzw. der verfügbaren Daten usw.;
Interpretieren	Kompetenzen zur Interpretation mathematischer Resultate in einem realen Modell bzw. einer realen Situation, d. h. die Fähigkeiten... ... mathematische Resultate in außermathematischen Situationen zu interpretieren; ... für spezielle Situationen entwickelte Lösungen zu verallgemeinern; ... Problemlösungen unter angemessener Verwendung mathematischer Sprache darzustellen bzw. über die Lösungen zu kommunizieren;
Validieren	Kompetenzen zur Infragestellung der Lösung und ggf. erneuten Durchführung eines Modellierungsprozesses, d. h. die Fähigkeiten... ... gefundene Lösungen kritisch zu überprüfen und zu reflektieren; ... entsprechende Teile des Modells zu revidieren bzw. den Modellierungsprozess erneut durchzuführen, falls Lösungen der Situation nicht angemessen sind; ... zu überlegen, ob andere Lösungswege möglich sind, bzw. Lösungen auch anders entwickelt werden können; ... ein Modell grundsätzlich in Frage zu stellen

Dabei wird also herausgearbeitet, dass das Individuum während des Modellierungsprozesses auch zielorientiert arbeiten sollte und die eigentlichen Fähigkeiten somit
auch wirklich anwenden sollte, um kompetent zu modellieren. Aspekte wie Metakognition[3] und Motivation spielen demnach eine wesentliche Rolle. Ansonsten lassen
sich jedoch die Parallelen zur erstgenannten Definition aufzeigen: die Fähigkeiten,
um einen ganzheitlichen Modellierungsprozess ausführen zu können, werden als
Teilkompetenzen benannt, um die gesamte Kompetenz des mathematischen Modellierens fassen zu können. Differenzierter werden jedoch fünf verschiedene Kategorien empirisch hergeleitet, um Modellierungskompetenz zu beschreiben, wobei die
Teilkompetenzen eine dieser Kategorien ausmachen (frei übersetzt nach K. Maaß,
2006, S. 139):

A Teilkompetenzen, um die einzelnen Schritte im Modellierungskreislauf auszuführen (vgl. Tabelle 3.1)
B Metakognitive Modellierungskompetenzen
C Kompetenz, um realweltliche Probleme zu strukturieren und um dem Gefühl für
   den richtigen Lösungsansatz nachzugehen
D Kompetenz zum Argumentieren und schriftlichen Darlegen der Lösung
E Kompetenz, um die Nützlichkeit von Mathematik in der Realität sinnvoll einzuschätzen

Unter Kategorie B zählt beispielsweise die von Kaiser (2007) aufgeführte Fähigkeit, den eigenen Modellierungsprozess zu verschiedenen Zeitpunkten kritisch zu
reflektieren, indem Wissen über diesen aktiviert wird. Die Bedeutung von Metakognition bei der Betrachtung holistischer Modellierungskompetenz betont auch
Stillman (2011). Vor allem in Hinsicht auf das Modellieren in Gruppen können
außerdem noch soziale Fähigkeiten als relevant herausgestellt werden, sodass verschiedene Ansätze konstruktiv diskutiert, Ideen anderer angenommen oder geprüft
und insgesamt ein gemeinsames Lösen einer Modellierungsaufgabe vollzogen wird
(Kaiser, 2007).
    In den deutschen Bildungsstandards wird mathematisches Modellieren ebenfalls
als Kompetenz aufgefasst und beschrieben, indem drei Anforderungsbereiche klassifiziert werden. In Tabelle 3.3 ist die Ausdifferenzierung für den mittleren Schulabschluss dargestellt. In den Standards für die allgemeine Hochschulreife wird ferner
folgende Definition angeführt:

---

[3] Dieses Konstrukt wird in Kapitel 5 ausführlich erörtert.

Hier geht es um den Wechsel zwischen Realsituationen und mathematischen Begriffen, Resultaten oder Methoden. Hierzu gehört sowohl das Konstruieren passender mathematischer Modelle als auch das Verstehen oder Bewerten vorgegebener Modelle. Typische Teilschritte des Modellierens sind das Strukturieren und Vereinfachen gegebener Realsituationen, das Übersetzen realer Gegebenheiten in mathematische Modelle, das Interpretieren mathematischer Ergebnisse in Bezug auf Realsituationen und das Überprüfen von Ergebnissen im Hinblick auf Stimmigkeit und Angemessenheit bezogen auf die Realsituation. Das Spektrum reicht von Standardmodellen (z. B. bei linearen Zusammenhängen) bis zu komplexen Modellierungen. (KMK, 2012)

Damit wird zum einen die auch weltweit vorherrschende Akzeptanz der Relevanz von Modellierungskompetenz in curricularer Anbindung deutlich (vgl. Kaiser et al., 2015). Zum anderen wird herausgestellt, dass Schülerinnen und Schüler in der Lage sein sollen, flexibel und bezogen auf verschiedene Kontexte Übersetzungsprozesse in die Mathematik und zurück zu leisten. Dies wird ausdifferenziert, indem auch hier auf Teilprozesse zurückgegriffen wird, die auch in den vorherigen Definitionen bereits zugrunde gelegt wurden. Vor allem die Bildungsstandards für den Mittleren Schulabschluss legen außerdem das Verständnis über die Kompetenz des Modellierens zugrunde, dass auch den gesamten Modellierungsprozess beginnend beim realweltlichen Problem, über das Erarbeiten eines mathematischen Modells hinweg, bis hin zur Ermittlung, Interpretation sowie Validierung des Ergebnisses einschließt (Kaiser und Stender, 2015).

Zusammenfassend kann die nachfolgende Definition für die vorliegende Arbeit zugrunde gelegt werden.

Modellierungskompetenz ist notwendig, um einen gesamten Modellierungsprozesses zu durchlaufen. Dieser Prozess manifestiert sich zum einen durch das Kompetenzniveau im Verstehen, Vereinfachen, Mathematisieren, Mathematisch arbeiten, Interpretieren, Validieren und Vermitteln. Zum anderen sind jedoch auch globale Aspekte der Metakognition und Kommunikation relevant, um die genannten Teilkompetenzen zu verknüpfen und den gesamten Modellierungsprozess evaluieren, steuern und regulieren zu können.

Eine Operationalisierung von Modellierungskompetenz kann sich daran anschließen. Verschiedene Umsetzungen werden im Folgenden präsentiert.

Tabelle 3.3 Die drei Anforderungsbereiche der Kompetenz *Mathematisch modellieren* in den Bildungsstandards für den mittleren Schulabschluss (KMK, 2004)

Reproduzieren	Zusammenhänge herstellen	Verallgemeinern und Reflektieren
• vertraute und direkt erkennbare Modelle nutzen	• Modellierungen, die mehrere Schritte erfordern, vornehmen	• komplexe oder unvertraute Situationen modellieren
• einfachen Erscheinungen aus der Erfahrungswelt mathematische Objekte zuordnen	• Ergebnisse einer Modellierung interpretieren und an der Ausgangssituation prüfen	• verwendete mathematische Modelle (wie Formeln, Gleichungen, Darstellungen von Zuordnungen, Zeichnungen, strukturierte Darstellungen, Ablaufpläne) reflektieren und kritisch beurteilen
• Resultate am Kontext prüfen	• einem mathematischen Modell passende Situationen zuordnen	

3.3 Operationalisierung und Erfassung der Modellierungskompetenz

Um die Kompetenz des mathematischen Modellierens zu erfassen, gibt es differente Ansatzpunkte und Operationalisierungen. Dabei ist nicht nur die Art der Erhebung (Fragebogen, Interview, Video) zu unterscheiden, sondern auch, ob die Teilkompetenzen, also atomistisch, oder das gesamte Konstrukt, also holistisch, erhoben werden. Beide Fokussierungen wurden bereits erprobt und weisen jeweils Vor- und Nachteile auf. So lässt die atomistische Herangehensweise nur Rückschlüsse über die einzelnen Teilkompetenzen zu, die jedoch in Operationalisierungen einen relevanten Anteil der Konstruktdefinition ausmachen (vgl. Beckschulte, 2019; Haines et al., 2000; Hankeln, 2019; K. Maaß, 2004). Hierbei ist es durch die Gestaltung relativ kurzer Items möglich, die Kontexte und mathematischen Modelle in einem breiten Spektrum zu variieren und so eine inhaltsvalidere Messung zu gestalten (Zöttl, 2010). Die Aussage, ob Lernende in der Lage sind, einen gesamten Modellierungsprozess zu durchlaufen, lässt sich so allerdings nicht treffen. Wenn das Erhebungsinstrument solche hingegen einfordert, ist das Testresultat wenig differenziert, da es theoretisch denkbar ist, dass Lernende beispielsweise beim Vereinfachen und Strukturieren des Problems noch Bedarf an Kompetenzzuwachs haben,

jedoch die übrigen Teilprozesse ausführen könnten. Dies kann in einem holistisch
angelegten Test nicht erfasst werden. Herauszustellen ist jedoch noch, dass auch die
zusätzlichen Aspekte wie Metakognition erhoben werden können, auch wenn hier
erneut die präzise Diagnose nicht möglich ist (vgl. Kreckler, 2015; Rellensmann
et al., 2017; Schukajlow, Kolter et al., 2015; Schukajlow, Krug und Rakoczy, 2015).
Darüber hinaus gibt es auch Testinstrumente, die den holistischen und den atomistischen Ansatz vereinen, indem jeweils Items zu den einzelnen Teilkompetenzen
und darüber hinaus Items zu gesamten Modellierungsprozessen integriert werden
(Brand, 2014; Zöttl, 2010). Beim Einsatz solcher kombinierten Erhebungsinstrumente konnte die mehrdimensionale Struktur von Modellierungskompetenz statistisch mithilfe der probabilistischen Testtheorie nachgewiesen werden (Brand, 2014;
Zöttl, 2010). Diese Ergebnisse wurden in unterschiedlichem Umfang beim Einsatz
atomistisch angelegter Instrumente repliziert (vgl. etwa Hankeln, 2019). Hieran ist
eine weitere Differenzierung der atomistisch strukturierten Erhebungsinstrumente
abzuleiten: Haines et al. (2000) und K. Maaß (2004) legten den Summenscore über
alle Items – unabhängig von ihrer überprüften Teilkompetenz – als Modellierungskompetenz aus. Dahingegen war es in dem Projekt LIMo an der Universität Münster
möglich, die einzelnen Facetten empirisch zu trennen und so für jede Teilkompetenz
einen eigenen Fähigkeitsparameter pro Person zu bestimmen (Beckschulte, 2019;
Hankeln, 2019; Hankeln et al., 2019; Hankeln und Greefrath, 2020). Letzteres Vorgehen ermöglicht also auch, Personenunterschiede in den einzelnen Teilkompetenzen
zu ermitteln. Eine Übersicht zu den dargestellten Testinstrumenten ist Tabelle 3.4
zu entnehmen.

Eine weitere Differenzierung der Testinstrumente kann durch den Fokus auf Produkt oder Prozess formuliert werden. Dabei konzentrieren sich produktorientierte
Messinstrumente bisher auf finale Antworten in Portfolios, schriftlichen Tests oder
anderen schriftlichen Erhebungsformen. Prozessorientierte Messinstrumente basieren hingegen auf Beobachtungen oder Videografien, welche im Vergleich zu den
genannten produktorientierten Erhebungsformen natürlich deutlich zeitintensiver
sind (Frejd, 2013). All diese Unterscheidungen sind nicht nur von der Auffassung
von Modellierungskompetenz abhängig, sondern auch vom Ziel der Erhebung. Dazu
differenziert Wiliam (2007) drei Bereiche: (1) Erhebungen, deren primäres Ziel das
Lernen ist und demnach als Begleitung von Lernprozessen ausgerichtet werden;
(2) Erhebungen, deren primäres Ziel die Erfassung des Leistungsstandes zu einem
bestimmten Zeitpunkt ist; (3) Erhebungen, deren primäres Ziel das Monitoring des
Bildungssystems oder einzelner Institutionen ist. Insgesamt kann jedoch trotz der
erläuterten Differenzierungen konstituiert werden, dass Modellierungskompetenz –
in Abhängigkeit von der jeweilig gewählten Kompetenzauffassung – messbar ist
(Blum et al., 2004; Brand, 2014; Hankeln, 2019; Houston und Neill, 2003a).

Aufbauend auf den Erfahrungen und Erkenntnissen zur Erhebung der Modellierungskompetenz (Haines et al., 2000; Kreckler, 2015; K. Maaß, 2004; Rellensmann et al., 2017; Schukajlow, Kolter et al., 2015; Schukajlow, Krug und Rakoczy, 2015; Zöttl, 2010) wurde im Rahmen des Projekts LIMo an der Universität Münster ein bereits erwähnter atomistischer Test entwickelt, welcher die vier Teilkompetenzen *strukturieren und vereinfachen, mathematisieren, interpretieren* sowie *validieren* in trennbaren Dimensionen erhebt (Beckschulte, 2019; Hankeln, 2019; Hankeln et al., 2019; Hankeln und Greefrath, 2020). Items zur Teilkompetenz des mathematischen Arbeitens wurden dabei bewusst nicht entwickelt, da diese die technischen Aspekte der Mathematik abbildet und somit nicht als spezifisches Merkmal der Modellierungskompetenz aufgefasst werden kann (Beckschulte, 2019; Hankeln, 2019). Insgesamt war das Ziel, die von Kaiser et al. (2015) formulierte Operationalisierung von Modellierungskompetenz (siehe Tabelle 3.2) möglichst detailliert abzubilden und dabei verschiedenartige Kontexte sowie mathematische Inhalte zu thematisieren. Dennoch ist der gesamte Test für den Inhaltsbereich der Geometrie und für Schülerinnen und Schüler der 9. Jahrgangsstufe am Gymnasium oder an der Gesamtschule konzipiert, sowie dahingehend pilotiert worden. Insgesamt wurden so 32 Items, also 8 pro Teilkompetenz, entwickelt und in einem Multi-Matrix-Design (vgl. Abbildung 3.8) in Prä-, Post-, sowie Follow-up-Test eingesetzt. So konnten Testwiederholungseffekte vermieden und mithilfe der probabilistischen Testtheorie dennoch Personenfähigkeitsparameter sowie Itemschwierigkeiten bestimmt werden (Beckschulte, 2019; Hankeln, 2019). Damit wird eine produktorientierte Messung der einzelnen Teilkompetenzen in einem zeitökonomischen Rahmen ermöglicht. Eine Kombination dieser Ergebnisse mit prozessorientierten Daten zur Modellierungskompetenz oder eine Replikation der Ergebnisse zur empirischen Trennbarkeit wären allerdings wünschenswert.

Vortest Rot	1	2	3	4			
Vortest Blau			3	4	5	6	
Nachtest Rot					5	6	7	8
Nachtest Blau	1	2					7	8

Abbildung 3.8 Testdesign des Vor- und Nachtests im LIMo-Projekt (Hankeln, 2019, S. 169)

3.4   Kompetenzerwerb beim mathematischen Modellieren

Bereits im ersten ICTMA-Band formulierte Mason (1984) ein Kapitel mit dem Titel „Modelling: What do we want students to learn?", womit er die Fragestellung dieses Abschnitts konkretisiert: Was sollen Schülerinnen und Schüler lernen, um einen Kompetenzzuwachs beim Modellieren zu erfahren und wie sollten die Lernprozesse bestmöglich gestaltet werden? In dem genannten Beitrag werden insgesamt 6 verschiedene Vorschläge entwickelt, die sich von einer häufigeren Thematisierung realistischer Beispiele bis hin zur eigenständigen Diskussion über unvollständige oder falsche mathematische Modelle zu einer gegebenen Situation erstrecken (Mason, 1984). Mit dieser Fragestellung haben sich seit der Veröffentlichung des ersten ICTMA-Bandes viele Mathematikdidaktikerinnen und Mathematikdidaktiker auseinandergesetzt, wobei im Rahmen dieser Arbeit lediglich die Lernenden- und nicht die Lehrendenperspektive beleuchtet werden soll[4]. Dennoch ist zu konstatieren, dass eine ganzheitliche und klare Antwort auf die Frage, wie Modellieren bestmöglich unterrichtet werden kann, noch nicht zu geben ist (Schukajlow und Blum, 2018b).

Im Rahmen dieser Arbeit wird – mit Bezug auf die drei im KOM-Projekt beschriebenen Ebenen der Ausprägung von Kompetenz (vgl. Kapitel 2) – der Kompetenzerwerb vor allem als Zuwachs auf der Ebene *degree of coverage* angesehen, sodass die Auffassung in der vorliegenden Arbeit als kohärent mit weiteren zur Modellierungskompetenz forschenden Projekten zu beschreiben ist (vgl. Hankeln, 2019; Tropper, 2019). Dieser wird wie folgt beschrieben:

> The *degree of coverage* a person has of a competency is used to indicate the extent to which the person masters those aspects which characterise the competency, i.e. how many of these aspects the person can activate in the different situations available, and to what extent independent activation takes place. (Niss und Højgaard, 2011)

In Bezug auf das Lernen mathematischen Modellierens können die verschiedenen Aspekte unter anderem durch die Teilkompetenzen erfasst werden. Das Ziel beim Modellierungskompetenzerwerb ist also, die verschiedenen Teilkompetenzen in differenten Situationen eigenständig verwenden zu können, um so perspektivisch auch einen holistischen Modellierungsprozess vollziehen zu können. Wie in Abschnitt 3.2 herausgearbeitet, sind dabei aber natürlich auch andere Aspekte wie die Metakognition relevant.

---

[4] Für eine Übersicht zum Lehren mathematischen Modellierens siehe etwa Klock (2020) oder Wess (2020).

Andere Modelle zum Erwerb von Modellierungskompetenz nutzen hierarchische Stufen, bei denen etwa der Schritt, bis zu dem ein Modellierungsprozess durchlaufen werden kann, als Stufe definiert wird (Ludwig und Xu, 2010). Alternativ kann auch die Komplexität der Modellierungsaktivität in Stufen eingeordnet werden, wie es beispielsweise in den Bildungsstandards beschrieben wird (KMK, 2004, vgl. auch Tabelle 3.3). Verknüpfungen zwischen dem hierarchischen Modell der Bildungsstandards und der oben genannten Beschreibung von Ausprägungen aus dem KOM-Projekt können allerdings hergeleitet werden, sodass an dieser Stelle kein Widerspruch entsteht.

Insgesamt lässt sich zunächst vor der Darstellung von empirischen und theoretischen Ergebnissen zum Modellierungskompetenzerwerb, die für diese Arbeit relevant erscheinen, konstituieren, dass es möglich ist, Modellieren zu erlernen (Beckschulte, 2019; Blum, 2015; Brand, 2014; Hankeln, 2019; Kaiser, 2007; Kaiser-Messmer, 1986; Kreckler, 2015; K. Maaß, 2004; Schukajlow, Kolter et al., 2015). Allerdings bedarf es einer langfristigen und gestuften Gestaltung im unterrichtlichen Geschehen, bei dem möglichst die Kontexte und Aufgabentypen variiert werden und außerdem zusätzliches strategisches Wissen vermittelt wird (Blum, 2007). Auch die Art der Lernumgebung sowie die Rolle der Lehrkraft sind einflussnehmende Faktoren (Blum, 2007). Diese Eigenschaften sind kohärent zu den verschiedenen Ebenen des Kompetenzerwerbs von Niss und Højgaard (2011), und wurden in ihren einzelnen Facetten zumindest zum Teil auch empirisch bestätigt. Einige dieser Einflussfaktoren und Facetten sollen nun dargestellt werden, wobei eine Unterteilung in die Lehrenden-, Lernenden-, sowie Aufgabenperspektive vorgenommen wird (vgl. Greefrath und Vorhölter, 2016).

3.4.1 Die Lehrendenperspektive

Im DISUM-Projekt wurde die Rolle der Lehrkraft innerhalb einer 10-stündigen Interventionsstudie unterschieden, indem eine Gruppe der Stichprobe einen direktiven Unterricht und die andere Gruppe einen operativ-strategischen Unterricht erhielt. Der direktive Unterricht wird dabei klassifiziert durch feste Muster zur Bearbeitung von Modellierungsaufgaben, die von der Lehrkraft vorgegeben werden. Daran anschließend werden die Modellierungsaufgaben jeweils individuell bearbeitet, wobei sich die Hilfen der Lehrkraft stets am Durchschnitt der Klasse orientieren sollten. Im operativ-strategischen Unterricht hingegen orientieren sich die Lehrendenhandlungen an individuellen Schwierigkeiten und selbstständigkeitsorientierte Arbeitsphasen stehen im Mittelpunkt. Außerdem arbeiten die Schülerinnen und Schüler in Kleingruppen (Blum, 2011; Blum und Schukajlow, 2018; Leiss et al., 2008; Schukajlow et al., 2009; Schukajlow et al., 2012).

Es zeigte sich, dass die Modellierungskompetenz vor allem nachhaltig (also im Follow-up-Test gemessen) im strategisch-operativen Unterricht signifikant stärker zugenommen hat als im direktiven Unterricht (Schukajlow et al., 2009). Neben der Förderung von metakognitiven Kompetenzen und selbstreguliertem Arbeiten kann ein auf die Lernenden zentrierter Unterricht beim Modellieren auch dazu beitragen, dass multiple Lösungswege produziert werden, statt einen von der Lehrkraft – wenn auch nur implizit – erwünschten Weg zu fokussieren (Borromeo Ferri und Blum, 2010; Leikin und Levav-Waynberg, 2007). Im Projekt MultiMa wurde die Wirkung der Aufforderung zur Erstellung multipler Lösungen beim Modellieren untersucht (Schukajlow und Krug, 2013, 2014; Schukajlow, Krug und Rakoczy, 2015). Dabei konnten positive Effekte auf die selbstberichtete Selbstregulation sowie auf die selbstberichtete prozedurale Metakognition erfasst werden (Krug und Schukajlow, 2020). Außerdem konnten ein positiver Effekt auf das Interesse (Schukajlow und Krug, 2014) sowie indirekt positive Effekte in Abhängigkeit der Anzahl produzierter Lösungen während des Modellierungsprozesses auf die Leistung gefunden werden (Schukajlow, Krug und Rakoczy, 2015).

3.4.2 Die Lernendenperspektive

Auf der Ebene der Lernenden wurden Eigenschaften untersucht, die den Erwerb von Modellierungskompetenz oder die erfolgreiche Bearbeitung von Modellierungsaufgaben beeinflussen können. Zum Beispiel ist die Selbstwirksamkeitserwartung bei Lernenden der 10. Jahrgangsstufe an Realschulen oder der 9. Jahrgangsstufe an Gymnasien für Modellierungsaufgaben niedriger als für eingekleidete Textaufgaben oder innermathematische Aufgaben (Krawitz und Schukajlow, 2018).

In Anküpfung an den oben geschilderten strategisch-operativen Unterricht im DISUM-Projekt konnten positive Auswirkungen auf die erlebte Selbstregulation, sowie auf Emotionen festgestellt werden (Schukajlow et al., 2009). Der Einfluss metakognitiver Aspekte auf den Erwerb von Modellierungskompetenz oder auf die erfolgreiche Bearbeitung einzelner Modellierungsaufgaben wurde ebenfalls in einigen Studien herausgearbeitet. Dabei wurden beispielsweise Unterstützungsangebote wie der Lösungsplan (Adamek, 2016; Adamek und Hegen, 2018; Beckschulte, 2019; Blum und Schukajlow, 2018; Hankeln und Greefrath, 2020; Schukajlow, Kolter et al., 2015) oder das Arbeiten mit heuristischen Lösungsbeispielen (Tropper, 2019; Zöttl, 2010; Zöttl und Reiss, 2008) untersucht. Diese strategischen Hilfsmittel konnten zumindest für die Steigerung einzelner Facetten der

Modellierungskompetenz als hilfreich evaluiert werden. Darüber hinaus wurde außerdem festgestellt, dass sich metakognitive Aktivitäten im Modellierungsprozess positiv auf diesen auswirken oder auch, dass bei fehlendem metakognitivem Wissen mit Schwierigkeiten in einem solchen Lösungsprozess nicht adäquat umgegangen werden kann (Stillman, 2004; Stillman und Galbraith, 1998; Tanner und Jones, 1993, 1995)[5].

Eine Untersuchung, welche die Skizzennutzung als Strategie im Speziellen fokussiert, zeigte, dass strategisches Wissen über Skizzen die Modellierungskompetenz beeinflusst (Rellensmann et al., 2017, 2019). Darüber hinaus stellt die Art der Skizze einen Mediator zwischen Emotionen und gemessener Modellierungskompetenz dar, indem Freude die Modellierungsleistung über die produzierte Skizze positiv, und Angst hingegen die Modellierungsleistung über die Skizze negativ beeinflusste (Schukajlow et al., 2021). Die negative Wirkung von Angst zeigte sich vor allem bei mathematisch leistungsschwachen Lernenden. Im Allgemeinen lässt sich aus einigen empirischen Studien eine Unterscheidung in Novizen und Erfahrene beim Modellieren oder auch in leistungsschwache und leistungsstarke Lernende vornehmen, wobei die untersuchten Effekte in den jeweiligen Gruppen ein unterschiedliches Ausmaß annehmen (z. B. Schukajlow, 2011; Schukajlow et al., 2021; Stillman und Brown, 2014; Tanner und Jones, 1993; Zöttl, 2010).

Weitere Einflussfaktoren auf den Kompetenzerwerb beim Modellieren können die sprachlichen Fähigkeiten, mathematische Leistung (gemessen in Schulnoten im Fach Mathematik), Geschlecht, Migrationshintergrund und der sozio-ökonomische Status (Ay et al., 2021) sein, wobei die sprachlichen Fähigkeiten in einer Studie mit 634 Schülerinnen und Schülern aus siebten und achten Jahrgangsstufen den Einflussfaktor mit der höchsten Korrelation ($r = 0.272$) zur Modellierungsleistung darstellten (Plath und Leiss, 2018).

Zusammenfassend ist zu konstituieren, dass es eine Vielzahl von Faktoren gibt, die Einfluss auf die Modellierungskompetenz und deren Erwerb nehmen können. Verdeutlicht wird dies auch in dem Pfadmodell, welches Mischo und Maaß (2012) aufgestellt haben, um Einflüsse persönlicher Faktoren wie Vorwissen, Einstellungen zur Mathematik und generelle Fähigkeiten auf die Modellierungskompetenz zu extrahieren (siehe Abbildung 3.9).

---

[5] An dieser Stelle soll nur ein kleiner Überblick gegeben werden, auch wenn der Begriff der Metakognition erst in Kapitel 5 definiert werden kann. Im Anschluss daran wird diese Definition auch auf die Modellierungskompetenz angewendet, sodass darauf aufbauend Forschungsergebnisse fokussierter und detaillierter berichtet werden können.

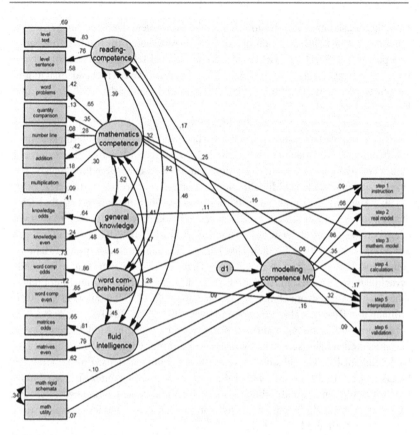

Abbildung 3.9 Das finale Pfadmodell mit signifikanten Pfaden zum Einfluss persönlicher Faktoren auf das mathematische Modellieren (Mischo und Maaß, 2012, S. 14)

3.4.3   Die Aufgabenperspektive

Als letzter einflussnehmender Bereich soll nun die Aufgabenperspektive beleuchtet werden. Dazu kann zunächst eine empirische Studie zum Vergleich vom Modellierungskompetenzerwerb mit atomistischen oder holistischen Aufgaben betrachtet werden. Im Anschluss werden allgemeine Kriterien von Modellierungsaufgaben dargestellt.

Beim Vergleich vom Modellierungskompetenzerwerb mit atomistischen oder holistischen Aufgaben konnte herausgearbeitet werden, dass der Kompetenzerwerb mit beiden Ansätzen erfolgreich sein kann (Brand, 2014). Dazu wurde eine Interventionsstudie durchgeführt, in der eine Gruppe atomistische Modellierungsaufgaben und die andere Gruppe holistische Modellierungsaufgaben bearbeitet hat. Im Prä- und Posttest wurden sowohl die Teilkompetenzen als auch eine Facette zur Gesamtmodellierung erhoben. Im letzteren Bereich konnte ein stärkerer Kompetenzzuwachs in der Gruppe mit holistischem Modellierungsansatz festgestellt werden. Außerdem zeigt sich auch eine Tendenz, dass sich dieser holistische Ansatz bei heterogenen Klassen besser eignet. Niss und Blum (2020) fassen zusammen, dass es noch unklar ist, wie diese beiden Ansätze zum bestmöglichen Kompetenzerwerb kombiniert werden können, schlagen jedoch im Allgemeinen eine Kombination vor.

Hinsichtlich der Kriterien, die zur Entwicklung und Bewertung von Modellierungsaufgaben[6] herangezogen werden können, kann das Klassifikationsschema in Tabelle 3.5 genutzt werden.

Der Kriterienkatalog dient an dieser Stelle der Übersicht und kann in jeder Kategorie ausdifferenziert werden. So lässt sich beispielsweise beim Kriterium der Relevanz einbeziehen, dass die Lernenden als in sozial-gesellschaftlichen Kontexten agierende Individuen gesehen werden, denen die Relevanz von Mathematik durch Anwendungen in dort tangierenden oder in zukünftig tangierenden Fragestellungen aufgezeigt werden soll (Hernandez-Martinez und Vos, 2018). Die Authentizität zielt darauf ab, dass Schülerinnen und Schüler bei der Bearbeitung einer authentischen Aufgabe wahrnehmen, dass mit existierenden Gegenständen eine Fragestellung bearbeitet wird, die so wirklich auftretend und auch mithilfe von Mathematik im echten Leben gelöst werden würde (Vos, 2011, 2018). Niss (1992) beschreibt die authentische Verwendung auch unter Rückgriff auf Expertinnen und Experten, welche die Problemstellung ebenfalls mithilfe von Mathematik lösen würden, wobei Vos (2011) die Sichtweise auf Expertinnen und Experten als Personen, die in dem Bereich arbeiten, auf Personen erweitert, die sich dem jeweiligen Thema mit Interesse und Verständnis widmen, sodass beispielsweise auch Problemen im Bereich des Klimawandels eine authentische Eigenschaft zugesprochen werden kann. Im Vergleich zu wenig authentischen Textaufgaben oder eingekleideten Aufgaben können authentische Aufgaben Lernende zur ernsten und sinnvollen Bearbeitung anregen (Palm, 2007), sodass Authentizität als ein wichtiges Kriterium der Aufgabengestaltung beschrieben werden kann. Die Offenheit einer Aufgabe hingegen bezieht sich nicht auf den Kontext, sondern auf den Lösungsweg. Diese kann erreicht werden, indem die Aufgabenstellung etwa durch fehlende Informationen die Möglichkeit bietet, verschiedene Ausgangssituationen zu wählen, oder, indem das Ziel einer Aufgabe nicht klar formuliert wird, sodass verschiedene Lösungswege und

---

[6] Für eine Differenzierung realitätsbezogener Aufgabentypen siehe etwa K. Maaß (2010).

Tabelle 3.4 Erhebungsinstrumente zum mathematischen Modellieren

Autoren	Art	Spezifikation	Restriktion	Bemerkung
Haines et al. (2000)	atomistisch	Multiple Choice	keine Aussagemöglichkeit über metakognitive oder kommunikative Aspekte sowie über das ganzheitliche Durchlaufen eines Modellierungsprozesses	eines der ersten Testinstrumente
Beckschulte (2019) und Hankeln (2019)	atomistisch	Multiple Choice und Kurzantworten	s. o.	empirische Trennbarkeit der vier Teilkompetenzen
K. Maaß (2004)	Mischform	offene Antworten	ein Item erfasst mehrere Teilkompetenzen, sodass keine präzise Diagnose möglich ist	Bilden eines Summenscores
Brand (2014) und Zöttl (2010)	atomistisch oder holistisch	offene Antworten	lange Tests	Informationen über Teilkompetenzen und gesamten Modellierungsprozess
Kreckler (2015), Rellensmann et al. (2017), Schukajlow, Kolter et al. (2015), Schukajlow, Krug und Rakoczy (2015)	holistisch	offene Antwort	keine präzise Diagnose möglich	Aspekte der Metakognition sowie die Kompetenz zum Durchlaufen eines gesamten Prozesses werden auch erhoben

Lösungen zulässig sind (Greefrath, 2010a). Das in der Tabelle letztgenannte Kriterium bezieht sich auf die verschiedenen Teilkompetenzen, die in Unterkapitel 3.2 bereits ausführlich erörtert wurden. Auf das erstgenannte Kriterium muss an dieser Stelle nicht mehr eingegangen werden, da ein Realitätsbezug per Definition von hier betrachteten Modellierungsaufgaben gegeben ist. Insgesamt gehen jedoch auch die übrigen Kriterien mit gängigen Auffassungen von Modellierungsaufgaben einher (siehe etwa Kaiser, 1995; K. Maaß, 2005; Schukajlow, 2011). So formuliert K. Maaß (2005) die nachfolgende Definition von Modellierungsaufgaben oder -problemen:

Modellierungsprobleme sind komplexe, offene, realitätsbezogene und authentische Problemstellungen, zu deren Lösung problemlösendes, divergentes Denken erforderlich ist. Dabei können sowohl bekannte mathematische Verfahren und Inhalte verwendet werden als auch neue mathematische Erkenntnisse entdeckt werden. Die Sachkontexte müssen adressatengerecht ausgewählt werden. (K. Maaß, 2005, S. 117)

Neben der Art der Aufgabenstruktur wurde ein großer Fokus in der mathematikdidaktischen Forschung zur Modellierungskompetenz auf Unterstützungsmöglichkeiten gelegt. Dies lässt sich von dem Forschungsstrang ableiten, der sich mit den auftretenden Hürden und Schwierigkeiten beim Modellieren befasst (Blum und Borromeo Ferri, 2009; Galbraith und Stillman, 2006; Stillman et al., 2010). Dabei werden häufig Aspekte aus der Lernenden-, Lehrenden- und Aufgabenperspektive

Tabelle 3.5 Kriterien zur Entwicklung und Bewertung von Modellierungsaufgaben (in Anlehnung an Greefrath et al., 2017, S. 936, sowie Wess, 2020, S. 29)

Kriterium	Beschreibung
Realitätsbezug	Die Problemstellung weist einen außermathematischen, sachlichen Bezug auf.
Relevanz	Die Problemstellung und damit der Sachbezug werden von Schülerinnen und Schülern als eng verbunden mit oder relevant für ihr tägliches oder zukünftiges Leben betrachtet.
Authentizität	Der außermathematische Sachbezug und die Verwendung von Mathematik bei der Problemstellung sind authentisch.
Offenheit	Die Problemstellung ermöglicht verschiedene Lösungswege und Lösungen auf verschiedenen Niveaus.
Aktivierung von Teilkompetenzen	Die Problemstellung erfordert die kognitive Aktivierung der verschiedenen Teilkompetenzen mathematischen Modellierens (vereinfachen & strukturieren, mathematisieren, interpretieren, validieren).

kombiniert, indem beispielsweise der selbstständigkeitsorientierte, zur Metakognition anregende Unterrichtsstil in Kriterien der Aufgabengestaltung genügenden Lernumgebungen angestrebt wird (vgl. beispielsweise die verschiedenen Kapitel in Schukajlow und Blum, 2018a). Über diese genannten und zur Anreicherung von Modellierungsprozessen relevanten Aspekte hinaus wird seit einiger Zeit außerdem diskutiert, inwiefern die Integration digitaler Medien und Werkzeuge den Kompetenzerwerb beim Modellieren optimieren kann. Um eine solche Verknüpfung herstellen zu können, werden im nachfolgenden theoretischen Kapitel der Einsatz und die Verwendung solcher digitaler Medien und Werkzeuge im Mathematikunterricht fokussiert. Dabei ist ebenfalls das Ziel, eine Einbettung in den kompetenztheoretischen Rahmen zu gestalten.

Digitale mathematische Kompetenz 4

In Einklang mit dem Zitat des Rats für Forschung, Technologie und Innovation, welches als Einleitung für das Kapitel der mathematischen Kompetenz gewählt wurde, geht es um das Ausbilden von Kompetenzen, die den grundlegenden Wandel der modernen Gesellschaft voran bringen (Der Rat für Forschung, Technologie und Innovation, 1998). Im Jahr 1998 mag die Auffassung der modernen Gesellschaft noch eine andere gewesen sein, dennoch bleibt das Beschriebene aktuell. Inzwischen sollte unumstritten sein, dass die adäquate Nutzung digitaler Technologien relevant für unsere Gesellschaft ist. Dies geht auch mit den bildungsrelevanten Forderungen in den Bildungsstandards (KMK, 2004) oder für Nordrhein-Westfalen konkret im Medienkompetenzrahmen (Medienberatung NRW, 2020) einher. In diesem Kapitel soll es daher zum einen um eine Begriffsbestimmung digitaler mathematischer Kompetenz und zum anderen um theoretische sowie empirische Erkenntnisse zur Förderung digitaler mathematischer Kompetenz gehen. Dazu werden zunächst grundsätzliche Begrifflichkeiten der Gegenstände eines digitalen Kompetenzerwerbs, also digitaler Medien und Werkzeuge, dargestellt. Im Anschluss erfolgt die Definition der digitalen mathematischen Kompetenz, worauf aufbauend digitale Lernumgebungen und empirische Erkenntnisse zum Einsatz dieser betrachtet werden.

4.1 Begriffsbestimmung

4.1.1 Digitale Medien und Werkzeuge

Zur begrifflichen Ausschärfung ist es notwendig, eine Distinktion verschiedener zur Verwendung möglicher digitaler Gegenstände vorzunehmen. Hierbei sind digitale oder auch neue Technologien im Sinne von Hischer (1989) als Verständnis und

Wissen von auf Mikroelektronik basierender Informations- und Kommunikations-
technik aufzufassen. Es ist also zu betonen, dass der Begriff der Technologie auch
schon eine Reflexion inkludiert und sich nicht nur auf reine Verfahrensanwendungen
bezieht. Außerdem geht damit das Bestreben nach Allgemeinbildung einher, durch
das die im alltäglichen Leben eingesetzten digitalen Mittel reflektiert, verstanden
und flexibel genutzt werden sollen. Bei der Einbettung digitaler Technologien in
den Mathematikunterricht ist es möglich, die Konzeption auf den *Lerninhalt*, das
Medium und das *Werkzeug* zu lenken (Hischer, 2013), wobei Hischer (2010) fünf
Aspekte zur Begriffsbestimmung von Medien identifiziert, die auch einen ersten
Zusammenhang von Medien und Werkzeugen suggerieren:

> *Medien* begegnen uns (1) als *Vermittler* von Kultur, (2) als *dargestellte* Kultur, (3) als
> *Werkzeuge* oder *Hilfsmittel* zur Weltaneignung, (4) als *künstliche Sinnesorgane* und
> (5) als *Umgebungen* bei Handlungen. (Hischer, 2010, S. 31)

Damit können *digitale* Medien als Teilmenge von Technologie, und digitale Werkzeuge wiederum als Teilmenge digitaler Medien aufgefasst werden. Weiterhin ist
zu differenzieren, ob die digitalen Technologien mathematikspezifisch eingesetzt
werden oder nicht. Im Nachfolgenden werden – aufgrund des mathematikspezifischen Einsatzes digitaler Technologien in der vorliegenden Studie – lediglich erstere
betrachtet.

Barzel und Greefrath (2015) beschreiben Medien – unabhängig davon, ob sie
digital oder analog sind – außerdem als *Mittler*. Speziell für den Mathematikunterricht können sie also bei der Präsentation mathematischer Inhalte, der Förderung
mathematischer Kompetenzen oder dem Verstehen mathematischer Inhalte vermitteln. In Kohärenz damit, dass digitale Werkzeuge als eine Teilmenge der digitalen Medien betrachtet werden können, wird außerdem unterschieden, dass digitale Medien als Lerngegenstand dienen können oder eine Lehrfunktion einnehmen
können. Als Lerngegenstand können im Mathematikunterricht beispielsweise die
Funktionsweisen verschiedener digitaler Technologien thematisiert und die mathematischen Hintergründe dieser untersucht werden (Barzel und Greefrath, 2015).
Die Lehrfunktionen können außerdem weiter unterteilt werden, wobei hier das Ziel
oder der Zweck beim Einsatz der Technologie betrachtet werden kann. Ist die digitale Technologie stark eingegrenzt auf das Erlernen eines bestimmten Gegenstands
– zum Beispiel in Form eines Applets –, so kann sie als „specific tool" bezeichnet werden (vgl. Barzel et al., 2006). Können Medien jedoch in vielfältiger Weise
zum Bearbeiten von Aufgaben eingesetzt werden, ordnen sie sich der Klasse der
Lernwerkzeuge zu oder werden auch als „general purpose tool" bezeichnet (Barzel
et al., 2006; Barzel et al., 2005). Daher kommenBarzel und Greefrath (2015, S. 146)

zu folgender Beschreibung: „Werkzeuge sind universell einsetzbare Hilfsmittel zur Bearbeitung einer breiten Klasse von Problemen." Digitale Medien, die hingegen lediglich zur Übermittlung mathematischer Informationen (also z. B. Audios oder Videos) verwendet werden, können nicht als digitale Werkzeuge angesehen werden. In dieser Studie werden digitale Werkzeuge also als ein spezifischer Teil digitaler Medien verstanden, der durch eine – nicht vordefinierte – zweckgebundene Nutzungsweise für (mathematische) Handlungen eingegrenzt ist und die Möglichkeit bietet, Lernprozesse zu unterstützen (vgl. auch Greefrath et al., 2018; Monaghan und Trouche, 2016). Somit ergibt sich die nicht erschöpfende Abbildung 4.1.

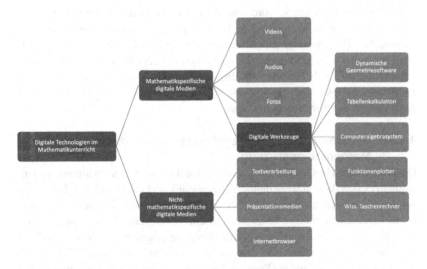

Abbildung 4.1 Digitale Technologien im Mathematikunterricht mit einigen Beispielen

Digitale Werkzeuge haben einen multirepräsentativen und dynamischen Charakter (Carreira, 2015). Somit verändert die Integration digitaler Werkzeuge das Lernen, wie Sinclair (2020) auch aus einem Zitat von Rotman (2003) über Werkzeuge, die Konzepte – nicht nur im Mathematikunterricht, sondern im Allgemeinen – verändern, ableitet. Hoyles und Noss (2003) weisen auf einen ähnlichen Aspekt hin: „tools matter: they stand between the user and the phenomenon to be modulated, and shape activity structures" (Hoyles und Noss, 2003, S. 341). Dennoch ist es wichtig zu untersuchen, wie digitale Werkzeuge und Medien Lernprozesse von mathematischen Konzepten und Kompetenzen beeinflussen (Lichti und Roth, 2018).

Es ist möglich, werkzeugunabhängige Interaktionen darzustellen, welche bereits verschiedene Anwendungsszenarien in sich Tragen (Sedig und Sumner, 2006). Dabei können fünfzehn Kategorien unterschieden werden. In der Darstellung werden mathematikbezogene digitale Werkzeuge und Medien allgemein als *virtuelle mathematische Repräsentationen* (VMR) bezeichnet. Als zentral und zwischen digitalem Objekt und Individuum vermittelnd wird die Interaktivität, die sich durch eine Art Kommunikation über ein Computer-Interface auszeichnet, herausgestellt. Zunächst einmal können solche Interaktionen in grundlegende und aufgabenbezogene Handlungen unterteilt werden. Die verschiedenen Kategorien werden in Tabelle 4.1 dargestellt.

Im Rahmen dieser Studie wurde eine digitale Lernumgebung[1] entwickelt, deren konkrete Erläuterung im empirischen Teil dieser Arbeit vorgenommen wird. Dabei werden auch die genannten möglichen Interaktionen konkretisiert. In dieser digitalen Lernumgebung wird neben der Integration digitaler Medien und einem wissenschaftlichen Taschenrechner vor allem die Einbettung einer dynamischen Geometriesoftware fokussiert. Aus diesem Grund sollen nun noch einige Eigenschaften einer solchen Software erläutert werden.

4.1.1.1 Dynamische Geometriesoftware – ein digitales Mathematikwerkzeug

Um die Dynamische Geometriesoftware zu charakterisieren und zu argumentieren, weshalb es sich dabei um ein digitales Mathematikwerkzeug handelt, sei zunächst auf den Begriff selbst verwiesen. Dieser spiegelt bereits drei Eigenschaften wider: (1) Es handelt sich um eine Software, also um eine digitale Technik, welche über einen Computer oder ein anderes digitales Endgerät genutzt werden kann. (2) Diese Software dient vornehmlich dem Zweck, Geometrie damit zu betreiben. Das bedeutet, dass die Beschäftigung mit Punkten, Geraden und Ebenen, deren Kompositionen und Eigenschaften der verschiedenen Objekten im Mittelpunkt steht (vgl. z. B. D. Hilbert, 1968). (3) Die Dynamik scheint ein zentrales Element der Software zu sein, um die Eigenschaften der verschiedenen geometrischen Objekte zu erkunden oder damit Mathematik zu betreiben. So fasst auch Straesser (2002) zusammen: „the characteristic features of DGS [are]: dragging, macro-constructions and tracing the locus of points." (Straesser, 2002, S. 320) Weiterhin führt er aus, dass die dynamischen Aktivitäten, welche mit einer DGS umgesetzt werden können, mit Papier und Bleistift nur unter Einbringen von Zeit sowie Engagement nachgeahmt werden können.

---

[1] Eine Begriffsbestimmung erfolgt in Unterkapitel 4.1.4.

Tabelle 4.1 Kategorisierung von Interaktionen mit virtuellen mathematischen Repräsentationen nach Sedig und Sumner (2006, S. 46 f.)

Kategorie		Beschreibung
Basic	Conversing	Talking to a VMR using symbolic, lexical expressions or commands
	Manipulating	Handling a VMR using a pointing cursor
	Navigating	Moving on, over, or through a VMR
Task-based	Animating	Generating movement within a VMR
	Annotating	Augmenting a VMR by placing notes or marks on it
	Chunking	Grouping a number of similar or related, but disjointed, visual elements
	Composing	Putting together separate visual elements to create a VMR
	Cutting	Removing unwanted or unnecessary portions of a VMR
	Filtering	Showing, hiding, or transforming a selected subset of the visual elements of a VMR according to certain characteristics or criteria
	Fragmenting	Breaking a VMR into its component or elemental parts
	Probing	Focusing on or drilling into some aspect, property, or component of a VMR for further analysis and information
	Rearranging	Changing the spatial position and/or direction of elements within a VMR
	Repicturing	Displaying a VMR in an alternative manner
	Scoping	Changing the degree to which a VMR is visually constructed/deconstructed by adjusting its field of view
	Searching	Seeking out the existence of or position of specific features, elements, or structures within a VMR

In der Regel verfügen DGS über drei verschiedene Bereiche: In einem Bereich stehen Werkzeuge zur Verfügung, mit denen verschiedene mathematische Aktivitäten ausgeführt werden können. Außerdem werden die Objekte als Resultat der ausgeführten Aktionen in einem weiteren Bereich grafisch abgebildet. Der dritte Bereich verfügt dann über zusätzliche Informationen und häufig eine algebraische Darstellung der im zweiten Bereich abgebildeten Objekte (Mackrell, 2011).

Beispiele von DGS sind das in Frankreich entwickelte Programm *Cabri* (Cabri-log, 2017), *Geometers Sketchpad* (McGraw-Hill Education, 2014), *GeoGebra*[2] (GeoGebra, 2021) oder auch *Sketchometry* (Miller, 2013–2020). Dabei haben die jeweiligen genannten Softwares verschiedene Ziele und Eigenschaften. So sind beispielsweise nicht alle dieser Softwares für Schulen kostenfrei nutzbar. GeoGebra ist aufgrund der kostenfreien Anwendung für nicht-kommerzielle Nutzung in Deutschland die vornehmlich verwendete DGS. Darüber hinaus kann GeoGebra nicht nur für die klassichen DGS-Anwendungen genutzt werden, sondern integriert mittlerweile auch weitere Funktionalitäten wie Tabellenkalkulation oder Computer-Algebra-Systeme[3]. Außerdem kann GeoGebra – im Gegensatz zu Sketchometry – auf verschiedenen digitalen Geräten, wie Computer, Laptop, Tablet oder auch Smartphone verwendet und weiterhin auch über html-Dateien in Websites eingebettet werden. Sketchometry hingegen ist für das mobile Anwenden und Nutzen von Mathematik konzipiert und ist lediglich als App verfügbar, die jedoch Zeichnungen mit dem Finger in geometrische Figuren umwandeln kann.

Insgesamt zeigt der kurze Überblick zu verschiedenen DGS, dass die zur Verfügung stehenden Interaktionen mit der jeweiligen Software ebenfalls variieren müssen. Da in der vorliegenden Arbeit GeoGebra als DGS verwendet und fokussiert wird, sollen nun noch einige Grundfunktionalitäten von GeoGebra aufgezeigt werden.

Zunächst einmal verfügt GeoGebra Classic (also die grundlegende DGS-Version) über genau die drei Bereiche, welche oben nach Mackrell (2011) beschrieben wurden. Diese können Abbildung 4.2 entnommen werden.

In der oberen Werkzeugleiste finden sich verschiedene Kästen, über die wiederum einige Werkzeuge gruppiert sind[4]. Diese Werkzeugleiste kann in der Computeranwendung modifiziert werden, indem Werkzeuge oder sogar Werkzeugkästen für eine GeoGebra-Datei nicht angezeigt werden. Alternativ ist es auch möglich, Aktionen zu verketten und so ein eigenes Werkzeug zu erstellen. So führt Ruppert (2013) aus:

[2] GeoGebra weist darüber hinaus Funktionalitäten weiterer mathematischer Werkzeuge, wie etwa die Nutzung als Tabellenkalkulation oder Computer Algebra System, auf.

[3] In dieser Arbeit soll der Fokus jedoch auf GeoGebra als DGS liegen.

[4] In den obigen Ausführungen wurde die DGS GeoGebra als digitales Werkzeug dargestellt. Es ist jedoch auch gängig, die einzelnen, in GeoGebra zur Verfügung stehenden Aktionen als Werkzeuge zu benennen. Inwiefern das globale digitale Werkzeug einer DGS oder ein spezifisches Werkzeug innerhalb der DGS-Anwendung gemeint ist, geht in der vorliegenden Arbeit stets aus dem Kontext hervor und muss daher an dieser Stelle nicht weiter spezifiziert werden.

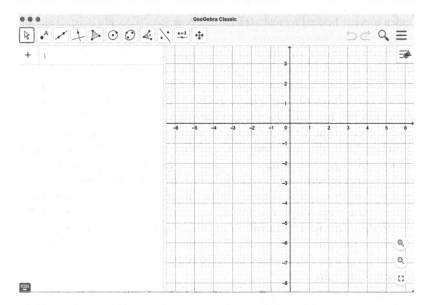

Abbildung 4.2 Die Startobefläche von GeoGebra Classic (Version 6.0.620)

> Ziel beim Erstellen eines Werkzeugs ist es, eine Konstruktion, die aus mehreren Schritten besteht und, beginnend mit einem eindeutig bestimmten Satz an geometrischen Ausgangsobjekten, in algorithmischer Weise zu einem oder mehreren Zielobjekten führt, zu speichern und für spätere Anwendungen verfügbar zu machen. (Ruppert, 2013, S. 15)

In GeoGebra-Apps, welche beispielsweise über html-Dateien eingebettet werden können, besteht die Möglichkeit, die Option der Werkzeugleistenveränderung auszuschalten, sodass zum einen die Verwendungsmöglichkeiten eingegrenzt werden, und zum anderen simultan die kognitive Belastung[5] verringert wird.

Die bestehenden Werkzeuge lassen sich außerdem nach der Funktionalität unterteilen. So gibt es zum einen atomistische Werkzeuge, deren Operation einzigartig sind und demnach nicht auf Basis der anderen Werkzeuge erzeugt werden können (Mackrell, 2011). Ein Beispiel hierfür ist die Konstruktion eines Kreises mit festem Mittelpunkt und Radius. Zum anderen gibt es Werkzeuge, die sich auch anderweitig zusammensetzen lassen und dementsprechend Endprodukte von Konstruktionen, die papierbasiert auch mit dem Geodreieck oder mit Zirkel und Lineal produziert

---

[5] Detaillierte Ausführungen hierzu werden in Abschnitt 4.1.3 verortet.

werden könnten, bilden (Schmidt-Thieme und Weigand, 2015). Ein Beispiel hierfür ist das Werkzeug *Mittelsenkrechte*.

Neben dem Einsatz verschiedener Werkzeuge zur Konstruktion geometrischer Objekte sowie zum Umgang mit solchen Konstruktionen nennt K. Meyer 2013 (2013) den *Zugmodus* und den *Spurmodus* als zentrale Funktionalitäten der DGS GeoGebra. Der Zugmodus befähigt Anwendende nicht direkt erkennbare Beziehungen von Objekten wie beispielsweise Invarianten zu erkunden, indem nichtfixierte Elemente mit der Maus oder per Touchauswahl gezogen werden können. Fixierungen können an allen Elementen, z. B. Punkten, Geraden, Ebenen, Winkeln oder Kreisen ausgerichtet werden. Der Spurmodus ermöglicht hingegen das Nachverfolgen eines beweglichen Objekts, indem der durch den Zugmodus oder eine Animation zurückgelegte Weg des jeweiligen Objekts markiert wird. Darauf führen Schmidt-Thieme und Weigand (2015) Chancen beim Einsatz einer DGS zurück. So kann der Zugmodus beim Problemlösen das Erkennen von Invarianten ermöglichen und dementsprechend neue heuristische Möglichkeiten schaffen. Außerdem können Vermutungen über mathematische Zusammenhänge dynamisch überprüft oder veranschaulicht werden.

Insgesamt kann die DGS zwar als ein Mathematikwerkzeug angesehen werden, es ist jedoch aus den Ausführungen klar geworden, dass man die DGS auch als Werkzeugkasten beschreiben könnte. Denn jedes einzelne integrierte Werkzeug oder die Kombination verschiedener Werkzeuge innerhalb einer geometrischen Aktivität bringt wieder neue Möglichkeiten zur Bearbeitung und Verwendung mit sich (Trouche, 2014).

Auf der Basis von DGS wie GeoGebra ist es auch möglich, Arbeitsblätter oder Applets zu erstellen und diese Lernmaterialien mit weiteren Medien und Werkzeugen zu kombinieren. Darüber hinaus können so Hilfestellungen, Feedback und Strukturierungen für die Lernprozesse ermöglicht werden. Außerdem bestehen neue Möglichkeiten für die Empirie, da Bearbeitungsprozesse in Prozessdaten gespeichert werden können. Die Integration verschiedener digitaler Medien in einer lernförderlichen, computergestützten Umgebung behandelt das Abschnitt 4.1.4. Zunächst soll jedoch der in diesem Kapitel zentrale Begriff der digitalen mathematischen Kompetenz eingeordnet und definiert werden.

4.1.2 Digitale mathematische Kompetenz

Der Begriff der digitalen mathematischen Kompetenz kann als Vereinigung einer Auffassung zur mathematischen Kompetenz mit der Auffassung zur digitalen Kompetenz gesehen und hergeleitet werden. Wie mathematische Kompetenz in dieser

Arbeit verstanden wird, wurde in Kapitel 2 bereits ausführlich dargestellt. Digitale Kompetenz wird von Ferrari (2012) wie folgt umschrieben:

> Digital Competence is the set of knowledge, skills, attitudes (thus including abilities, strategies, values and awareness) that are required when using ICT and digital media to perform tasks; solve problems; communicate; manage information; collaborate; create and share content; and build knowledge effectively, efficiently, appropriately, critically, creatively, autonomously, flexibly, ethically, reflectively for work, leisure, participation, learning, socialising, consuming, and empowerment. (Ferrari, 2012, S. 43)

An dieser Ausführung[6] wird deutlich, dass digitale Kompetenz eine allumfassende und auf verschiedene Kontexte anwendbare Nutzung digitaler Technologien umfasst. Bei diesen Verwendungen betonen Hatlevik und Christophersen (2013), dass vor allem der verständige, reflektierende Umgang in den Kompetenzbegriff einfließt und so von digitalen Fähigkeiten, die sich auf den direkten Umgang beziehen, abzugrenzen ist. In Kohärenz mit der Auffassung von Ferrari (2012) stehen die nachfolgenden beiden Trends, die Calvani et al. (2012) auf Basis einer breiten Literaturrecherche zur Forschung über digitale Kompetenzen im bildungswissenschaftlichen Bereich zusammenfassen:

- Digitale Kompetenzen umfassen mehr als die Fähigkeiten, mit Informations- und Kommunikationstechnologien umzugehen. Auch die Kompetenzen zur Informationsverarbeitung und -beschaffung, allgemeine mediale Kompetenzen und visuelle Kompetenzen werden einbezogen.
- Es besteht Konsens darüber, dass nicht nur der direkte Umgang mit Technologie betrachtet werden sollte, sondern vielmehr der Fokus auch auf übergeordnete kognitive Fähigkeiten sowie sozio-kulturelle und ethische Beziehungen zu technischen Umgangsweisen gewählt werden sollte.

Die vorangegangen Explikationen einbeziehend, stellt Ferrari (2013) das Rahmenmodell DIGCOMP vor, das digitale Kompetenz in ihren verschiedenen Facetten für ein europäisches Leitbild ausdifferenziert und dabei fünf Kategorien vorschlägt, in denen jeweils auf drei verschiedenen Ebenen digitale Kompetenz ausgeprägt sein kann. Die fünf Kategorien lauten: *Information, Communcation, Content creation,*

---

[6] ICT steht für Information and Communications Technology und kann übersetzt werden mit Informations- und Kommunikationstechnologie. Diese lässt sich im Wesentlichen in die drei Bereiche unterteilen: (1) Technologien zur Kommunikation, also Übertragung von Informationen durch den Raum, (2) Technologien zur Speicherung, also Übertragung von Informationen durch die Zeit, und (3) Technologien zur Verarbeitung bzw. Berechnung, also Umformung von Informationen in Raum und Zeit durch Algorithmen (Hilbert und Lopez, 2011).

Safety und *Problem solving* (Ferrari, 2013). Vergleichbar, aber um eine Kategorie erweitert, stellt der Medienkompetenzrahmen NRW (vgl. Abbildung 4.3), der eingangs bereits erwähnt wurde, die nachfolgenden Bereiche auf: *Bedienen und Anwenden, Informieren und Recherchieren, Kommunizieren und Kooperieren, Produzieren und Präsentieren, Analysieren und Reflektieren* sowie *Problemlösen und Modellieren* (Medienberatung NRW, 2020). Hierbei ist offensichtlich das Bedienen und Anwenden hinzugekommen und der Bereich der Sicherheit wurde deutlich erweitert, indem das Analysieren und Reflektieren aufgenommen wurde.

Bedienen und Anwenden	Informieren und Recherchieren	Kommunizieren und Kooperieren
Medienausstattung	Informationsrecherche	Kommunikations- und Kooperationsprozesse
Digitale Werkzeuge	Informationsauswertung	Kommunikations- und Kooperationsregeln
Datenorganisation	Informationsbewertung	Kommunikation und Kooperation in der Gesellschaft
Datenschutz und Informationssicherheit	Informationskritik	Cybergewalt und -kriminalität

Produzieren und Präsentieren	Analysieren und Reflektieren	Problemlösen und Modellieren
Medienproduktion und Präsentation	Medienanalyse	Prinzipien der digitalen Welt
Gestaltungsmittel	Meinungsbildung	Algorithmen erkennen
Quellendokumentation	Identitätsbildung	Modellieren und Programmieren
Rechtliche Grundlagen	Selbstregulierte Mediennutzung	Bedeutung von Algorithmen

Abbildung 4.3 Die sechs verschiedenen Bereiche der Medienkompetenz nach Medienberatung NRW (2020, S. 10)

Aus den beiden vorgestellten Rahmenmodellen lässt sich neben der Ausdifferenzierung ableiten, dass Medienkompetenz und digitale Kompetenz nicht trennscharf voneinander gesehen werden können, sondern häufig synonym verwendet werden. Auch ist erkennbar, dass die Begrifflichkeiten *literacy, skills* oder *Fähigkeiten* und *competence* oder *Kompetenz* bei Konstrukteingrenzungen verwendet werden. Vergleichbar ist dies auch, wenn sich der Blick weg von einem allgemeinbildungswissenschaftlichen Verständnis hin zu mathematikdidaktischen Auffassungen richtet. So gibt es beispielsweise das Konstrukt *techno-mathematical literacy*, welches nach Kent et al. (2005, S. 1) umschrieben wird als „as combinations of mathematical, IT and workplace-specific competencies that demand an ability to deal with models and to take decisions based on the interpretation of abstract information." Hieran wird bereits deutlich, dass der Begriff für ein berufliches Umfeld und das mathematische Arbeiten bei der Ausübung eines Berufs formuliert wurde. Dennoch kann er hier als relevant angesehen werden, da der mathematische Unterricht auch auf solche Tätigkeiten vorbereiten und die Basis erzeugen soll, zumal solche Fähigkeiten im beruflichen Umfeld häufig fehlen, jedoch gezielt aufgebaut werden müssen (Hoyles et al., 2007). Nicht so stark auf den beruflichen Werdegang bezogen ist der Begriff der *techno-mathematical fluency*, bei dem die Fähigkeit zur Kombination von Fähigkeiten und Kompetenzen aus dem Bereich der Technologie mit denen aus der Mathematik beschrieben wird (Jacinto und Carreira, 2017). Dies ist aus der „Humans-with-Technology-" Theorie hergeleitet, mithilfe derer Borba und Villarreal (2005) argumentieren, dass die Interaktionen von Individuen mit digitalen Technologien beim Bearbeiten mathematischer Problem- und Fragestellungen durch ebendiese Nutzung digitaler Technologien geprägt werden. Die folgende Definition entsteht daraus:

> The concept of techno-mathematical fluency encompasses knowing about mathematics (facts, rules, procedures), knowing about technology (how a certain tool works, what it affords) and realizing how they relate to each other, how they can be combined in productive ways for thinking about a situation, developing a strategy, achieving the solution and communicating it effectively. (Jacinto und Carreira, 2017, S. 1135)

Im Gegensatz zur Kompetenzbegrifflichkeit (vgl. Kapitel 2), wird in dieser Definition sehr stark auf das Wissen eingegangen. Die flexible Anwendung in verschiedenen Kontexten hingegen wird nicht erwähnt. Eine die Kompetenz in den Fokus rückende begriffliche Annäherung an die Verbindung mathematischer und digitaler Anwendungsformen wird durch Jasute und Dagiene (2012) im Rahmen eines Geometrieprojekts mit Geometer's Sketchpad ermöglicht. Hierbei nennen sie auch die Facette, dass Aufgaben in einer digitalen Umgebung effektiv gelöst werden können.
Ein auf Mathematikwerkzeuge bezogenes Kompetenzmodell wurde von Weigand (2017) entwickelt. Dieses wird wie folgt beschrieben:

> The ability or the competence to adequately use the tool requires technical knowledge about the handling of the tool. Moreover, it requires the knowledge of when to use which features and representations and for which problems it might be helpful. Three levels are distinguished, which might also be categorized by using DT [Digital Technologies] as a (simple) function plotter, as a tool for creating dynamic animations and as a multirepresentational tool. (Weigand, 2017, S. 42)

Dieser Kompetenzrahmen ist jedoch speziell auf den Inhaltsbereich der Funktionen und Computer-Algebra-Systeme bezogen. Allgemeiner sind die nachfolgenden Ausführungen.

Geraniou und Jankvist (2019) fassen die verschiedenen Strömungen als digitale mathematische Kompetenz zusammen, welche die Bereitschaft umfasst, mathematische Fähigkeiten mithilfe von digitalen Werkzeugen auszuführen und dabei mathematische Beziehungen, die durch ein digitales Werkzeug transportiert werden, zu beurteilen, vorherzusehen oder auch eigenständig zu erstellen. Darüber hinaus führen sie aus, dass damit mindestens drei Facetten beschrieben werden können:

- *Being able to engage in a techno-mathematical discourse.* In particular, this involves aspects of the artefact-instrument duality in the sense that instrumentation has taken place and thereby initiated the process of becoming techno-mathematically fluent.
- *Being aware of which digital tools to apply within different mathematical situations and context, and being aware of the different tools' capabilities and limitations.* In particular, this involves aspects of the instrumentation-instrumentalisation duality.
- *Being able to use digital technology reflectively in problem solving and when learning mathematics.* This involves being aware and taking advantage of digital tools serving both pragmatic and epistemic purposes, and in particular, aspects of the scheme-technique duality, both in relation to one's predicative and operative form of knowledge. (Geraniou und Jankvist, 2019, S. 43)

Auf diese Weise vereinen sie nicht nur die dargestellten Auffassungen von digitaler und mathematischer Kompetenz, sondern greifen auch auf Theorien zum Umgang mit digitalen Technologien zurück. Diese werden im nachfolgenden Abschnitt erläutert.

4.1.3 Theorien zum Erwerb digitaler mathematischer Kompetenz

It is clear that no single theoretical framework can explain all phenomena in the complex setting of learning mathematics in a technology-rich environment. Different theoretical frameworks offer different windows on it, and each view on the landscape can be sound and valuable. (Drijvers et al., 2010, S. 121 f.)

Obwohl eine der im vorherigen Abschnitt konkretisierenden Ausführungen zur digitalen mathematischen Kompetenz bereits auf eine grundlegende Theorie – nämlich die der instrumentellen Genese – zurückgreift, wird durch das Zitat deutlich, dass das Erlernen mathematischer Kompetenz in technologiebasierten Umgebungen und mit dort integrierten Programmen so komplex ist, dass nicht nur eine theoretische Fundierung genügt oder möglich ist. In Kohärenz mit dem vorherigen Abschnitt soll daher zunächst die *instrumentelle Genese*, im Anschluss aber auch die *Cognitive Load Theory* dargestellt werden, um einen Rahmen für diese Arbeit bieten zu können[7].

Die Theorie der **Instrumentellen Genese** legt ganz basal zunächst einmal zugrunde, dass Individuen nach ihrer Geburt sukzessive den Umgang mit technologischen, institutionellen und sozialen Systemen erlernen müssen, in denen ihnen immer wieder unbekannte, durch den Fortschritt der Menschheit entwickelte Gegenstände begegnen können, deren Umgang zunächst nicht vertraut ist. Solche unbekannten Objekte werden *Artefakte* genannt (Verillon und Rabardel, 1995). Von den Artefakten abzugrenzen, jedoch im Zusammenhang stehend, sind die *Werkzeuge*, wobei beide als Mediator beschrieben werden können, welche das menschliche Handeln und somit das Subjekt im Lernprozess beeinflussen (Rabardel, 2002; Rieß, 2018; Verillon und Rabardel, 1995). Die Unterscheidung wird im Folgenden deutlich:

> But it is important to stress the difference between two concepts: the artifact, as a manmade material object, and the instrument, as a psychological construct. The point is that no instrument exists in itself. A machine or a technical system does not immediately constitute a tool for the subject. Even explicitly constructed as a tool, it is not, as such, an instrument for the subject. It becomes so when the subject has been able to appropriate it for himself – has been able to subordinate it as a means to his ends – and, in this respect, has integrated it with his activity. Thus, an instrument results from the establishment, by the subject, of an instrumental relation with an artifact, whether material or not, whether produced by others or by himself. (Verillon und Rabardel, 1995, S. 84 f.)

Den beschriebenen Prozess des Zueigenmachens eines Gegenstandes, welcher für ein Individuum zunächst keine sinnvollen, zielgerichteten Handlungen oder Schemata mit sich bringt, bezeichnen die Autoren als instrumentelle Genese. Der Kern dieser ist also das Erlernen geeigneter Umgangsweisen mit einem Objekt, um so beispielsweise das mathematische Denken zu beeinflussen und eine Umwandlung eines Gegenstandes vom Artefakt zum Instrument für das eigene (mathematische) Handeln zu erreichen. Drijvers (2002) beschreibt den Wert der instrumentellen Genese wie folgt: „The value of the instrumentation theory is that it provides a specific way to look at the interaction between student and technological tool, and in particular it shows how seemingly technical obstacles can be related to conceptual difficulties." (Drijvers, 2002, S. 223)

---

[7] Einen historischen Überblick zu theoretischen Ansätzen, die zur technologiebasierten Forschung herangezogen werden können geben Drijvers et al. (2010).

Insgesamt können so außerdem drei Pole der menschlichen Auseinandersetzung mit einem Gegenstand identifiziert werden:

- das Subjekt, welches das Instrument verwendet oder damit operiert
- das Instrument, welches als Werkzeug, Maschine, Utensil oder Produkt fungiert
- das Objekt, welches zielgebend für die Verwendung des Instruments ist (vgl. Verillon und Rabardel, 1995, S. 85).

Diese drei Pole werden häufig auch als Dreieck dargestellt und insgesamt wurde die Wechselwirkung von Subjekt, Objekt und Instrument als *Instrumented Activity Situation* bezeichnet (siehe Abbildung 4.4). Es werden also all jene Situationen – reduziert auf die Interaktionen – dargestellt, die ein menschliches Individuum involviert, welches ein Instrument verwendet, um sich einem Objekt zu nähern.

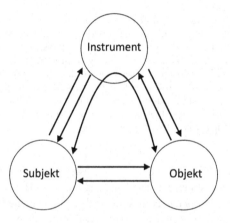

Abbildung 4.4 Die drei Pole der *Instrumented Activity Situations* nach Verillon und Rabardel (1995, S. 85)

Durch den geschwungenen Pfeil wird verdeutlicht, dass dem Instrument bei der Interaktion eine besondere Bedeutung beikommt, da dieses den Prozess mediiert (Béguin und Rabardel, 2000).

Zu betonen ist also, dass die Wirkung durch das Hinzukommen eines Artefakts in einen (mathematischen) Lernprozess in zwei Richtungen verläuft: in der einen Richtung nimmt das Individuum Einfluss auf das Artefakt, indem es dieses mit Bedeutungen, Schemata sowie Potenzialen versieht. Dabei kann auch eine

Veränderung oder Anpassung des Artefakts geschehen. Dieser Teilprozess wird auch als *Instrumentalisierung* bezeichnet. In der anderen Richtung beeinflusst das verwendete Instrument auch die kognitiven Prozesse und Schemata des Subjekts, während dieses sich dem Objekt annähert und eine angemessene, effektive Lösung einer mathematischen Aufgabe sucht. Dieser Prozess wird auch als *Instrumentierung* bezeichnet (Artigue, 2002; Guin und Trouche, 2002).

Vor allem die Beeinflussung der Technologien auf das mathematische Denken und Handeln konnte empirisch belegt werden (z. B. Barzel, 2005; Guin und Trouche, 1999; Magajna und Monaghan, 2003; Noss und Hoyles, 1996; Tall und Thomas, 1991). Doch auch bezüglich des Einflusses mathematischen Wissens und zugehöriger kognitiver Prozesse auf die adäquate Verwendung digitaler Technologien gibt es Evidenz (Magajna und Monaghan, 2003). Artigue (2002) fasst den Prozess der instrumentellen Genese wie folgt zusammen: „For a given individual, the artefact at the outset does not have an instrumental value. It becomes an instrument through a process, called instrumental genesis, involving the construction of personal schemes or, more generally, the appropriation of social pre-existing schemes." (Artigue, 2002, S. 250)

Sie stellt außerdem heraus, dass in Studien, welche auf das theoretische Konstrukt der instrumentellen Genese zurückgreifen und dieses als Erklärungsansatz nutzen, das institutionelle Umfeld stets berücksichtigt werden muss, da dieses spezielle Potenziale, Werte, Normen, aber auch Beschränkungen mit sich bringt, welche auf alle in Abbildung 4.4 dargestellten Wechselwirkungen Einfluss haben können (Artigue, 2002). Zusammenfassend weist der theoretische Ansatz der instrumentellen Genese also darauf hin, „how technology does not have the same automatic power for all users" (Zbiek et al., 2007, S. 1179).

Eng mit der instrumentellen Genese zusammenhängend und besonders relevant für den unterrichtlichen Einsatz digitaler Technologien ist daher auch die Beschreibung von **affordances**, welche zunächst durch den Psychologen Gibson (1986) formuliert[8] und später in die Forschung der Computer-Mensch-Interaktionen übertragen wurde. Nach einer detaillierten Auseinandersetzung mit den Ansichten Gibsons schließt Scarantino (2003), dass Individuen zum Teil die Wahrnehmung bestimmter

---

[8] Dazu schreibt Gibson: „The verb to afford is found in the dictionary, but the noun affordance is not. I have made it up. I mean by it something that refers to both the environment and the animal in a way that no existing term does. It implies the complementarity of the animal and the environment. (Gibson, 1986, S. 127) Somit wird also die Beziehung zwischen einem Objekt und einem Individuum beschrieben, wobei die möglichen Verwendungsformen, die das Individuum bei einem Objekt wahrnimmt, fokussiert werden.

affordances erlernen müssen, wobei dann auch noch unterschieden werden muss
zwischen unveränderlichen, hilfreichen Optionen und – beispielsweise den Lernprozess – störenden Möglichkeiten, die das Objekt bietet. J. P. Brown (2005) schließt
daraus wie folgt: „the *affordances of a teaching and learning environment incorporating electronic technologies* will be taken to mean the offerings of such an
environment for both facilitating learning (the promises or positive affordances)
and impeding learning (the threats or negative affordances)." (J. P. Brown, 2005,
S. 185 f.)

So bestätigt J. P. Brown (2006) empirisch die Notwendigkeit, Lernende an die
jeweiligen affordances und deren zugehörigen Einsatzszenarien heranzuführen.

Der Bezug auf Computer-Mensch-Interaktionen zielt außerdem darauf ab, dass
das Design digitaler Technologien möglichst niedrigschwellig und verständlich ist,
aber dennoch möglichst viele Funktionsweisen anbieten soll, die das Individuum
je nach Bedarf auswählt und verwendet (vgl. Kaptelinin, n.d., 2014). So kann dann
auch aus einem Artefakt möglichst schnell ein für mathematische Aktivitäten nutz-
bares Instrument werden, da Schemata und Umgangsweisen mit der Technologie
keine großen kognitiven Kapazitäten einnehmen. Laurillard et al. (2000) betonen
die Relevanz der affordances wie folgt: „Affordances describe how the interaction between perceiver and perceived works – and that is exactly what we need to
understand in educational research." (Laurillard et al., 2000, S. 3)

Die **Cognitive Load Theory** ist zunächst unabhängig von digitalen Technologien zu sehen und wird in einer Vielzahl von Studien im Bereich der Lernpsycho-
logie und in Bezug auf instruktionelles Design als theoretische Grundlage verwendet (Paas et al., 2010). Dabei wird unter anderem konstituiert, dass Einflüsse von
kognitiven Aktivitäten, die außerhalb des eigentlichen Lerngegenstands betrachtet
werden, zu minimieren sind (Sweller, 1988, 1994). Zunächst wurden Problemlöseprozesse betrachtet, bei denen bekannte Schemata nicht direkt angewendet werden konnten, sodass der kognitive Anspruch erhöht war (Sweller, 1988). Sweller
(1994) beschreibt: „engaging in complex activities such as these that impose a
heavy cognitive load and are irrelevant to schema acquisition will interfere with
learning." (Sweller, 1994, S. 301) Es muss also unterschieden werden zwischen
den kognitiven Aktivitäten, die tatsächlich notwendig sind, um ein Problem zu
lösen oder sich einem Lerngegenstand zu nähern und jenen, die nur bedingt durch
das Aufgaben- oder Darstellungsformat hinzukommen. Letztere sollten möglichst
reduziert werden, um Lernprozesse zielgerichtet zu ermöglichen und die kognitiven Aktivitäten eines Individuums nicht unnötig durch äußere oder zusätzliche
Anforderungen zu überlagern. In der Cognitive Load Theory wird daher zwischen

intrinsischem (selbstgesteuertem) und extrinsischem (fremdgesteuerten) kognitivem Anspruch unterschieden, wobei letzterer möglichst reduziert werden sollte. Sind die Informationen, welche durch das Aufgaben- oder Darstellungformat zusätzlich vermittelt werden, jedoch relevant für den Lernprozess, so wird die Beanspruchung als *germane* oder lernbezogen bezeichnet (Sweller, 2010; Sweller et al., 1998). Insgesamt lässt sich der kognitive Anspruch in den drei Bereichen addieren und sollte die Kapazität des Arbeitsgedächtnisses nicht übersteigen (Paas et al., 2003). Damit konzentriert sich die Cognitive Load Theory also vor allem auf das Arbeitsgedächtnis, welches begrenzte Kapazitäten hat und zum Teil unabhängige Komponenten besitzt, die mit auditivem oder verbalem und visuellem oder 2- bzw. 3-dimensionalem Material umgehen (Paas et al., 2004; Sweller et al., 1998). Außerdem wird das Abrufen und Verwenden bereits erlernter Schemata und Umgangsweisen als nicht beanspruchend für das Arbeitsgedächtnis angesehen (Paas et al., 2004; Sweller, 1994). Daher sollten Lerngelegenheiten sowohl die Konstruktion neuer Schemata als auch die Festigung bereits bekannter Schemata fördern. Bei der Gestaltung instruktioneller Lerngelegenheiten muss jedoch auch die allgemein angenommene und bestätigte Forderung beachtet werden, dass weder ein *overload* noch ein *underload* hinsichtlich des kognitiven Anspruchs förderlich für Lernprozesse sind (Paas et al., 2004).

In Bezug auf das Lernen mit digitalen Medien erarbeiten Mayer und Moreno (2003) neun Möglichkeiten, wie der kognitive Anspruch trotz der durch das Medium hinzukommenden Komplexität reduziert werden kann, denn es wird konstituiert, dass beim multimedialen Lernen[9] hauptsächlich der Effekt des *overloads* beobachtet werden kann. Dies ist vor allem auf die unterschiedlichen Darstellungsweisen zurückzuführen, welche häufig gleichzeitig verarbeitet werden müssen, um einen Lerneffekt zu erzielen. Im Folgenden werden die neun Lösungen zur Reduktion des kognitiven Anspruchs und damit zur Gestaltung lernförderlicher, medialer Umgebungen kurz zusammengefasst (vgl. Mayer und Moreno, 2003).

- **Off-loading:** Kombination aus Text und Bild in Videos oder Animationen, die mit Erzählungen hinterlegt sind

---

[9] Die Theorie des multimedialen Lernens (vgl. etwa Mayer, 2009, 2014) wird an dieser Stelle nicht vertiefend erläutert, könnte jedoch prinzipiell ebenfalls als Erklärungsansatz herangezogen werden. Sie weist, wie von Sweller (2012) aufgezeigt, viele Parallelen zur Cognitive Load Theory auf. Konkret wird vom multimedialen Lernen gesprochen, sofern Bild und Text simultan oder sukzessive verarbeitet werden müssen, um Inhalte gänzlich zu verstehen oder auffassen zu können. Die Grundannahmen dieser Theorie sind, dass zwei Verarbeitungskanälen genutzt werden können, jedoch eine begrenzte Kapazität des Arbeitsgedächtnisses ausschlaggebend für die Menge an zur Verarbeitung möglichen Informationen ist.

- **Segmenting:** Unterteilung einer Präsentation von Lerninhalten in kleinere Segmente, damit Lernende Pausen einlegen können und die Inhalte der kleineren Segmente wiederholen können
- **Pretraining:** Wenn die Segmentierung eines Lerninhalts in sukzessive aufeinanderfolgende Bausteine nicht möglich ist, können einige Bausteine unabhängig von einander vorher erlernt werden, sodass die Hauptlernphase sich auf das Zusammenfügen der einzelnen Bausteine konzentrieren kann
- **Weeding:** Das Auslassen interessanter, aber für den eigentlichen Lernprozess unnötiger Informationen kann die extrinsischen Anforderungen reduzieren
- **Signaling:** Wenn das Auslassen einiger Informationen nicht möglich ist (weeding), dann können wichtige Informationen betont oder markiert werden
- **Aligning words and pictures:** Text, der mit einem abgebildeten Bild zusammenhängt, sollte passend dazu und in der Nähe abgebildet werden
- **Eliminating redundancy:** Vermeiden, gleiche Inhalte in verschiedenen Darstellungsformen zu präsentieren, damit die Lernenden nicht den kognitiven Prozess des Kombinierens und Abgleichens bewältigen müssen
- **Synchronizing:** Wenn visuelle und auditive Informationen übermittelt werden, sollten die zueinander passenden Informationen zeitgleich z. B. in Form von Animationen oder Videos präsentiert werden
- **Individualizing:** Wenn die Synchronisierung von Inhalten aus Bild und Ton sukzessive dargestellt werden muss, sollte sichergestellt werden, dass Lernende in der Lage sind, die zuerst präsentierten Informationen zu behalten und später mit den zusätzlichen Informationen zu kombinieren

Zusammenfassend sollte also bei der Verwendung auditiver und visueller Darstellungsformen stets darauf geachtet werden, dass der kognitive Anspruch durch die sukzessive Kombination der Informationen nicht überschritten wird, damit trotzdem ein adäquater und zielgerichteter Lernprozess vollzogen werden kann. Dies ist vor allem für die Gestaltung digitaler Lernumgebungen relevant, welche im nachfolgenden Unterkapitel 4.1.4 näher betrachtet werden.

4.1.4   Digitale Lernumgebungen

Sinclair und Yerushalmy (2016) arbeiten heraus, dass in technologiebasierten Studien dem Bedarf nachgegangen werden muss, dass Schulen ihre Akzeptanz für digitale Neuerungen erhöhen, wenn der Fokus eher auf kleine, besser integrierbare Fragmente gelegt wird, die jedoch bereits ein möglichst ganzheitlich ausgestaltetes Lernmaterial für einen konkreten Lerngegenstand bieten. Darüber hinaus sollten die theoretischen Grundlagen sowie empirischen Erkenntnisse zu affordances und instrumenteller Genese berücksichtigt werden. Das Angebot möglichst vieler technischer Funktionalitäten in einer insgesamt schnell verständlichen und einfach strukturierten Umgebung umzusetzen, führt zu der Gestaltung digitaler Lernumgebungen. Der Charakterisierung solcher digitaler Lernumgebungen widmet sich dieses Unterkapitel.

Zunächst lässt sich herleiten, dass der Begriff der digitalen Lernumgebung ein Sammelbegriff ist. Hischer (2013) schließt nach den in Abschnitt 4.1.1 angeführten fünf Aspekten von Medien darauf, dass auch Lernumgebungen Medien sind. Dabei besteht jedoch die Möglichkeit, weitere digitale Medien und Werkzeuge einzubetten sowie miteinander zu verknüpfen. Charakteristisch ist dabei natürlich, dass Lernmaterialien computerbasiert und gesammelt für Lernende bereit gestellt werden, die in der Regel bereits vorstrukturiert werden (Baker et al., 2010; Isaacs und Senge, 1992; Jedtke und Greefrath, 2019). Darüber hinaus wird die kombinierte Nutzungsmöglichkeit verschiedener digitaler Medien und Werkzeuge wie beispielsweise dynamische Geometriesoftware oder auch dreidimensionale Darstellungen als charakteristisch herausgestellt (Drijvers et al., 2010; Jones et al., 2010; Lichti und Roth, 2018; Roth, 2015). Die verschiedenen digitalen Technologien, die in digitalen Lernumgebungen eingebettet oder verwendet werden, ermöglichen also neue Ansätze für die Entwicklung, Implementierung und Analyse von und den Umgang mit Lernmaterialien. Daraus ergeben sich auch neue Wege, mit mathematischen Aufgaben zu interagieren und mathematische Kompetenzen oder Wissen zu erwerben (Engelbrecht et al., 2020). Die beschriebenen digitalen Technologien ermöglichen es den Lehrkräften, ergebnisoffene Lernumgebungen bereitzustellen, in denen die Schülerinnen und Schüler nicht nur durch ein digitales Werkzeug lernen, sondern auch mathematische Zusammenhänge untersuchen können, indem differenzierte Materialien herangezogen werden. So kann auch ein den herkömmlichen Unterricht begleitendes Einsatzszenario als sinnvoll erachtet und als motivationssteigernd erwartet werden (Krivsky, 2003). Mobile sowie flexible Lernprozesse können – ausgehend vom Lehr- und Lernszenario – auch durch den Einsatz digitaler Lernumgebungen gefördert werden, da das Lernen dann „across multiple contexts, through social and content interactions, using personal electronic devices" (Crompton, 2013, S. 4) stattfindet.

Jedtke und Greefrath (2019) bewerten die verschiedenen Arten von Feedback innerhalb einer digitalen Lernumgebung zu quadratischen Funktionen und beschreiben die Feedbackintegration als weiteren charakteristischen Aspekt des Hyperonyms für computer- und webbasierte Lernaktivitäten.

Mit Hilfe digitaler Lernumgebungen ist es auch möglich, die Bewegung von einer durch die Lehrenden angetriebenen zu einer durch die Lernenden angetriebenen Unterrichtsperspektive zu unterstützen, die manchmal auch als *Push-to-Pull-Bewegung* beschrieben wird (Engelbrecht et al., 2020). Dies bedeutet, dass Lehrkräfte Wissen nicht mehr zu den Schülerinnen und Schülern *pushen*, indem sie Inhalte beispielsweise mit der Tafel demonstrieren, sondern, dass die Interessen und das Engagement der Lernenden fokussiert werden. Somit sind die Schülerinnen und Schüler in der Lage, die Informationen heranzuziehen, die sie benötigen. *Pull-Ansätze* beinhalten Kollaboration, Wissensaustausch, Selbstbestimmung und eigenständiges Steuern des Lerntempos. Dementsprechend können Inhalte durch die Schülerinnen und Schüler eigenständig ausgewählt werden und auch als *On-Demand* bezeichnet werden (van Merriënboer und Kirschner, 2017; Zwart et al., 2017). Die genannten Aspekte können auch durch verschiedene Arten digitaler Lernumgebungen ermöglicht werden.

Um die diversen Eigenschaften digitaler Lernumgebungen zusammenzufassen, führten Borba et al. (2016) in einer Literaturübersicht über Blended Learning, E-Learning und Mobile Learning den Begriff des *Mashups* ein. Außerdem stellten sie heraus, dass die verschiedenen Facetten von digitalen Lernumgebungen oft im Hinblick auf die teilnehmenden Lernenden, die zu vermittelnden Inhalte oder die zu verwendenden digitalen Technologien ausgewählt und gestaltet werden (Borba et al., 2016). Somit entsteht eine große Diversität und eine klare Definition des Begriffs der digitalen Lernumgebungen für diese Studie ergibt sich als notwendig. Eine weitere Schlussfolgerung, die aus den verschiedenen Möglichkeiten innerhalb digitaler Lernumgebungen gezogen werden kann, ist die Tatsache, dass sie einen intrinsisch-kognitiven Charakter haben (Balacheff und Kaput, 1996). Durch die Integration von Feedback, digitalen Medien und Werkzeugen, oder durch eine inhaltsbezogene Struktur werden die Lernprozesse gelenkt und unterstützt.

Neben den fachdidaktisch relevanten Aspekten sollte außerdem erwähnt werden, dass durch die Implementierung digitaler Lernumgebungen auch neue Zugänge zu Bearbeitungsprozessen aus einer forschungspraktischen Perspektive geschaffen werden können. So ist es möglich, nicht mehr lediglich die entstandenen Produkte zu evaluieren oder die Prozesse mithilfe aufwendiger Videografietechniken festzuhalten. Stattdessen können durch die Analyse der aufgrund spezifischer Interaktionen von Lernenden mit der digitalen Lernumgebung gespeicherten Daten neue Einsichten gewonnen werden (Ramalingam und Adams, 2018). Auf diese Weise konnten bereits einige neue Erkenntnisse zum Umgang von Schülerinnen und Schülern mit digitalen Technologien erzielt werden, auf die in Abschnitt 4.2 eingegangen wird.

Aus den oben genannten Perspektiven ergibt sich die folgende Definition für diese Arbeit:

Eine digitale Lernumgebung ist eine technologiebasierte Bereitstellung vor-strukturierter Lernmaterialien mit möglichst intuitivem Design, optionalem Feedback und Hinweisen sowie eingebetteten digitalen Medien und Werkzeugen. Die Lernenden können die digitale Lernumgebung über das Internet erreichen und der Fortschritt der Aufgabenlösung sollte gespeichert werden, sodass metakognitive Fähigkeiten wie Selbstregulierung und Planung ermöglicht oder sogar angeregt werden. Dies birgt auch neue Möglichkeiten im Rahmen der Empirie, da Prozessdaten ausgewertet werden können.

4.1.4.1 Gestaltung digitaler Lernumgebungen

Die Gestaltung digitaler Lernumgebungen kann verschiedensten Kriterienkatalogen folgen. An dieser Stelle sollen exemplarisch zwei relativ kurze, jedoch umfassende Komposita von Gestaltungsprinzipien vorgestellt werden. Zunächst sei auf die vier Prinzipien nach Mandl und Kopp (2006) eingegangen, welche aus einer allgemein pädagogisch-psychologischen Richtung kommen und mit der Prämisse verbunden sind, dass Lernprozesse in einer problemorientierten Lernumgebung als Wechselspiel aus Instruktion und Konstruktion angeregt werden sollten (vgl. Mandl und Kopp, 2006). Die vier Prinzipien lauten:

- *Authentizität und Anwendungsbezug:* Die Problemstellungen, welche in der Lernumgebung thematisiert werden, sollten möglichst realitätsnah und authentisch gewählt werden.
- *Multiple Kontexte und Perspektiven:* Der Transfer von Wissen sollte gefördert werden, indem die zu erlernenden Inhalte in verschiedenen Situationen und bezogen auf differenzierte Kontexte angewendet werden müssen.
- *Soziale Lernarrangements:* Durch die Wahl von kooperativen Lernformaten wird nicht nur das Lösen komplexer Probleme gefordert. Es werden auch soziale sowie kommunikative Kompetenzen gestärkt, sodass möglichst solche Formate zur Bearbeitung der Problemstellungen gewählt werden sollten.
- *Instruktionale Anleitung und Unterstützung:* Die selbstgesteuerten Lernprozesse beim Lösen komplexer Aufgaben sollten durch gezielte Instruktionen unterstützt werden, da für die Lernenden große Herausforderungen entstehen können.

Die Gestaltungsprinzipien werden auch in Abbildung 4.5 dargestellt.

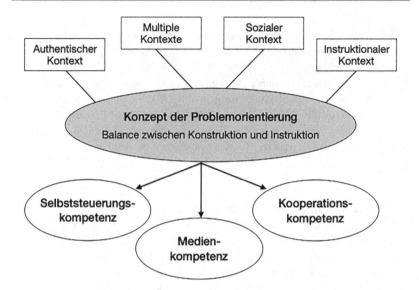

Abbildung 4.5 Die Gestaltungsprinzipien für problemorientierte und lernförderliche Lernumgebungen nach Mandl und Kopp (2006, S. 10)

Außerdem entwickelte Reinhold (2019) auf Basis verschiedener psychologischer Überlegungen und aus fachdidaktischer Perspektive das nachfolgende „*Modell zur Entwicklung digitaler Lernumgebungen in der Mathematikdidaktik*" (Reinhold, 2019, S. 167): Es werden drei Dimensionen genannt, die bei der Konzeption digitaler Lernumgebungen fokussiert berücksichtigt werden sollten.

- *Inhalt:* Bisherige Erkenntnisse zum durch die digitale Lernumgebung zu vermittelnden Inhalt sollten ausschlaggebend für die Entscheidungen bei der Entwicklung sein.
- *Design:* Erkenntnisse aus der Kognitions- und Instruktionspsychologie, wie jene zum Cognitive Load, sollten bei der Entwicklung digitaler Lernumgebungen berücksichtigt werden. Dies bedeutet, dass möglichst reduzierte Lernumgebungen gestaltet werden sollten, die zusätzliche, aber irrelevante kognitive Belastungen vermeiden.

- *Implementierung:* Lernende sollte möglichst natürlich mit den eingesetzten digitalen Medien und Werkzeugen umgehen können, indem die Interaktion auf natürlichen Gesten basiert. Neben der möglichen Vermeidung von zusätzlichen Geräten wie Maus und Tastatur werden auch Adaptivität und Feedback als Umsetzungsideen für diese Dimension genannt.

Beim Vergleich der beiden Kataloge an Gestaltungskriterien fällt auf, dass sie jeweils unterschiedliche Perspektiven aufwerfen, die jedoch jeweils mithilfe der bisher dargestellten Erkenntnisse als relevant deklariert werden können. So werden beispielsweise in den Kriterien nach Mandl und Kopp (2006) bereits Eigenschaften guter Modellierungsaufgaben aufgegriffen, deren Einsatz genau die Ziele verfolgt, multiple Anwendungskontexte zu offerieren. Gleichzeitig weist Reinhold (2019) mit seinen Kriterien darauf hin, dass dennoch der mathematisch-inhaltliche Rahmen gleich bleiben und die Gestaltungsentscheidungen darauf aufbauen sollten. Die Berücksichtigung psychologischer Lerntheorien wie die Cognitive Load Theory, aber auch die Betrachtung von Interaktionen und Berücksichtigungen fachdidaktischer Theorien zum Einsatz digitaler Medien und Werkzeuge wie die Instrumentelle Genese, werden zusammenfassend in der vorliegenden Arbeit als relevant erachtet.

4.2   Förderung digitaler mathematischer Kompetenz

> It is essential that teachers and students have regular access to technologies that support and advance mathematical sense making, reasoning, problem solving, and communication. Effective teachers optimize the potential of technology to develop students' understanding, stimulate their interest, and increase their proficiency in mathematics. When teachers use technology strategically, they can provide greater access to mathematics for all students. (NCTM, 2011, S. 1)

Diese Position hat der National Council of Teachers of Mathematics im Jahr 2011 veröffentlich und somit eindeutig herausgestellt, dass ein zielgerichteter, effektiver Einsatz von Technologie im Mathematikunterricht angestrebt werden sollte, um den Kompetenzerwerb von Schülerinnen und Schülern zu unterstützen und zu verbessern. Dieser Abschnitt widmet sich daher aktuellen theoretischen wie auch empirischen Erkenntnissen, wie ein solcher Kompetenzerwerb mithilfe digitaler Medien und Werkzeuge gelingen kann.

Drijvers (2015) beschreibt dazu drei Funktionalitäten, die Technologien im Mathematikunterricht einnehmen können (vgl. Abbildung 4.6).

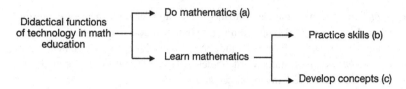

Abbildung 4.6 Die drei grundlegenden Funktionalitäten von digitalen Technologien im Mathematikunterricht nach Drijvers (2015, S. 137)

Außerdem geht aus verschiedenen Studien hervor, dass der Einsatz digitaler Medien und Werkzeuge das Mathematiklernen verändern. So stellen Goos et al. (2000) bzw. Galbraith et al. (2003) vier verschiedene Typen heraus, wie Technologie im Lernprozess wirken kann[10]: als *Master, Servant, Partner* oder *Extension of Self.* In der ersten Kategorie sehen die Autoren eine starke Abhängigkeit des Lernenden von der Technologie, wobei diese bei einer hohen mathematischen Komplexität auch zu einer reinen Übernahme des technischen Outputs führen kann. Wenn die Technologie hingegen als Servant oder Diener fungiert, dann dient diese einem verlässlichen, zeitsparenden Ersetzen mathematischer Handlungen oder Aktivitäten, wie beispielsweise die Berechnung eines Algorithmus. Wenn das digitale Endgerät darüber hinaus Stimuli für weiteres mathematisches Denken bereitet, indem beispielsweise durch eine Fehlermeldung die Überarbeitung eines mathematischen Modells vorgenommen wird, so kann es als Partner des Lernenden angesehen werden. Erkennbar ist bereits die Steigerung der Interaktivität und des Einflusses der Technologie auf den Lernprozess. In der letzten Beschreibung *Extension of Self* sehen Lernende die technologische Expertise als Erweiterung ihrer eigenen mathematischen Fähigkeiten an, sodass den digitalen Medien und Werkzeugen hierbei die höchste Funktionalität zukommt. Im Vergleich mit der instrumentellen Genese kann auch davon ausgegangen werden, dass zwischen der Kategorie *Master* und der Kategorie *Extension of Self* immer mehr Schemata zum adäquaten Einsatz einer digitalen Technologie verinnerlicht wurden und somit auch die verschiedenen affordances flexibel, aber ressourcensparend eingesetzt werden können. Die Autoren fassen den Einfluss von Technologie auf das Mathematiklernen wie folgt zusammen: „Technology, as a cultural tool, re-organises social interactions, changes the way that knowledge is produced, shared and tested, and is integral to the mathematical practice of specific learning environments." (Galbraith et al., 2003, S. 122)

---

[10] Diese vier Typen weisen vergleichbare Aspekte zu den Ausführungen nach Taylor (1980) auf, welcher die Computernutzung in der Schule in *tutor, tool* und *tutee* unterteilt hat.

Konkret kann der Einsatz digitaler Technologien im Mathematikunterricht die Wege der Kommunikation, Zusammenarbeit und Repräsentation verändern und sogar verstärken (Drijvers et al., 2016; Hegedus und Moreno-Armella, 2009; Moreno-Armella und Hegedus, 2009), versteckte mathematische Zusammenhänge sichtbar machen (Hegedus et al., 2017), mathematische Aktivitäten wie Experimentieren, Visualisieren oder Anwenden verstärken (Hegedus et al., 2017) sowie komplexere Aufgaben ermöglichen (Greefrath et al., 2011). Diese Möglichkeiten wirken sich auf das Mathematiklernen aus[11]. So sei exemplarisch der angesprochene Repräsentationswechsel zu nennen, welcher nicht unbedingt mit einem solchen innerhalb des gleichen Mediums zu vergleichen ist und somit die Konstruktion mathematischen Wissens fördern kann. Moreno-Armella und Hegedus (2009) beschreiben: „The emergent knowledge from this digital medium is different from the knowledge emerging from a paper-and-pencil medium because the mediator is not epistemologically neutral. That is, the nature of the knowledge is inextricably linked to the mediating artifact." (Moreno-Armella und Hegedus, 2009, S. 511)

Auch wenn dem Einsatz digitaler Technologien im Mathematikunterricht Potenziale zugesprochen werden, sind die genauen Ursachen und Wirkungsmechanismen nicht vollständig geklärt. Bisherige empirische Erkenntnisse werden im Nachfolgenden dargestellt. Dabei wird eine Unterteilung in Erkenntnisse zum Einsatz Dynamischer Geometriesoftware, sowie zum Einsatz digitaler Lernumgebungen, zu globalen Faktoren für den Kompetenzerwerb mit digitalen Technologien, und abschließend zu Erkenntnissen aus Studien mit Prozessdatenanalysen vorgenommen.

4.2.1 Ergebnisse zum Einsatz Dynamischer Geometriesoftware

Einen Einfluss auf von Lernenden produzierte Argumentationen und Erklärungen arbeiteten Hadas et al. (2000) heraus, wobei dieser Einfluss vor allem auf das bildliche Arbeiten mit DGS zurückgeführt wurde. So zogen Schülerinnen und Schüler

---

[11] Es besteht sogar die Möglichkeit durch den Einsatz digital gestützter sogenannter Wanderpfade wie etwa MathCityMap das Lernen nach draußen zu verlagern und so neue Anreize in der direkten Umwelt zu schaffen, um Mathematik anzuwenden. In einem geöffneten Definitionsbegriff digitaler Lernumgebungen könnten solche Apps auch aufgefasst werden, führen allerdings an dieser Stelle zu weit und gehen nicht mit der hergeleiteten Definition einher, in der auch die Strukturierung und Darstellung aller Lernmaterialien innerhalb der Umgebung charakteristisch ist. Daher sei hier nur am Rande auf Publikationen dazu verwiesen (vgl. etwa Barlovits und Ludwig, 2020; Buchholtz, 2020; Gurjanow und Ludwig, 2020; Ludwig und Jablonski, 2019).

visuell-variationale Argumente heran, welche sie durch die eigenständig vorgenommenen Manipulationen einer DGS-basierten Umgebung wahrnehmen konnten. Die komplexen Interaktionen von zwölf Schülerinnen und Schülern mit DGS untersuchten Iranzo und Fortuny (2011). Dabei fanden sie im Vergleich zur papierbasierten Bearbeitung heraus, dass durch die Nutzung der DGS alternative Lösungswege gefunden und somit das mathematische Verständnis vertieft werden kann. Außerdem wird in einigen Fällen eine Diagnose von Lernschwierigkeiten durch die DGS-Verwendung erleichtert. Ebenfalls auf die visuell-variationale Ebene beziehen Artigue (2019) sowie Leung (2015) den erfolgreichen Einsatz einer DGS beim Erkunden von Invarianten durch die Möglichkeit der Veränderung von Konstruktionen. Damit kann auch das Variieren geometrischer Konstruktionen durch Ziehen als eine der zentralen affordances von DGS herausgestellt werden (vgl. auch Laborde und Laborde, 2014), welche auch im Rahmen des Findens mathematischer Beweise oder während Problemlöseprozessen eingesetzt werden kann (Laborde, 2002). Den Zugmodus untersuchen auch Arzarello et al. (2002) im Detail. Das Ergebnis besteht aus zwei Strängen: zum einen kann die Art des Ziehens differenziert klassifiziert werden. Zum anderen müssen Schülerinnen und Schüler – im Sinne der Instrumentellen Genese – zunächst sinnvolle Schemata zum Umgang des Ziehens verschiedener Elemente erlernen. Zu Beginn zeigen Lernende daher häufig kaum Interaktionen im Zugmodus.

In Bezug auf das Verständnis der funktionalen Grundvorstellung Kovariation konnten Falcade et al. (2007) mit der DGS Cabri und dem darin speziell für diesen Zweck ausgewählten *trace tool* außerdem qualitativ konstituieren, dass dieses Werkzeug als ein potentieller semiotischer Mediator wirken kann.

Einen anderen Blickwinkel auf DGS und allgemein digitale Werkzeuge oder Medien bietet Kittel (2007), indem er in einer qualitativen Studie in der Hauptschule herausarbeitet, dass Lernende mathematischen Aufgaben mit weniger Angst begegnen, da durch den Zurück-Button die Möglichkeit eines spontanen und schnellen Revidierens vorgenommener mathematischer Handlungen oder Aktivitäten besteht.

Die bisher präsentierten empirischen Ergebnisse stützen die Überlegung bezüglich verschiedener Potenziale beim Einsatz digitaler Medien und Werkzeuge. Kritische Veränderungen des Lernens konnten jedoch auch beobachtet werden. An dieser Stelle sind allerdings vor allem Studien zu nennen, die vor 2000 entstanden sind. Exemplarisch sei auf die Ergebnisse von Hölzl (1995, 1996, 1999) verwiesen, wodurch etwaige Ziellosigkeit der Lernenden oder auch eine Verschiebung des Lernschwerpunkts auf die Technologie weg vom mathematischen Hintergrund und Verständnis konstituiert wurden.

Neben nicht ganz eindeutigen, jedoch eher auf Potenzial des DGS-Einsatzes hinweisenden Ergebnissen, sei an dieser Stelle auch darauf verwiesen, dass außerdem positive Einflüsse auf affektive Faktoren gefunden werden konnten. So konnten Pierce und Stacey (2011) beobachten, dass die Verwendung von GeoGebra, um außermathematischen Fragestellungen nachzugehen, das Engagement der Lernenden begünstigt. Sie betonen jedoch auch, dass DGS-Arbeitsblätter mit Bedacht gestaltet und beim Einsatz zusätzliche Hilfestellungen bereit gehalten werden müssen. Darüber hinaus konnte Gómez-Chacón (2011) in einem dreimonatigen Forschungsprojekt den positiven Einfluss auf Einstellungen durch den GeoGebra-Einsatz konstituieren: „The processes leading to the mastery of the device (hardware or software) prove to be instrumental in the formation of usage schemes and their attitudes toward use." (Gómez-Chacón, 2011, S. 162) Genannte, sich entwickelnde Einstellungen waren Hartnäckigkeit, Neugierde, Genauigkeit oder auch das Überwinden visueller Hürden.

Zum Einsatz von DGS zeigte außerdem eine quantitative Metastudie über die in Indonesien mit einem solchen digitalen Mathematikwerkzeug durchgeführten Studien, dass die Effektgrößen bei Untersuchungen, die in Einzelarbeit durchgeführt wurden, signifikant größer waren, als bei jenen, die Gruppenarbeiten betrachteten (Juandi und Kusumah, 2021).

Konkret auf den Einsatz der DGS GeoGebra beim mathematischen Modellieren bezogen führte Hankeln (2019) eine Interventionsstudie durch, bei der ein Vergleich des Kompetenzzuwachses in einer analog arbeitenden Gruppe mit der digital ausgestatteten Gruppe angestrebt wurde. Hierbei konnten nur wenige signifikante Unterschiede zur Kontrollgruppe gefunden werden. Für den langfristigen Kompetenzzuwachs der Teilkompetenzen Interpretieren und Validieren zeigte die GeoGebra-Gruppe jedoch signifikante Zuwächse (Hankeln, 2019; Hankeln und Greefrath, 2020). Hankeln und Greefrath (2020) schlagen daher eine Kombination aus Lösungsplan und DGS zur Förderung von Modellierungskompetenzen vor. Darüber hinaus lässt sich die Hypothese formulieren, dass die DGS-Gruppe zunächst adäquate Schemata im Umgang mit der DGS erlernen musste, um damit die eingesetzten Modellierungsaufgaben lösen zu können. Im Sinne der instrumentellen Genese lässt sich hier ein weiterer, den Kompetenzzuwachs im Modellieren überlagernder Prozess vermuten.

4.2.2 Ergebnisse zum Einsatz digitaler Lernumgebungen

In einer Studie zu Bearbeitungsstilen in einer digitalen Lernumgebung mit Tabellenkalkulation konnten Thies und Weigand (2004) auf der Basis von Computerprotokollen beobachten, dass Lernende beim Auftreten von Schwierigkeiten entweder nicht-zielgerichtetes, wahlloses Klicken und Scrollen oder aber vermehrte

Repräsentationswechsel sowie experimentelles Arbeiten zeigten. Außerdem konnte auf Basis des Leseverhaltens abgeleitet werden, dass es notwendig ist, Lernenden stets Anker anzubieten, bei denen klar ist, dass dort ein neuer Lösungsprozess startet, sodass erneute Aufmerksamkeit erzeugt und deutlich zu schnelles Lesen von Informationen gestoppt werden kann. Weiterhin wurde vorgeschlagen, Fragestellungen redundant zu formulieren und in Einzelteile zu zerlegen, da schwierige Fragen in der beschriebenen Studie häufig einfach übersprungen wurden. Die Verwendung von Redundanzen widerspricht den Vorschlägen nach Mayer und Moreno (2003) (vgl. Unterkapitel 4.1.3) und sollte untersucht werden.

Bei einer videografisch basierten qualitativen Studie zum Umgang mit digitalen, interaktiven Lernumgebungen konnten drei verschiedene Typen identifiziert werden. Hierbei waren vor allem das Vorwissen und die Selbstwirksamkeit charakteristisch für die jeweiligen Typen. Die differenzierten Eigenschaften wirkten sich auf das Navigationsverhalten und auf den Erfolg aus (MacGregor, 1999).

Dass der Einsatz verschiedener digitaler Werkzeuge, die miteinander kombiniert werden können, vielversprechend ist, lässt sich auch aus einer Analyse von Bearbeitungsprozessen Lernender der Jahrgangsstufen 8, 10 und 11 folgern, bei der herausgearbeitet wurde: „we noticed that a continuous passage from static to dynamic representations and back is still present." (Arzarello et al., 2012, S. 29)

Im Rahmen einer Evaluation der Lernumgebung MathePrisma konnte auf Basis einer freiwillig zur Verfügung stehenden Umfrage ermittelt werden, dass die Motivation der Teilnehmenden eigenständig sehr different eingeschätzt wurde. So gab ein Drittel der Umfrageteilnehmenden an, ausgewählte Module der Lernumgebung nur durchgeklickt zu haben, wohingegen ein weiteres Drittel den eigenen Bearbeitungsprozess als motiviert und intensiv bezeichnete. An dieser Stelle ist jedoch zu erwähnen, dass die Lernumgebung frei zur Verfügung stand und zum Teil auch Lehrpersonen die Materialien angesehen haben, um eine Einschätzung für den Einsatz des eigenen Unterrichts gewinnen zu können. Von mit Lerngruppen teilnehmenden und diese Lerngruppen beobachtenden Lehrkräften wurde jedoch in einer anderen Befragung zu der gleichen Lernumgebung eingeschätzt, dass die Lernenden die Texte zum Teil nur sehr oberflächlich gelesen haben (Krivsky, 2003).

Nicht auf Lehrenden- oder Lernendenebene, sondern allgemein in Bezug auf verschiedene Lernumgebungen, entwickelten Choppin et al. (2014) einen Referenzrahmen zur Analyse digitaler, zusammenhängender Unterrichtsmaterialien, die zumindest zeitweise das papierbasierte Schulbuch ersetzen können oder sollen und dementsprechend in die zuvor gewählte Kategorisierung digitaler Lernumgebungen passen. Mithilfe des Analyserahmens wurden außerdem sechs verschiedene digitale Lernumgebungen untersucht und im Anschluss verglichen. Dabei konnte konstituiert werden, dass vier der sechs Umgebungen kaum interaktive Materialien vollumfänglich integrierten, sondern hauptsächlich aufgenommene Präsentationen in Form von Videos nutzten. Außerdem war es ebenfalls nur in zwei von sechs digitalen Lernumgebungen möglich, Notizen oder Mitschriften für zukünftige Bearbeitungen zu speichern. Sehr unterschiedlich waren auch die Möglichkeiten, inwiefern allgemein Daten gespeichert und vor allem Tests oder Leistungs- und Lernstandüberprüfungen von der Lehrkraft erstellt werden konnten. Insgesamt schließen die Autorinnen und Autoren mit vier Aspekten, auf die bei der zukünftigen Entwicklung digitaler Lernumgebung geachtet werden soll: (1) Interaktivität sinnvoll und vermehrt integrieren, (2) Kommunikation anregen, (3) Möglichkeiten zur Individualisierung generieren, und (4) Optionen des Feedbacks und der Lernstandanalyse integrieren (Choppin et al., 2014).

Dass eine Förderung der Kommunikation wertvoll für den Kompetenzerwerb mit digitalen Lernumgebungen ist, wird auch aus einer auf einem Fragebogen basierenden Studie hergeleitet, bei der eine Faktorenanalyse mit den auf Likert-Skalen angegebenen Antworten von 58 Studierenden eines Statistikkurses durchgeführt wurde. Hierbei konnten die Faktoren *gemeinsames Lernen, Unterstützung durch die Lehrkraft, die Bedeutung von Lernpartnern, kollaborative Interaktion, kollaboratives Lernen* und *die Bedeutung der Intervention der Lehrkraft* für erfolgreiche Lernprozesse mit einer computergestützten Lernumgebung ermittelt werden (Li und Goos, 2017).

Die Lernumgebung *ActiveMath* hat beispielsweise angestrebt, möglichst viele dieser Faktoren zu integrieren:

In a nutshell, notable features of the current version of ActiveMath are user-adapted content selection, sequencing, and presentation, support of active and explorative learning by external tools, use of (mathematical) problem solving methods, and re-usability of the encoded content as well as inter-operability between systems. (Melis et al., 2001, S. 385)

Dieses Projekt untersuchte allerdings vornehmlich die technischen Möglichkeiten (Libbrecht und Winterstein, 2005).

Bei der Konzeption digitaler Lernumgebungen ist ebenfalls zu berücksichtigen, dass Baker et al. (2010) beim Vergleich dreier unterschiedlicher Lernumgebungen in verschiedenen teilnehmenden Gruppen als vorherrschenden Gefühlszustand Langeweile gefunden haben. Darüber hinaus wurden in zwei der drei untersuchen Lernumgebungen auch noch Frustration und Verwirrung als vornehmlich erfasste Gefühle konstituiert. Solch negative affektive Zustände sind jedoch nicht förderlich und sollten möglichst in Lernprozessen vermieden werden, denn Langeweile führt beispielsweise in der Regel zu *trial and error*- oder *gaming the system*-Verhalten, welches wiederum lernarme Prozesse mit sich bringt (Baker et al., 2010; Craig et al., 2004; Graesser et al., 2008).

Neben den affektiven Faktoren wurde in einer frühen Metastudie zum Einsatz von interaktiven, digitalen Lernumgebungen außerdem der Einfluss von Computer-Selbstwirksamkeit auf erfolgreiche Lernprozesse untersucht. Dabei waren die Ergebnisse nicht eindeutig: „Although some studies have indicated that compu-ter self-efficacy is positively related to learning outcomes with CBLEs, other stu-dies have suggested that the relationship between computer self- efficacy and learning outcomes changes with knowledge acquisition." (Moos und Azevedo, 2009, S. 589) Durch die Interventionsstudie von Hankeln (2019) konnte in der GeoGebra-Gruppe jedoch eine kurzfristige, wie auch nachhaltige Steigerung der Computer-Selbstwirksamkeit erreicht werden, die jedoch signifikant höher bei den untersuchten Jungen als Mädchen war. Dabei konnte auch ein Zusammen-hang zwischen der Entwicklung einiger Modellierungsteilkompetenzen und der Computer-Selbstwirksamkeit sowie der eigenständigen Einschätzung zu GeoGebra-Fähigkeiten zum zweiten Messzeitpunkt ermittelt werden (Hankeln, 2019).

Im Rahmen einer Untersuchung auf Basis des Einsatzes einer Lernwerkstatt mit Fokus auf den CAS-Einsatz kann als eine wichtige Erkenntnis hergeleitet werden, dass die Lernenden durch das selbstständige Arbeiten Schwierigkeiten und neuen Herausforderungen begegneten. Durch die qualitative Auswertung von Fragebögen konnten sowohl seitens der Lernenden als auch seitens der Lehrenden Probleme und neue Arbeitsanforderungen identifiziert werden, die es weiter zu untersuchen und zu unterstützen gilt (Barzel, 2006).

Zusammenfassend geben die Ergebnisse zu DGS und zu digitalen Lernum-gebungen bereits Indizien, dass durch den Einsatz – unter bestimmten Gestaltungskriterien – mathematisches Lernen verändert und gefördert werden kann. Um Gestaltungskriterien und mögliche Gelingensbedingungen herzuleiten, werden im Nachfolgenden Erkenntnisse zu globalen Faktoren dargestellt, welche primär aus Metastudien stammen.

4.2.3   Globale Faktoren zum Einsatz digitaler Medien und Werkzeuge

Aufgrund der Vielzahl an Studien zu den beschriebenen Potenzialen und Möglich-keiten, die der Einsatz digitaler Medien und Werkzeuge bietet, ist es an dieser Stelle nicht zielführend und möglich, all jene sowie Metastudien in diesem Bereich auf-zuführen. Exemplarisch soll hier jedoch zunächst auf die aktuelle Metastudie nach

Hillmayr et al. (2020) eingegangen werden[12], welche eine Vielzahl von Faktoren identifizieren konnten, die Effekte in Interventionsstudien hervorbrachten. Hierbei wurden verschiedene mathematisch-naturwissenschaftliche Fächer, das methodische Design (Altersgruppe, Arbeitsform, Länge der Intervention, Person der Instruktion), sowie – für diese Stelle der Arbeit besonders interessant – die Art der digitalen Technologie, die eingesetzt wurde, betrachtet.

Ausschnitte der Ergebnisse sind Tabelle 4.2 zu entnehmen. Es ist abzuleiten, dass Studien zum Einsatz dynamischer Mathematikwerkzeuge – hierunter können etwa Simulationen oder auch DGS gezählt werden – die größte Effektstärke aufwiesen. In Bezug auf die vergleichbar geringe Effektstärke vom Lernen mit Hypermedien vermuten Hillmayr et al. (2020), dass dort zu wenige Strukturierungen vorgenommen wurden. Eigenschaften von Intelligenten Tutorsystemen – wie Adaptivität, Feedback und Hinweise, sowie die Integration von Vorwissen – scheinen jedoch lernförderlich zu sein.

Ebenfalls mit positivem, jedoch kleinem Effekt versehen sind die Ergebnisse einer anderen Metastudie nach Drijvers et al. (2016), welche zu folgendem Schluss kommt:

> As an overall conclusion from quantitative studies, we find significant and positive effects, but with small average effect sizes in the order of d = 0.2. From the perspective of experimental studies, the benefit of using technology in mathematics education does not appear to be very strong. (Drijvers et al., 2016, S. 6)

Tabelle 4.2 Analyse der Variable **Type of digital tool** in einer Metastudie nach Hillmayr et al. (2020, S. 16)

Variable	N	k	g	SE
Drill & Practice	492	4	0.58*	0.25
Hypermedia Learning	1281	10	0.40*	0.16
Intelligent Tutoring System	676	7	0.89*	0.20
Tutoring System	3812	22	0.55*	0.11
Virtual Reality	7087	36	0.63*	0.08
Dynamic mathematical tools	1071	6	1.02*	0.22

N = Anzahl Probanden, k = Anzahl Studien, g = Effektgröße, SE = Standardfehler, *$p < .05$

---

[12] Weitere Überblicksartikel bieten etwa Drijvers et al. (2016) oder Hegedus et al. (2017), sowie Sinclair und Yerushalmy (2016) eingegrenzt auf den Einsatz dynamischer Geometriesoftware.

Drastischer wird das Verhältnis von Mathematiklernen und dem Einsatz digitaler Technologien durch das folgende Zitat dargestellt:

> Despite considerable investments in computers, internet connections and software for educational use, there is little solid evidence that greater computer use among students leads to better scores in mathematics and reading. (OECD, 2015, S. 145)

Dennoch leitet Drijvers (2018b) aus einer weiteren Metastudie ab, dass eine solche Aussage nicht zu verallgemeinern ist, da die Studienergebnisse stets im Kontext der jeweiligen Erhebung sowie in Bezug auf mathematische Inhalte, Lerngruppen und viele weitere Aspekte betrachtet werden müssen. Er formuliert entsprechend: „What does empirical research really tell us about the effects on student performance of using digital technology in mathematics education?" (Drijvers, 2018b, S. 162) Als Ergebnis der unterschiedlich starken, jedoch im Allgemeinen nur moderaten Effekte bei quantitativen Studien zum Technologieeinsatz fordert er entsprechend: „What we need on our research agendas, therefore, are studies (including replication studies) that focus on the identification of decisive factors that determine the eventual benefits in specific cases." (Drijvers, 2018b, S. 173)

Ganz konkret auf einen mathematischen Inhalt bezogen, durch psychologisch-didaktische theoretische Überlegungen gestützt und mit genau kontrollierten Erhebungsbedingungen angelegt, wurde das Projekt ALICE:fractions durchgeführt. Dort wurde eine digitale Lernumgebung zur Bruchrechnung untersucht und mit einer analogen Papierversion sowie dem alternativen Schulbucheinsatz verglichen. Aus den unterschiedlich starken Effekten je nach Leistungsstärke der Lernenden leitete Reinhold (2019) das Folgende ab:

> Dieses Ergebnis erscheint vor allem deshalb bemerkenswert und bedeutsam, da sich für tendenziell leistungsschwache und tendenziell leistungsstarke Schülerinnen und Schüler unterschiedliche Wirkmechanismen der Lernumgebung ableiten lassen. So kann angenommen werden, dass bei Gymnasiastinnen und Gymnasiasten bereits die fachdidaktisch motivierte multimediale Aufbereitung der Inhalte zu einer Steigerung der Leistung führte, während an der Mittelschule erst eine zusätzliche interaktive Aufbereitung für Tablet-PCs (hier konkret: iPads) im Sinne von Kapitel 4 [Ergänzung d. Autorin: Chancen digitaler Medien] die angenommenen Effekte zutage fördern konnte. (Reinhold, 2019, S. 280 f.)

Zu allgemeinen Zusammenhängen von Einstellungen zur Mathematik und Einstellungen zum Technologieeinsatz führte Gómez-Chacón (2011) auf Basis eines Fragebogens, den 392 Schülerinnen und Schüler im Alter von 15 oder 16 Jahren beantworteten, eine Clusteranalyse durch. So konnten die folgenden vier Profile festgestellt werden (vgl. Gómez-Chacón, 2011):

- Profil 1 (30 %): geringe mathematikbezogene Selbstwirksamkeitserwartungen und Motivation, niedrige Einschätzungen zu Potenzialen des Technologieeinsatzes bei mathematischen Problemen, geringe Motivation zur Technologienutzung
- Profil 2 (28 %): hohe mathematikbezogene Selbstwirksamkeitserwartungen und Motivation, niedrige Einschätzungen zu Potenzialen des Technologieeinsatzes bei mathematischen Problemen, geringe Motivation zur Technologienutzung
- Profil 3 (27 %): geringe mathematikbezogene Selbstwirksamkeitserwartungen und Motivation, aber hohe Einschätzungen zur Technologie allgemein sowie bezogen auf Mathematik
- Profil 4 (15 %): hohe mathematikbezogene Selbstwirksamkeitserwartungen und Motivation und hohe Einschätzungen zur Technologie allgemein sowie bezogen auf Mathematik

Insgesamt konnten also bereits einige Faktoren identifiziert werden, die als förderlich oder hinderlich beim Einsatz digitaler Medien und Werkzeuge herausgearbeitet wurden. Eine weitere Möglichkeit zur Identifikation solcher Faktoren bietet die Prozessdatenanalyse, auf die im Nachfolgenden eingegangen wird.

4.2.4 Ergebnisse aus Prozessdatenanalysen

Eine neue Möglichkeit der quantitativen Verarbeitung prozessualer Lernaktivitäten geht mit der Speicherung und Analyse von Computer-Logdaten einher und lässt damit auch die Betrachtung von Bearbeitungsprozessen in großen Stichproben zu. Hierbei wird eine in der Regel vor der Erhebung festgelegte Menge an Daten gespeichert, welche durch die Interaktion von Lernenden mit dem Computer einhergehen. Beispiele sind also Mausbewegungen, Klicks oder Scrollen, wobei die zeitlichen Dimensionen gespeichert werden. So konnten Greiff et al. (2016) die Prozessdaten von 1476 finnischen Schülerinnen und Schülern hinsichtlich ihres Lösungsprozesses innerhalb einer für eine standardisierte Erhebung konzipierten digitalen Umgebung zum Problemlösen untersuchen. Ein zentrales Ergebnis ist, dass Lernende, die eine hohe Anzahl an (vermutlich unbeabsichtigten) Interaktionen mit der Umgebung zeigten, ein weniger gutes Problemlöseverhalten aufwiesen als jene, die (gezielte) wenige Interaktionen ausführten. Außerdem waren sowohl sehr kurze als auch sehr lange Problemlöseprozesse ausschlaggebend für nicht-erfolgreiche Lösungen (Greiff et al., 2016).

In einer Erprobungsstudie zu innovativen E-Items für VERA-8, die ebenfalls kurze Items für eine standardisierte Erhebung digitalisiert für Testteilnehmende zur Bearbeitung stellte, konnten auf Basis der Prozessdaten die Interaktionen mit einem

GeoGebra-Applet analysiert werden. Dabei zeigte sich – vergleichbar zu der zuvor vorgestellten Studie – dass eine hohe Anzahl an Werkzeugwechseln beispielsweise zu schlechteren Lösungen des betrachteten Items führte (Frenken et al., 2022). Weiterhin lassen sich mithilfe computerbasiert gespeicherter Daten Einsichten im Bereich des *Time on Task* verifizieren und detaillierter analysieren. Dass die effektive Zeit, in der sich Schülerinnen und Schüler mit einem Lerngegenstand willig beschäftigen, ein wesentlicher Prädiktor für den Lernzuwachs ist, wurde bereits in einer Vielzahl an Studien gezeigt (z. B. Creemers, 1994; Hattie, 2010; Klieme, Schümer et al., 2001; Louw et al., 2008; Mulqueeny et al., 2015). Die Analyse von in der Regel zeitgestempelten Log- und Prozessdaten ermöglicht es, die Zeiten auf spezifischen, in den Lernumgebungen zur Verfügung stehenden Elementen zu fokussieren und so vertiefende Analysen zu betreiben, wie es auch in früheren Studien zu digitalen Lernumgebungen bereits angeregt wurde, bei denen die technischen Möglichkeiten noch nicht so weitreichend waren (Krivsky, 2003; Zöttl, 2010). Auf der anderen Seite besteht auch der Zusammenhang, dass ein regelmäßiger Einsatz digitaler Technologien im Unterricht zu einer höheren Motivation und Time on Task führen kann (Guerrero et al., 2004).

Die Verwendung von Prozessdaten ermöglicht es auch, das Antwortverhalten sehr große Stichproben in computer-gestützten Umgebungen ökonomisch zu analysieren. So wurden in einer israelischen Studie die Prozessdaten von 32581 Lernenden fünfter und sechster Jahrgangsstufen verwendet, um verschiedene Variablen, wie die der Bearbeitungszeit oder Wiederholungsraten beim Lösen von Applets zum Denken auf niedrigerer Stufe und zum Denken auf höherer Ebene zu vergleichen. Dabei waren die Lösungsquoten bei den Applets niedriger Ebene signifikant höher, was auf die Notwendigkeit übergeordneter metakognitiver oder selbstregulativer Kompetenzen bei Lösungsprozessen der komplexeren Applets zurückgeführt wird (Haleva et al., 2021).

Allgemein ist festzuhalten, dass die Studienergebnisse zur Wirksamkeit digitaler Medien und Werkzeuge divers sind. So konstatiert auch Herzig (2014), dass generalisierbare Aussagen dazu nicht möglich sind. Stattdessen fehlt es jedoch noch immer an Interventionsstudien zum Einsatz digitaler Lerngelegenheiten im Regelunterricht (Schmidt-Thieme und Weigand, 2015). Darüber hinaus lassen sich jedoch drei verschiedene Ziele und Vorgehensweisen in der Empirie zum Einsatz digitaler Technologien in der Mathematikdidaktik identifizieren (vgl. Pallack, 2018):

- Die Wirksamkeit einer konkreten Lernumgebung mit Einflüssen digitaler Technologien wird gemessen. Dabei wird also die Leistungs- oder Kompetenzmessung fokussiert und der Einfluss der Lehrkraft wird möglichst eliminiert.

- Prozessorientiert werden die Einflüsse ausgewählter digitaler Technologien auf das Lernen im unterrichtlichen Kontext erhoben und evaluiert.
- Die Rahmenbedingungen für eine erfolgreiche Implementierung digitaler Technologien in den schulischen Kontext werden analysiert, indem vor allem das System Schule und dessen Infrastruktur betrachtet wird.

In der vorliegenden Studie wird die Kombination aus den ersten beiden Aspekten angestrebt, indem eine digitale Lernumgebung zum mathematischen Modellieren mit verschiedenen Unterstützungsmöglichkeiten entwickelt und die Kompetenzentwicklung auf Basis der gespeicherten Prozessdaten evaluiert werden soll. Bei den Erkenntnissen zur Verwendung digitaler Lernumgebungen wurde deutlich, dass selbstgesteuerte Lernprozesse fokussiert und unterstützt werden sollten. Diese Erkenntnis ließ sich auch bereits aus dem vorherigen Kapitel zum mathematischen Modellieren ableiten. Daher soll im nachfolgenden Kapitel das Konstrukt der Metakognition beleuchtet werden, welches in engem Zusammenhang mit selbstgesteuerten Lernprozessen steht. Im Anschluss daran werden dann die drei verschiedenen Theoriestränge zusammengeführt, um Forschungsfragen für die vorliegende Arbeit ableiten zu können.

Metakognition

5

Das Konzept der Metakognition wurde in den 1970er-Jahren durch Autoren wie Flavell (1976) und A. L. Brown (1977) eingeführt, auch wenn Umschreibungen ähnlicher Konstrukte bereits früher in der Literatur zu finden sind. Seither ist das Konstrukt ein immanentes Gebiet theoretischer sowie empirischer Aktivitäten und dennoch bleibt der Begriff weitestgehend unscharf (Mahdavi, 2014). Dies kann als Problem angesehen werden, weil Studien nicht mehr vergleichbar sind und deren Implikationen immer in Bezug auf die verwendete Definition interpretiert werden müssen, doch auch die Chance der Ergründung von Lernprozessen aus verschiedensten Perspektiven geht damit einher. Allerdings ist dabei zu beachten, dass eine klare Definition für ein jeweiliges Forschungsvorhaben essenziell ist. Dennoch ergab eine Metastudie zur Verwendung von Begriffen wie Me-takognition, selbstreguliertem Lernen und Selbstregulation, dass auf eine explizite Definition in einem Großteil der empirischen Schilderungen verzichtet und stattdessen lediglich beispielhafte Umschreibungen vorgenommen wurden (Dinsmore et al., 2008). Aus diesem Grund ist das übergeordnete Ziel des folgenden Kapitels sowohl eine Arbeitsdefinition des Konzepts *Metakognition* und darüber hinaus die für die gesamte Arbeit fundamentale Definition des *metakognitiven Wissens* herzuleiten. Hierbei ist es unumgänglich auf die Ursprünge und demnach auf psychologische Konzeptionen zurückzugreifen. Nach der allgemeinen Definition des metakognitiven Wissens wird jedoch eine Bezugnahme auf die Mathematikdidaktik hergestellt. Bei den dann anschließenden Darstellungen bisheriger empirischer Erkenntnisse wird jeweils eine Zweiteilung vorgenommen, in der zunächst erneut auf allgemeine und im Anschluss auf mathematikspezifische Erkenntnisse eingegangen wird.

Zu Beginn soll zunächst noch das nachfolgende Zitat angebracht werden, welches auch als die Konzeptualisierung der Metakognition motivierend gesehen werden kann:

L. Frenken, *Mathematisches Modellieren in einer digitalen Lernumgebung*,
Studien zur theoretischen und empirischen Forschung in der
Mathematikdidaktik, https://doi.org/10.1007/978-3-658-37330-6_5

why not start looking for ways of experimentally studying, and incorporating into
theories and models of memory, one of the truly unique characteristics of human
memory: its knowledge of its own knowledge. [...] We cannot help but feel that if there
ever is going to be a genuine breakthrough in the psychological study of memory [...]
it will, among other things, relate the knowledge stored in an individual's memory to
his knowledge of that knowledge (Tulving und Madigan, 1970, S. 477)

5.1   Begriffsbestimmung

5.1.1   Herleitung des Konstrukts Metakognition

Der Begriff der Metakognition wurde von Flavell (1976) sowie A. L. Brown (1977)
in den Fokus gerückt und wird seither in vielfältiger Weise auch in den verschiedensten Disziplinen psychologischer oder sozialwissenschaftlicher Forschung verwendet.

Dennoch wurde in einer Vielzahl bisheriger theoretischer Ausführungen häufig auf Vergleiche oder Distinktionen zu anderen Begriffen eingegangen, statt eine
klare Definition zu formulieren. So schlug Klahr (1974) beispielsweise eine Unterscheidung zwischen dem Wissen und dem Verstehen des Wissens vor. Das Konstrukt der Metakognition, welches auch als „fuzzy concept" (Flavell, 1981, S. 37)
benannt wurde, lässt sich auf die lerntheoretischen Grundlagen Piagets und das von
ihm begründete Äquilibrationsmodell (Flavell, 1963a) zurückführen. Daher geht
das hier beschriebene Konstrukt mit konstruktivistischen Grundannahmen einher
(Flavell, 1963b).

Eine erste Näherung an den Begriff der Metakognition gelingt, indem das Wort
aufgeteilt wird in den griechischen Präfix *meta* und das Wort *Kognition*, welches sich
aus dem Lateinischen von dem Verb *cognoscere* ableiten lässt. Durch die Vorsilbe
lässt sich ausdrücken, dass etwas auf einer höheren Ebene verläuft; cognoscere
kann etwa durch kennenlernen oder auch erkennen übersetzt werden. Es werden
also Prozesse über das Verarbeiten von Informationen beschrieben, deren Produkt
wiederum Informationen sind (Winne, 2017).

Einer expliziten Unterscheidung der Konstrukte Kognition und Metakognition
wird im weiteren Verlauf nachgegangen. Zunächst soll als zweiter Zugang die Ent-
stehung und Entwicklung der Metakognition dienen.

Die Einführung des Begriffs der Metakognition geht auf die Beobachtung von
Schülerinnen und Schülern zurück, die ein Problem lösen wollten, jedoch nicht
erfolgreich dabei waren, sodass die Frage aufkam, welche Prozesse Einfluss auf die
Bearbeitung und Überwindung eines Problems haben (Flavell, 1976). Daraufhin
wurde Metakognition wie folgt definiert:

‚Metacognition' refers to one's knowledge concerning one's own cognitive processes and products or anything related to them, e.g., the learning-relevant properties of information or data. (Flavell, 1976, S. 232)

Metakognition kann demnach als das Wissen und die Kognition über kognitive Prozesse verstanden werden (Flavell, 1979; Flavell und Wellman, 1977). Kognitionen können als interne, psychische Repräsentationen von sowohl tatsächlichen als auch fiktiven Repräsentationen oder als psychische Erzeugung dieser Repräsentationen verstanden werden und demnach in Kognition als Produkt sowie Kognition als Prozess differenziert werden (Pekrun und Jerusalem, 1996). Unter dem Begriff der Kognition werden also geistige Aktivitäten von Menschen zusammengefasst. In Bezug auf die vorangestellte Definition der Metakognition lässt sich folgern, dass die Ergebnisse der (intelligenten) Evaluation und Kontrolle eigener kognitiver, also geistiger Prozesse aus metakognitiven Abläufen resultieren (A. L. Brown, 1977). Hieraus geht der exekutive Kontrollcharakter metakognitiver Aktivitäten hervor, welchen A. L. Brown (1977) in den Mittelpunkt ihrer theoretischen Konzeption stellt (Hasselhorn, 1992). Dies geht mit der in den 1950er-Jahren formulierten Grundannahme einher, dass sich geistige Aktivitäten durch Individuen aktiv steuern lassen (Nelson, 1999). Schoenfeld (1987) trägt zur begrifflichen Klärung bei, indem er die beiden Umschreibungen „reflections on cognition" sowie „thinking about your own thinking" verwendet. Darüber hinaus werden durch die nachfolgende Definition einige inhaltliche Aspekte ergänzt:

Dabei versteht man unter Metakognitionen im allgemeinen jene Kenntnisse, Fertigkeiten und Einstellungen, die vorhanden, notwendig oder hilfreich sind, um beim Lernen (implizite wie explizite) Strategieentscheidungen zu treffen und deren handlungsmäßige Realisierung zu initiieren, zu organisieren und zu kontrollieren. (Weinert, 1994, S. 232)

Hierbei wird also die Kontrolle und Regulierung des eigenen Lernverhaltens betrachtet. Diese Fokussierung wurde auf Basis verschiedener Forschungsansätze und Theoriestränge weiterentwickelt. So entwickeln J. Wilson und Clarke (2004) speziell für die mathematikdidaktische Forschung die Umschreibung, dass es sich um das Bewusstsein über das eigene Denken, die Bewertung des eigenen Denkens sowie die Regulierung bzw. Steuerung dessen handelt (in Anlehnung an J. Wilson, 1998, 2001). Durch diese Definition kommt also vor allem die Betonung des Bewusstseins hinzu, welches weiter dadurch konkretisiert wird, dass Individuen wissen, in welchem Stadium des Lern- oder Bearbeitungsprozesses sie sich gerade befinden, wie ausgeprägt ihr inhaltsspezifisches Wissen in diesem Bereich ist und welche (hilfreichen) Strategien bekannt sind, um eine Aufgabe zu bewältigen

(J. Wilson und Clarke, 2004). Es handelt sich hierbei also um akkumuliertes, explizierbares Wissen für Lernsituationen, bei denen Hürden auftreten können.

Auch wenn alle Definitionen auf die beschriebene Konzeptionalisierung Flavells zurückgehen, wurde diese auch stetig hinterfragt. Aus den dargelegten Definitionen und Konzeptualisierungen werden einige Schwierigkeiten deutlich. Zum einen ist Metakognition bereichsspezifisch, da die zugehörigen Lernprozesse ebenfalls als solches anzusehen sind. Fraglich ist demnach, wie flexibel und in welchem Ausmaß inhalts- sowie situationsübergreifend beispielsweise Strategien transferiert werden können (Bannert, 2007). Eine weitere Schwierigkeit stellt zum anderen die Frage dar, inwiefern die eigenen geistigen Tätigkeiten reflektiert sowie bewusst zugänglich sind und von kognitiven Aktivitäten unterschieden werden können (Veenman, 2007).

Das Verständnis des dieser Arbeit zugrunde liegenden Konzepts der Metakognition kann durch die Abgrenzung zu ähnlichen und begrifflich oder theoretisch verwandten Konzepten ausgeschärft werden. Zunächst soll daher eine Gegenüberstellung der Begriffe *Kognition* und *Metakognition* vorgenommen werden.

Bereits durch das Rezipieren einiger Definitionen von Metakognition wird klar, dass die beiden Begriffe in Beziehung zueinanderstehen, da der Begriff der Kognition häufig innerhalb der Definitionen herangezogen wird. Daraus ist abzuleiten, dass Metakognition ein Teil der Kognition ist. Metakognitive Prozesse sind also ebenso kognitive Aktivitäten, die jedoch letztere steuern, regulieren oder in einer anderen Form beeinflussen (Nelson, 1999). Aus diesem Grund werden sie von Kuhn (1999) auch als *second-order*-Operationen bezeichnet. Die Beziehung von Kognition und Metakognition ist in Abbildung 5.1 dargestellt.

Ebenso verwandt mit der Metakognition ist das Konzept des selbstregulierten Lernens. Selbstreguliertes Lernen oder auch Selbstregulation wird aufgefasst als die Verarbeitung der eigenen Handlungen, wobei ein Individuum kognitive Prozesse, Emotionen and Motivation kontrolliert, stimuliert oder reguliert (z. B. de Corte et al., 2000; Pintrich et al., 2000). Diese selbstregulierenden Aktivitäten werden ausgeführt, um persönliche Ziele zu erreichen (Zeidner et al., 2000). Auch hier kann kritisiert werden, dass in empirischen Arbeiten eine Trennung häufig nicht vorgenommen wird (Dinsmore et al., 2008). Als zentrale Prozesse werden beim selbstregulierten Lernen die Planung, Überwachung, Regulation und Evaluation des eigenen Lernens beschrieben (Winne und Hadwin, 1998), welche jedoch auch häufig als die Bereiche metakognitiver Aktivitäten deklariert werden. Daher verwendet Winne (2017) das Konstrukt des selbstregulierten Lernens als Fusionierung von Kognition, Metakognition und Motivation. Umgekehrt wird von Pintrich et al. (2000) vorgeschlagen, selbstreguliertes Lernen als einen von drei Aspekten der Metakognition zu sehen. Die anderen beiden Facetten der Metakognition sind hierbei das metakognitive Wissen zum einen sowie die metakognitiven

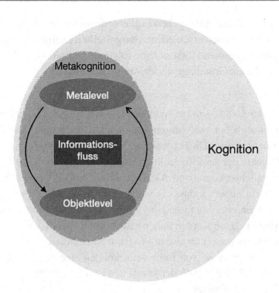

Abbildung 5.1 Metakognition als Teil der Kognition mit der Unterscheidung der beiden Ebenen Objektlevel und Metalevel adaptiert nach Nelson und Narens (1990)

Entscheidungen und das Monitoring zum anderen (Pintrich et al., 2000). Winne und Hadwin (1998) wiederum machen die Beziehung von Selbstregulation und Metakognition deutlich, indem sie Lernen als metakognitiv gestütztes selbstreguliertes Lernen beschreiben. In einer ähnlichen Weise beschreibt Efklides (2008), dass vor allem das Wahrnehmen von Schwierigkeiten oder negativen Gefühlen während selbstregulierter Lernprozesse dazu führt, zunächst metakognitives Wissen zu aktivieren, um zu unterscheiden, ob die Probleme auf Eigenschaften der Aufgabe, falsches Anwenden einer Strategie oder auch fehlendes Vorwissen zurückzuführen sind. Darauf aufbauend können dann Entscheidungen getroffen werden, wie der weitere Lernprozess gesteuert werden kann (Efklides, 2008). Deutlich wird also, dass die Konstrukte der Metakognition und des selbstregulierten Lernens in Abhängigkeit stehen, wobei eine Hierarchie unterschiedlich aufgefasst werden kann, eine Relevanz von Metakognition für erfolgreiche Lernprozesse jedoch bereits auf theoretischer Ebene hergeleitet werden kann.

Sowohl die Basis der weit gefassten Definitionen als auch die vielen auf die Metakognition Einfluss nehmenden Facetten erweisen sich als Chance, ständig neue Forschungsansätze in Bezug auf metakognitive Aktivitäten und Phänomene

zu entwickeln sowie damit einhergehend außerdem ein tieferes Verständnis solcher
Prozesse zu generieren. Die verschiedenen dargestellten Definitionen und Begriffs-
näherungen zusammenfassend lässt sich die folgende Definition der Metakognition
formulieren, welche als Grundlage dieser Arbeit zu sehen ist.

Das Konzept der *Metakognition* inkludiert alle kognitiven, also geistigen und
von einem menschlichen Individuum stammenden Prozesse, bei denen andere
kognitive Prozesse zum Objekt werden. Elementar ist demnach die Trennung des Objekts der jeweiligen kognitiven Aktivität von dem Metalevel,
also der eigentlichen kognitiven Aktivität. Diese beiden Level können sich
gegenseitig beeinflussen, sodass ein vollzogener Informationsfluss zwischen
den beiden Leveln eine Voraussetzung für metakognitive Prozesse darstellt.
Metakognitive Prozesse werden außerdem dadurch spezifiziert, dass sie das
Ziel aufweisen, (bewusst) kognitive Prozesse zu evaluieren und zu steuern.
(Meta-)kognitive Prozesse von Individuen können eine Bereichsspezifizität
aufweisen und in Abhängigkeit der jeweiligen Bereiche auch bei einem Individuum different ausgeprägt sein.

5.1.2 Facetten der Metakognition

Die verschiedenen Akzentuierungen des Begriffs Metakognition werden vor allem
deutlich in den Unterkategorien, welche gebildet werden, um detailliertere Deskriptionen vorzunehmen. An dieser Stelle soll darauf verzichtet werden, einen ganzheitlichen Überblick zu verschiedensten Metakognitionskonzepten und deren Entwicklungen darzulegen[1]. Stattdessen werden einige Klassifizierungen erörtert, die sich
auch in die oben formulierte Definition des Konstrukts Metakognition eingliedern
lassen.

Flavell (1979) kategorisiert die Bereiche der Metakognition wie folgt:

(a) Metakognitives Wissen [metacognitive knowledge]: Hierunter wird das gespei-
     cherte Wissen gefasst, welches sich auf Menschen als kognitive Wesen bezieht
     und demnach das Wissen über die verschiedensten kognitiven Aufgaben, Ziele,
     Handlungen und Erfahrungen einbezieht.

---

[1] Übersichten geben etwa Bannert (2007) oder Hasselhorn (1992).

(b) Metakognitive Erfahrungen [metacognitive experiences]: Als metakognitive Erfahrungen werden all jene kognitive oder affektive Erfahrungen beschrieben, die innerhalb eines intellektuell – unabhängig vom Niveau – stattfindenden Austauschs entstehen.

(c) Ziele (oder Aufgaben) [goals (or tasks)]: Hierunter werden die Objekte der kognitiven Ausführungen gefasst.

(d) Handlungen (oder Strategien) [actions (or strategies)]: Diese Kategorie bezieht sich auf (kognitive) Handlungen, welche unternommen werden, um die in c) beschriebenen Ziele zu erreichen.

Häufig wird die Metakognition auch lediglich in zwei Bereiche geteilt. Diese werden beispielsweise als *deklarativ* und *exekutiv* (Hasselhorn, 1992), als *deklarativ* und *prozedural* (Schneider und Artelt, 2010) oder als *metakognitives Wissen* und *metakognitive Regulierung* (Schraw, 2001; Scott und Levy, 2013) bezeichnet. Es ist jedoch festzuhalten, dass diese Distinktion in zwei Bereiche im Allgemeinen akzeptiert ist und als Basis für Forschungsansätze dient. Obwohl die beiden Komponenten theoretisch und empirisch voneinander trennbar sind, beeinflussen sie sich gegenseitig (Schneider et al., 1987; Schraw, 1994).

Neben der Kategorisierung der Metakognition nennen Flavell und Wellman (1977) außerdem die Sensitivität [sensitivity] als beeinflussendes Kriterium. Dieser Begriff bezieht sich auf das Gespür dafür, dass eine strategische Handlung zur Lenkung der Kognition notwendig ist. Demnach genügt das Wissen über Strategien zunächst einmal nicht, um diese anzuwenden und so Einfluss auf kognitive Prozesse zu nehmen. Hasselhorn (1992) kommt nach einer ausführlichen Darstellung der bis dahin vorherrschenden theoretischen und empirischen Grundlagen zur Metakognition zum Schluss, dass die Sensitivitätskategorie, welche er auch mit Intuition und Erfahrungswissen beschreibt, eine der wichtigsten Facetten sein könnte. Er benennt daher das pädagogische Ziel, eine strategische Sensitivität innerhalb von Lernprozessen aufzubauen. Dem Einfluss der Sensitivität wie auch jenem der metakognitiven Emotionen kommt die nachfolgende Kategorisierung nach, welche auch eine Zusammenfassung der gesamten Metakognitionsforschung durch Winne (2017) darstellt:

(a) Metagedächtnis [metamemory] als das Wissen über das Gedächtnis, seine Funktionsweisen und Faktoren, die das Behalten von Informationen beeinflussen (siehe z. B. Flavell und Wellman, 1977; Schneider und Pressley, 1989; Thiede und de Bruin, 2017)

(b) Metakognition [metacognition] als das Wissen über kognitive Prozesse, Faktoren, die diese beeinflussen, sowie Abläufe solcher

(c) Metaemotionen [meta-emotion] als die Gefühle über Erfahrungen mit bestimm-
     ten Gefühlen (siehe z. B. Efklides et al., 2017)

Allerdings ist auch hier zu konstituieren, dass der Begriff des Metagedächtnisses
häufig nicht als zu separierendes Konstrukt von der Metakognition angesehen wird,
sondern der Charakterisierung der oben beschriebenen deklarativen Metakognition
oder auch dem metakognitiven Wissen entspricht (vgl. Flavell und Wellman, 1977;
Schneider und Pressley, 1989).
    Eine von den beschriebenen Unterteilungen abweichende, aber in der Mathe-
matikdidaktik Anwendung findende Unterteilung stellt die Kategorisierung in die
Bereiche Bewusstsein [awareness], Beurteilung [evaluation] und Regulierung [regu-
lation] dar (J. Wilson und Clarke, 2004). Dabei wird vor allem durch den ersten Aspekt betont, dass das Wissen über kognitive Prozesse auch explizierbar
und bewusst sein sollte, um beispielsweise einer Hürde im mathematischen Problemlösen sinnvoll und effektiv begegnen zu können. Diese Beschreibung ist
jedoch wiederum ähnlich zu der durch Flavell und Wellman (1977) beschriebenen
Sensitivität.

5.1.3   Kritik am Metakognitionsbegriff

Auch wenn es in Abschnitt 5.1.1 gelungen ist, eine Definition des Begriffs Metakognition aus den unterschiedlichen Konzeptualisierungen herzuleiten, bleibt das Konstrukt unscharf bedingt durch die einhergehende Breite, die verschiedenen Unterteilungen sowie deren inhaltlichen und konzeptuellen Differenzen. Daraus folgt, dass
in der Vielzahl an Studien zu Metakognition oder Teilen dieser differente Fragestellungen fokussiert, diverse Methoden zur Erhebung sowie Evaluation herangezogen
und Ergebnisse zum Teil unklar interpretiert werden. Insbesondere die Subsumie-
rung deklarativer und prozeduraler Aspekte – also das Wissen über Kognition und
die Steuerung der Kognition – wurde kritisiert (Kluwe, 1981). Vor allem in Bezug
auf Forschungsvorhaben erscheint diese Kritik berechtigt, da beispielsweise bei
unzureichender Leistung während der Bewältigung einer kognitiven Aufgabe nicht
mehr gefolgert werden kann, ob dies auf den Einsatz inadäquaten Wissens, das
Fehlen adäquaten Wissens oder weitere Faktoren zurückzuführen ist (Schneider,
1989). Aus diesem Grund wurde an anderer Stelle argumentiert, dass – wie in der
vorliegenden Studie ebenfalls umgesetzt – eine Fokussierung auf den deklarativen
Aspekt der Metakognition als sinnvoll erachtet werden kann (A. L. Brown, 1984;
Wellman, 1983). Daher wird im folgenden Abschnitt das metakognitive Wissen
spezifiziert.

5.2 Metakognitives Wissen

Im Rahmen der psychologischen Kognitionsforschung bei Kindern konnte die Wissenskomponente als eine erklärungsmächtige Determinante von Entwicklungsunterschieden identifiziert werden (Schneider, 1989), sodass auch in dieser Arbeit das metakognitive Wissen einen zentralen Fokus darstellt. Eine erste begriffliche Annäherung lässt sich durch die deutlich werdende Komposition der beiden Konstrukte Metakognition und Wissen vollziehen. Metakognitives Wissen ist also ein Teil der Metakognition und bezieht sich demnach auf die kognitive Beeinflussung anderer kognitiver Prozesse (siehe Abschnitt 5.1.1). Wissen kann als Ergebnis domänenspezifischer Lernprozesse gesehen werden, wobei dieses Ergebnis stets zumindest eine begrenzte Verallgemeinerbarkeit oder Abstraktion mit sich bringt. Auf dieser Basis kann Wissen auch als Grundvoraussetzung für weitere Lernprozesse in einem gleichen oder zumindest ähnlichen Inhaltsbereich deklariert werden (Weinert, 1994). Darüber hinaus können dem soeben beschriebenen Ergebnis von Lernprozessen die Eigenschaften der Explizierbarkeit sowie Verifizierbarkeit attribuiert werden (Bolisani und Bratianu, 2018).

Als Unterkategorie der Metakognition teilt Flavell (1979) das metakognitive Wissen, im Folgenden auch als Metawissen bezeichnet, wiederum in die Personen-, Aufgaben- und Strategiefaktoren. Diese drei Faktoren werden nun erläutert und jeweils mit allgemeinen Beispielen verdeutlicht.

Dabei inkludieren die Personenfaktoren die Einschätzungen und beliefs über die eigenen Schwächen sowie Stärken innerhalb kognitiver Prozesse, sogenannte intraindividuelle Differenzen. Das Bewusstsein darüber, dass ein innerhalb eines mathematischen Beweises verwendetes Argument von einer Person selbst noch nicht vollkommen verstanden wurde, kann hier als Beispiel angefügt werden. Weiterhin beinhalten die Personenfaktoren das Äquivalent in Bezug auf andere Personen: die interindividuellen Differenzen. Hiermit sind also Einschätzungen und beliefs über die Schwächen sowie Stärken Lernender, die während des eigenen Lernprozesses beobachtbar sind, gemeint. Die Wahrnehmung, dass ein Mitschüler oder eine Mitschülerin eine präzisere Konstruktion gezeichnet hat als jemand anderes, kann als Beispiel für eine interindividuelle Differenz dienen. Außerdem wird konstituiert, dass sich aus dem ständigen Abgleich dieser beiden Bereiche das Wissen über allgemeine Eigenschaften von Lernprozessen – sogenannte Universalien – bildet. Hierunter können vor allem Hürden innerhalb spezifischer Bearbeitungs- oder Problemlöseprozesse verstanden werden. Beispielsweise ist an dieser Stelle das Wissen darüber zu benennen, dass es nach einiger Zeit schwierig sein kann, sich an eine mathematische Formel zu erinnern, obwohl diese in der Vergangenheit bereits verstanden und korrekt angewendet wurde.

Die Aufgabenfaktoren erfassen das Wissen über kognitive Ausführungen auf Basis der jeweiligen Eigenschaften der zugrunde liegenden Aufgaben. Das Wissen dieser Kategorie impliziert dementsprechend die Kenntnis darüber, wie sich Aufgaben und deren Bewältigung in Zusammenhang mit deren Eigenschaften verändern. Das Wissen über die Struktur einer Aufgabe oder über Attribute, die einer Aufgabe zuzuschreiben sind – etwa bekannt, unbekannt, gewöhnlich, ungewöhnlich, offen, geschlossen – sind Beispiele für solche Aufgabeneigenschaften. Die Möglichkeit, verschiedene Lösungswege wählen zu können, ist eine der Implikationen in Bezug auf die Eigenschaft einer offenen Mathematikaufgabe.

Die dritte Kategorie der Strategiefaktoren umfasst das Wissen über anwendbare Strategien und deren Ziele unter Berücksichtigung der verschiedenen kognitiven Aufgaben. Hierbei ist zu betonen, dass es sich ausdrücklich um das Wissen über Strategien handelt, die demnach potenziell applizierbar werden. Zum Beispiel wird der Gauß-Algorithmus als Lösungsstrategie für lineare Gleichungssysteme erst anwendbar, wenn Kenntnis darüber vorliegt. Es besteht jedoch dennoch die Möglichkeit, diesen falsch oder gar nicht anzuwenden, wenn ein lineares Gleichungssystem tatsächlich gelöst werden soll.

Es gibt jedoch auch andere Konzeptualisierungen des metakognitiven Wissens. Eine gängige Unterscheidung des Wissens ist die Unterteilung in deklarativ und prozedural oder auch das *knowing that* und *knowing how* (Bruner, 1972). Darüber hinaus wurde in Bezug auf (Lese-)Strategien die Kategorie des konditionalen Wissens hinzugefügt (Jacobs und Paris, 1987; Paris et al., 1983). Dieses erweitert also im Wesentlichen den Blick auf die Strategiefaktoren nach Flavell (1979), indem die Unterscheidung des Wissens über Eigenschaften bestimmter Strategien und des Wissens über Ziele bestimmter Strategien betont wird. Es erscheint sinnvoll, dass beide Komponenten relevant und grundlegende Voraussetzungen für einen adäquaten Strategieeinsatz sind. Die konditionale Wissensfacette ist außerdem eng verknüpft mit dem Wissen über Aufgabentypen und deren Eigenschaften, wenn es zu einer (sinnvollen) Strategienutzung kommt. Daher ist die konditionale Facette auch relevant für den Einsatz und die Modifikation bekannter Strategien in unbekannten, problemorientierten Situationen (Paris et al., 1983). Die auf Strategien bezogene Facette wird durch Kuhn (2000) unter dem Begriff *metastrategic knowledge* erweitert (siehe auch Kuhn und Pearsall, 1998). Auch die Konzeptualisierung ist weiterentwickelt, da – sicherlich auf der Basis des piagetischen Konstruktivismus – der Aufbau dieser Wissensfacette durch die Akkumulation während verschiedener Strategieanwendungen beschrieben wird. Außerdem wird durch den Begriff deutlich, dass hier deklaratives Wissen über prozedurale Aspekte beschrieben wird. Darüber hinaus wird ebenfalls der Begriff des *metatask knowledge* eingeführt, welcher das deklarative Wissen über Aufgabeneigenschaften aufgreift.

Damit werden durch Kuhn (2000) die Konzeptionen nach Flavell (1979) aufgegriffen, jedoch weiter ausdifferenziert, indem auch der Erwerb beschrieben wird.

Zusammenfassend lässt sich die folgende Definition über metakognitives Wissen formulieren.

Metakognitives Wissen ist dem Konstrukt der Metakognition untergeordnet und daher ein Einflussfaktor auf kognitive Prozesse, die wiederum andere kognitive Aktivitäten zum Gegenstand haben. Dabei handelt es sich beim metakognitiven Wissen um jene Komponenten, welche das Ergebnis domänenspezifischer Lernprozesse und darüber hinaus explizierbar sowie verifizierbar sind. Metakognitives Wissen wird durch die Akkumulation – also Anpassung – des bereits bestehenden Wissensnetzes innerhalb von Anwendungssituationen erworben, wird durch Inhaltsbezüge erlernt und ist Voraussetzung für weitere Lernprozesse in ähnlichen Inhaltsbereichen.

Für die Mathematikdidaktik lässt sich die formulierte Definition weiter eingrenzen und konkretisieren. Zunächst einmal können die kognitiven Prozesse durch jene beschrieben werden, die Gegenstand des in Kapitel 2 dargestellten Kompetenzmodells sind und durch den Mathematikunterricht, darin vor allem durch Aufgaben, angeregt werden sollen. Auch in dem Kompetenzmodell wird eine Verknüpfung von mathematikspezifischen Kompetenzen mit den jeweiligen Inhaltsbereichen (Leitideen) beschrieben. Ein solcher Zusammenhang lässt sich ebenfalls der obigen Definition metakognitiven Wissens entnehmen. Kompetenzorientierter Mathematikunterricht erfordert nicht nur das Regellernen und direkte Übertragen mathematischer Formeln, sondern das Verknüpfen, Explizieren oder auch Anwenden verschiedenster mathematischer Inhalte innerhalb flexible wählbarer inner- oder außermathematischer Kontexte. Während solcher Lernprozesse wird – in Abhängigkeit von den jeweils geforderten Kompetenzen – die Notwendigkeit einer Anwendung übergeordneter Wissensfacetten, wie etwa Heurismen beim Problemlösen, gesehen. Die Forderung, solche übergeordneten Denkprozesse im Mathematikunterricht zu verankern, wurde bereits in den Winterschen Grunderfahrungen beschrieben (Winter, 1995). Genau an dieser Stelle setzt die Definition des mathematikspezifischen, metakognitiven Wissens an, welches bei der Verknüpfung zum mathematischen Modellieren in Abschnitt 6.2 noch klarer gefasst wird.

5.2.1 Operationalisierung und Erfassung metakognitiven Wissens

Aufgrund der beschriebenen konzeptionellen Facettendiversität wird das Konstrukt des metakognitiven Wissens in verschiedenen Ansätzen, sowohl qualitativ als auch quantitativ, operationalisiert (Lingel et al., 2014; Pintrich et al., 2000; Veenman, 2005; Veenman und van Cleef, 2019)[2]. Die Diversität äußert sich verstärkt innerhalb von Forschungsvorhaben, welche auf das Gesamtkonstrukt Metakognition abzielen, jedoch lassen sich auch Kategorien formulieren, um die Unterschiede von Erhebungsinstrumenten metakognitiven Wissens zu beschreiben (Pintrich et al., 2000). Ein Merkmal hierbei ist, ob der Test domänenspezifisch konzipiert wurde oder nicht, wodurch die Interpretation und damit auch die Generalisierbarkeit der Ergebnisse beeinflusst wird. Daher wird – wie in der Einleitung dieses Kapitels bereits beschrieben – eine Trennung nach diesem Kriterium vorgenommen.

Bildungswissenschaftlich
Die bereits benannte Generalisierbarkeit ist ebenfalls ein Merkmal zur Unterscheidung verschiedener Tests zum metakognitiven Wissen, da – wie allgemein im Bereich quantitativer Bildungsempirie – unklar ist, inwiefern die Ausprägungen des metakognitiven Wissens diverser Gruppen gleich gemessen werden können (Pintrich et al., 2000). Ein weiteres Merkmal zur Unterscheidung ist, ob das Erhebungsinstrument prospektiv, retrospektiv oder während eines Lernprozesses direkt erhoben wird. Dazu konnten Veenman und van Cleef (2019) herausarbeiten, dass die direkte Erhebungsform die höchste Validität mit sich bringt, wohingegen prospektive Erhebungsinstrumente am wenigsten aussagekräftig erscheinen.

Darüber hinaus gibt es verschiedene Erhebungsformen, die sich zunächst in mündliche und schriftliche Wissenstests unterteilen lassen und meist in Form von Interviews oder Fragebögen Anwendung finden (Schneider und Artelt, 2010). Darin sollen beispielsweise vorgegebene Strategien hinsichtlich ihrer Nützlichkeit bewertet werden (z. B. Schneider und Artelt, 2010). Im Rahmen der groß angelegten, papierbasierten PISA-2003-Erhebung wurde in Anlehnung an ein Testinstrument zum Wissen über Lesestrategien eine Skala zum Strategiewissen bei Problemlöseaufgaben entwickelt (Ramm et al., 2006). Dabei sollen zu verschiedenen Lernszenarien die Effektivität und die Qualität vorgegebener Strategien auf einer Likert-Skala eingestuft werden. Zum Teil werden die Wissenstests außerdem noch durch quali-

---

[2] Dies gilt ebenso für das übergeordnete Konstrukt der Metakognition. Hierzu sei an dieser Stelle auf eine Zusammenfassung der Operationalisierungsmöglichkeiten durch Akturk & Sahin (2011) verwiesen, um den für diese Arbeit relevanten Rahmen beizubehalten.

tative Erhebungsformen wie das Laute Denken ergänzt (Rosenzweig et al., 2011; Swanson, 1990), wobei diese Untersuchungen hauptsächlich qualitative Unterschiede verschiedener Gruppen (zum Beispiel von Lernenden mit und ohne Lernbeeinträchtigung) aufzeigen sollten und die Hypothese generieren konnten, dass metakognitive Aktivitäten vor allem auftreten, wenn Lernende Hürden während des Lern- oder Problemlöseprozesses bewältigen mussten (Montague und Applegate, 1993).

In einer Studie konnte außerdem herausgearbeitet werden, dass sich die Facette des strategischen metakognitiven Wissens getrennt von der strategischen Leistung erheben lässt (Kuhn und Pearsall, 1998). Dies gibt Hinweise darauf, dass die beschriebene Konzeptualisierung der Metakognition mit ihren verschiedenen Facetten auch empirisch nachweisbar ist.

Abweichend von diesen klassischen Methoden wurden Schülerinnen und Schüler in einer Studie dazu aufgefordert, Jüngeren bestimmte Strategien zum Memorieren von Wörtern zu vermitteln (Best und Ornstein, 1986).

Mathematikdidaktisch
Konkret in Bezug auf die Erhebung metakognitiven Wissens innerhalb der Mathematik wurde ein Fragebogen durch Efklides und Vlachopoulos (2012) entwickelt, welcher sich an der vorgestellten Kategorisierung nach Flavell (1979) orientiert. Dieser Fragebogen ist in sieben verschiedene Skalen eingeteilt und besteht aus verschiedenen Aussagen zu allgemein-mathematischem metakognitivem Wissen, welche dann auf einer Likert-Skala bewertet werden sollen. In Bezug auf die metakognitiven Strategien wird beispielsweise gefragt, wie oft die eigene Rechnung überprüft wird, nachdem ein mathematisches Problem gelöst wurde. Hier lässt sich bereits der oben genannte Kritikpunkt anführen, dass so die Strategien bereits vorformuliert wurden und außerdem zu antizipieren ist, dass die Befragten ihre Antworten erwartungskonform abgeben. Dennoch erreichte die Evaluation des Fragebogens eine hohe Inhaltsvalidität, die sich in starken Zusammenhängen mit mathematischer Leistung wie auch Selbstwirksamkeitserwartungen im Fach Mathematik explizierte (Efklides und Vlachopoulos, 2012). Ebenfalls basierend auf der Beurteilung mithilfe einer Likert-Skala nutzt ein Test zum metakognitiven Wissen im Bereich der Arithmetik Strategieurteile (Lingel et al., 2014). Von den Schülerinnen und Schülern wird dabei erwartet, dass sie vorgeschlagene Strategiebeschreibungen mithilfe von Schulnoten zu einer gegebenen Situation mit Problemstellung bewerten.

Im Gegensatz zu den Methoden, bei denen Strategien bereits vorformuliert wurden, nutzte Tropper (2019) Prompts und Lösungsbeispiele, zu denen dann Strategiewissen über mathematisches Modellieren in papierbasierten Tests erhoben wurde. Dies weicht von den gängigen und bisher beschriebenen Verfahren ab, da auf vorformulierte Strategien verzichtet wird. Auf diese Weise kann allerdings die Validität des Messinstruments positiv beeinflusst werden (Spörer und Brunstein, 2006). So ist es außerdem möglich, die problematischen Ergebnisse in Bezug auf pro- und retrospektive Erhebungsinstrumente von Veenman und van Cleef (2019) zu minimieren.

5.2.2 Bedeutsamkeit metakognitiven Wissens in Lernprozessen

Bildungswissenschaftlich
In der Literatur werden metakognitive Fähigkeiten allgemein als bedeutsame wie auch grundlegende Prozesse bezeichnet, die zu effektiven Lernaktivitäten und kritischem Denken beitragen (Kuhn, 1999). Daher wird die Metakognition sogar als *Protokompetenz* aufgeführt (Sjuts, 2003). Hierbei wird häufig herausgestellt, dass die Anwendung von Strategien und somit die aktive Beeinflussung kognitiver Prozesse zur Initiierung erfolgreicher Lernprozesse beiträgt (Kuhn, 1999; Scott und Levy, 2013). In Bezug auf das metakognitive Wissen kann außerdem herausgearbeitet werden, dass es zu einem vorherrschenden Handlungsbewusstsein und damit zu intelligenten Formen der Lernprozessorganisation sowie der Überwachung solcher Vorgänge führen kann (Weinert, 1994). Dies unterstreicht Weinert (1994) auch mit der ersten seiner sechs Thesen zum *Lernen Lernen* – dem Wissens-Paradoxon: „Je mehr jemand weiß, um so mehr Wissen kann er aufnehmen und abrufen." Dies geht außerdem damit einher, dass Hartig und Klieme (2006) bei der Definition des Kompetenzbegriffs die *Metakompetenz* als Fähigkeit bzw. Bereitschaft und dazu benötigtes Wissen wie auch notwendige Strategien beschreiben, um die Anwendung (fach-)spezifischer Kompetenzen zu unterstützen. Es wird daher auch gefolgert, dass Metakognition essenziell für den Erwerb übertragbarer Fähigkeiten oder auch Kompetenzen, beispielsweise im Bereich des Problemlösens, ist (Mayer, 2002). Strategieanwendungen in diesem Rahmen sind jedoch lediglich möglich, wenn auf der einen Seite Strategien und deren Ziele, sowie auf der anderen Seite auch Aufgabenanforderungen bekannt sind (Schneider, 2010). Damit ist das metakognitive Wissen eine Voraussetzung für erfolgreiche Lernprozesse. Darüber hinaus wird betont, dass Metakognition als sehr bedeutsam für die persönliche Entwicklung angesehen werden kann, da solche Prozesse auch innerhalb alltäglicher Anwendungen involviert sind. Daraus ist – neben weiteren Faktoren wie der verfügbaren Verarbeitungskapazität oder der Wissensbasis – auch eine Bedeutsamkeit für die unterrichtlichen Aktivitäten sowie für Lernprozesse herzuleiten (Flavell, 1976; Hasselhorn, 1992). Insgesamt wird die Relevanz von Metakognition auch dadurch

hervorgehoben, dass in einer Studie von Van Luit und Kroesbergen (2006) Intelligenz und Metakognition als prädiktive Faktoren gegenübergestellt wurden. Es zeigt sich, dass die Intelligenz bis zu 25 % und Metakognition bis zu 75 % der Leistungsvarianz aufklären kann – je nach gewählten Erhebungsmethoden. Dies wird auch durch das Ergebnis unterstützt, dass Lernende mit hohen metakognitiven Fähigkeiten im mathematischen Problemlösen besser abschnitten, als diejenigen, bei denen kaum metakognitive Aktivitäten beobachtet oder gemessen werden konnten (Swanson, 1990). Hierbei ist zu betonen, dass dies unabhängig von der zuvor erfassten allgemeinen Schulleistung festzustellen war (Swanson, 1990).

Mathematikdidaktisch
Dass metakognitive Aspekte auch relevant für den Mathematikunterricht sowie das Erlernen von Mathematik sind, wurde ebenfalls schon früh konstituiert und vor allem auf das mathematische Problemlösen bezogen (Garofalo und Lester, 1985; Lester, 1982; Silver et al., 1980).

Für mathematische Lernprozesse haben Garofalo und Lester (1985) einen *kognitiv-metakognitiven Rahmen* erarbeitet, in dem vor allem die Arbeiten von Polya (2014) sowie Schoenfeld (1981, 1983) verarbeitet, kombiniert und weiterentwickelt wurden. Dieser theoretische Rahmen besteht aus den Prozessen der Orientierung, Organisation, Ausführung und Verifikation. Innerhalb dieser Schritte sind an verschiedenen Stellen auch Elemente des metakognitiven Wissens von besonderer Relevanz. Vor allem für die Umsetzung reflexiver Prozesse oder die Auswahl von Strategien ist zunächst die Einschätzung einer Aufgabe oder eines mathematischen Problems vorgesehen, welche bereits Aufgabenwissen, Personenwissen und Strategiewissen voraussetzt. Der kognitiv-metakognitive Rahmen eignet sich jedoch nicht nur, um allgemein die einzelnen Prozesse mathematischen Problemlösens oder der Bewältigung mathematischer Aufgaben zu beschreiben, sondern kann auch als Analyseinstrument eingesetzt werden, um Lösungsprozesse hinsichtlicher metakognitiver Aspekte zu untersuchen (Garofalo und Lester, 1985).

Darüber hinaus wird metakognitives Wissen auch für mathematische Lernprozesse als eine Voraussetzung angesehen (Sjuts, 2003). Konkret wird beschrieben, dass Lern- und Gedächtnisleistungen notwendig sind, bei denen sowohl das Wissen über Strategien als auch über Aufgabeneigenschaften relevant sind, um die Aufgabe und darauf aufbauend den sinnvollen Einsatz einer Strategie beurteilen zu können.

Weiterhin konnten Chytrý et al. (2020) in einer empirischen Studie mit 280 tschechischen Lernenden die Unabhängigkeit von metakognitivem Wissen und mathematischer Intelligenz konstituieren. Beide Aspekte, also auch das metakognitive Wissen, waren einflussreich auf die allgemeine schulische Leistung in den Fächern Biologie, Physik, Erdkunde und Mathematik.

Efklides und Vlachopoulos (2012) konnten auf Basis der Evaluierung eines entwickelten Messinstruments zum metakognitiven Wissen über Mathematik den bisher dargestellten Zusammenhang zur Lernleistung empirisch unterstützen, indem die einzelnen erhobenen Facetten (metakognitives Wissen über sich selbst, über Aufgaben und über Strategien) mit mathematischer Leistung in Zusammenhang gesetzt wurden. Sowohl bei Studierenden im Alter von 19 bis 21 Jahren als auch bei Lernenden im Alter von 12 bis 14 Jahren wurde dies bestätigt (Efklides und Vlachopoulos, 2012). Ebenso wurde ein Zusammenhang zwischen metakognitivem Wissen, Motivation und Mathematikleistung durch eine Mediationsanalyse (Tian et al., 2018) herausgestellt.

Eine andere Studie führte jedoch zu gegenteiligen Ergebnissen (Swanson, 1990). Hierbei konnte kein Zusammenhang zwischen metakognitivem Wissen und intellektuellen Fähigkeiten gefunden werden. Durch metakognitives Wissen konnten die schwachen Lernenden jedoch ihren geringeren allgemeinen Intellekt beim Problemlösen kompensieren. Auch dies deutet auf die Relevanz metakognitiven Wissens im Rahmen des Mathematiklernens hin.

Lingel et al. (2014) untersuchten, wie sich metakognitives Wissen und Mathematikleistung in der fünften Jahrgangsstufe an verschiedenen Schulformen entwickeln. Dabei konnten sie eine Korrelation im mittleren Maße feststellen.

Auch wenn metakognitives Wissen als Grundvoraussetzung gesehen werden kann, wird teilweise konstituiert, dass die prozeduralen und motivationalen Aspekte einen größeren Einfluss auf erfolgreiche Lernprozesse haben (Cohors-Fresenborg et al., 2010; Sjuts, 2003).

Weitere mathematikspezifische Studien sind im Bereich des Problemlösens angesiedelt (z. B. Brophy, 1986; Depaepe et al., 2010; Garofalo und Lester, 1985; Lester et al., 1989; Verschaffel, 1999; Zhao et al., 2019). Nachfolgend werden Ergebnisse zur Vermittlung metakognitiven Wissens dargestellt.

5.2.3 Vermittlung metakognitiven Wissens

Nachdem nun auf Basis verschiedenster Ansätze, Konzeptionen sowie fachbezogener Bereiche herausgestellt werden konnte, dass Metakognition und im Speziellen ebenso metakognitives Wissen grundlegend für erfolgreiche (mathematische) Lern- und Problemlöseprozesse ist, stellen sich die Fragen, ob und darauf aufbauend, wie die Vermittlung erfolgen kann. Es ist denkbar, dass die Beantwortung einer solchen Frage erneut von einer eventuell vorgenommenen Kontextspezifität abhängt, sodass in diesem Unterkapitel erneut eine Trennung der Erkenntnisse vorgenommen wird.

Bildungswissenschaftlich

Zunächst lässt sich zusammenfassen, dass das Lernen metakognitiver Aspekte prinzipiell möglich ist und zum Teil sogar ohne bewusste, oder direkt auf die Entwicklung von Metakognition abzielende Maßnahmen entwickelt wird (z. B. Bannert, 2003; R. Fisher 1998; Kuhn, 1999, 2000; Mahdavi, 2014).

Dies lässt sich grundlegend auf theoretische Annahmen konstruktivistischer Theorien, wie beispielsweise nach Piaget (1950) oder Bandura (1986) zurückführen, welche herausgearbeitet haben, dass kognitive Entwicklungen prinzipiell möglich sind und durch die notwendige Anpassung bestehender kognitiver Strukturen innerhalb von Lernsituationen entstehen. Bandura (1986) beschreibt dabei, dass sich die Strukturen des Wissens sowie der kognitiven Fähigkeiten stets über einen gewissen Zeitraum entwickeln, dabei jedoch keine konkrete Länge ausgemacht werden kann. Speziell für die Entwicklung eines Bereichs angelegte Aufgaben können eine solche Entwicklung anstoßen oder beschleunigen.

Es gibt jedoch auch einige Untersuchungsansätze und Unterrichtsstrategien, wie Metakognition oder Aspekte daraus vermittelt werden können. Ebenfalls in der siebten Jahrgangsstufe wurde das IMPROVE-Programm erprobt, welches ein Konzept zum Vermitteln neuer mathematischer Inhalte unter der Berücksichtigung metakognitiver Aspekte darstellt. Dabei steht das Akronym IMPROVE für die einzelnen Schritte, auf denen der Unterricht aufbauen soll: **I**ntroducing the new concepts, **M**etacognitive questioning, **P**racticing, **R**eviewing and reducing difficulties, **O**btaining mastery, **V**erification, and **E**nrichment (Mevarech und Kramarski, 1997). Metakognitive Aktivitäten wurden bei jeder Problemlöseaufgabe durch drei allgemeine Fragen angeregt, wobei die erste auf eine Reflexion des eigentlichen Problems, die zweite auf den Vergleich zu bereits bekannten Problemen und die dritte auf mögliche Strategien zum Lösen des Problems abzielte. Darauf aufbauend wurden zwei Studien mit jeweils circa 250 Schülerinnen und Schülern durchgeführt, wo in beiden Erhebungen innerhalb der Treatment-Gruppen mit IMPROVE ein deutlicher Zuwachs der Mathematikleistung verzeichnet werden konnte (Mevarech und Kramarski, 1997).

Insgesamt fassten Veenman et al. (2006) erfolgreiche Interventionen zur Vermittlung metakognitiver Kompetenzen durch die *WWW & H-Regel* zusammen: Die Fragen *What to do, When, Why, and How* müssen in der Intervention thematisiert und adressiert werden.

Relevant für die Vermittlung metakognitiven Wissens ist außerdem die Erkenntnis, dass die Anwendung dieses Wissens stark abhängig vom eingeschätzten Aufgabenwert abhängt (Wolters und Pintrich, 2002).

Allerdings ist zu konstituieren, dass die meisten Studien zur Vermittlung von Metakognition sich auf über einen langen zeitlichen Rahmen erstreckende und qualitativ angelegte Erhebungen beziehen, wohingegen kaum Studien im Prä-Posttest-Design angelegt wurden und somit auch Kausalitäten in Zusammenhang mit schulischer Leistung bisher nicht ergründet wurden (Veenman et al., 2006). Außerdem gibt es wenige Studien, die das metakognitive Wissen fokussieren, obwohl es als so essenziell für Lernprozesse angesehen werden kann (vgl. Abschnitt 5.2.2).

Aus metakognitiven Aktivitäten resultiert eine aktive Steuerung und Regulierung kognitiver Prozesse, welche stets in Zusammenhang mit dem betrachteten Problem oder Lerngegenstand stehen (Flavell, 1976; Winne und Hadwin, 1998). Auch einige Studien zeigen, dass metakognitives Wissen domänenspezifisch variiert (Kelemen et al., 2000; Veenman und Spaans, 2005). Vor allem für Mathematik-Lernende konnte ein solcher bereichsspezifischer Zusammenhang herausgestellt werden (Erickson und Heit, 2015), mit dem sich der nun folgende Abschnitt näher befasst.

Mathematikdidaktisch
An dieser Stelle lässt sich zunächst auf eine sehr frühe und umfangreiche Studie von Lester et al. (1989) verweisen, bei der Schülerinnen und Schüler zweier siebter Klassen über mehrere Monate hinweg an drei Tagen in der Woche ein spezielles metakognitives Training erhalten haben. Zur Erhebung diverser Auswirkungen dieses Trainings wurden schriftliche Tests, Interviews, Beobachtungen von Einzel- und Partnerbearbeitungen verschiedener mathematischer Probleme und darüber hinaus Videografien genutzt. Als Ergebnis lässt sich unter anderem festhalten, dass es relevant ist, dieses Training an die konkreten Fachinhalte anzubinden und, dass sich der Erwerbsprozess als eher langfristig beschreiben lässt. Allerdings konnte auch erhoben werden, dass Lehrkräfte Schwierigkeiten dabei hatten, den verschiedenen Anforderungen, also der Vermittlung von Fächerinhalten, metakognitiven Elementen und pädagogischen oder erzieherischen Maßnahmen, gerecht zu werden.

Die Rahmenbedingungen des IMPROVE-Modells wurden auch in anderen Lernendengruppen und Kulturen im Mathematikunterricht erprobt. In Saudi-Arabien sollte die Perspektive von Lernenden wie auch Lehrenden bei dessen Integration untersucht werden, indem Interviews geführt wurden. Als Ausgangspunkt wurde dazu mathematisches Problemlösen gewählt, um zunächst einmal Schwierigkeiten im Lernprozess beobachten zu können und so die Möglichkeit der Nutzung metakognitiver Kompetenzen zu gewährleisten. Durch gezielte Schulung der Lehrkräfte auf Basis des IMPROVE-Ansatzes konnte so repliziert werden, dass eine unterrichtliche und fachliche Einbettung der Metakognition relevant wie auch zielführend sein kann (Alzahrani, 2017).

Ein komparables Projekt wurde außerdem in Israel durchgeführt, bei dem ein Vergleich des durch die Lehrkraft angestrebten mathematischen mit dem metakognitiven Diskurs angestellt wurde. Bei der Analyse getätigter Aussagen von Lehrkräften wie auch Lernenden wurde dann stets zwischen der mathematischen deklarativen, prozeduralen und explanatorischen Ebene auf der einen Seite und den drei Elementen des metakognitiven Diskurses – Planung, Reflexion, Steuerung – unterschieden. Hierbei konnte festgestellt werden, dass die Experimentalgruppe eher dazu geneigt war, den eigenen Lösungsprozess zu planen und zu reflektieren, wohingegen bei der Kontrollgruppe entsprechend des Treatments mehr prozedurales Wissen über die mathematischen Prozesse zu verzeichnen war (Shilo und Kramarski, 2019).

In Anlehnung an das IMPROVE-Modell wurde eine Unterrichtskonzeption für den Mathematikunterricht entwickelt, bei der über zwei Jahre hinweg metakognitive Elemente sowie selbstreguliertes Arbeiten vermittelt werden sollten. An dieser qualitativen Erhebung nahm lediglich eine Klasse mit 19 Schülerinnen und Schülern im ersten sowie 20 Schülerinnen und Schülern im zweiten Jahr teil, wobei insgesamt circa 100 Schulstunden videografiert, individuelle Interviews geführt und Fragebögen zur Selbstregulation zu Beginn sowie Ende des Projekts eingesetzt wurden. Die unterrichtlichen Veränderungen zielten darauf ab, Kriterien der Bewertung transparent zu machen, sinnstiftende Diskussionen innerhalb der Klasse über mathematische und soziale Normen zu führen, sowie schriftliche Aufgaben zur selbstständigen Bewertung und Überprüfung zu integrieren. Insgesamt lässt sich also konstituieren, dass diese über einen langen Zeitraum angelegte Intervention primär auf selbstregulative Faktoren und prozedurale Metakognition abzielt. Dennoch lässt sich anhand der Ergebnisse nicht nur ableiten, dass die Schülerinnen und Schüler auf individuellen Wegen selbstregulatorische Fähigkeiten beim Mathematiklernen entwickelt haben. In den Einzelfallstudien lässt sich auch erkennen, dass metakognitives Wissen aufgebaut wurde (Semana und Santos, 2018).

Neben dem IMPROVE-Modell wurde in Deutschland außerdem ein weiteres Konzept zur Vermittlung von Metakognition und Reflexion entwickelt, welches der Forderung nachging, ein gesamtes Schulcurriculum mit angepassten Schulbüchern und Unterrichtskonzepten für das Fach Mathematik in den Jahrgangsstufen 7 bis 10 zu entwickeln, um metakognitive Aspekte zu integrieren (Cohors-Fresenborg und Kaune, 2001). Insgesamt sollen in diesem Konzept die metakognitiv-diskursiven Aktivitäten gefördert werden (Kaune et al., 2010). Ziel ist es also, über kognitive Prozesse, Repräsentationen und Fehlvorstellungen zu diskutieren, indem Lernende herangeführt werden, ihre Bearbeitungsprozesse eigenständig zu planen, zu überwachen und zu reflektieren (Kaune, 2006). Zentral daran ist außerdem das zur Analyse von Unterrichtssituationen konzipierte Kategoriensystem zur Einordnung metakognitiv-diskursiver Aktivitäten, wobei genau auf die drei Dimensionen des Planens, des Überwachens und des Reflektierens geachtet wird (Cohors-Fresenborg et al., 2014). In der Kombination von Fragebogen, Mathematikleistungstest und Beobachtungen mithilfe des genannten Kategoriensystems konnte herausgearbeitet werden, dass vor allem die praktizierten Überwachungsprozesse des eigenen Lernverhaltens mit höherer Leistung assoziiert werden können. Hierbei muss jedoch noch unterschieden werden, ob die Überwachungsprozesse von außen – also etwa durch die Lehrkraft oder andere Lernende – angestoßen wurden oder, ob sie eigenständig motiviert wurden. Letzteres führt natürlich zu einer vollständigen Eigenständigkeit während eines Lösungsprozesses und ist somit anzustreben (Cohors-Fresenborg et al., 2010). Um die kognitiven Prozesse besser analysieren zu können, wurde außerdem eine Eyetracking-Studie durchgeführt, wobei zwei hinsichtlich der Leistung verschiedene Populationen[3] betrachtet wurden, während Items aus einem Test zum funktionalen und prädikativen Denken (nach Schwank, 1998, 1999) bearbeitet wurden. Da die Lernenden der leistungsstärkeren Gruppe, welche keine korrekte Lösung finden konnten, signifikant mehr Zeit zur Bearbeitung benötigten, wurde geschlossen, dass diese unter anderem die metakognitive Komponente der Überwachung stärker aufweisen. Fehler würden in dieser Gruppe eher reflektiert werden und somit kann Fehlern auch mit einer Anwendung verschiedener Strategien begegnet werden, wohingegen in der anderen Gruppe ein leichtfertigeres Verhalten interpretiert wurde (Cohors-Fresenborg et al., 2010). Dies wurde auch dadurch gestützt, dass die durchschnittliche Fixationszeit der leistungsstärkeren Gruppe höher ist und auch innerhalb der Argumentationsprozesse sowohl mehr metakognitives Wissen als auch mehr metakognitive Aktivitäten beobachtet werden konnte (Cohors-Fresenborg et al., 2010).

Aus diesen Studien kann bisher abgeleitet werden, dass sich metakognitive Aspekte durch langfristige Unterrichtsinterventionen aufbauen lassen, welche mit großem Aufwand verbunden sind und eine zusätzliche Belastung für Lehrkräfte darstellen können, da diese zunächst ebenfalls Kompetenzen zum Lehren von Metakognition erwerben müssen. Es ist jedoch vor dem Hintergrund, dass metakognitives Wissen als eine Voraussetzung angesehen wird, erstaunlich, dass in den beschriebenen Studien in so geringem Umfang darauf eingegangen wird.

Im Rahmen einer Interventionsstudie – mit allerdings nur 12 Lernenden –, die von Cullen (1985) beschrieben wird, wurde jedoch explizit auch auf die Ver-

---

[3] Es wurde eine Gruppe betrachtet, welche die besten 10 % einer 10. Jahrgangsstufe bildeten. Die andere Gruppe bestand aus Lernenden, welche an einer Sommerakademie der Universität Osnabrück zur kognitiven Mathematik teilnahmen und als beste Schülerinnen und Schüler Deutschlands dazu eingeladen wurden. Es werden als überdurchschnittlich gute Lernende mit Hochleistungsschülerinnen und -schülern verglichen.

mittlung metakognitiven Wissens eingegangen. Hierbei stützte sich das Untersuchungsdesign bei der Experimentalgruppe darauf, genau an den Punkten anzusetzen, an denen die Lernenden Schwierigkeiten innerhalb des Lösungsprozesses mathematischer Aufgaben wahrnahmen. Dann wurden ihnen mit einem kurzen vierschrittigen Textbaustein Anregungen zum metakognitiven Wissen präsentiert, die auf verschiedene Strategien abzielten (Cullen, 1985).

In dieser Studie konnte herausgestellt werden, dass die Lernenden, welche jenen metakognitiven Umgang mit Problemen erlernten, sowohl besser darin waren, einen gegebenen Lösungsweg zu korrigieren als auch noch nicht thematisierte mathematische Aufgaben adäquater zu lösen. Darüber hinaus waren die Lernenden aus der Experimentalgruppe in der Lage, spezifische Strategien für den Umgang mit bestimmten Problemen zu nennen, was als metakognitives Strategie- und Aufgabenwissen zu fassen ist (Cullen, 1985). Aufgrund der kleinen Stichprobe ist jedoch durch diese Studie lediglich Anlass zu weiteren, groß angelegten Interventionsstudien ähnlicher Art gegeben und die Ergebnisse sollten nicht generalisiert werden.

Eine weitere Studie mit geringer Stichprobengröße zeigte lediglich, dass Schülerinnen und Schüler Strategien im Bereich des Problemlösens intuitiv besser und vermehrt anwenden konnten, wenn diese innerhalb des Unterrichts thematisiert wurden. Ein signifikanter Zusammenhang zur Leistung konnte dabei allerdings nicht herausgearbeitet werden, sodass auch an dieser Stelle auf den Bedarf größer angelegter Interventionsstudien mit kontrollierten Bedingungen hingewiesen wird (Depaepe et al., 2010).

Aus einer Zusammenfassung der sehr frühen Studien[4] zur Vermittlung metakognitiver Strategien im Mathematikunterricht seitens der Lehrkräfte kann gefolgert werden, dass eine Strategievermittlung nur dann sinnvoll und für den Transfer auf weitere Aufgaben geeignet ist, wenn auch die Ziele und Eigenschaften der jeweiligen Strategie vermittelt werden (Pressley et al., 1985).

Zusammenfassend haben bisherige Studien gezeigt, dass es auch im Bereich des Mathematiklernens möglich ist, metakognitive Aspekte zu erlernen und zu vermitteln. Ein konkreter Fokus auf digitale mathematische Kompetenz oder auf mathematisches Modellieren als zentrale Kompetenz wurde in Verbindung mit metakognitivem Wissen jedoch noch nicht herausgearbeitet. Daher soll nun eine Verknüpfung der drei dieser Arbeit zugrundeliegenden Stränge vorgenommen werden, um im Anschluss daran die Forschungsdesiderate ableiten zu können.

---

[4] Die Teilnehmenden der betrachteten Studien waren alle zwischen 4 und 11 Jahre alt und dementsprechend recht jung. Für mehr Informationen und eine Übersicht der hier nicht zielführenden Studien, da sie nicht mathematikspezifisch sind, siehe Tabelle 2 in Pressley et al. (1985), S. 133 f.

Mathematisches Modellieren, digitale Lernumgebungen und metakognitive Wissenselemente

Nachdem in dieser Arbeit bisher die drei Theoriestränge *Mathematisches Modellieren*, *Digitale mathematische Kompetenz* und *Metakognition* dargestellt wurden, widmet sich dieses Kapitel dem Ziel, die theoretischen Überlegungen zusammenzuführen und empirische Erkenntnisse zu den einzelnen Verknüpfungen darzustellen. Dies wird vorgenommen, indem jeweils Paare theoretischer Konstrukte betrachtet werden. So soll sich insgesamt verschiedenen Aspekten einer digitalen holistischen Modellierungskompetenz genähert werden. Das Zusammenspiel der verschiedenen Aspekte lässt sich auch in dem Diagramm 6.1 darstellen. Es ist an dieser Stelle zu erwähnen, dass aus den letzten beiden Kapiteln jeweils nur Teile betrachtet werden. So wird im Bereich der digitalen mathematischen Kompetenz die Verwendung einer digitalen Lernumgebung zur Förderung mathematischer Kompetenz betrachtet. In Bezug auf die Metakognition wird außerdem die Einschränkung gewählt, lediglich das metakognitive Wissen zu betrachten, um dem Konstrukt in dieser Arbeit gerecht werden zu können, eine klare Definition zu verwenden und den Forschungsgegenstand zu konkretisieren. Darüber hinaus wird unter metakognitiven Wissenselementen die Bereitstellung von metakognitivem Wissen in Form von explizierten Materialien für die Lernenden verstanden. Über die Verknüpfung der einzelnen Stränge hinaus sollen jeweils wichtige empirische Ergebnisse identifiziert und dargestellt werden. Darauf aufbauend werden dann in Kapitel 7 die Forschungsfragen für die vorliegende Arbeit abgeleitet.

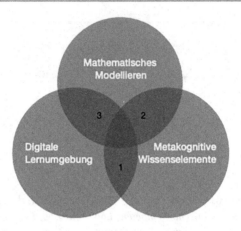

Abbildung 6.1 Vorgehen in diesem Kapitel

6.1   Metakognitive Wissenselemente und digitale Lernumgebungen

6.1.1   Theoretische Erkenntnisse

In diesem Unterkapitel werden theoretische Erkenntnisse zur Vermittlung metakognitiven Wissens in Form einzelner Elemente in digitalen Lernumgebungen hergeleitet. Wie im Kapitel zur Metakognition dargestellt wurde, ist das metakognitive Wissen ein relevanter Teilaspekt der Metakognition. Außerdem werden die Begriffe der Metakognition und des selbstregulierten Arbeitens häufig synonym oder nur mit wenigen Abgrenzungen verwendet. Hier lässt sich der erste Zusammenhang zum Einsatz digitaler Lernumgebungen feststellen, wenn die Definition dieser zugrunde gelegt wird. Daraus ist zu entnehmen, dass digitale Lernumgebungen häufig über einen längeren Zeitraum eingesetzt werden, eine Vorstrukturierung vorweisen und die Rolle der Lehrkraft als begleitend und beratend einfordern. So zitiert Dwyer (1980) eine Lehrkraft mit folgender Aussage: „As one teacher put it, ,you don't help them do it – you help them do it for themselves.'" (Dwyer, 1980, S. 92 f.) Dabei wird der Computereinsatz in ein vielversprechendes Licht gerückt, indem Lernende eigenständig Ideen entwickeln, Modelle prüfen und diese verbessern können. Dementsprechend sind digitale Lernumgebungen häufig auch auf selbstreguliertes Lernen oder die Anregung verschiedener metakognitiver Facetten ausgelegt. Aufgrund der Vorstrukturierung und Implementation von

Hilfestellungen oder Feedback kann aber auch umgekehrt solch ein eigenständiger Lernprozess unterstützt werden, indem die zusätzlichen Informationen gezielt auf metakognitive Aspekte eingehen und nicht nur die rein fachliche Perspektive aufgreifen (Veenman, 2007). Diese Überlegungen greifen auch Moos und Azevedo (2008) auf, indem sie als Beispiel beschreiben, dass Lernende in einer digitalen Lernumgebung eigenständige Lernwege finden und im individuellen Tempo vorgehen können, während ihnen Unterstützungsmaßnahmen durch das digitale Medium zur Verfügung gestellt werden können. Eine Begründung, weshalb metakognitives Wissen in digitalen Lernumgebungen relevant ist, liefern Daumiller und Dresel (2019), indem sie beschreiben, dass Lernende die große Menge an Informationen in verschiedenen Repräsentationsformen stets neu und aktiv verknüpfen, anwenden oder verwenden müssen. Dabei wird auch verlangt, dass Lernende ständig Entscheidungen über den weiteren Verlauf des eigenen Lernprozesses treffen. Darüber hinaus entsteht natürlich für Lernende auch noch die Herausforderung, mit der digitalen Lernumgebung umzugehen, deren Navigation nachzuvollziehen und angepasst an die eigenen Ziele Informationen zu beziehen (Devolder et al., 2012). In Hinblick auf die *Cognitive Load Theory* kann eine kognitive Überbeanspruchung entstehen, wenn Schülerinnen und Schüler beim Lernprozess neben den eigentlichen fachlichen Anforderungen auch noch den Umgang mit der digitalen Lernumgebung verarbeiten, verschiedene Darstellungsformen verarbeiten und den eigenen Lernprozess zielgerichtet steuern müssen. Auf der anderen Seite könnte jedoch auch eine solche kognitive Überbeanspruchung entstehen, wenn zu den regulären Inhalten noch metakognitive Aspekte wie beispielsweise mögliche Strategien vermittelt werden.

Ein weiterer theoretischer Aspekt zum Zusammenhang von Metakognition und digitalen Lernumgebungen kommt aus einem forschungsbasierten Blickwinkel. So fasst Azevedo (2005) zusammen, dass der Einsatz digitaler Technologien – wie auch im zugehörigen Kapitel dargestellt – empirisch nicht eindeutig als hilfreich deklariert werden konnte. Daher wird vorgeschlagen, die Perspektive deutlich stärker als zuvor auf das selbstregulierte Lernen und damit auch auf Aspekte der Metakognition zu lenken. So könnte ein theoretischer Rahmen gebildet werden, um die Potenziale digitaler Technologien zum Lernen auszuschöpfen (Azevedo, 2005).

Es lässt sich zusammenfassen, dass beim Einsatz von digitalen Lernumgebungen sowohl Potenziale als auch Herausforderungen gesehen werden, die sich vor allem auf das eigenständige, individuelle Lernen beziehen. Theoretisch ist somit sowohl denkbar, dass das Einfordern solcher Lernprozesse die Verwendung und Umsetzung metakognitiven Wissens aktiviert, als auch zu betrachten, dass in digitalen Lernumgebungen eine solche Aktivierung unterstützt werden muss, um die Lernprozesse entlasten zu können. Die beschriebene Wechselwirkung wurde vor allem mit Hinblick auf komplexe Inhalte oder Kompetenzen, zu deren eigentlicher Förderung die digitale Lernumgebung angelegt wurde, betrachtet. Diese theoretischen Erkenntnisse oder Herleitungen wurden zum Teil auch empirisch untersucht, wobei nicht immer ein Bezug zum Mathematiklernen hergestellt wurde. Dennoch soll im nachfolgenden Unterkapitel ein Überblick zur empirischen Evidenz gegeben werden.

6.1.2 Empirische Befunde

Speziell zu der Vermittlung metakognitiven Wissens in digitalen Lernumgebungen sind kaum Studien bekannt. Außerdem fassen Azevedo und Hadwin (2005) zusammen, dass die Vermittlungsmöglichkeiten metakognitiver Aspekte in digitalen Lernumgebungen in den verschiedenen Studien stark variieren, sodass keine klaren Verallgemeinerungen über die Effektivität hergeleitet werden können. Auch die Begrifflichkeiten werden nicht immer klar definiert oder variieren, obwohl sie ähnlich charakterisiert wurden. Daher soll der Blick an dieser Stelle auch auf empirische Untersuchungen zu selbstreguliertem Lernen und Metakognition gerichtet werden, wobei auf Basis der begrifflichen Erläuterungen in Kapitel 5 davon ausgegangen werden kann, dass diese Studien stets Elemente metakognitiven Wissens inkludiert, erhoben oder untersucht haben.

Dazu ist der erste vielversprechende Ansatz, das Hinterfragen des eigenen Lern- und Lösungsverhaltens anzuregen, um dann die Umsetzung möglicher Strategien zur Steuerung dessen zu erzeugen (King, 1991; Kramarski und Dudai, 2009; Kramarski und Mevarech, 2003; Moos und Azevedo, 2008; Schoenfeld, 1992). So konnten beispielsweise Moos und Azevedo (2008) beobachten, dass Schülerinnen und Schüler, die metakognitive Unterstützung während des Lernprozesses in einer digitalen Lernumgebung erhalten haben, häufiger Strategien wie das Erinnern an Vorwissen, verwendeten. Vergleichbar sind auch die Ergebnisse einer Interventionsstudie mit einer digitalen Lernumgebung zu einer Einstiegsvorlesung im Fach Mathematik, wobei nur in einer der beiden Versionen metakognitive Fragen inkludiert waren, die das selbstständige Lernen unterstützen sollten. Die Zugehörigkeit zur Gruppe mit metakognitiven Unterstützungsangeboten hing signifikant mit einer Steigerung des mathematischen Wissens, der metakognitiven Fähigkeiten sowie der Selbstwirksamkeitserwartungen zusammen (Valencia-Vallejo et al., 2019). Allerdings war die Stichprobe mit 67 Lernenden relativ gering und es ist fraglich, ob die Ergebnisse auch auf jüngere Lernende übertragbar sind.

Eine weitere in empirischen Studien replizierte Erkenntnis ist, dass sogenannte metakognitive Prompts[1] in digitalen Lernumgebungen hilfreich sein können (Daumiller und Dresel, 2019).

Im Bereich der Prompts kann auch eine Interventionsstudie eingeordnet werden, die sich der Forschungsfrage „How can mathematical literacy be promoted and sustained in authentic and complex learning contexts such as classrooms?" (Kramarski und Mizrachi, 2006, S. 218) näherte, indem zwei von vier Gruppen den IMPROVE-Plan[2] erhielten und davon eine Gruppe zusätzlich zum generellen Mathematikunterricht zur mathematischen Kompetenz Problemlösen außerdem ein digitales Angebot auf freiwilliger Basis nutzen konnte. Eine Gruppe erhielt weder das digitale Angebot noch den IMPROVE-Plan. Insgesamt hat die Gruppe mit IMPROVE-Plan und digitalem Angebot den größten Kompetenzzuwachs verzeichnet (Kramarski und Mizrachi, 2006, vgl. auch Kramarski und Dudai, 2009). In dieser Untersuchung war die metakognitive Unterstützung jedoch nicht in der digitalen Lernumgebung integriert und diese wurde auch mit anderen Materialien und Unterrichtsformen verknüpft.

Die Integration in drei verschiedenen digitalen Lernumgebungen vergleichen hingegen Graesser et al. (2005) und kommen zu dem Schluss, dass alle drei Umsetzungsmöglichkeiten vielversprechende Ergebnisse hinsichtlich des Lernzuwachses und der sinnvollen Anregung metakognitiver Aktivitäten liefern. Allerdings folgern sie aus den Vergleichen auch, dass die Anforderungen an digitale Lernumgebungen ebenso wie an den üblichen Unterricht sehr hoch sind, um Lernende so zu formen, dass sie eigenständig, zielstrebig und mit Hürden sinnvoll umgehend arbeiten (Graesser et al., 2005). Daher kann eine Weiterentwicklung und ein Bezug auf konkrete Lerninhalte sowie Kompetenzen gefordert werden.

Anzubringen ist auch eine tschechische Untersuchung von Mathematiklehrkräften in fünften Jahrgangsstufen und deren Lerngruppen. Dabei wurde ein positiver Zusammenhang zwischen der Ausprägung metakognitiven Wissens der Lernenden und der Ausprägung, wie innovativ und technologieaffin eine Lehrkraft ist, hergestellt. Die Hypothese, die daraus abgeleitet wird, ist, dass Schülerinnen und Schüler metakognitives Wissen im Mathematikunterricht stärker durch den Umgang mit digitalen Medien und Werkzeugen erlernen, da so Strategien angewendet und bewusst gemacht werden müssen (Chytrý et al., 2019).

---

[1] Prompts können als Strategie-aktivierende Elemente verstanden werden, die Lernende in Form von Hinweisen oder Fragen zur Anwendung prozeduralen Wissens animieren (Bannert und Mengelkamp, 2013; Reigeluth und Stein, 1983).

[2] Dieser wurde im Kapitel 5 ausführlich dargestellt (siehe etwa Mevarech und Kramarski, 1997).

Darüber hinaus bietet eine Untersuchung von Veenman (2013) eine neue Perspektive auf metakognitive Aspekte, indem gespeicherte Prozessdaten zur Analyse herangezogen werden. Eine so gelungene Identifikation von Variablen, die metakognitive Aktivitäten beschreiben, kann als weiterführender Fokus dienen, benötigt allerdings noch weiterer Validierung und Anwendung bezüglich differenter Lerngegenstände. So kann auch durch eine zusätzliche Methode zur Erfassung metakognitiver Aspekte den Problemen der in Kapitel 5.2.1 beschriebenen Messmethoden begegnet werden (vgl. beispielsweise Veenman und van Cleef, 2019).

Zusammenfassend lässt sich formulieren, dass durch die Anregung metakognitiver Aktivitäten das eigenständige Lernen innerhalb von darauf ausgelegten digitalen Lernumgebungen vielversprechend sowie notwendig ist. Zur Anregung metakognitiver Strategien kann die explizite Benennung dieser in Form von eingebetteten Elementen mit Hinweisen oder lenkenden Fragen herangezogen werden. In den verschiedenen dargestellten Studien ist allerdings der Einbezug der Spezifizierung einzelner Domänen gefordert worden. Daher wird im nachfolgenden Kapitel als ein dafür notwendiger Schritt das metakognitive Wissen in Bezug auf das Mathematiklernen und hier spezifisch auf die Kompetenz des mathematischen Modellierens dargestellt.

6.2   Metakognitive Wissenselemente und mathematisches Modellieren

Wie in Kapitel 3 zur Modellierungskompetenz herausgearbeitet werden konnte, gehen mit modellierungsspezifischen Aktivitäten komplexe kognitive Prozesse einher. Das Wissen, Reflektieren und Denken über Modellierungsprozesse kann demnach in Bezug auf die in Kapitel 5 formulierte Definition als bereichsspezifische Metakognition gesehen werden, wobei sich bereichsspezifisch hier auf mathematische Modellierungsprozesse bezieht. Im Nachfolgenden soll daher zunächst theoretisch hergeleitet werden, wie Metakognition sowie metakognitives Wissen in Bezug auf das mathematische Modellieren aufgefasst werden können. Im Anschluss werden empirische Erkenntnisse dazu vorgestellt.

6.2.1 Theoretische Erkenntnisse

Mit Modellierungsprozessen gehen stets kognitive Prozesse einher. Diese wurden beispielsweise durch Blum und Leiss (2005) beschrieben und in einem Kreislaufmodell idealisiert dargestellt. Im Sinne der Metakognition werden sowohl der ganzheitliche Modellierungsprozess als auch die untergeordneten Teilprozesse zu Objekten der eigenen kognitiven Wahrnehmung. So ist es für Lernende dann auch möglich, auf die modellierungsspezifischen Prozesse einzuwirken oder darüber zu reflektieren. Metakognitives Wissen kann also als das Wissen über Einflussfaktoren innerhalb von Modellierungsprozessen beschrieben werden.

Hinsichtlich der Unterteilung metakognitiven Wissens nach Wissens nach Flavell (1976) sowie sowie Flavell und Wellman (1977) ist es außerdem möglich, Subfacetten des Wissens über Einflussfaktoren bei Modellierungsprozessen anzugeben, wobei diese noch empirisch überprüft werden müssen. In der nachfolgenden Aufzählung wird diese Anwendung verdeutlicht (vgl. auch Frenken, 2021; Vorhölter, 2018).

- *Wissen über Personen:* Einschätzungen der eigenen Modellierungskompetenz, Einschätzung der Modellierungskompetenz anderer, sowie Einschätzung der dabei entstehenden Differenzen und Herleitung allgemeiner Schwierigkeiten
- *Wissen über Strategien:* hilfreiche Strategien beim mathematischen Modellieren und deren Ziele oder Anwendungsmöglichkeiten
- *Wissen über Aufgaben:* charakteristische Merkmale von Modellierungsaufgaben

Metakognitives Wissen über mathematisches Modellieren umfasst also auch das Wissen über Strategien wie den Lösungsplan, das Suchen nach Analogien in zuvor bereits gelösten Aufgaben, das Anfertigen von Skizzen oder auch das Unterstreichen wichtiger Informationen im Aufgabentext und deren jeweiligen Ziele, um die Strategien dann tatsächlich passend anwenden zu können (vgl. etwa Beckschulte, 2019; Blum und Schukajlow, 2018; Schukajlow und Leiss, 2011; Stender und Kaiser, 2015; Stillman und Galbraith, 1998). Deutlich wird an diesen Ausführungen, dass das Wissen über Strategien – womöglich jedoch ohne ihnen den konkreten Namen geben zu können – eine Basis für deren Anwendung ist, aber noch nicht zur tatsächlichen Umsetzung führt. Als für den Lösungsprozess hilfreiche Informationen über Aufgabenmerkmale kann außerdem das Wissen über die Möglichkeit verschiedener Lösungswege, das mögliche Fehlen von Informationen im Aufgabentext oder auch das mögliche Vorhandensein unnötiger Informationen in diesem genannt werden. Darüber hinaus sollte auch eine Vorstellung in Bezug auf den Übersetzungsprozess von der Realität in die Mathematik und zurück bei Lernenden vorhanden sein, um ein mathematisches Modell für die reale Problemstellung suchen zu können und die daraus gewonnenen Ergebnisse adäquat zurückübersetzen zu können.

Hinsichtlich der Dimension über Personen bleibt nach den Ausführungen in Kapitel 5 unklar, ob es sich dabei tatsächlich um Wissen oder um nicht unbedingt verifizierbare Aspekte über mathematisches Modellieren handelt, sodass diese den

Beliefs zugeordnet werden sollten. In der theoretischen Perspektive können hier-unter jedoch zunächst einmal Erkenntnisse über individuelle Probleme bei Model-lierungsprozessen, solche bei anderen Modellierenden (z. B. Mitschülerinnen und Mitschülern), und daraus hergeleitete allgemeine Schwierigkeiten über Modellie-rungsprozesse gefasst werden.

Insgesamt führen K. Maaß (2006) und Kaiser (2007) metakognitive Kompeten-zen, worunter das metakognitive Wissen fällt, als theoretisch notwendige Bestand-teile einer holistischen Modellierungskompetenz auf. Auch Auch Blum (2011) stützt dies wie folgt: „There are many indications that metacognitive activities are not only helpful but even necessary for the development of modelling competency" (Blum, 2011, S. 22). Daraus lässt sich die theoretisch hergeleitete Bedeutung der Anregung metakognitiver Aspekte verdeutlichen. Mit empirischen Ergebnissen befasst sich der nachfolgende Abschnitt.

6.2.2 Empirische Befunde

Zur Eingrenzung werden in diesem Abschnitt ausschließlich Befunde zum meta-kognitiven Wissen oder Aspekten dessen in Zusammenhang mit mathematischem Modellieren erörtert.[3]

Dazu wird zunächst auf allgemeine Ergebnisse eingegangen, welche das gesamte metakognitive Wissen betrachten. Im Anschluss wird auf den Lösungsplan als ein verschiedene Strategien umfassendes Instrument eingegangen. Innerhalb des Lösungsplans lassen sich außerdem weitere Strategien zu Teilprozessen verorten, über die ebenfalls empirische Befunde vorliegen.

Obwohl Obwohl Cohors-Fresenborg et al. (2010) angeben, dass die prozedurale Metakognition der Aspekt der Metakognition ist, der für das Modellieren wichtig ist, haben frühere Untersuchungen gezeigt, dass Aspekte metakognitiven Wissens ebenfalls entscheidend für einen erfolgreichen Modellierungsprozess sind oder die-sen zumindest positiv beeinflussen können. Eine der ersten Untersuchungen in dem Bereich stammt von Tanner und Jones (1993), welche die Erkenntnis lieferten, dass Schülerinnen und Schüler die Anregung metakognitiven Wissens in Form in einer Lernumgebung eingebetteten Elementen mit Fragen und Hinweisen als hilfreich einschätzten. Außerdem betonten die Autoren, dass die Anregung metakognitiven Wissens unabhängig vom konkreten Problem integriert werden sollte. Im gleichen

---

[3] Ergebnisse zur prozeduralen Metakognition beim mathematischen Modellieren in verschie-denen Blickwinkeln betrachten beispielsweise Krug und Schukajlow (2020); Vorhölter und Kaiser (2015); und Vorhölter et al. (2016), sowie Vorhölter et al. (2019).

Projekt wurde auch ein Vergleich verschiedener Unterrichtsansätze zum mathematischen Modellieren durchgeführt. Dabei konnte folgende Schlussfolgerung formuliert werden: „The metacognitive skills of planning, monitoring, and evaluating are integral to successful modelling. These skills are best developed through the provision of scaffolding, through questioning to promote the internalization of organisational prompts" (Tanner und Jones, 1995, S. 68). Daraus lässt sich bereits die Vermutung ableiten, dass durch die Vermittlung metakognitiven Wissens auch die Anwendung entsprechender Strategien angeregt werden kann.

Eine Analyse von durch die Lernenden verschriftlichten Modellierungsprozessen zeigte außerdem, dass fehlendes metakognitives Wissen zu Problemen beim Modellieren führte. So konnten beispielsweise wichtige Zusammenhänge zwischen dem Wissen über verschiedene Modelle und deren Umsetzung nachgewiesen werden (Maaß, 2007). Innerhalb dieser Studie wurden in einem Zeitraum von mehreren Monaten sechs Modellierungsaufgaben in das gewöhnliche Unterrichtsgeschehen eingebettet. Insgesamt wurde deutlich, dass sowohl die Modellierungskompetenz als auch das metakognitive Wissen durch eine solche Integration von Modellierungsaufgaben bei vielen Schülerinnen und Schülern zunahm (K. Maaß, 2007).

Untersuchungen zum metakognitiven Wissen stützen sich häufig lediglich auf die Komponente des Strategiewissens. Stillman und Galbraith (1998) zeigten beispielsweise auf, dass das Wissen über verschiedene Strategien und deren Ziele eine Grundlage für die Entscheidungsfindung bei der Bearbeitung von realen Problemen ist, indem sie umfangreiche Fallstudien durchführten und Videomaterial sowie Interviews auswerteten. Sie kommen zu folgendem Schluss: „It is argued that a rich store of knowledge of metacognitive strategies and their facility developed over an extended period of use is a likely prerequisite to productive decision making." (Stillman und Galbraith, 1998, S. 183) Darüber hinaus konnten sie metakognitive Aktivitäten, in denen auf metakognitives Wissen zurückgegriffen wurde, in allen Phasen des Modellierungskreislaufs beobachten, wobei dies vor allem bei den erfolgreichen Gruppen und in Phasen des Übergangs der Fall war (Stillman und Galbraith, 1998). In einer weiteren Studie identifizierte Stillman (2004) die von Lernenden verwendeten Strategien in Modellierungsprozessen. Dabei konnten die im vorherigen Abschnitt theoretisch benannten hilfreichen Strategien zum Teil identifiziert werden. Insgesamt zeigte sich jedoch, dass vor allem die Menge an verschiedenen bekannten Strategien und das Wissen über die unterschiedlichen Einsatzszenarien dieser zum verbesserten Strategieeinsatz und somit auch zu erfolgreicheren Modellierungsprozessen führte: „The effective use of these strategies is enhanced by an equally rich and varied store of metacognitive strategies." (Stillman, 2004, S. 64). Doch auch in Bezug auf fehlendes Aufgaben- und Personenwissen konnten Schwierigkeiten bei der Herangehensweise an die jeweilige Modellierungsaufgabe herausgearbeitet werden (Stillman, 2004). Um das Strategiewissen zu fördern, schlägt Stillman (2011) vor, den Unterrichtsansatz der Meta-Metakognition zu wählen und somit die Angemessenheit und Ziele von Strategien zu thematisieren.

Auch Tropper (2019) sowie Zöttl (2010) widmeten sich der Untersuchung von Strategiewissen beim mathematischen Modellieren, indem Lösungsbeispiele konzipiert wurden, die solches Wissen vermitteln sollten. Dabei führte Tropper (2019) eine qualitative Studie durch, um der allgemeinen Fragestellung nachzugehen, wie Lernende zu eigenständigen und erfolgreichen Modellierungsprozessen angeleitet werden können. Die Notwendigkeit von unterstützendem Material zum Strategiewissen konnte so bestätigt werden. Zöttl (2010) führte hingegen eine computerbasierte quantitative Studie durch, in der eine Lernumgebung zum Modellieren mit Lösungsbeispielen angereichert wurde. Dabei wurde jedoch kein Gruppenvergleich zu unterschiedlichen Möglichkeiten der Strategievermittlung durchgeführt. Dennoch konnte herausgearbeitet werden, dass durch diese Lernumgebung kurzfristig ein mittlerer Kompetenzzuwachs erreicht wurde (Zöttl, 2010; Zöttl et al., 2010).

Insgesamt kann also festgehalten werden, dass die allgemeine Vermittlung von Strategien zum mathematischen Modellieren Lernende während Modellierungsprozesse unterstützen und außerdem den Kompetenzerwerb fördern kann. Daher wurden auch Studien auf einer detaillierteren Ebene und somit zu einzelnen Strategieinstrumenten durchgeführt, wovon nun einige vorgestellt werden sollen.

Zunächst sei auf verschiedene Studien zum Lösungsplan verwiesen, welcher auch in der bereits erwähnten Studie nach Zöttl (2010) eingesetzt wurde. Auch das DISUM-Projekt führte einen Lösungsplan ein (vgl. etwa Blum und Schukajlow, 2018; Schukajlow, Kolter et al. 2015). Darüber hinaus fasste Beckschulte (2019) diese vorangegangenen Ergebnisse zusammen und entwickelte einen weiteren Lösungsplan. Das Strategieinstrument des Lösungsplan kann also variiert werden, indem beispielsweise die Schrittigkeit verändert wird. So umfasst der von Zöttl (2010) verwendete Lösungsplan lediglich drei Schritte (vgl. Abbildung 6.2), wohingegen der Lösungsplan nach Beckschulte (2019) fünf Schritte (vgl. Abbildung 6.3) beschreibt.

In der Interventionsstudie, bei der die Verwendung des Lösungsplans in der Experimentalgruppe untersucht wurde, konnten zwar in den Teilkompetenzen *Vereinfachen*, *Interpretieren* und *Validieren* insgesamt Kompetenzzuwächse festgestellt werden, die Experimentalgruppe verzeichnete jedoch keinen stärkeren Kompetenzzuwachs als die Kontrollgruppe, was den in der Studie aufgestellten und auch aus den bisherigen Studien abzuleitenden Hypothesen widerspricht. In einer anderen Interventionsstudie mit 255 Lernenden im Alter von 11 Jahren wurde der Experimentalgruppe innerhalb einer digitalen Lernumgebung Wissen über einen möglichen Modellierungsprozess nach Verschaffel et al. (2000) zur Verfügung gestellt.

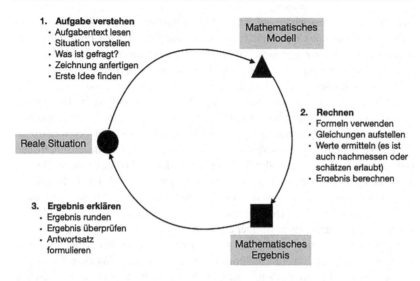

Abbildung 6.2 Lösungsplan nach Zöttl und Reiss (2008, S. 190)

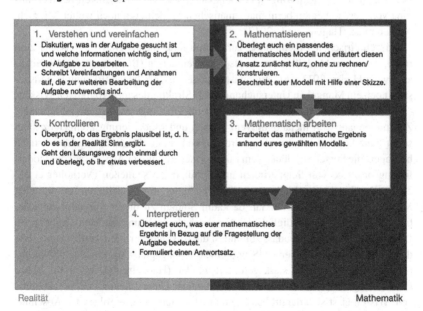

Abbildung 6.3 Lösungsplan nach Beckschulte (2019, S. 79)

Im Prä- und Posttest wurde auf Basis eines Selbstberichts die Wahrnehmung in Bezug auf Mathematiklernen, mathematische Leistung sowie das Problemlöseverhalten gemessen. Es zeigte sich, dass in der Experimentalgruppe durch das Wissen über Modellierungsprozesse sowohl die mathematische Leistung als auch die Selbstwahrnehmung verbessert werden konnte (Panaoura et al., 2009).

Die Ergebnisse zum Einsatz von Lösungsplänen sind also different. Daher ist es sinnvoll, auch die einzelnen im Lösungsplan vorgeschlagenen Strategien zu untersuchen. Vor allem zur Skizzennutzung und zum Textverstehen, also zu den Teilprozessen des Verstehens sowie des Vereinfachens und Strukturierens, liegen empirische Befunde vor. Rellensmann et al. (2017) konnten herleiten, dass strategisches Wissen über Skizzen den Modellierungserfolg positiv beeinflusste, wobei diese Beziehung durch die Akkuratesse der jeweils angefertigten Skizze mediiert wurde (vgl. auch Rellensmann et al., 2019). Die Skizzennutzung ist jedoch abhängig vom konkreten inhaltlichen Lerngegenstand (Bräuer et al., 2021).

In einer Interventionsstudie zum mathematischen Modellieren mit Lesestrategietraining in der Experimentalgruppe konnte zwar ein allgemeiner Kompetenzzuwachs gemessen werden, allerdings waren keine Unterschiede zwischen Experimental- und Kontrollgruppe sichtbar, sodass die Wirksamkeit der Vermittlung von Lesestrategien beim mathematischen Modellieren noch weiter beforscht werden muss (Hagena et al., 2017).

Die empirischen Erkenntnisse zur Vermittlung metakognitiven Wissens zum mathematischen Modellieren sind also nicht eindeutig (Beckschulte, 2019; Schukajlow und Leiss, 2011). Außerdem ist trotz der beschriebenen Erkenntnisse insgesamt noch ein Mangel an Untersuchungen zur Struktur des metakognitiven Wissens (zum mathematischen Modellieren) auffallend. Die Frage nach einem bestehenden Zusammenhang von metakognitivem Wissen und Modellierungskompetenz kann somit ganz konkret aufgeworfen werden (Hankeln et al., 2019) und könnte dazu beitragen, die Forschungslücke zum Einfluss metakognitiver Aspekte auf die Modellierungsprozesse von Schülerinnen und Schülern zu schließen (Vorhölter et al., 2019). Darüber hinaus bleibt auch die Beziehung zum Modellieren mit digitalen Medien und Werkzeugen unklar, da kaum Studien zu dieser Verknüpfung existieren. Hier lässt sich lediglich der Vergleich der drei untersuchten Gruppen im LIMo-Projekt anführen, sodass zumindest die Aussage getroffen werden kann, dass durch die Hilfsmittel einer DGS und eines Lösungsplans verschiedene Teilkompetenzen unterschiedlich stark gefördert werden (Hankeln und Greefrath, 2020). Eine Aussage über die Kombination aus digitaler Unterstützung und metakognitivem Wissen lässt sich darauf basierend nicht treffen. Im nachfolgenden Abschnitt soll daher zunächst die Förderung von Modellierungskompetenz(en) in digitalen Lernumgebungen beleuchtet werden.

6.3 Mathematisches Modellieren und digitale Lernumgebungen

Der Einsatz digitaler Lernumgebungen – und damit verschiedener digitaler Medien sowie Werkzeuge – beim mathematischen Modellieren kann aus zwei Perspektiven beleuchtet werden. Zum einen kann die Gestaltung der Aufgaben thematisiert werden, bei welcher durch die digitalen Medien und Werkzeuge Möglichkeiten bestehen, Kontexte realistischer darzustellen oder auch Mathematik zu integrieren, welche nur mithilfe von digitalen Werkzeugen bearbeitet werden kann. Zum anderen lässt sich daran anschließend betrachten, an welchen Stellen Lernende digitale Medien und Werkzeuge einsetzen können, um ihren Bearbeitungsprozess zu unterstützen. Beide Blickwinkel werden im Nachfolgenden zunächst aus theoretischer und im Anschluss aus empirischer Sicht beleuchtet.

6.3.1 Theoretische Erkenntnisse

Zu Beginn der Diskussion, inwiefern digitale Technologien sich auf das mathematische Modellieren auswirken, wurde von Galbraith et al. (2003) Abbildung 6.4 entwickelt, bei der die Zusammenhänge vor allem in Bezug auf das mathematische Arbeiten gesehen wurden, weil dort digitale Werkzeuge wie Tabellenkalkulationen, Dynamische Geometriesoftware oder auch Taschenrechner eingesetzt werden können und beispielsweise schematische Abläufe reduzieren oder den Umgang mit großen Datenmengen erleichtern können.

Einen ähnlichen Ansatz wählten Siller und Greefrath (2010)[4], indem die in Kapitel 3 zum Modellieren dargestellten Übersetzungen von Realität zu Mathematik und zurück durch eine dritte „Welt" erweitert wurden (vgl. Abbildung 6.5). Dahingegen verfolgt eine andere Darstellung nach Darstellung nach Greefrath (2011) den Fokus, dass digitale Medien und Werkzeuge in allen Teilprozessen des Modellierens verwendet werden können. Mögliche Tätigkeiten mit digitalen Technologien werden so bereits identifiziert (vgl. Abbildung 6.6, siehe auch Greefrath und Weitendorf, 2013). Auch aus der Analyse von Modellierungsaufgaben lässt sich konstituieren,

---

[4] Dieser Ansatz ist bereits in Überlegungen im Einleitungstext von Greefrath und Mühlenfeld (2007) zu finden. Es gibt auch weitere, ähnliche Darstellungen, auf die hier im Einzelnen nicht eingegangen werden soll, damit eine zielführende Darstellung für die vorliegende Arbeit gewährleistet werden kann. Eine Übersicht sowie Diskussionen zu verschiedenen Kreisläufen und theoretischen Modellen des mathematischen Modellierens mit digitalen Werkzeugen finden sich allerdings etwa bei Frenken, Greefrath, Siller et al. (2021) oder bei Hankeln (2019).

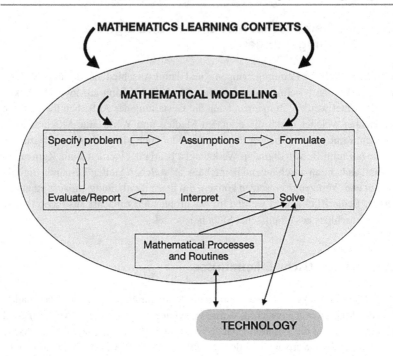

Abbildung 6.4 Einflüsse der Technologie auf das mathematische Modellieren nach Galbraith et al. (2003, S. 114)

dass der Technologieeinsatz in allen Phasen des Modellierungskreislaufs hilfreich sein kann (Greefrath et al., 2011).

Hinsichtlich dieser beiden verschiedenen Darstellungen diskutieren Frenken, Greefrath, Siller et al. (2021), dass sie jeweils geeignet sein können, um Modellierungsprozesse zu analysieren, wobei im integrierten Kreislauf die verschiedenen Möglichkeiten der Verwendung digitaler Technologien stärker aufgezeigt werden können, die bildliche Darstellung allerdings keine direkte Differenzierung zwischen digitalen und analogen Prozessen zulässt, wohingegen der erweiterte Kreislauf stark auf den Übersetzungsprozess zum verwendeten digitalen Werkzeug abzielt und so auch expliziter Hürden in dem Teilprozess identifizieren kann. Dass die Verwendung einer DGS in den verschiedenen Teilprozessen möglich ist und den Modellierungsprozess stützen kann, zeigt Hankeln (2019) auf, indem sie für jede Teilkompetenz die Funktionen der DGS im Kreislauf verortet (vgl. Abbildung 6.7).

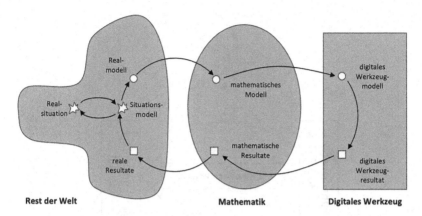

Abbildung 6.5 Erweiterte Sichtweise auf die Verwendung digitaler Werkzeuge beim Modellieren (vgl. Siller und Greefrath, 2010, S. 2137)

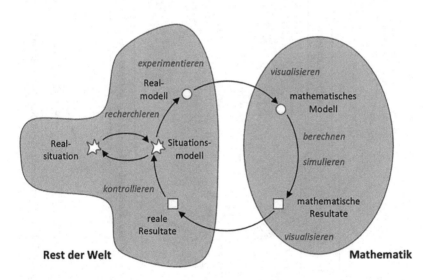

Abbildung 6.6 Integrierte Sichtweise auf die Verwendung digitaler Werkzeuge beim Modellieren (vgl. Greefrath, 2011, S. 303)

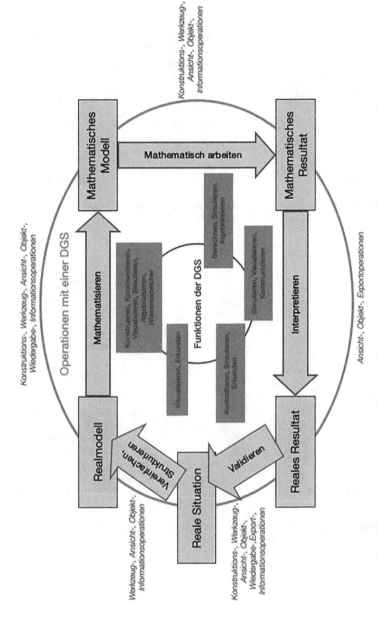

Abbildung 6.7 Die verschiedenen Operationen mit DGS im Modellierungskreislauf nach Hankeln (2019, S. 123)

Mithilfe der verschiedenen Darstellungen wurden Modellierungsprozesse mit digitalen Medien und Werkzeugen fokussiert. In digitalen Lernumgebungen ist es möglich, verschiedene digitale Medien und Werkzeuge zu kombinieren und so auch unterschiedliche Facetten der dargestellten Möglichkeiten bei Lernenden anzuregen. So besteht ebenfalls die Chance, realistischere Probleme im Schulunterricht zu behandeln, weil durch den digitalen Technologieeinsatz Situationen auch simuliert werden können, sodass beispielsweise eine zunehmende Komplexität und Dynamik des mathematischen Modells möglich ist (Galbraith und Fisher, 2021; Savelsbergh et al., 2008). Auch die Motivation der Schülerinnen und Schüler hinsichtlich der Verwendung von Mathematik könnte auf diese Weise zunehmen (Siller und Greefrath, 2010). Im Allgemeinen können Modellierungsprozesse durch Modellierungsaufgaben angeregt werden. Eine Klassifikation solcher mit digitalen Medien und Werkzeugen haben Greefrath und Vos (2021) entwickelt. Anhand einer Tabelle und eines Ratings der verschiedenen Eigenschaften kann die jeweils betrachtete Modellierungsaufgabe fundiert eingeschätzt werden. Das Kategoriensystem ist Tabelle 6.1 zu entnehmen.

Auf Basis dieses umfangreichen Kategoriensystems wird ersichtlich, dass Modellierungsaufgaben mit digitalen Technologien das Potenzial besitzen, eine weitere Dimension der Heterogenität zu fördern, indem durch die digitalen Medien und Werkzeuge zum einen Hilfestellungen integriert und zum anderen mehr Möglichkeiten zur Bearbeitung einer Modellierungsaufgabe bestehen (vgl. auch Frenken und Greefrath, 2021). Hinsichtlich des Designs von Modellierungsaufgaben mit digitalen Medien und Werkzeugen weist Geiger (2017) auf Folgendes hin: „Students needed to find ways of taking advantage of the capabilities when engaging with the demands of the task and pursuing a solution. This is a type of instrumental genesis in which the potential of an artifact is only realised through its instrumented action." (Geiger, 2017, S. 299) Es wird also eine Verbindung zur bereits vorgestellten Instrumentellen Genese hergestellt, die darauf verweist, dass Lernende beim Lösen von technologiebasierten Modellierungsaufgaben auch zusätzlichen Hürden beim Werkzeugeinsatz begegnen könnten und die bestehenden Möglichkeiten des Digitalen zunächst erprobt werden müssen. Damit gehen neue Herausforderungen bei der Gestaltung solcher Aufgaben einher. Insgesamt kann zusammengefasst werden, dass eine Ambiguität aus vielfältigen Potenzialen, aber auch einhergehenden Herausforderungen und Schwierigkeiten beim Einsatz digitaler Technologien zum mathematischen Modellieren und somit auch in digitalen Lernumgebungen besteht, sodass es weiterer empirischer Untersuchungen bedarf, die einen solchen Einsatz systematisch ergründen (vgl. auch Geiger, 2011). Im Nachfolgenden werden die bisher wenigen Studien zum Einsatz digitaler Medien und Werkzeuge beim mathematischen Modellieren dargestellt.

Tabelle 6.1 Klassifikation von Modellierungsaufgaben mit digitalen Medien und Werkzeugen (vgl. Greefrath und Vos, 2021, S. 496)

	Kategorie	Beschreibung
0	Mathematik	Inhaltsbereich
1	Kompetenzen	Anzahl der Kompetenzen (0–4)
	Fokus der Modellierungsaktivität	Anzahl der Teilkompetenzen (0–8)
	Qualität der gegebenen Informationen	Genau, unterbestimmt oder überbestimmt, beides (0–2)
2	Realitätsbezug des Aufgabenkontexts	Künstlich, digitale Realität, realistisch, authentisch (0–3)
	Fragebezug des Aufgabenkontexts	Künstlich, realistisch, authentisch (0–2)
	Darstellung	Verbal (nur Text), statisch (Tabelle, Bild, Diagramm), semi-interaktiv (Video), interaktiv (0–3)
3	Digitale Werkzeuge für Lernende	Anzahl der verwendeten Werkzeuge: kein Werkzeug, ein Werkzeug, mehr als ein Werkzeug (0–2)
	Offenheit des Werkzeugeinsatzes	Vorgeschriebener Werkzeugeinsatz, etwas Auswahl, freie Auswahl (0–2)
	Digitale Werkzeuge für Lehrende	Anzahl der Aktivitäten, z. B. Präsentation, Auswertung (0–2)
	Arten der Rückmeldung durch das Werkzeug	No feedback, simple feedback, elaborate feedback (0–2)
4	Aktivitäten der Lernenden	Anzahl der erwarteten Aktivitäten: Erkunden, Rechnen, Zeichnen, Prüfen, Präsentieren, etc. (0–6)
	Offenheit	Anzahl der offenen Zustände: Anfangszustand, Endzustand (0–2)
	Aufgabenvorschriften	Keine Gruppenarbeit, Gruppenarbeit, Gruppenarbeit und Rücksprache mit anderen (0–2); ja/nein zeitliche Einschränkungen (0–1); hohe/niedrige Bewertungsnormen (0–1); hohe/niedrige formale Mathematikanforderungen (0–1)

6.3.2 Empirische Befunde

Zum mathematischen Modellieren in digitalen Lernumgebungen sowie etwas allgemeiner mit digitalen Medien und Werkzeugen existieren bisher nicht viele Studien. Dabei stützen sich die meisten Studien außerdem auf video- oder interviewbasierte, also qualitative, Herangehensweisen, sodass auch kleine Fallzahlen resultieren. Dennoch ergeben sich aus solchen Studien Grundlagen zur Formulierung von Hypothesen für die vorliegende Arbeit. Zunächst sollen in diesem Abschnitt Erkenntnisse aus qualitativen Studien dargestellt werden. Im Anschluss wird auf die wenigen quantitativen Erkenntnisse aus einer Interventionsstudie im Rahmen des LIMo-Projekts, sowie zum Abschluss auf eine Metastudie eingegangen.

Zunächst einmal lässt sich aus verschiedenen qualitativen Studien, bei denen Lernende beim Modellieren mit digitalen Technologien auf Basis von Interviews oder Videos analysiert wurden, folgern, dass die im integrierten Modellierungskreislauf genannten Tätigkeiten mit den digitalen Materialien von Lernenden tatsächlich umgesetzt werden (Daher und Shahbari, 2015; Doerr und Zangor, 2000; Gallegos und Rivera, 2015; Greefrath und Siller, 2017; Ramírez-Montes et al., 2021). Darüber hinaus wird vor allem die Unterstützung der Mathematisierung durch das digitale Werkzeug betont (Daher und Shahbari, 2015).

Außerdem konnten durch den Einsatz verschiedener Werkzeuge auch die theoretisch hergeleiteten Chancen bezüglich der Möglichkeit zum Wechsel von Darstellungen oder zur Entlastung von Kalkül bestätigt werden (Carreira et al., 2013; Confrey und Maloney, 2007; Son und Lew, 2006). So kommen beispielsweise Confrey und Maloney (2007) nach einer Analyse von Fallbeispielen zu folgendem Schluss:

> Whether electronic or mechanical, technology can incorporate and generate representations which are themselves the subject of or tools for identifying and transforming an indeterminate to a determinate situation. Technology plays a central role in coordinating the inquiry, reasoning, and systematizing that lead to a determinate situation. (Confrey und Maloney, 2007, S. 67 f.)

Damit gehen sie nicht nur auf die Repräsentationswechsel ein, sondern konnten ebenfalls metakognitive Strategien zur Organisation sowie einige Tätigkeiten aus dem integrierten Modellierungskreislauf beobachten.

Weiterhin kann auf Basis der Analyse von Modellierungsprozessen mit einer Tabellenkalkulation konstituiert werden, dass ein solches digitales Hilfsmittel die Art des mathematischen Modells beeinflusst (Ramírez-Montes et al., 2021).

In einer Interviewstudie konnte außerdem herausgearbeitet werden, dass Schülerinnen und Schüler zum Teil die zusätzlichen Funktionen einer DGS beim Lösen mathematischer Modellierungsaufgaben schätzten. So wurde vor allem betont, dass es im Vergleich zur Arbeit mit Stift und Papier genauer sein kann. Darüber hinaus können Operationen leichter rückgängig gemacht und somit verwendete Modelle schneller überarbeitet sowie optimiert werden (Hertleif, 2017). Die Verwendung der zuletzt beschriebenen Operation konnte auch auf Basis von Logdaten bei erfolgreichen Modellierungsprozessen innerhalb einer *digitalen Lernumgebung* zum mathematischen Modellieren konstituiert werden (Frenken und Greefrath, 2021).

Eine andere Perspektive auf digitale Lernumgebungen erzeugt die qualitative Evaluation einer digitalen Lernumgebung für Studierende in Brasilien, welche das digitale Medium zur Kommunikation nutzen, indem sie dort Informationen sammelten, Fragen notierten sowie gemeinsam Problemstellungen bearbeiteten (Orey und Rosa, 2018). Diese Ergebnisse können durch Beobachtungen im Rahmen einer einjährigen Studie mit drei Klassen bestätigen werden, welche zeigte, dass das digitale Werkzeug – in diesem Fall ein Computer-Algebra-System – die Kommunikation und Interaktionen anregt (Geiger et al., 2010).

Neben der Anregung von Kommunikation und Interaktion, besteht auch Evidenz darüber, dass das Modellieren mit digitalen Technologien das Interesse für das Fach Mathematik (Pierce und Stacey, 2011) sowie die computerbezogene Selbstwirksamkeit (Greefrath et al., 2018; Hertleif, 2017) steigern kann.

Aus der Studie im LIMo-Projekt wurde unter anderem ein Fokus auf die Teilkompetenz des Mathematisierens gelegt. Hierbei konnte im Vergleich einer Gruppe mit DGS zu einer Gruppe mit papierbasierten Materialien nach einer Intervention von vier Modellierungsaufgaben kein signifikanter Unterschied im Kompetenzzuwachs ermittelt werden. Daher wird Folgendes konstatiert:

> Taking everything into account, we conclude that even though modelling with a DGS may change the process of modelling, this does not necessarily impact the development of modelling competencies without digital tools, as is evident in the example of mathematising. On the one hand, this implies that it is possible to use a DGS to build up modelling competencies that are as good as in a traditional approach. But on the other hand, this implies also that a DGS cannot simply be seen as a facilitator of learning mathematical modelling, at least not if the tasks are not changed. There is still a need for research concerning the implications of developing modelling competencies by using more complex, and perhaps more authentic modelling problems that cannot be solved without the help of a computer, in contrast to ‚usual' modelling problems, which do not necessarily need a computer to be solved. (Greefrath et al., 2018, S. 242 f.)

In Hinblick auf die Gruppe, welche mit DGS die Modellierungsaufgaben bearbeitete, konnte jedoch auch herausgefunden werden, dass die computerbezogene Selbstwirksamkeitserwartung ein signifikanter Prädiktor für den Erfolg im Posttest war (Greefrath et al., 2018). Dies könnte – mit Bezug auf vorherige Darstellungen – auch darauf hindeuten, dass Unterstützungsangebote zum Umgang mit dem digitalen Werkzeug notwendig sowie hilfreich sein könnten, um etwaige Schwierigkeiten in Bezug auf die Werkzeugnutzung möglichst schnell zu lösen und auch den kognitiven Anspruch zu reduzieren. In den übrigen drei gemessenen Teilkompetenzen wurde kein signifikant höherer Kompetenzzuwachs in der DGS-Gruppe festgestellt. Daher folgert Hankeln, 2019: „Die Befunde dieser Arbeit sollten also als Anlass genommen werden, sich grundlegender mit der sinnvollen Nutzung der Werkzeuge zu befassen, und insbesondere solide Theorien aufzustellen, wie der Aufbau von Modellierungskompetenzen mit Hilfe digitaler Werkzeuge abläuft." (Hankeln, 2019, S. 311)

Wie eingangs in diesem Abschnitt erwähnt, soll nun zum Abschluss dieses Kapitels noch eine Metastudie dargestellt werden, um ein vollständiges Bild zum Forschungsstand über den Einsatz digitaler Technologien beim mathematischen Modellieren zu schaffen. Hierbei werden insgesamt 29 Artikel, 12 Buchkapitel und ein Buch in den Analysen zusammengefasst. Der Ansatz von Molina-Toro et al. (2019) fokussiert – womöglich aufgrund fehlender Daten – jedoch qualitative Kategorien. So wird beispielsweise analysiert, dass die Verwendung von Dynamischer Geometriesoftware, Computer-Algebra-Systemen sowie Tabellenkalkulationen betrachtet wird. Dabei werden in den Publikationen außerdem die Rollen des Technologieeinsatzes thematisiert, welche im vorherigen Abschnitt bereits ausgeführt und in vereinzelten qualitativen Studien bestätigt wurden. Auffällig ist, dass keine Daten zu Effektgrößen aus Interventionsstudien herangezogen werden konnten. Hier ist also eine eindeutige Forschungslücke zu identifizieren, auch wenn das zuvor beschriebene LIMo-Projekt einen ersten Ansatz diesbezüglich liefert.

Zusammenfassend lässt sich folgern, dass wenig empirische Evidenz zur Förderung von Modellierungskompetenzen unter Technologieverwendung besteht. Dennoch konnten die theoretisch hergeleiteten Verwendungen digitaler Medien und Werkzeuge in qualitativen Studien hergeleitet und ebenso positive Beziehungen zu affektiven Merkmalen hergestellt werden. Aus der Interventionsstudie nach Hankeln (2019) lässt sich allerdings folgern, dass die Bedingungsfaktoren des Werkzeugeinsatzes bei Modellierungsaufgaben detaillierter untersucht werden müssen. Dazu erscheint es ebenfalls hilfreich zu sein, weitere Faktoren zu identifizieren, die den Kompetenzerwerb in Bezug auf einzelne Teilkompetenzen oder die gesamte Modellierungskompetenz bedingen. Ein Ansatz kann hier die Analyse von Logdaten sein. So haben Frenken und Greefrath (2021) erfolgreiche Modellierungsprozesse untersucht und diese mithilfe von aus den Logdaten gewonnenen Variablen hinsichtlich des Werkzeugeinsatzes, hinsichtlich der in der digitalen Lernumgebung verbrachten Zeit sowie hinsichtlich der Seitenwechsel und Inanspruchnahme von

Hilfen dargestellt. Auch die Speicherung und Nutzung solcher Daten ist also ein weiteres Potenzial digitaler Lernumgebungen, welches im Rahmen der Empirie zur Modellierungskompetenz genutzt werden kann.

Aus den hier beschriebenen Erkenntnissen, sowie in Kombination mit den Schlussfolgerungen aus den vorherigen beiden Unterkapiteln werden im Folgenden die Forschungsfragen für die vorliegende Arbeit hergeleitet.

Teil II
Empirische Untersuchung

In den Kapiteln zu theoretischen Grundlagen für diese Arbeit wurde zunächst als übergeordnetes, in allen übrigen Kapiteln erscheinendes Konstrukt der Begriff der mathematischen Kompetenz dargestellt (Kapitel 2). Im Anschluss wurden die Bereiche des mathematischen Modellierens als eine der sechs im Mathematikunterricht zu erwerbenden Kompetenzen (Kapitel 3), digitale mathematische Kompetenzen (Kapitel 4) sowie die Metakognition als Protokompetenz (Kapitel 5) aufgegriffen. So konnte im abschließenden theoretischen Kapitel (Kapitel 6) aufgeführt werden, dass enge Zusammenhänge zwischen diesen drei Theoriesträngen bestehen, bei denen jedoch aus empirischer Sicht noch Forschungslücken identifiziert werden konnten. Aus diesem Grund gliedert sich die Aufschlüsselung und Herleitung der Forschungsfragen in drei verschiedene Komplexe. Im ersten Komplex soll mithilfe der eingesetzten Messinstrumente der Struktur einer holistischen Modellierungskompetenz nachgegangen werden, indem ein Testinstrument zu vier Teilkompetenzen des mathematischen Modellierens sowie eines zum metakognitiven Wissen beleuchtet wird. Im zweiten Komplex steht die Veränderungsmessung durch die Intervention im Fokus und der dritte Komplex dient der detaillierten Analyse der Experimentalgruppe. Zum Abschluss fokussiert der vierte Fragenkomplex die Identifikation von Einflussfaktoren auf den Kompetenzzuwachs.

Fragenkomplex I: Kompetenzstrukturen und Zusammenhänge
Zur Messung von Modellierungskompetenzen wurden im entsprechenden Kapitel verschiedene Ansätze präsentiert. Dabei ist vor allem relevant, wie das Gesamtkonstrukt aufgefasst wird. Eine Möglichkeit besteht darin, zum einen Modellierungsteilkompetenzen und darüber hinaus weitere Aspekte wie die Metakognition oder auch kommunikative Fähigkeiten als Unterteilung zu wählen (Kaiser, 2007; K. Maaß, 2006). Über die Struktur der Modellierungsteilkompetenzen bestehen bereits Erkenntnisse, dass diese am besten durch mehrdimensionale Modelle beschrieben

© Der/die Autor(en), exklusiv lizenziert an Springer Fachmedien Wiesbaden   127
GmbH, ein Teil von Springer Nature 2022
L. Frenken, *Mathematisches Modellieren in einer digitalen Lernumgebung*,
Studien zur theoretischen und empirischen Forschung in der
Mathematikdidaktik, https://doi.org/10.1007/978-3-658-37330-6_7

werden können (Brand, 2014; Hankeln et al., 2019; Zöttl, 2010). Dabei wurde die probabilistische Testtheorie verwendet, um die Strukturen zu identifizieren und die Personenparameter auf Basis des Prä- und Posttests zu bestimmen. In dieser Arbeit soll überprüft werden, ob diese Erkenntnisse repliziert werden können.

Ia Wie lässt sich die Struktur der Modellierungsteilkompetenzen empirisch beschreiben?

Aufgrund der bisherigen empirischen Ergebnisse wird vermutet, dass sich unter Einsatz des Testinstruments nach Beckschulte (2019) und Hankeln (2019) die Modellierungsteilkompetenzen erneut empirisch in die Facetten *vereinfachen und strukturieren*, *mathematisieren*, *interpretieren* sowie *validieren* unterteilen lässt, auch wenn das bestehende Testinstrument in ein digitales Format übertragen wird.

Darüber hinaus stellt sich die Frage, wie das metakognitive Wissen über mathematisches Modellieren als ein relevanter Teil der metakognitiven, bereichsspezifischen Kompetenz gemessen werden kann. Bisher bestehen allerdings lediglich Erkenntnisse über die Messung und Operationalisierung zur Struktur der Strategienutzung beim mathematischen Modellieren (Vorhölter, 2018). Weitere Instrumente zu modellierungsspezifischen metakognitiven Komponenten sollten entwickelt werden, da vor allem aus qualitativen Studien empirische Erkenntnisse über die Relevanz für erfolgreiches Modellieren vorliegen (vgl. K. Maaß, 2007; Stillman, 2004; Stillman und Galbraith, 1998; Tanner und Jones, 1993). Insgesamt lässt sich der Bedarf nach der Entwicklung eines Testinstruments zum metakognitiven Wissen über mathematisches Modellieren herleiten, weshalb die folgende Forschungsfrage formuliert werden kann (vgl. auch Frenken, 2021).

Ib Wie lässt sich die Struktur metakognitiven Wissens über mathematisches Modellieren empirisch beschreiben?

Hier lässt sich vermuten, dass sich die Facetten des Strategiewissens sowie des Aufgabenwissens über mathematisches Modellieren empirisch messen lassen. Aufgrund von Vorstudien (Frenken, 2021; Frenken und Greefrath, 2020) sowie theoretischen Herleitungen in Bezug auf die Personenvariablen (vgl. Abschnitt 5.2), welche sich nicht immer als verifizierbar herausstellten, müsste vermutlich ein qualitatives Messinstrument herangezogen werden. Fraglich ist, inwiefern sich die Facetten des

Strategiewissens und des Aufgabenwissens trennen lassen oder ob diese zu dem Konstrukt des metakognitiven Wissens über mathematisches Modellieren zusammenfallen.

Um weitere Erkenntnisse über die vor allem theoretisch hergeleitete, holistische Struktur der Kompetenz über mathematisches Modellieren (vgl. Kaiser, 2007; K. Maaß, 2006) zu gewinnen, können außerdem die beiden eingesetzten Testinstrumente gemeinsam eingesetzt und ausgewertet werden. So kann der Zusammenhang eruiert werden.

> **Ic** Wie lässt sich die Struktur der Kompetenz zum mathematischen Modellieren unter Betrachtung der Teilkompetenzen sowie des metakognitiven Wissens empirisch beschreiben?

Auf Basis theoretischer Herleitungen lässt sich vermuten, dass die Teilkompetenzen sowie das metakognitive Wissen über mathematisches Modellieren empirisch voneinander trennbar sind. Allerdings tragen alle diese Unterfacetten zur gesamten Modellierungskompetenz bei, sodass die adäquateste empirische Beschreibung der holistischen Modellierungskompetenz durch die Verwendung aller Unterfacetten gelingen kann.

Fragenkomplex II: Auswirkungen der Intervention
Zusätzlich zur Struktur der Kompetenz zum mathematischen Modellieren und dem modellierungsspezifischen metakognitiven Wissen, wurde in Abschnitt 6.2 die Relevanz solchen Wissens für den Kompetenzerwerb dargestellt. Darüber hinaus konnte außerdem hergeleitet werden, dass die Kombination mit einer digitalen Kompetenzförderung vielversprechend sein könnte (vgl. Abschnitt 6.3), hierbei jedoch ebenfalls metakognitive Unterstützungsmöglichkeiten notwendig sind (vgl. Abschnitt 6.1). Eine kombinierte Betrachtung des Einsatzes eines modellierungsspezifischen Strategieinstruments sowie einer dynamischen Geometriesoftware beim mathematischen Modellieren wurde bisher lediglich in einer grundsätzlich papierbasierten Erhebung durchgeführt, wobei die jeweiligen Werkzeuge verglichen wurden (Hankeln und Greefrath, 2020). Die direkte Integration metakognitiver Elemente in eine digitale Lernumgebung zum mathematischen Modellieren wurde bisher nicht evaluiert, obwohl die verschiedenen Potenziale hergeleitet werden konnten. Dennoch ist die Forschungslage different, und die genannten Studien im Rahmen des LIMo-Projekts konnten keine direkten großen Effekte auf den Kompetenzzuwachs in den vier gemessenen Facetten herausstellen (Beckschulte, 2019; Hankeln, 2019; Han-

keln und Greefrath, 2020). Darüber hinaus ist unklar, wie Lernende metakognitives Wissen über mathematisches Modellieren erwerben. Sowohl der Erwerb metakognitiver Aspekte während Modellierungsprozessen als auch der Erwerb durch gezielte Hinweise etwa auf Möglichkeiten verschiedener Strategien oder zu Eigenschaften von Modellierungsaufgaben sind hier denkbar. Daher soll im Rahmen einer Intervention, bei der eine digitale Lernumgebung zum mathematischen Modellieren in zwei verschiedenen Ausprägungen eingesetzt wird, den folgenden Forschungsfragen nachgegangen werden:

IIa Inwieweit lässt sich eine Entwicklung der modellierungsspezifischen Teilkompetenzen *vereinfachen und strukturieren, mathematisieren, interpretieren* sowie *validieren* bei Lernenden, die eine digitale Lernumgebung zum mathematischen Modellieren bearbeiteten, feststellen?

IIb Inwieweit lassen sich Unterschiede in der Entwicklung der modellierungsspezifischen Teilkompetenzen *vereinfachen und strukturieren, mathematisieren, interpretieren* sowie *validieren* bei Lernenden, die
  i eine digitale Lernumgebung zum mathematischen Modellieren ohne zusätzliche modellierungsspezifische metakognitive Wissenselemente bearbeiteten, und
  ii eine digitale Lernumgebung zum mathematischen Modellieren mit zusätzlichen modellierungsspezifischen metakognitiven Wissenselementen bearbeiteten,
feststellen?

IIc Inwieweit lässt sich eine Entwicklung des metakognitiven Wissens über mathematisches Modellieren bei Lernenden, die eine digitale Lernumgebung zum mathematischen Modellieren bearbeiteten, feststellen?

IId Inwieweit lassen sich Unterschiede in der Entwicklung des metakognitiven Wissens über mathematisches Modellieren bei Lernenden, die

i eine digitale Lernumgebung zum mathematischen Modellieren ohne zusätzliche modellierungsspezifische metakognitive Wissenslemente bearbeiteten, und

ii eine digitale Lernumgebung zum mathematischen Modellieren mit zusätzlichen modellierungsspezifischen metakognitiven Wissenselementen bearbeiteten,

feststellen?

Zu den vier formulierten Forschungsfragen lassen sich aus vorangegangen Studien Hypothesen ableiten. So konnte durch Interventionen mit mathematischen Modellierungsaufgaben im Allgemeinen ein Kompetenzzuwachs gemessen werden (vgl. Beckschulte, 2019; Blum und Schukajlow, 2018; Hankeln, 2019; Hankeln und Greefrath, 2020; Zöttl, 2010), sodass ein solcher auch innerhalb einer Intervention auf Basis einer digitalen Lernumgebung zu erwarten ist. Innerhalb der Modellierungsprozesse begegnen die Lernenden außerdem verschiedenen Hürden, mit denen sie umgehen müssen. Darüber hinaus erhält eine Gruppe zusätzliche Informationen bezüglich metakognitiver Aspekte zum mathematischen Modellieren. Insgesamt ist also zu erwarten, dass die Lernenden auch hinsichtlich der Forschungsfrage IIc einen Wissenszuwachs erfahren.

Die Forschungsfragen IIb und IId zielen auf messbare Gruppenunterschiede hinsichtlich der vier Teilkompetenzen (IIb) sowie des metakognitiven Wissens über mathematisches Modellieren (IId) nach der Intervention und unter Kontrolle des Vorwissens ab. Hier lässt sich zum einen argumentieren, dass die Gruppe mit modellierungsspezifischen metakognitiven Wissenselementen aufgrund der theoretisch sowie empirisch hergeleiteten Potenziale dieser (Kaiser, 2007; K. Maaß, 2007; Stillman, 2004; Stillman und Galbraith, 1998; Tropper, 2019) und der Notwendigkeit metakognitiver Unterstützung in digitalen Lernumgebungen (Azevedo, 2005; Kramarski und Mevarech, 2003; Moos und Azevedo, 2008; Schoenfeld, 1992; Veenman, 2013) auch eine bessere Kompetenzentwicklung sowie eine deutlichere Zunahme des metakognitiven Wissens zeigt. Allerdings lässt sich auch aus der Perspektive der Cognitive Load Theory (Sweller, 1988, 1994) argumentieren, dass zusätzliche Informationen zunächst verarbeitet und von den Lernenden eigenständig in den aktuellen Lösungsprozess integriert werden müssen. Demnach könnte es also auch die entgegengesetzte Wirkung erzielen und zu einer zusätzlichen kognitiven Belastung bei bereits kognitiv anspruchsvollen Bearbeitungsprozessen führen. Aus den beiden Argumentationssträngen lässt sich auch die Vermutung formulieren, dass die Nützlichkeit und Verwendung der metakognitiven Wissenselemente von weiteren kognitiven Voraussetzungen der Lernenden abhängig ist. Welche Faktoren sich identifizieren lassen, soll in den nächsten beiden Fragenkomplexen nachgegangen werden, wobei in Block III nur die Gruppe mit metakognitiven Wissenselementen und im Block IV die Gruppenzugehörigkeit als eine Variable betrachtet wird.

Fragenkompex III: Nutzung des Treatments
Um der Wirksamkeit zusätzlich zur Verfügung gestellter Informationen zu metakognitivem Wissen über mathematisches Modellieren genauer nachgehen zu können, kann evaluiert werden, in welchem zeitlichen Umfang die jeweiligen Informationen durch die Teilnehmenden aufgerufen wurden. Es ist hier beispielsweise davon auszugehen, dass bei einem sehr geringen zeitlichen Umfang keine adäquate Informationsverarbeitung stattfinden konnte. Dementsprechend sollte sowohl die Entwicklung der modellierungsspezifischen Teilkompetenzen als auch des metakognitiven Wissens über mathematisches Modellieren in Abhängigkeit von der auf den zusätzlichen Seiten verbrachten Zeit betrachtet werden.

IIIa Inwieweit lässt sich die Entwicklung der modellierungsspezifischen Teilkompetenzen *vereinfachen und strukturieren, mathematisieren, interpretieren* sowie *validieren* bei Lernenden anhand der auf Seiten mit modellierungsspezifischen metakognitiven Wissenselementen verbrachten Zeiten erklären?

IIIb Inwieweit lässt sich die Entwicklung des metakognitiven Wissens über mathematisches Modellieren bei Lernenden anhand der auf Seiten mit modellierungsspezifischen metakognitiven Wissenselementen verbrachten Zeiten erklären?

Es lässt sich aus einer lerntheoretischen Perspektive sowie Studien zu *time on task* (etwa Creemers, 1994; Klieme, Schümer et al., 2001; Louw et al., 2008; Mulqueeny et al., 2015) vermuten, dass eine höhere Betrachtungszeit[1] mit einem stärkeren

---

[1] Aufgrund der in dieser Studie vorgenommenen Messungen mit computergenerierten Log- und Prozessdaten wird hier bewusst die Betrachtungszeit verwendet. Diese ist zunächst von der tatsächlichen time on task abzugrenzen, da Zeit auf einer bestimmten Seite der

Zuwachs in beiden Forschungsfragen einhergeht, wobei der Zusammenhang zum metakognitiven Wissen stärker ausgeprägt sein könnte.

Fragenkomplex IV: Einflussfaktoren auf die Entwicklung von Modellierungs-kompetenzen innerhalb einer digitalen Lernumgebung
Der letzte Fragenkomplex dieser Arbeit widmet sich dem explorativen Identifizieren von Einflussfaktoren auf die Entwicklung modellierungsspezifischer Kompetenzen innerhalb einer digitalen Lernumgebung. Hierbei werden vor allem die durch die Interaktionen der Lernenden mit der digitalen Lernumgebung gespeicherten Log- und Prozessdaten hinzugezogen, um verschiedene Variablen, die Aufschluss über den Lernprozess geben können, zu identifizieren. Dieses Vorgehen kommt auch einer Forderung nach, die im Rahmen des LIMo-Projekts als Ausblick in Bezug auf die Lerngruppe mit GeoGebra-Intervention formuliert wurde:

> Ausgehend von fundierten theoretischen Überlegungen ist es weiterhin wünschens-wert, Designempfehlungen zu entwickeln, wie Lernumgebungen zum Modellieren mit digitalen Werkzeugen gestaltet werden sollten, damit der gemeinsame Aufbau von Werkzeug- und Modellierungskompetenzen gelingen kann. Denn die Ergebnisse dieser Arbeit zeigen, dass die Sicherheit im Umgang mit dem Werkzeug durchaus entschei-dende Bedeutung für die Entwicklung von Modellierungskompetenzen haben kann. Dazu ist begleitend jeweils eine genaue Analyse nötig, wie Schülerinnen und Schü-ler die Software nutzen und welche Probleme im Zusammenhang mit dem Werkzeug auftreten. (Hankeln, 2019, S. 312)

> **IVa** Inwiefern lassen sich globale Variablen zur modellierungsspezifischen Kompetenzentwicklung aus den durch die Interaktion der Lernenden mit einer digitalen Lernumgebung zum mathematischen Modellieren gespeicherten, computergenerierten Prozessdaten identifizieren?

Es lässt sich die Hypothese formulieren, dass aus Bearbeitungszeiten, aus der Analyse von Seitenwechseln, aus dem Abruf von Hilfeseiten, aus dem Verwen-den von GeoGebra-Tutorials sowie dem Umgang mit den integrierten GeoGebra-Applets und weiteren Werkzeugen Variablen identifizierbar sind, die Einflüsse auf die Entwicklung mathematischer Modellierungskompetenzen haben könnten.

Lernumgebung auch verstreichen kann, ohne dass Lernende sich mit den jeweiligen Inhalten auseinandersetzen. Dennoch ist die Betrachtungszeit ein Indikator für die Bearbeitungszeit und grenzt diese nach oben hin ab.

Weiterführend kann dann außerdem analysiert werden, inwiefern diese Einflüsse messbar sind. Daher lässt sich abschließend die nachfolgende, explorative Forschungsfrage formulieren:

IVb Inwiefern haben die aus den computergenerierten Prozessdaten extrahierten Variablen Einfluss auf die Entwicklung modellierungsspezifischer Kompetenzen?

Zu dieser Frage lassen sich aufgrund ihres explorativen Charakters keine Hypothesen formulieren. Sie soll dennoch Aufschluss über die konkreten Umgangsweisen mit digitalen Medien und Werkzeugen in Modellierungsprozessen geben. Darüber hinaus eignen sich die Forschungsfragen in diesem Fragenkomplex ebenfalls dazu, neue Messverfahren auf Basis von computergestützten Daten zu entwickeln und somit neue Einsichten in Lernprozesse zu generieren.

Methodischer Rahmen

8

In diesem Kapitel wird die Methodik der vorliegenden Studie erläutert. Hierzu wird zunächst auf das Design eingegangen, indem einige Rahmeninformationen zu dem zugehörigen Projekt dargestellt, die Stichprobe beschrieben und im Anschluss daran Aufbau sowie Durchführung der Studie erläutert werden. Im nachfolgenden Unterkapitel soll die eingesetzte Lernumgebung und deren Konzeption dargestellt werden, da diese zentral für die Erhebung und Auswertung der Daten auf der einen Seite, sowie für die Interpretation der Ergebnisse auf der anderen Seite erscheint. Mit der Erhebungs- sowie Auswertungsmethodik beschäftigen sich die letzten beiden Abschnitte dieses Kapitels.

8.1 Design der Studie

In der hier dargestellten Studie handelt es sich um eine quantitativ orientierte, quasi-experimentelle Interventionsstudie im Prä-Posttest-Design mit zwei Gruppen, bei der die Entwicklung modellierungsspezifischer Teilkompetenzen sowie metakognitiven Wissens über mathematisches Modellieren im Mittelpunkt der Erhebungen stehen. Darüber hinaus wurden außerdem Selbstauskünfte zu bisherigen Erfahrungen mit digitalen Medien und Werkzeugen im schulischen, sowie außerschulischen Kontext und außerdem einige personenbezogene Daten zum ersten Messzeitpunkt erhoben. Während der gesamten Studie wurden außerdem Log- und Prozessdaten auf einem eigens für die vorliegende Studie eingerichteten Server an der WWU

Ergänzende Information Die elektronische Version dieses Kapitels enthält Zusatzmaterial, auf das über folgenden Link zugegriffen werden kann https://doi.org/10.1007/978-3-658-37330-6_8.

Münster gespeichert. Insgesamt wurde ein quantitativer Zugang gewählt, da in Bezug auf den Erwerb von Modellierungskompetenzen mit den zusätzlichen Facetten der digitalen Lernumgebung und metakognitiven Aspekten bisher kaum Studien mit diesem Forschungsparadigma vorliegen. Dennoch gibt es qualitativ hergeleitete Erkenntnisse, welche einer Verifizierung auf Basis einer größeren Stichprobe bedürfen. Darüber hinaus sind aber auch die Prozesse von Lernenden in einer digitalen Lernumgebung sowie beim mathematischen Modellieren interessant, welche bisher ebenfalls nur durch aufwendige qualitative Studien analysiert wurden. Die Verwendung von gespeicherten Log- und Prozessdaten ist daher in dieser Studie ein weiterer quantitativ-orientierter Ansatzpunkt, welcher es dennoch ermöglicht, einen Fokus auf die prozessuale Ebene zu richten und nicht nur die Produkte in den Auswertungen einzubeziehen.

8.1.1 Rahmeninformationen zum Projekt Modi

Die vorliegende Studie wurde im Rahmen des Projekts *Modi – Modellieren digital* an der WWU Münster durchgeführt. Ziel dieses Projekts war es, eine digitale Lernumgebung zum mathematischen Modellieren in zwei verschiedenen Versionen zu gestalten, sodass der modellierungsspezifische Kompetenzerwerb als auch die Entwicklung des modellierungsspezifischen metakognitiven Wissen sowie allgemeine Bearbeitungsprozesse und deren Auswirkungen auf den Kompetenzerwerb analysiert werden können. Hierbei sollten Modellierungsaktivitäten im Rahmen des alltäglichen Mathematikunterrichts angeregt werden, weshalb Schülerinnen und Schüler im Klassenverband untersucht wurden, wobei jedoch jede Klasse zufällig auf die beiden verschiedenen Versionen aufgeteilt wurde. Insgesamt nahmen also an der Studie zwei Gruppen teil, wobei nur eine davon das zusätzliche Treatment der modellierungsspezifischen metakognitiven Hilfen erfuhr. Beide Gruppen arbeiteten die gesamte Studie über innerhalb der digitalen Lernumgebung und befassten sich mit den gleichen Modellierungsaufgaben. Es wurde darauf verzichtet, eine zusätzliche Gruppe in die Studie aufzunehmen, welche lediglich Prä- und Posttest bearbeitet. Dies war nicht unbedingt notwendig, da die Tests zu den verschiedenen Messzeitpunkten lediglich durch Ankeritems verbunden waren, sodass Testwiederholungseffekte weitgehend ausgeschlossen werden können. Außerdem zielt die Untersuchung im Wesentlichen darauf ab, die beiden Gruppen zu untersuchen und darüber hinaus, auf die Kompetenzentwicklung einflussnehmende Variablen zu identifizieren, sodass eventuelle Testeffekte als sekundär anzusehen sind und nicht in Relation zum Aufwand stehen.

Auf einen Follow-up-Test wurde außerdem aufgrund der Covid-19-Pandemie verzichtet, da die Ereignisse zwischen zweitem und drittem Messzeitpunkt so unterschiedlich gewesen wären, dass keine sinnvolle Interpretation der Ergebnisse möglich gewesen wäre. Auch eine vergleichbare Durchführung des dritten Erhebungszeitraums aufgrund von regionalen Kontaktbeschränkungen und stark variierenden Inzidenzzahlen wäre nicht möglich gewesen.

Im Allgemeinen wurde die Durchführung des Projekts Modi durch die pandemische Situation deutlich erschwert. Zum einen lag das daran, dass die Bedingungen für die Erhebungen in den verschiedenen Schulen möglichst vergleichbar sein sollten, sodass eine Durchführung vor Ort in den Schulen bevorzugt wurde. Zum anderen war die Bereitschaft seitens der Lehrkräfte, insgesamt neun Schulstunden in ein Modellierungsprojekt zu investieren, deutlich geringer als bei der Planung der Studie erwartet. Darüber hinaus mangelte es an einigen Schulen an der technischen Ausstattung, denn alle Lernenden sollten während der gesamten Studie Zugang zu einem Computer, Laptop oder Tablet mit Maus und Tastatur haben. Zum Teil konnte dem Problem durch iPads (Pro) mit Tastatur und Trackpad entgegengewirkt werden, welche den Schulen vor Ort zur Verfügung gestellt wurden. An einigen Schulen war jedoch auch dies aufgrund von mangelndem kabellosem Internet nicht möglich. Dies bestätigt die Ergebnisse aus der ICILS-Studie hinsichtlich des bescheidenen Ausstattungsniveaus an deutschen Schulen im Digitalen (Fraillon et al., 2019).

Insgesamt handelt es sich bei der vorliegenden Studie also um eine Feldstudie, die möglichst im natürlichen Lernumfeld der Schülerinnen und Schüler durchgeführt wurde, jedoch dadurch auch einige – durch die Pandemie und deren Auswirkungen auf den Schulbetrieb womöglich verstärkte – nicht kontrollierbare Faktoren in sich birgt (Döring und Bortz, 2016). Potenzial hat an dieser Stelle jedoch ebenfalls die Prozessdatenanalyse, durch die mögliche Störfaktoren, wie beispielsweise zu kurze Bearbeitungszeiten, identifiziert werden können. Darüber hinaus ist es durch eine schulgebundene Durchführung bei der Interpretation der Ergebnisse möglich, diese besser auf den schulischen Alltag und die Gegebenheiten des Mathematikunterrichts zu beziehen, sodass eine deutlichere Praxisrelevanz erzielt wird.

8.1.2 Stichprobenbeschreibung

Prinzipiell ist es möglich, Modellierungsaktivitäten in allen Alters- und Jahrgangsstufen anzuregen. Ebenso ist der Kompetenzerwerb hinsichtlich digitaler Medien und Werkzeuge möglichst in all diesen Gruppen zu fördern. Für das Projekt Modi wurden als Zielgruppe neunte und zehnte Jahrgangsstufen an Gymnasien und Gesamtschulen ausgewählt. Zunächst wurde in Anlehnung an das LIMo-Projekt

eine Durchführung in neunten Jahrgangsstufen angestrebt, doch aufgrund der fehlenden Unterrichtszeiten im zweiten Halbjahr des Schuljahres 2018/2019 konnte ein
ähnliches Niveau in zehnten Jahrgangsstufen kurz nach den Sommerferien angenommen werden.

Aufgrund der Integration der DGS GeoGebra wurden geometrische Modellierungsprobleme fokussiert. Das Verwenden einer dynamischen Geometriesoftware
lässt sich in Nordrhein-Westfalen im Kernlehrplan bereits als Anforderung zum
Ende der achten Jahrgangsstufe einordnen. Das Auswählen sowie Reflektieren verschiedener Medien und Werkzeuge wird in den Kompetenzerwartungen für das
Gymnasium am Ende der Jahrgangsstufe neun aufgegriffen (Ministerium für Schule
und Bildung des Landes Nordrhein-Westfalen, 2007). Im Bereich der inhaltsbezogenen Kompetenzen werden zum Ende der Jahrgangsstufe neun beispielsweise
das Erkennen und Verwenden von Ähnlichkeitsbeziehungen genannt. Außerdem
wird genannt: Schülerinnen und Schüler „berechnen geometrische Größen und
verwenden dazu den Satz des Pythagoras und die Definitionen von Sinus, Kosi-
nus und Tangens" (Ministerium für Schule und Bildung des Landes Nordrhein-
Westfalen, 2007, S. 32). Doch da die prozessbezogene Kompetenz des mathematischen Modellierens auch auf das Verwenden von zuvor erlernten inhaltsbezogenen
Facetten zielt, werden weitere im Kernlehrplan genannte Aspekte aus der Geometrie
berücksichtigt.

Insgesamt nahmen 10 Klassen von sechs verschiedenen Schulen, darunter eine
Gesamtschule, aus Nordrhein-Westfalen an der Studie teil, wobei alle Schülerinnen und Schüler das Ziel hatten, die allgemeine Hochschulreife zu erlangen. Die
Schülerinnen und Schüler dieser zehn Klassen wurden nicht aktiv oder zufällig ausgewählt, sondern nahmen an der Studie teil, da sowohl die Zustimmung der Fach-
lehrkraft, der Schulleitung und eines Sorgeberechtigten vorlag, und zum anderen die
technischen Voraussetzungen erfüllt waren. Somit handelt es sich um eine nicht-
probabilistische Gelegenheitsstichprobe (Döring und Bortz, 2016, S. 305). Auch
wenn eine solche Stichprobenziehung im Vergleich zur Anwendung probabilistischer Verfahren, die weder finanziell, zeitlich noch personell in diesem Rahmen
machbar gewesen wären, einige Einschränkungen mit sich bringt, können Studien
mit Gelegenheitsstichproben dennoch zur Theoriebildung und Hypothesenprüfung
herangezogen werden (Döring und Bortz, 2016). Außerdem ist bei der Stichprobenziehung erneut auf die Schwierigkeiten durch die Covid-19-Pandemie hinzuweisen,
welche eine probabilistische Ziehung ebenfalls nicht möglich gemacht hätte. Um
eventuellen Clustereffekten möglichst entgegenwirken zu können, wurden die Schülerinnen und Schüler pro Klasse zufällig, aber jeweils im gleichen Verhältnis, den
beiden Gruppen zugeordnet.

Es nahmen alle Schülerinnen und Schüler sowohl an Prä- als auch Posttest teil und auch eine Bearbeitung aller Modellierungsaufgaben wurde erbeten. Im Krankheitsfall oder anderer schulischer Verpflichtungen bestand die Möglichkeit, dass die betroffenen Schülerinnen und Schüler die versäumte Unterrichtszeit zu Hause nachholten und so dennoch das vollständige Treatment erfuhren.

Insgesamt wurden die Schülerinnen und Schüler in vier unterschiedliche Gruppen eingeteilt, die durch die Merkmale *Art der Intervention* und *Version des Tests* zu unterscheiden sind, sodass Testwiederholungseffekte sowohl in der Gruppe mit zusätzlichem metakognitivem Wissen über mathematisches Modellieren als auch in der Gruppe ohne diese zusätzlichen Informationen minimiert werden konnten. Zur Auswertung liegen 253 Datensätze vor, die sich, wie in Tabelle 8.1 dargestellt, verteilen.

Tabelle 8.1 Übersicht der verschiedenen Gruppen; Lernumgebung A entspricht der Version mit zusätzlichen metakognitiven Inhalten

	Testversion A	Testversion B	insgesamt
Lernumgebung A	66	65	131
Lernumgebung B	63	59	122
insgesamt	129	124	253

8.1.3 Aufbau der Studie

Der Rahmen der vorliegenden Studie wird durch die Konzeption als Interventionsstudie geboten, da unter anderem das Ziel verfolgt wird, die Wirksamkeit zusätzlicher modellierungsspezifischer metakognitiver Wissenselemente innerhalb einer digitalen Lernumgebung zum mathematischen Modellieren zu evaluieren. Darüber hinaus sollen jedoch auch die Bearbeitungsprozesse zur Analyse von Kompetenzentwicklungen herangezogen werden. Daher ist die gesamte Studie innerhalb einer digitalen Umgebung konzipiert, welche den Prä- und Posttest, sowie die Modellierungsaufgaben und dazu verwendbare digitale Medien wie auch Werkzeuge integriert. Hierbei ist die zentrale Begründung, dass eine jede Wirkungshypothese mit einer Veränderungshypothese einhergeht, deren Prüfung im experimentellen Rahmen durch eine Messwiederholung erfolgt (Döring und Bortz, 2016). Somit sind die zentralen Bestandteile im Design durch die Gruppierung innerhalb der Intervention sowie die Messwiederholung auszumachen.

In Abbildung 8.1 ist der Ablauf der Studie im Rahmen des Projekts Modi visuell dargestellt. Erkennbar ist, dass nach dem Prä-Test, in welchem neben

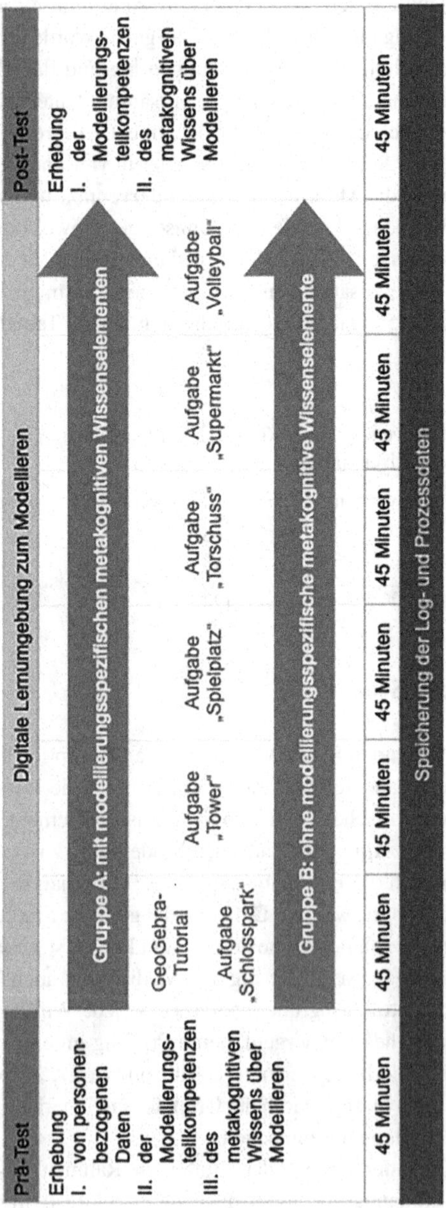

Abbildung 8.1 Visualisierung des Studiendesigns

personenbezogenen Daten zum einen Modellierungsteilkompetenzen und zum anderen metakognitives Wissen über mathematisches Modellieren innerhalb von 45 Minuten erhoben wurden, die 6-stündige Intervention stattfand. Hierbei sollten sich die teilnehmenden Schülerinnen und Schüler möglichst in jeder Schulstunde mit einer Modellierungsaufgabe eigenständig und in Einzelarbeit auseinandersetzen. Die beiden Gruppen bearbeiteten in dieser Zeit unterschiedliche Versionen der digitalen Lernumgebung, welche dadurch charakterisiert werden kann, ob zusätzliches metakognitives Wissen über mathematisches Modellieren vermittelt wird oder nicht. Während der Intervention war es für die Schülerinnen und Schüler möglich, sich frei durch die Aufgaben zu bewegen, sodass auch ein Zurückspringen oder ein schnelleres oder langsameres Bearbeiten einzelner Aufgaben möglich war. Bei erneutem Login starteten die Schülerinnen und Schüler automatisch auf der zuletzt angesehenen Seite. Auch jegliche Einträge in Eingabefeldern, sowie der letzte Zustand in den GeoGebra-Applets wurden gespeichert und waren damit für die Lernenden in allen Unterrichtsstunden einsehbar. Im Anschluss an die Intervention wurden in der achten Unterrichtsstunde der Gesamtstudie im Rahmen des Post-Tests erneut und ebenfalls im digitalen Format die Modellierungsteilkompetenzen sowie das metakognitive Wissen über mathematisches Modellieren erhoben. Insgesamt wurden während der gesamten Studie die Log- und Prozessdaten gespeichert, sodass die Auswertung von Prä- und Post-Test, sowie der Interaktionen der Lernenden mit der digitalen Lernumgebung auf Basis dieser Daten umgesetzt werden kann. So kann auch dem Ziel nachgegangen werden, Indikatoren für einen Kompetenzzuwachs durch die digitale Lernumgebung zu identifizieren.

8.1.4 Durchführung der Studie

Die Konzeption der Studie begann im Oktober 2018. Nachdem Forschungslücken identifiziert und das Design entwickelt wurde, waren zunächst Vorarbeiten und Pilotierungen notwendig. So wurde zum einen das Testinstrument zum metakognitiven Wissen über mathematisches Modellieren entwickelt sowie evaluiert (Frenken, 2021; Frenken und Greefrath, 2020) und im Anschluss daran erfolgte die technische (vgl. Abschnitt 8.2.3) sowie fachdidaktische (vgl. Abschnitt 8.2.1) Entwicklung der Lernumgebung. In allen drei Schritten wurden begleitende Masterarbeiten zur Pilotierung eingesetzt, um beispielsweise Schwierigkeiten während der Testbearbeitung mögliche Lösungsprozesse einzelner Modellierungsaufgaben, sowie die Machbarkeit der digitalen Realisation in Schulen vor der eigentlichen Erhebung zu prüfen (Emans, 2020; Göttsche, 2021; Kosch, 2019; Krellmann, 2020; Lackamp, 2020; Lentfort, 2019; J. Meyer, 2020; Posta, 2020; Preut, 2021). Die Haupterhebung war

ursprünglich für das Frühjahr und den Sommer im Jahr 2020 geplant, musste jedoch
aufgrund der Schulschließungen im ersten Lockdown der Covid-19-Pandemie ver-
schoben werden. In diesem Zeitraum wurde daher eine weitere Pilotierung im Rahmen des Distanzlernens durchgeführt. Die Haupterhebung fand dann zwischen Sep-
tember 2020 und Januar 2021 statt, sodass eine Klasse im Distanzlernen, und die
übrigen Lernenden im schulischen Kontext sowie im gesamten Klassenverband teilnehmen konnten. Lediglich während der Durchführung mit einer Klasse wechselte
der Modus von Präsenz- in Distanzunterricht vor dem Projektabschluss und der 8.
Stunde des Projekts. Diesbezüglich müssen die Datensätze analysiert werden, um
leere Posttests aufgrund dieser Problematik ausschließen zu können. Einige Schülerinnen und Schüler aus der beschriebenen Klasse hatten jedoch die Bearbeitung
aller Modellierungsaufgaben und des Posttests bereits abgeschlossen.

Der Ablauf der Projektsitzungen und die Begleitung dieser werden in den nachfolgenden beiden Unterkapiteln beschrieben.

8.1.4.1 Ablauf der Projektsitzungen

Der Ablauf der Studiendurchführung und der zugehörigen Projektsitzungen wurde
parallelisiert. Eine wesentliche Rolle dabei spielte natürlich die eingesetzte Lernumgebung, welche bis auf die Versionsunterschiede für alle teilnehmenden Schülerinnen und Schüler die gleichen Inhalte, Aufgaben und digitalen Medien sowie
Werkzeuge bereitstellte.

In der ersten Projektsitzung wurden die Schülerinnen und Schüler zunächst mithilfe einer digitalen Präsentation, deren Inhalte im Vorfeld festgehalten wurden, über
den Ablauf des Projekts Modi informiert. Im Anschluss daran wurde der Zugang
zur Webseite erläutert und die entsprechenden Zugangsdaten, welche zum einen
aus einem klasseninternen Benutzernamen sowie Passwort und zum anderen aus
einem zufallsgenerierten persönlichen Code bestanden, verteilt. Daraufhin sollten
die Schülerinnen und Schüler mit der Testbearbeitung beginnen, wobei hier besonders auf die Bearbeitung in Einzelarbeit geachtet wurde. Auch innerhalb der Intervention wurde von den Schülerinnen und Schülern eine Bearbeitung in Einzelarbeit eingefordert, wobei Diskussionen und fachliche Gespräche mit den jeweiligen
Sitznachbarn zugelassen wurden. Bei der Sitzordnung wurde Wert darauf gelegt,
dass die Lernenden der Gruppen A und B[1] möglichst räumlich getrennt saßen. So
konnte gewährleistet werden, dass Schülerinnen und Schüler der Gruppe B keine
zusätzlichen Informationen des Treatments erfuhren. Diskussionen und fachliche
Gespräche im geringen Rahmen wurden zugelassen, da eine Einzelarbeitsphase

---

[1] Gruppe A bearbeitete die Version mit zusätzlichem modellierungsspezifischem metakognitivem Wissen und Gruppe B bearbeitete die Version ohne dieses.

über 8 Schulstunden hinweg als nicht zumutbar für Schülerinnen und Schüler der 9. oder 10. Jahrgangsstufe erachtet wurde. Dennoch ist für die Auswertung der Prozessdaten und somit Rückschlüsse auf individuelle Bearbeitungen der digitalen Lernumgebung die Einzelarbeit von hoher Relevanz (vgl. auch Zöttl, 2010). Insgesamt war die Lernumgebung jedoch so konzipiert, dass alle notwendigen Informationen und Hilfsmittel integriert waren. So konnten die Schülerinnen und Schüler vor der Bearbeitung der ersten Modellierungsaufgabe ebenfalls ein Tutorial zu GeoGebra durchlaufen, in welchem mithilfe kurzer Videos die für die Aufgabenbearbeitung grundlegenden Funktionen demonstriert wurden. Neben jedem Video war außerdem ein entsprechendes GeoGebra-Applet integriert, sodass die eingeführten Werkzeuge parallel zum jeweiligen Video oder im Anschluss daran erprobt werden konnten. Nach der Intervention wurden die Lernenden nach Abschluss der letzten Modellierungsaufgabe automatisch, aber mit einem zuvor erfolgten Warnhinweis zum Post-Test weitergeleitet. Hier wurde vor allem darauf hingewiesen, dass eine Navigation zurück zu den Aufgaben nicht mehr möglich ist, wenn der Abschlusstest einmal aufgerufen wurde. Dies sollte verhindern, dass für den Test notwendige Informationen in Hilfestellungen zu den Aufgaben identifiziert wurden.

Die Rolle der Lehrkraft wurde im Rahmen des Projekts minimiert, um mögliche Effekte dieser während der Projektdurchführung zu eliminieren. Daher erhielt die Lehrkraft eine Zusammenfassung mit Instruktionen über ihr gefordertes Verhalten. Diese Zusammenfassung befindet sich im Anhang. Es wurde darum gebeten, keine Hilfestellungen zu geben. Falls die Lernenden Fragen stellen sollten, wurde die Lehrkraft dazu angehalten im Sinne des Prinzips der minimalen Hilfe (Aebli, 1987) auf den untersten Stufen zu reagieren. Dabei sollte jedoch auf inhaltliche Antworten verzichtet werden (Leiss, 2007; Zech, 2002). Stattdessen konnten motivationale Aspekte genannt werden oder auch angegeben werden, dass die Lernenden die Aufgaben eigenständig lösen sollen und eine Besprechung der Aufgaben nach dem Projekt erfolgt.

8.1.4.2 Treatmentkontrolle

Da aus ethischen Gründen angestrebt wurde, möglichst wenige Daten zu sammeln, durch die Speicherung von Prozessdaten jedoch schon eine große Datenmenge anfällt, wurde darauf verzichtet, weitere Erhebungen wie die Videografie von Unterrichtsstunden im Rahmen des Projekts oder Bildschirmaufnahmen durchzuführen.

Im Rahmen der Erhebung wurde jedoch in allen Gruppen die Durchführung von Prä- und Posttest begleitet. Darüber hinaus wurden ebenfalls einige Stunden der Intervention in den verschiedenen Klassen besucht, wobei Notizen und Beobachtungen angefertigt wurden. In den nicht besuchten Stunden sollten die Lehrkräfte schriftliche Rückmeldungen zu aufgetretenen fachlichen oder technischen Proble-

men geben. Hierbei wurde ein direkter und schneller Kontakt angestrebt, um vor
allem auf technische Probleme zügig reagieren zu können. Dies war in Einzelfäl-
len auch der Fall, doch kurze Ausfälle konnten stets über die Laufzeit des Projekts
hinweg kompensiert werden, sodass alle Lernenden am Ende genügend Zeit zur
Bearbeitung aller Inhalte der Lernumgebung sowie der beiden Tests zur Verfügung
hatten. Da in der digitalen Lernumgebung nicht nur Hilfestellungen, sondern auch
exemplarische Lösungen integriert waren, auf welche die Lernenden nach dem Bearbeiten einer Aufgabe zurückgreifen konnten, entstanden selten fachliche Probleme,
bei denen die Lehrkräfte eingreifen mussten.

Darüber hinaus kann auch die Beantwortung der Forschungsfragen im Fragenkomplex zur Überprüfung der Nutzung des Treatments in der Experimentalgruppe
dienen. So ist es möglich durch eine weitere Perspektive auf die tatsächliche Nutzung der zusätzlichen Informationen einzugehen. Dies stellt zwar keine direkte
Treatmentkontrolle im ursprünglichen Sinne dar, lässt sich jedoch auch nutzen, um
erweiterte Aussagen über das Treatment zu tätigen und zu prüfen, inwiefern dieses
bei den Lernenden die Möglichkeit einer Wirkungsentfaltung aufzeigt.

8.2 Konzeption der digitalen Lernumgebung

Im Mittelpunkt des Projekts Modi stand die Entwicklung einer digitalen Lernumgebung. Dabei mussten zum einen fachdidaktische Aspekte berücksichtigt werden,
welche auch in den theoretischen Kapiteln dargestellt wurden. Zum anderen war
die technische Realisierung relevant für das durch die Schülerinnen und Schüler im
Rahmen der Erhebung zu bearbeitende Endprodukt. Beide Perspektiven sollen in
diesem Abschnitt dargestellt werden.

8.2.1 Fachdidaktische Grundlagen

Auch wenn Tests und Lernumgebung auf der gleichen Plattform und über einen Link
abzurufen waren, sodass eine für die Teilnehmenden unkomplizierte Verknüpfung
und ein vertrautes Layout gegeben waren, fokussiert dieses Unterkapitel die Konzeption und Umsetzung der eigentlichen Intervention. Es handelt sich hier also um
die Beschreibung der Modellierungsaufgaben, der gewählten Strukturierung, Navi-
gationsmöglichkeiten und für die Lernenden zur Verfügung stehenden Optionen
während der Bearbeitung der sechs Aufgaben.

Wie bereits zuvor beschrieben, baut das Projekt Modi auf dem Projekt LIMo
auf. Aufgrund der gleichen Zielsetzung hinsichtlich inhaltlicher, prozessorientier-

ter, wie auch altersbezogener Aspekte, wurden die vier im LIMo-Projekt eingesetzten Modellierungsaufgaben übernommen. Dabei handelt es sich um die Aufgaben *Schlosspark*, *Tower*, *Spielplatz* und *Supermarkt* (vgl. Beckschulte, 2019; Hankeln, 2019). Da in den beiden Dissertationen im Rahmen des LIMo-Projekts diese vier Aufgaben bereits detailliert analysiert wurden, indem auf die verschiedenen Teilkompetenzen und verschiedene Lösungswege eingegangen wurde, sei an dieser Stelle lediglich auf die beiden entsprechenden Abschnitte 4.2 bei Hankeln (2019, S. 147–165), sowie 4.3 bei Beckschulte (2019, S. 66–77) verwiesen. Die Tabelle 8.2 gibt jedoch einen Überblick zu allen sechs in der vorliegenden Studie eingesetzten Modellierungsaufgaben.

Insgesamt sollten die Modellierungsaufgaben einen holistischen Ansatz verfolgen, da dieser nach Brand (2014) genauso gut zum Erwerb von Modellierungskompetenzen geeignet ist wie ein atomistischer, und dabei für schwächere Schülerinnen und Schüler sogar Vorteile bietet. Darüber hinaus sollten die beiden zusätzlich entwickelten Aufgaben neben den für Modellierungsaufgaben im Allgemeinen formulierten Kriterien nach Kriterien nach K. Maaß (2010) auch zusätzliche Aspekte für technologiebasierte Modellierungsaufgaben nach Greefrath und Vos (2021) berücksichtigen, und beispielsweise weitere digitale Medien oder Werkzeuge und dynamische Problemstellungen enthalten.

8.2.1.1 Modellierungsaufgabe Torschuss

Die Aufgabe *Torschuss* ist innerhalb der Lernumgebung die vierte Modellierungsaktivität für die Schülerinnen und Schüler und wurde in Anlehnung an eine Idee von Skutella und Eilerts (2018) im Rahmen einer Masterarbeit (Krellmann, 2020) in das digitale Format übertragen. Schülerinnen und Schüler sollen dabei der Fragestellung nachgehen, wie sich ein Torhüter positionieren sollte, wenn ein Stürmer geradlinig auf das Tor zugelaufen kommt Abbildung 8.2. Diese Fragestellung ist vor allem für sportbegeisterte Lernende interessant und insofern relevant, als dass Fußball ein präsentes Thema in der Gesellschaft ist. Das herzuleitende Verhältnis von Abständen sollte einem Torhüter oder einer Torhüterin bekannt sein. Authentischer wird der Kontext in dieser Aufgabe durch ein Video dargestellt, indem – im Training – ein Stürmer bei der Bewegung auf das Tor hin bis zum Abschuss gefilmt wird. Außerdem ist auch der Torhüter in dem Video zu sehen, welcher hin und her springt. Auch das statische Bild vom Torhüter kann Informationen liefern. Im Nachfolgenden sollen kurz die einzelnen Schritte eines idealisierten Modellierungskreislaufs dargestellt werden.

Vereinfachen und Strukturieren: Aus dem einleitenden Text, dem Video und dem Bild lassen sich einige Vereinfachungen und Annahmen treffen. So kann aus dem Video beispielsweise ein geradliniges Zulaufen des Stürmes auf das Tor angenommen werden. Außerdem wird daraus klar, dass die Position des Torhüters nicht statisch, sondern dynamisch ist. Die Fragestellung kann dahingehend konkretisiert werden, dass eine Regel oder ein Verhältnis für Abstand von Torhüter, Stürmer und Tor gesucht wird. Es kann von einem flachen Schuss ausgegangen werden. Die Armspannweite lässt sich aus dem Bild oder Video auf 2 m schätzen und das Tor ist ungefähr 7,3 Meter breit. Dies kann auch in dem GeoGebra-Applet nachgemessen

Tabelle 8.2 Übersicht zu den in digitale Lernumgebung aufgenommenen Modellierungsaufgaben (Aufgaben Schlosspark, Tower, Spielplatz und Supermarkt in Anlehnung an Hankeln, 2019, S. 150, sowie Beckschulte, 2019, S. 63)

Aufgabe	Beschreibung und Ziel
Schlosspark	Schülerinnen und Schüler lernen den Modellierungsprozess mit Hilfe einer vorstrukturierten Aufgabe zum Thema „Wie viel Rasen hat der Park?" kennen.
Tower	Schülerinnen und Schüler wenden die neu erlernten Modellierungsschritte eigenständig an einer ganzen Modellierungsaufgabe zum Thema „Wie viel Bürofläche kann man mieten?" an. Sie erkennen die Bedeutung des Schritts Vereinfachen anhand der Konsequenzen für das entstehende mathematische Modell sowie dessen Validierung.
Spielplatz	Schülerinnen und Schüler wenden die Modellierungsschritte an einer neuen Aufgabe an, die statt einer Flächenberechnung eine Standortbestimmung thematisiert. Sie legen dabei besonderes Augenmerk auf die Validierung der getroffenen Annahmen sowie des gewählten mathematischen Modells.
Torschuss	Schülerinnen und Schüler bearbeiten eine Aufgabe zum Thema „Wie sollte sich ein Torhüter positionieren, wenn ein Stürmer auf das Tor zukommt?". Die Besonderheit dieser Aufgabe liegt erneut im Treffen von Annahmen, welche auf Basis eines Videos vorgenommen werden können. Außerdem kann in der Mathematisierung die Dynamik des Geschehens zunächst simuliert und dann integriert werden, indem lediglich ein Verhältnis von Abständen hergeleitet wird.
Supermarkt	Schülerinnen und Schüler vertiefen ihre Modellierungsschritte durch die Bearbeitung einer neuen Aufgabe, die erhöhte Anforderungen an alle Teilschritte des Modellierens stellt.
Volleyball	Schülerinnen und Schüler bearbeiten erneut eine Aufgabe mit erhöhten Anforderungen, die alle Teilschritte des Modellierens involviert und die Dynamik eines Volleyballspiels als zusätzliche Hürde für die Mathematisierung integriert. Die Fragestellung zielt darauf ab, was die optimale Aufstellung eines Volleyballteams bei der Ballannahme ist.

werden. Bei dieser Herangehensweise muss dann lediglich verifiziert werden, dass eine Längeneinheit in GeoGebra einem Meter in der Realität entspricht.

Mathematisieren und mathematisch Arbeiten: Konstruiert man die Schusslinie des Stürmers, die Bewegung des Torwarts und den Abstand vom Stürmer zu den beiden Pfosten des Tors als größtmöglichen Winkel, in dem geschossen werden kann, so ergibt sich ein Dreieck. Mithilfe des Strahlensatzes lässt sich das Verhältnis der Abstände ausdrücken. Durch Einsetzen der gemessenen oder geschätzten Werte ergibt sich ein Verhältnis von ungefähr $0,27$. Statt des Strahlensatzes könnte hier auch durch systematisches Probieren verschiedener Abstände und stetiges Messen ein Verhältnis ermittelt werden. Alternativ könnten ebenfalls trigonometrische Funktionen genutzt werden.

Interpretieren und Validieren: Aus dem mathematischen Resultat lässt sich folgern, dass der Torhüter seine Position in Abhängigkeit vom Abschusspunkt verändern muss, um den Schuss erfolgreich abwehren zu können. Dabei sollte der Abstand zwischen Torhüter und Angreifer ungefähr ein Viertel des Abstands zwischen Angreifer und Tormittelpunkt betragen. Bei dieser Lösung wurde jedoch nicht berücksichtigt, dass der Stürmer auch taktieren könnte, indem er den Ball beispielsweise über den Torhüter hinweg lupft oder nicht genau geradeaus auf das Tor zuläuft.

Abbildung 8.2 Kontext und Fragestellung der Aufgabe Torschuss

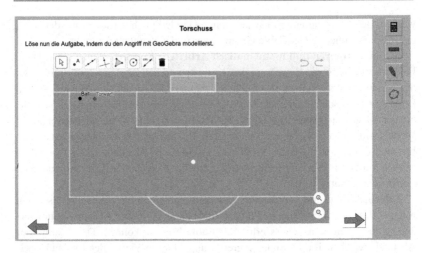

Abbildung 8.3 GeoGebra-Applet zur Aufgabe Torschuss

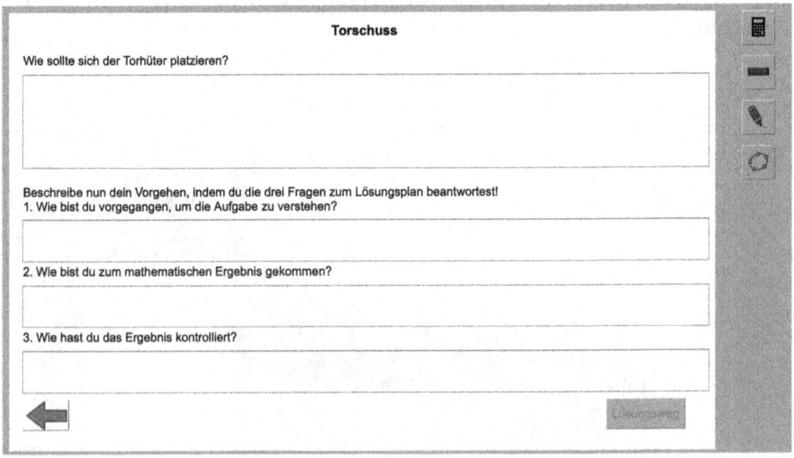

Abbildung 8.4 Antwortmöglichkeiten zur Aufgabe Torschuss (Version A)

8.2.1.2 Modellierungsaufgabe Volleyball

Die Aufgabe *Volleyball* ist in Bezug auf die mathematische Idee vergleichbar zu der Aufgabe *Supermarkt*, integriert allerdings erneut die Dynamik, die im Sport besonders relevant ist. Bei dieser Aufgabe geht es um die Fragestellung, wie ein Volleyballteam sich optimal zur Ballannahme positionieren sollte Abbildung 8.5. Diese Fragestellung wird auch im Sportunterricht behandelt und ist somit für alle Schülerinnen und Schüler relevant. Es könnte außerdem sein, dass einige Lernende auch in ihrer Freizeit Volleyball spielen oder später einmal spielen werden, sodass auch dadurch ein lebensnaher Kontext geschaffen wurde.

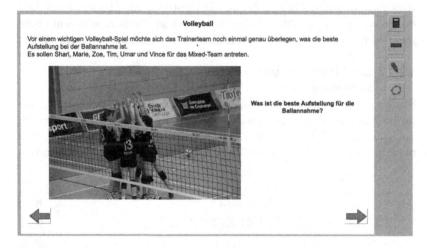

Abbildung 8.5 Kontext und Fragestellung der Aufgabe Volleyball

Vereinfachen und Strukturieren: Zunächst einmal kann angenommen werden, dass das Spielfeld des Teams möglichst flächendeckend und gleichmäßig von den sechs beschriebenen Spielerinnen und Spielern abgedeckt werden sollte, um eine optimale Ballannahme zu ermöglichen. Die Fragestellung kann also dahingehend konkretisiert werden, wie die Spielfeldhälfte am besten in gleich große Flächen aufgeteilt werden kann. Auf die Größe oder besonderen sportlichen Fähigkeiten der einzelnen Spielerinnen und Spieler wird hierbei zunächst nicht eingegangen.

Mathematisieren und mathematisch Arbeiten: Um das rechteckige Spielfeld in sechs Gebiete einzuteilen, für die jeweils ein Spieler oder eine Spielerin zuständig ist, werden die zugehörigen Punkte zunächst einmal auf das Spielfeld gezogen.

Dann können mithilfe von Mittelsenkrechten Gebiete eingezeichnet werden. Durch das Markieren von Schnittpunkten lassen sich auch Vierecke einzeichnen, deren Flächeninhalte bestimmt werden können. Diese sind dann noch abhängig von der Position der Punkte und können durch den Zugmodus aneinander angenähert werden. Eine Alternative ist es, Kreise um die einzelnen Punkte zu zeichnen.

Interpretieren und Validieren: Die eingezeichneten Vierecke sind die Gebiete, für die jeweils ein Spieler oder eine Spielerin zuständig ist. Diese Gebiete sind alle ungefähr gleich groß. Interessant wäre noch die Fragestellung, wer genau auf den einzelnen Linien zuständig ist. Außerdem sollten die Spielerinnen und Spieler nicht wie im Modell möglichst in der Mitte des eigenen Gebiets stehen, sondern vermutlich im hinteren Drittel, da eine Vorwärtsbewegung schneller umzusetzen ist. Hinterfragt werden sollte von den Schülerinnen und Schülern außerdem, ob die getroffenen Annahmen in der Realität tatsächlich so vorgenommen werden würden.

8.2.1.3 Strukturierung und Navigation der digitalen Lernumgebung

Um den extrinsischen *cognitive load* zu reduzieren, wurden Navigationselemente auf ein Minimum beschränkt. Daher war es den Schülerinnen und Schülern nur durch die Pfeile möglich nach links und rechts jeweils eine Seite vor oder zurück zu navigieren. Darüber hinaus gab es an der rechten Seite, wie den Screenshots

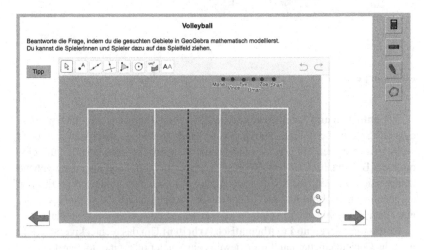

Abbildung 8.6 GeoGebra-Applet zur Aufgabe Volleyball

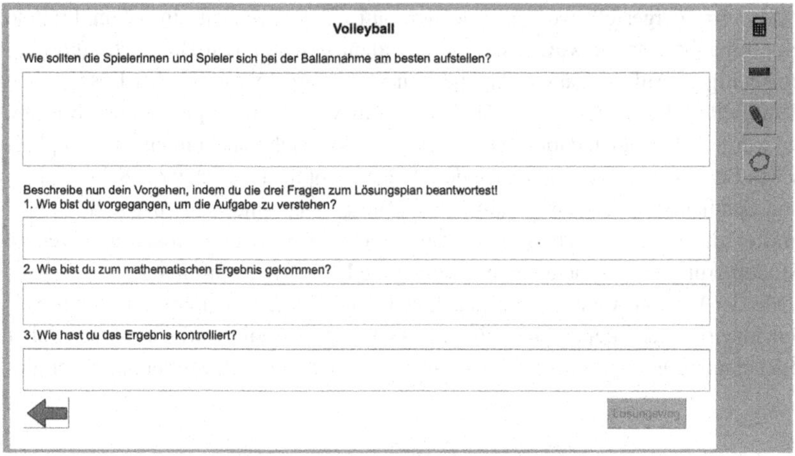

Abbildung 8.7 Antwortmöglichkeiten zur Aufgabe Volleyball (Version A)

zu den Aufgaben Torschuss und Volleyball entnommen werden kann, vier weitere Buttons, deren Darstellung möglichst simpel und aussagekräftig gestaltet werden sollte. Beim Schieben des Mauszeigers über einen dieser Buttons erscheint außerdem ein prägnantes Wort, wie beispielsweise *Taschenrechner* beim ersten Button. Screenshots dieser vier Elemente sind den Abbildungen 8.8, 8.9, 8.10 und 8.11 zu entnehmen. Der Taschenrechner bildet also die grundlegenden Funktionen eines wissenschaftlichen Taschenrechners nach. Im Notizfeld können über eine Aufgabe hinweg Texteingaben gespeichert werden. Im Skizzentool besteht die Möglichkeit mit der Maus eine Skizze anzufertigen, welche innerhalb einer Aufgabe gespeichert wird, und die GeoGebra-Hilfe offeriert ein kurzes Video zu einigen ausgewählten Werkzeugen, die bei der Lösung der jeweiligen Aufgabe hilfreich sein könnten.

Um den extrinsischen cognitive load außerdem zu reduzieren, wurden in den integrierten GeoGebra-Applets außerdem die Werkzeugleisten so reduziert, dass verschiedene Lösungswege möglich waren, jedoch gänzlich unnötige Werkzeuge nicht zur Verfügung standen (vgl. Abbildung 8.3 sowie Abbildung 8.6).

Hinsichtlich der globalen Struktur wurde jede Modellierungsaufgabe auf drei verschiedenen Seiten dargestellt. Zum einen besteht so die Möglichkeit, genauer zu diagnostizieren, mit welchen Inhalten sich die Schülerinnen und Schüler innerhalb des Modellierungsprozesses beschäftigen. Zum anderen wird so die Textlastigkeit pro Seite reduziert und die Inhalte einer Seite können ohne Scrollbalken auf dem

Bildschirm dargestellt werden. Nachdem auf der letzten Seite in jedem Textfeld eine Eingabe getätigt wurde, war es außerdem möglich, den Button *Lösungsweg* zu betätigen. Auf der dann erscheinenden Seite wurde ein möglicher Lösungsweg detailliert und orientiert an einem idealisierten Modellierungsprozess beschrieben. Es wurde jedoch auch darauf hingewiesen, dass es sich dabei um einen exemplarischen Lösungsweg handelt, und andere Wege ebenfalls möglich sind. Schülerinnen und Schüler, die sehr schnell auf diese Seite gelangt sind, sollten von den Lehrkräften dazu aufgefordert werden, den eigenen Weg zu überdenken und weitere Modellierungen vorzunehmen, um das eigene Resultat zu optimieren.

In der Version A wurden zusätzlich zwischen den drei Hauptseiten weitere Seiten integriert, auf denen stets einige Aspekte des metakognitiven Wissens über mathematisches Modellieren textlich und bildlich dargestellt wurden. Darüber hin-

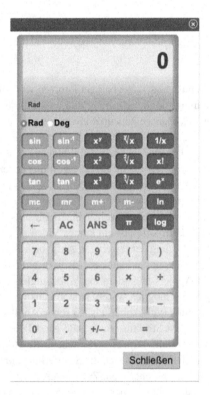

Abbildung 8.8 Taschenrechner

Abbildung 8.9 Notizfeld

Abbildung 8.10 Skizzentool

aus unterscheiden sich die Antwortseiten in den beiden Versionen: in Version A wird entlang des auch zur Verfügung gestellten dreischrittigen Modellierungskreislaufs und entsprechend in Bezug auf die drei verschiedenen Seiten eine abschließende Reflexion angeregt, wohingegen in Version B stattdessen das Vorgehen zum Lösen dieser Aufgabe beschrieben werden sollte. Weitere Informationen zur Ausgestaltung der zusätzlichen Seiten in Version A werden im Folgenden erläutert.

Abbildung 8.11 GeoGebra Hilfe

8.2.2 Treatment: Zusätzliches metakognitives Wissen über mathematisches Modellieren

In der Version A wurden zusätzlich zu den drei Aufgabenseiten und der Lösungsseite weitere Seiten eingefügt, welche kurze Informationstexte zu Aspekten des metakognitiven Wissens über mathematisches Modellieren enthielten. Diese Texte wurden, um die Textlastigkeit zu reduzieren und weitere Anlässe zur Verarbeitung der gebotenen Informationen zu aktivieren, auch in bildlicher Form dargestellt.

Insgesamt wurde bei der Konzeption dieser Seiten zunächst die allgemeine Klassifizierung metakognitiven Wissens nach Flavell (1984) herangezogen, sodass eine theoretische Unterteilung und Herleitung auf der Ebene der Strategien, Aufgaben und Personen vollzogen wurde. Darüber hinaus wurden die in Abschnitt 6.2 dargestellten Überlegungen zur Übertragung auf die Kompetenz des mathematischen Modellierens berücksichtigt. Aufgrund der problematischen Operationalisierung der Personenvariable in der Pilotierung und der darauf aufbauenden Schlussfolgerung, dass diese Aspekte anderen Konstrukten wie beispielsweise der Selbst- und Fremdwahrnehmung zugeordnet werden sollten (Frenken, 2021), wurde auch in der Lernumgebung eine Fokussierung auf die Aufgaben- und Strategievariable vorgenommen.

In Bezug auf die Aufgabenfacette wurden allgemeine Informationen über die Eigenschaften von Modellierungsaufgaben verarbeitet. So ist exemplarisch zu nennen, dass Modellierungsaufgaben nicht immer alle benötigten Informationen enthalten und stattdessen auch Größen zum Teil geschätzt werden müssen. Solche Informationen wurden auf der Seite nach der Kontextpräsentation integriert und nur beschrieben, wenn diese Eigenschaft in der jeweiligen Aufgabe tatsächlich vorzufinden war.

Seiten zur Strategievariable zielten darauf ab, zum einen verschiedene Strategien zu präsentieren und zum anderen deren Ziele zu erläutern, sodass ein Strategieeinsatz angeregt, aber zunächst eigenständig durch die Schülerinnen und Schüler überprüft werden musste. Eine modifizierte Version des dreischrittigen Lösungsplans nach Zöttl (2010) wurde an verschiedensten Stellen integriert. Dieser Lösungsplan wurde ausgewählt, da die Passung zu den drei verschiedenen Aufgabenseiten als geeignet angesehen wurde. Es wurden jedoch auch Elemente umformuliert, sowie Aspekte aus dem Lösungsplan nach Beckschulte (2019) integriert. Die Darstellung dieses Lösungsplans wurde außerdem mit verschiedenen Begleittexten unterstützt, um so auch auf unterschiedliche Anwendungssituationen und Schritte im Lösungsplan hinzuweisen. Daher war es möglich, den Lösungsplan sowohl zwischen der ersten und der zweiten oder der zweiten und der dritten Aufgabenseite einzubringen.

Um den Verarbeitungsprozess der Informationen auf diesen zusätzlichen Seiten anzuregen, wurde in den beiden Versionen außerdem auf der dritten Aufgabenseite eine Unterscheidung vorgenommen. So wurden Schülerinnen und Schüler, die Version B bearbeiteten, nach der Beschreibung des Ergebnisses aufgefordert, ihren Lösungsweg anzugeben, wohingegen diese Frage in Version A in drei verschiedene Fragen aufgeteilt wurde und auf die Schritte im Lösungsplan zurückgriff. Die Fragen lauteten *Wie bist du vorgegangen, um die Aufgabe zu verstehen?*, *Wie bist du zum mathematischen Ergebnis gekommen?* und *Wie hast du das Ergebnis kontrolliert?* (vgl. Abbildung 8.4 sowie Abbildung 8.7).

Den Abbildungen 8.12 und 8.13 können zwei exemplarische Seiten für die Integration des Strategiewissens und des Aufgabenwissens entnommen werden.

8.2.3 Technische Umsetzung

Für die Interpretation und Auswertung der Ergebnisse ist nicht nur die Konzeption aus fachdidaktischer Sicht, sondern auch die technische Umsetzung relevant. Daher wird diese nun kurz und möglichst allgemein verständlich dargestellt. Zunächst wird dazu auf die Erstellung der einzelnen Aufgaben und Testitems, und im Anschluss auf die Auslieferung an den Schulen eingegangen.

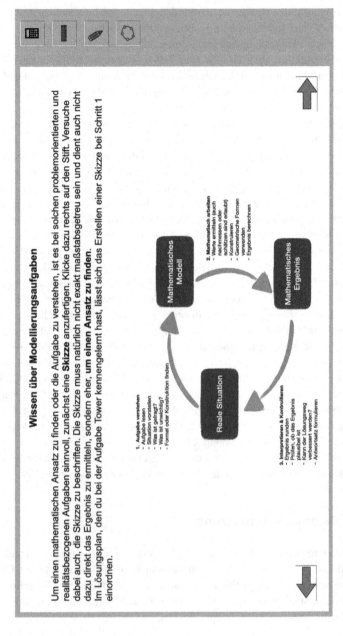

Abbildung 8.12 Der Lösungsplan und die Strategie der Skizzennutzung auf einer zusätzlichen Seite in Version A

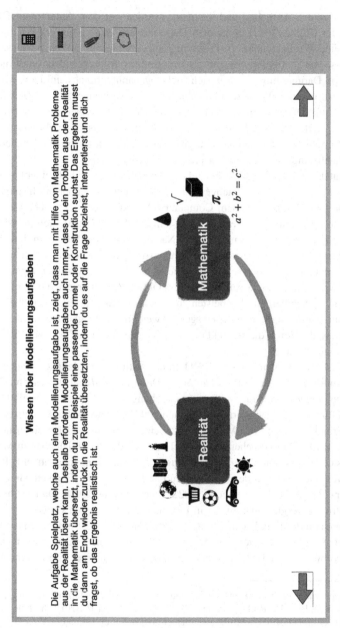

Wissen über Modellierungsaufgaben

Die Aufgabe Spielplatz, welche auch eine Modellierungsaufgabe ist, zeigt, dass man mit Hilfe von Mathematik Probleme aus der Realität lösen kann. Deshalb erfordern Modellierungsaufgaben auch immer, dass du ein Problem aus der Realität in die Mathematik übersetzt, indem du zum Beispiel eine passende Formel oder Konstruktion suchst. Das Ergebnis musst du dann am Ende wieder zurück in die Realität übersetzten, indem du es auf die Frage beziehst, interpretierst und dich fragst, ob das Ergebnis realistisch ist.

Abbildung 8.13 Modellierungsspezifisches Aufgabenwissen über notwendige Übersetzungsprozesse

Die einzelnen Aufgaben und Testitems wurden mit dem Autorentool CBA-ItemBuilder (Rölke, 2012) umgesetzt. Dabei handelt es sich um ein Programm, welches eine koordinatenbasierte Positionierung verschiedenster Elemente, wie beispielsweise von Textfeldern, Eingabefeldern, Buttons, Bildern, Videos oder Audios ermöglicht. Darüber hinaus lassen sich auch sogenannte iframes einfügen, welche die Integration einer Webseite und somit auch das Verwenden von in GeoGebra erstellten html-Dateien ermöglichen. Auch der Taschenrechner wurde auf diese Weise integriert. Der CBA-ItemBuilder stellt darüber hinaus die Funktion zur Verfügung, Variablen zu definieren, wodurch ein automatisiertes Scoring oder auch die variablenabhängige Veränderung des Items umsetzbar sind.

Die mit dem CBA-ItemBuilder erstellten Dateien können mithilfe einer Laufumgebung zu einem Test zusammengestellt und dann entweder über die Installation eines Software-Pakets auf einem Computer oder auf USB-Sticks, über Virtuelle Maschinen oder online zur Verfügung gestellt werden. Diese Auslieferungsmöglichkeiten bringen verschiedene Vor- und Nachteile mit sich. Vor allem die lokale Installation auf Computern erschien im Rahmen des Projekts nicht machbar zu sein, da die Computer in Schulen sehr unterschiedlich verwaltet und zum Teil gar keine neuen Installationen zugelassen werden. Ein Online-Zugriff erschien daher für die Umsetzung in Schulen am flexibelsten zu sein, da bis auf die Endgeräte lediglich eine stabile Internetverbindung vorausgesetzt werden musste, gleichzeitig aber eine Speicherung der durch die Interaktion entstehenden Daten auf dem verwendeten Server möglich war.

Für diese Zwecke wurde vom DIPF | Leibniz-Institut für Bildungsforschung und Bildungsinformation die *Item Builder Static Delivery (IBSD)* als sogenannte *Execution Environment* – also Auslieferungsumgebung – zur Verfügung gestellt (TBA Zentrum für technologiebasiertes Assessment, 2021). Diese läuft auf einem eigens für das Projekt an der WWU Münster eingerichteten Server, welcher eigenständig verwaltet wird[2]. Das Vorgehen zur Auslieferung ist damit vergleichbar zu Machbarkeitsstudien im Rahmen der Entwicklung und Auslieferung innovativer E-Items für die Vergleichsarbeiten der 8. Klasse im Fach Mathematik (Frenken, Greefrath und Schnitzler, 2021; Frenken et al., 2022; Frenken et al., 2020). Darüber hinaus ist die Struktur vergleichbar zu der in Luxemburg entwickelten Umgebung TAO, welche auch für die digitale Umsetzung der PISA- und PIAAC-Studien genutzt wird (Csapó et al., 2009; Haldane, 2009; Ras et al., 2010). Für die TAO-Umgebung kann der Workflow von der Erstellung bis zur Auswertung in einer Grafik dargestellt

---

[2] Der Server wurde in Zusammenarbeit mit und durch große Unterstützung von Jan Goden (IVV5, WWU), Prof. Dr. Paul Libbrecht (DIPF Frankfurt, später IUBH Hochschule) sowie Dr. Daniel Schiffner (DIPF Frankfurt) eingerichtet, sodass eine eigenständige Verwaltung der Items, Testteilnehmenden und Daten ermöglicht wurde.

werden, welche verschiedene, auch in dieser Studie verwendete, Module besitzt (siehe Abbildung 8.14).

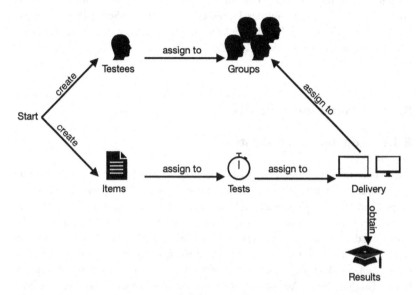

Abbildung 8.14 Der Workflow mit der TAO-Umgebung vom Design bis hin zu den Ergebnissen nach Ras et al. (2010, S. 646)

Somit besteht auch im hier beschriebenen Projekt Modi nicht nur die Möglichkeit, Design- oder Navigationseinstellungen vorzunehmen, sondern es ist auch möglich, verschiedene Versionen für Tests und Lernumgebung zu erstellen und diese dann den zufallsgenerierten Personenzugangscodes zuzuordnen. Jedem Code ist dementsprechend eine Reihenfolge von im ItemBuilder erstellten Aufgaben – hierbei kann es sich sowohl um Testitems als auch Modellierungsaufgaben handeln – zugewiesen worden, sodass die Organisation zur Zuteilung der verschiedenen Test- und Lernumgebungsversionen auch über die Codes vorgenommen wurde, welche dann zufällig aber pro Version möglichst gleichverteilt in den einzelnen teilnehmenden Klassen ausgeteilt wurden.

Durch die Speicherung der Log- und Prozessdaten im json-Format[3] auf dem verwendeten Server besteht nicht nur die Möglichkeit der für dieses Projekt ange-

---

[3] Der Formatname leitet sich als Abkürzung für den den Begriff **J**ava **S**cript **O**bject **N**otation her.

strebten Analysen. Während der Bearbeitung können so auch die einzelnen Zustände in den GeoGebra-Applets zugeordnet zu den einzelnen Codes gespeichert und bei erneutem Aufrufen rekonstruiert werden. Diese Rekonstruktion erfolgt mit einem ebenfalls vom TBA-Zentrum des DIPFs entwickelten JavaScript-Programm und kann auch mit den gespeicherten Logdaten erneut erfolgen, sodass auch eine qualitative, visuelle Auswertung der letzten Zustände in allen GeoGebra-Applets denkbar ist.

8.3   Erhebungsmethodik

8.3.1   Log- und Prozessdaten

Die Auswertung der Studie basiert auf den Daten, welche durch die webbasierte Auslieferung von mit dem CBA-ItemBuilder erstellten Items, auf einem Server gespeichert wurden. Es handelt sich also um computer-basiertes Testen im Rahmen der Prä- und Posttests sowie eine Interventionsstudie mit zusätzlicher digitaler Erfassung der einzelnen Interaktionen. Eine Erhebung in diesem Modus bringt verschiedene Vorteile mit sich. So ist es beispielsweise möglich, innovativere Items zu integrieren, validere Messungen zu vollziehen, die Testadministration zu erleichtern und automatisierte Auswertungen umzusetzen (Drijvers, 2018a). Bei web- oder computerbasierten Testungen können Protokolle der Testbearbeitungen gespeichert werden.

Hierbei lassen sich unter Items sowohl die einzelnen Bestandteile der Erhebungsinstrumente als auch der Lernumgebung, also die Modellierungsaufgaben samt GeoGebra-Tutorial, fassen. Während der Erhebung wurden so durch die Interaktionen, welche die Probanden mit den Items vollzogen, Daten auf dem eingerichteten Server gespeichert, welche Mausbewegungen, Klicks und Tastatureingaben in verschiedenen Kategorien sowie mit Zeitstempeln versehen, beinhalten. Basal gesehen wird also bei jedem Zugriff auf die Webseite ein Protokoll erstellt, welches eine Vielzahl von Informationen enthält und durch die Integration des zufallsgenerierten Codes, mit dem sich ein Proband einloggt, an verschiedenen Zeitpunkten einer anonymen Person eindeutig zuzuordnen ist.

Die Daten, welche solch ein Protokoll enthält, lassen sich in die drei Kategorien einteilen: *access-related*, *interaction-related*, sowie *process-related* (Kroehne und Goldhammer, 2018). Insgesamt beinhalten solche Protokolle also Informationen, die beschreiben, wie die Daten erhoben wurden und dabei den gesamten Prozess inkludieren. Die mit *access-related* attribuierten Daten beziehen sich stets auf die verursachende Person und geben Auskunft über Verbindung, Zugriff oder etwa verwendetes Gerät. Solche Daten werden teilweise auch als Logdaten bezeichnet. Dahingegen entstehen *interaktionsbezogene* oder auch *antwortbezogene* (also *interaction-related* oder *response-related*) Daten, wenn ein Proband oder eine Probandin mit der Umgebung interagiert, um eine Antwort zu geben oder diese zu verändern. Doch über das Generieren oder Verändern von Antworten hinaus entstehen ebenfalls Interaktionen mit der Umgebung, welche in der letzten Kategorie, den *process-related* Daten, einzuordnen sind. Ein Beispiel für diese Kategorie ist etwa, wenn Individuen innerhalb einer Seite zoomen oder zwischen zwei Seiten wechseln. In dieser Arbeit wird der Begriff der Prozessdaten als Überbegriff für diese drei verschiedenen Kategorien verwendet, welche prinzipiell alle zur Analyse herangezogen werden können. Ein Teil der *access-related* Daten ist jedoch aus datenschutzrechtlichen Gründen nicht mehr vorhanden und diente zum Zeitpunkt der Speicherung lediglich der Überwachung von Sicherheitsmechanismen.

Einen Überblick der verschiedenen Kategorien bietet Abbildung 8.15.

Im Bereich bildungswissenschaftlicher Studien, welche in ihren zugrunde liegenden Forschungsfragen auf das Ergründen von lernspezifischem Verhalten abzielen, erweist sich die Kombination verschiedener einzelner Ereignisse aus den Logdaten zu sogenannten *states*, also Zuständen, als besonders wertvoll : „The definition of states depending on specific research questions and assumptions about the targeted response process allows to combine and integrate single log events in meaningful and flexible ways." (Kroehne und Goldhammer, 2018, S. 528).

Es lässt sich folgern, dass die Analyse und Interpretation von Prozessdaten eine genaue Planung der Forschungsfragen und der zu beobachtenden Variablen voraussetzt, wie es auch im nachfolgenden Zitat beschrieben wird.

> Thus, depending on the claims about the latent process (e.g., strategy use, test-taking engagement), observable evidence for the targeted construct needs to be identified (e.g., selection, sequence, and duration of behavioral steps), and finally, situations and tasks that evoke the desired behavior need to be designed. (Goldhammer und Zehner, 2017, S. 129)

Computerbasiertes Testen erfordert also stets die Kombination aus technischer Umsetzung, Planung und Antizipation der zu speichernden Daten, sowie die darauf aufbauende Gestaltung der theoretisch und empirisch hergeleiteten Konzeption oder Auswahl von Testinstrumenten.

Die nachfolgenden drei Abschnitte gehen nun nicht von einem solch technischen Blickwinkel aus, sondern stellen die inhaltlichen Überlegungen im Rahmen der eingesetzten Testinstrumente dar. Für die Auswertungen sind die Prozessdaten essenziell, da sowohl das Beantworten der Fragen innerhalb der Testinstrumente,

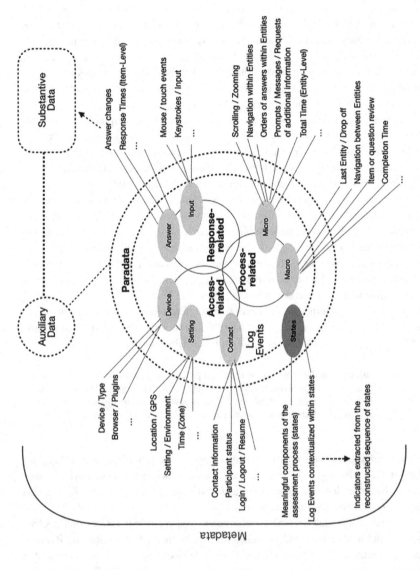

Abbildung 8.15 Kategorisierung verschiedener Arten von Prozessdaten nach Kroehne und Goldhammer (2018, S. 532)

als auch die Bearbeitung der Aufgaben in der Lernumgebung solche produzieren. Die Forschungsfragen zielen dabei auf verschiedene Teile dieser Daten ab und ermöglichen so auch differente Blickwinkel. Im Rahmen von Vorstudien wurden die gespeicherten Prozessdaten hinsichtlich der geplanten Forschungsfragen analysiert, um sicherzustellen, dass die Konzeption und Auswahl von Testinstrumenten auf der einen Seite, sowie die Auswahl der gespeicherten Daten auf der anderen Seite, eine Analyse im Rahmen dieser Arbeit ermöglichen.

8.3.2 Personenbezogene Daten und Selbstauskünfte zur Verwendung digitaler Technologien

Zum ersten Messzeitpunkt wurden die teilnehmenden Schülerinnen und Schüler zu Beginn zum einen nach einigen demografischen Informationen (Schulform, Jahrgangsstufe, Geschlecht, Alter, letzte Mathematiknote, Erstsprache Deutsch) gefragt, was über Drop-Down-Menüs beantwortet werden konnte. Diese Angaben waren freiwillig und die Sorgeberechtigten mussten vor der Erhebung in die Speicherung der genannten, personenbezogenen Daten einwilligen.

Darüber hinaus wurden die bisherigen Erfahrungen und Umgangsweisen der Schülerinnen und Schüler mit digitalen Medien und Werkzeugen erfragt. Dazu wurde eine vierstufige Likert-Skala (nie, selten, manchmal, oft) eingesetzt. Insgesamt handelt es sich um sechs Fragen, die sich auf (1) die Verwendung von digitalen Medien in der Schule, (2) die Verwendung von GeoGebra in der Schule, (3) eigenverantwortliches Arbeiten im Mathematikunterricht, (4) die Verwendung digitaler Medien in der Freizeit, (5) die Verwendung digitaler Medien im Mathematikunterricht, sowie (6) die eigenständige Nutzung digitaler Medien zum Lernen bezogen.

8.3.3 Test zur Erfassung der Modellierungsteilkompetenzen

Im Rahmen des LIMo-Projekts entwickelten Beckschulte (2019) und Hankeln (2019) ein Testinstrument zur Erfassung der modellierungsspezifischen Teilkompetenzen *vereinfachen und strukturieren, mathematisieren, interpretieren,* sowie *validieren.* Hierbei wurde zum einen auf die vorgestellten Operationalisierungen von Modellierungskompetenzen nach Kaiser et al. (2015) (vgl. Abschnitt 3.2) zurückgegriffen. Darüber hinaus wurden zum anderen bereits bestehende und eingesetzte Testinstrumente analysiert und mit dem Ziel des Einsatzes reflektiert. Zentral bei der Entwicklung war der Einsatz für Gruppenvergleiche. Somit konnte die Entscheidung für ein Multi-Matrix-Design und die Anwendung der probabilistischen Testtheorie getroffen werden, welche sich nicht eignet, um individuelle Diagnostik zu betreiben, sondern genau für Studien mit mehreren Testzeitpunkten geeignet ist, bei dem Erinnerungs- und Testwiederholungseffekte vermieden werden sollen, indem die Probanden nicht die gleichen Items zu den verschiedenen Testzeitpunkten beantworten müssen (Beckschulte, 2019; Frey et al., 2009; Gonzalez und Rutkowski, 2010; Hankeln, 2019; Hankeln et al., 2019). Im Rahmen des genannten Projekts wurden also Items für die vier verschiedenen Bereiche entwickelt. Dabei wurden zum einen Items mit offenen Kurzantworten und zum anderen im Multiple-Choice-Format erstellt (Hankeln et al., 2019). Das gewählte Multi-Matrix-Design wurde bereits in Abschnitt 3.3, in Abbildung 3.8, dargestellt. In der vorliegenden Studie wurde dieses aufgrund des Verzichts auf einen Follow-up-Test leicht modifiziert. Das hier verwendete Design kann Abbildung 8.16 entnommen werden. In den einzelnen Blöcken sind jeweils acht Items enthalten, welche jede der vier Subfacetten zweimal bedienen. Außerdem konnte durch das gewählte Design eine Verankerung über die Testzeitpunkte sowie Testgruppen hinweg ermöglicht werden.

		Testblöcke			
Prätest	Gruppe A	1		3	
	Gruppe B	1			4
Posttest	Gruppe A		2	3	
	Gruppe B		2		4

Abbildung 8.16 Multi-Matrix-Design mit Verankerungen über Testgruppen und Zeitpunkte

Die einzelnen Testblöcke wurden auf Basis der Itemschwierigkeitsparameter aus der Haupterhebung im LIMo-Projekt zusammengestellt. So wurde darauf geachtet, dass die Schwierigkeiten von Item zu Item und vor allem innerhalb der einzelnen Blöcke zunehmen. In der Abbildung wurden zur einfacheren Darstellung jeweils zwei der ursprünglich konzipierten Blöcke zusammengefasst.

Das im LIMo-Projekt eingesetzte Testinstrument wurde jedoch als Papier-Bleistift-Erhebung durchgeführt. Durch die Ziele einer einheitlichen Umsetzung von Lernumgebung sowie Testinstrumenten auf der einen Seite, und die Verwendung von Prozessdaten auf der anderen Seite, wurden die konzipierten Items in ein digitales Format übertragen. Hierbei wurden die Inhalte und Art der Fragen weitgehend beibehalten. Lediglich in zwei Items war das Anfertigen einer papierbasierten Skizze erforderlich. Diese Aspekte wurden aus den jeweiligen Items ausgeschlossen. Das Wissen über das Anfertigen von Skizzen wird außerdem durch das im nächsten Abschnitt beschriebene Testinstrument zum metakognitiven Wissen über mathematisches Modellieren erfasst.

Dennoch sind durch die Übertragung des papierbasierten Testinstruments in ein digitales Format Modus-Effekte möglich (Robitzsch et al., 2017; Wagner et al., 2021), weshalb die Forschungsfrage zur Kompetenzstruktur mathematischen Modellierens auch im Rahmen dieser Arbeit erneut betrachtet werden sollte. In der genannten Studie, welche sich auf die deutschen Daten der PISA-2015-Feldstudie zum Wechsel des Modus beziehen, stellten sich die computerbasierten Items tendenziell als schwieriger heraus (Robitzsch et al., 2017). Ein ähnliches Ergebnis wurde bei der Analyse von VERA-Aufgaben erlangt (Wagner et al., 2021). Die Ergebnisse in Bezug auf Modus-Effekte variieren jedoch stark. So wurde in den computerbasierten, nationalen PISA-Erhebungen im Jahr 2018 an einem zweiten Testtag als Vergleichsstudie eine papierbasierte Erhebung mit Aufgaben aus 2009 durchgeführt. Hierbei konnte eine weitestgehende Konstruktäquivalenz herausgestellt werden (Goldhammer et al., 2019). Für die vorliegende Studie lässt sich daraus insgesamt folgern, dass die Ergebnisse zur Skalierbarkeit und Parametrisierung aus den Studien von Hankeln (2019) und Beckschulte (2019) nicht pauschal angenommen werden können, sondern erneut überprüft werden müssen.

8.3.4 Test zur Erfassung metakognitiven Wissens über mathematisches Modellieren

Zur Erfassung metakognitiven Wissens über mathematisches Modellieren wurde bisher in der gesichteten Literatur über kein bestehendes Testinstrument berichtet (Vorhölter, 2018; Vorhölter, 2017; 2019)[4]. Daher wurde im Rahmen des Projekts Modi ein solches Testinstrument entwickelt. Der Prozess sowie die dabei entstandenen Items werden im Nachfolgenden erläutert.

---

[4] Bisherige Erhebungen zur Metakognition im Bereich des mathematischen Modellierens fokussierten nicht die Wissensfacette sondern prozedurale Aspekte, bei denen auch andere, qualitativ orientierte Erhebungsformen im Mittelpunkt standen (Vorhölter, 2017, 2018)

8.3.4.1 Entwicklung des Testinstruments

Grundlage für die Entwicklung des Testinstruments war die Verknüpfung der in Abschnitt 5.2 verfassten Definition zum metakognitiven Wissen mit den Herleitungen zur Modellierungskompetenz und den dazu bereits bekannten wissenschaftlichen Erkenntnissen über beim Modellieren nützliche Strategien. Die Definition metakognitiven Wissens fußt dabei auf der Unterteilung nach Flavell (1979). Die Verknüpfung von metakognitivem Wissen und mathematischem Modellieren wurde in Abschnitt 6.2 vorgenommen. Der Test wurde für die Pilotierung zunächst so angelegt, dass drei Subfacetten beschrieben werden können. In der ersten Subfacette sollte das Aufgabenwissen, also Wissen über Modellierungsaufgaben und deren Charakteristika, erfasst werden. In der zweiten Subfacette wurde die Erhebung des Strategiewissens in Bezug auf mathematisches Modellieren angestrebt. Dabei kann eine Differenzierung vorgenommen werden, indem zum einen das bei den Probanden vorhandene Strategierepertoire und zum anderen das Wissen über bestimmte, beim Modellieren nützliche Strategien und deren Ziele erfasst werden soll. Die dritte Subfacette bezieht sich auf das von Flavell (1979) beschriebene Wissen über Personen. Im theoretischen Teil wurde hierzu allerdings bereits diskutiert, dass die Einschätzungen über Modellierungsfähigkeiten von sich selbst und anderen nicht unbedingt als Wissen deklariert werden können. In der Pilotierungsstudie sollte dies jedoch zunächst überprüft werden, sodass auch hierzu Items entwickelt wurden, die dann jedoch schon auf eine Verallgemeinerung der zu beobachtenden personalen Eigenschaften beim Modellieren und dementsprechend auf allgemeine Schwierigkeiten abzielten.

Mit Hinblick auf die Durchführung dieser Studie in den Jahrgangsstufen 9 und 10 sollten in allen Items die zum Teil thematisierten mathematischen Inhalte und Kompetenzen, mithilfe derer vor allem das Strategierepertoire erhoben wurde, dazu passend sein.

Bei der Entwicklung des Testinstruments wurde also zunächst ein großer Pool an Items entwickelt, die sich den drei beschriebenen Subfacetten zuordnen lassen. Diese Items wurden im Rahmen einer Präpilotierung von zehn Expertinnen und Experten der WWU Münster, die sich im Rahmen ihrer Forschung entweder mit dem mathematischen Modellieren oder mit der Testentwicklung beschäftigen, zum einen zur Bearbeitung der Items und zum anderen zur Kommentierung oder Markierung problematischer Stellen aufgefordert. Daraufhin konnten Items umformuliert werden. Außerdem wurde auf diese Weise sichergestellt, dass die angestrebte Kodierung auch von den Experten und Expertinnen akzeptiert wird. Strittige Items wurden noch einmal diskutiert und, falls keine eindeutige Lösung gefunden werden konnte, ausgeschlossen. Insgesamt entstanden so 39 Items, die im Rahmen einer Pilotierung mit 115 Teilnehmenden aus vier verschiedenen Klassen zweier Gymnasien in

Nordrhein-Westfalen erprobt wurden. Die Tests waren hierbei noch papierbasiert. Der Test wurde aufgrund der Textlastigkeit in den Items zum Strategierepertoire im Rotationsdesign mit integrierten Ankeritems konzipiert (vgl. Frenken, 2021). Dies ging mit der Bestrebung einher, das Testinstrument mithilfe der probabilistischen Testtheorie zu evaluieren (Boone, 2016). Insgesamt konnten durch diese Pilotierung, welche auch in Rahmen von zwei Masterarbeiten begleitet wurde, um aufgetretene Schwierigkeiten während der Testbearbeitung zu identifizieren, nach einer eindimensionalen Rasch-Analyse 27 Items für die Hauptstudie beibehalten werden. Hierbei mussten vor allem alle Items der Subfacette zu personalem Wissen exkludiert werden, da die Trennschärfen im gewählten Itemformat (Combined-Single-Choice) zu gering waren (vgl. Frenken, 2021; Frenken und Greefrath, 2020).

8.3.4.2 Testdesign

Mithilfe der Lösungshäufigkeiten aus der beschriebenen Pilotierung wurden die Testhefte zusammengestellt. Außerdem wurden auch hier die Items in ein digitales Format übertragen. Dabei konnte auch die angesprochene Textlastigkeit minimiert werden, indem ausgewählte Passagen in Audiodateien eingesprochen wurden. Da es sich hierbei jeweils um Dialoge handelte, konnte so auch eine authentischere Situation hergestellt werden. Im digitalen Format wurde außerdem bei den Single-Choice-Items ein automatisches Scoring hinterlegt. Für die Haupterhebung im Projekt Modi wurden weiterhin zwei verschiedene Versionen erstellt, die mit Ankeritems verbunden waren, um Testwiederholungseffekte zu minimieren. Da der Test zu Modellierungsteilkompetenzen ebenfalls eine Auswertung mithilfe der probabilistischen Testtheorie erfordert, konnte auch hier dieser Ansatz sinnvoll und ökonomisch integriert werden. Außerdem wurde auf diese Weise die gesamte Testzeit von Prä- und Posterhebung während der Hauptstudie auf 45 Minuten pro Erhebungszeitpunkt minimiert.

Der Aufbau der Tests zum metakognitiven Wissen über mathematisches Modellieren erfolgt ebenfalls in verschiedenen, inhaltlich gegliederten Blöcken. Im ersten Block wurde das Strategierepertoire erfasst. Darin sind Modellierungsaufgaben enthalten, die eine implizite Vorstellung zu solchen Aufgaben bei den Probanden hervorrufen sollten. Darauf aufbauend konnten dann zunächst das Aufgabenwissen und danach das Wissen über Strategieziele erhoben werden. In den Items dieser beiden Blöcke war dann auch die Rede von Modellierungsaufgaben, wobei dieser Begriff nicht erneut erklärt wurde. Die beiden Versionen wurden in Prä- und Posttest in den beiden Gruppen variiert, sodass Testgruppe 1 in Prätest Version A und in Posttest Version B, sowie Testgruppe 2 in Prätest Version B und in Posttest Version A bearbeitete. Der Aufbau der beiden Versionen kann Tabelle 8.3 entnommen werden.

Tabelle 8.3 Die beiden eingesetzten Testversionen des Instruments zur Erfassung metakognitiven Wissens über mathematisches Modellieren

Inhaltlicher Block	Testversion A	Testversion B
Strategierepertoire	Feuerwehr	Nagel
	Riesenfuß	Riesenfuß
	Heißluftballon	Heißluftballon
	Fachwerkhaus	Zuckerhut
	Tanken	Tanken
Aufgabenwissen	AW1	AW1
	AW2	AW5
	AW3	AW3
	AW4	AW6
Strategieziele	Ziel_Analogie_1	Ziel_Analogie_1
	Ziel_Skizze_2	Ziel_Lesen_4
	Ziel_Lösungsplan_1	Ziel_Skizze_3
	Ziel_Kontrollieren_1	Ziel_Kontrollieren_1
	Ziel_Lesen_3	Ziel_Lesen_5
	Ziel_Lösungsplan_2	Ziel_Lösungsplan_2

Das Testinstrument wurde im digitalen Format außerdem so angelegt, dass die
Schülerinnen und Schüler nicht zurück navigieren konnten. So wurde vermieden,
dass Eigenschaften, die im Block zum Aufgabenwissen, oder auch in den Dialo-
gen benannte Problematiken, welche die Notwendigkeit einer Strategie markieren
sollten, verwendet wurden. Umgekehrt war es so nicht möglich, die im Block zu
Strategiezielen benannten Strategien nachträglich bei den Items zum Strategierepertoire einzufügen.

Um die erstellten Testitems in den drei verschiedenen Blöcken besser einordnen
zu können, wird im nachfolgenden Abschnitt exemplarisch jeweils ein Item pro
Block dargestellt und erläutert. Alle eingesetzten Items finden sich im Anhang.

8.3.4.3 Beispielitems

Strategierepertoire
Im Block zum Strategierepertoire sollte erfasst werden, welche Strategien die Schülerinnen und Schüler kennen. Hierbei wurde besonderer Wert darauf gelegt, der
in Abschnitt 5.2.1 beschriebenen Kritik entgegenzuwirken, dass Strategiewissen

häufig durch Items erfasst wird, in denen Strategien schon benannt werden und somit das Ergebnis verzerren. Die Items wurden daher so strukturiert, dass zunächst eine Modellierungsaufgabe abgebildet wurde. Im Anschluss konnten die Probanden einen Dialog hören, welcher eine Schwierigkeit charakterisiert, auf die mit einer Strategie reagiert werden kann. Die Probanden wurden nach dem Hören des Dialogs aufgefordert, zu beschreiben, welches allgemeine Vorgehen sie den beiden einer Schwierigkeit begegnenden Personen aus dem Dialog raten würden. Dabei wurde auch jedes Mal explizit der Hinweis formuliert, dass die eigentliche Modellierungsaufgabe in diesem Fall nicht gelöst werden muss.

Aus der dargestellten Empirie in Abschnitt 6.2 wurden die folgenden für Modellierungsprozesse hilfreichen Strategien extrahiert (vgl. etwa Beckschulte, 2019; Blum und Schukajlow, 2018; Bräuer et al., 2021; Hagena et al., 2017; Rellensmann et al., 2017; Schukajlow, Kolter et al., 2015; Schukajlow und Leiss, 2011; Zöttl, 2010; Zöttl et al., 2010):

- Lesestrategien (erneut lesen, wichtige Angaben markieren, wichtige Angaben notieren)
- Kontrollieren von (Zwischen-)Ergebnissen
- Finden von Analogien oder Erinnern an bereits Bekanntes
- Skizzen
- Lösungsplan

In der Aufgabe *Nagel* sollte eine Lesestrategie genannt werden (vgl. Abbildung 8.17). Daher wurde eine Modellierungsaufgabe ausgewählt, welche einen längeren Aufgabentext und auch unwichtige Informationen enthält. Der Dialog beinhaltet, dass die beiden sprechenden Personen sich über die Länge des Textes beklagen und bekunden, den Überblick verloren zu haben. Als richtige Antworten werden das Benennen von allgemeinen Verfahren zur Informationsselektion und Verständnisorientierung im Umgang mit dem Text, also konkret, das erneute Lesen, das Markieren wichtiger Angaben, oder das Notieren wichtiger Angaben, akzeptiert. Insbesondere Antworten, die inhaltlich auf die Aufgabe eingehen, indem beispielsweise betont wird ‚Die Angabe xy ist nicht wichtig‘ oder auch ‚Nur die Angaben xyz sind wichtig‘ werden nicht als korrekt akzeptiert.

Aufgabenwissen
Die Items zum Aufgabenwissen sollten Charakteristika von Modellierungsaufgaben fokussieren. Hierbei geht es also um die Eigenschaften, welche in Abschnitt 3.4.3 dargelegt wurden (vgl. auch Greefrath et al., 2017; K. Maaß, 2010; Wess, 2020).

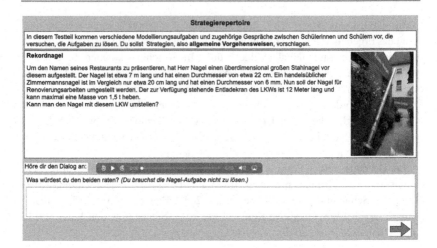

Abbildung 8.17 Beispielitem zum Strategierepertoire

Dabei wurden jedoch die für Schülerinnen und Schüler bei der Bearbeitung einer Aufgabe relevanten Informationen selektiert. Die Items sind zum Teil an das Testinstrument nach Klock und Wess (2018) angelehnt, welches unter anderem das Aufgabenwissen über mathematisches Modellieren in der Professionalisierung von Lehramtsstudierenden erhebt.

Als Format wurden hier Combined-Single-Choice-Items angelegt, um die Ratewahrscheinlichkeiten zu minimieren. Ein Item ist also nur dann korrekt, wenn die drei zugehörigen Aussagen korrekt bewertet werden. Es wurde eine Itembatterie mit vier Items pro Testversion angelegt. Eine dieser Batterien ist in Abbildung 8.18 dargestellt.

Strategiewissen

Das Strategiewissen wurde im gleichen Format wie das Aufgabenwissen erhoben. Inhaltlich orientiert es sich außerdem an der Auflistung der Strategien, welche auch in den Items zum Strategierepertoire erhoben werden sollten. An dieser Stelle konnte jedoch nicht mehr umgangen werden, die Strategien explizit zu benennen. Dies ist hier jedoch als unproblematisch anzusehen, da erhoben werden soll, inwiefern die Schülerinnen und Schüler zu einer bestimmten Kategorie Ziele einordnen können. Dies erscheint essenziell für die Entscheidung, wann eine jeweilige Strategie im Verlauf eines Modellierungsprozesses angewendet wird. Die Strategieziele wurden

Aufgabenwissen

Wähle aus, ob du die jeweiligen Aussagen für richtig oder falsch hältst!

1. Modellierungsaufgaben...	richtig	falsch
... haben immer nur einen Lösungsweg.		
... erfordern mehrere Teilschritte beim Lösen.		
... können mit Mathematik gelöst werden.		

2. Beim Lösen von Modellierungsaufgaben können unterschiedliche Ergebnisse entstehen, weil...	richtig	falsch
... das Schätzen von fehlenden Werten vom aktuellen Wissensstand abhängt.		
... die Berechnung der mathematischen Lösung mit unterschiedlichen Taschenrechnern erfolgt.		
... die Wahl von verwendeten Größen aus dem Alltag von Vorerfahrungen abhängt.		

3. Modellierungsaufgaben sind meist...	richtig	falsch
... realitätsbezogen.		
... authentisch (also mit einer echten Verwendung von Mathematik).		
... problemorientiert.		

4. Modellierungsaufgaben erfordern selten ...	richtig	falsch
... die alleinige Verwendung von Mathematik.		
... das Recherchieren von Informationen.		
... dass man wichtige Informationen auswählt.		

Abbildung 8.18 Beispielitems zum Aufgabenwissen

Ziele verschiedener Strategien beim Modellieren (1)

Wähle aus, ob du die jeweiligen Aussagen für richtig oder falsch hältst!

1. Das Erinnern an eine ähnliche Aufgabe eignet sich, um...	richtig	falsch
... neue Informationen mit dem Vorwissen zu verknüpfen.		
... einen geeigneten Rechenweg zu finden.		
... dasselbe Ergebnis hinzuschreiben.		

2. Das Herausschreiben von Angaben aus dem Aufgabentext einer Modellierngsaufgabe eignet sich, um...	richtig	falsch
... das Ergebnis zu überprüfen.		
... wichtige von unwichtigen Informationen zu trennen.		
... die Angaben zu strukturieren.		

3. Das Erstellen von Skizzen bei Modellierungsaufgaben eignet sich, um...	richtig	falsch
... das in der Aufgabe beschriebene Problem bildlich darzustellen.		
... zu erkennen, wie die Angaben aus der Aufgabe zusammenhängen.		
... einen passenden mathematischen Ansatz zu finden.		

Abbildung 8.19 Beispielitems zum Wissen über Strategieziele

in den beiden Testversionen mithilfe von zwei Itembatterien erhoben. Eine davon ist in Abbildung 8.19 zu sehen.

8.4 Auswertungsmethodik

8.4.1 Gütekriterien

In Kohärenz mit dem dieser Arbeit zugrunde liegenden quantitativen Forschungsparadigma sollen die klassischen Gütekriterien überprüft werden, um die Qualität
der Ergebnisse und daraus gefolgerten Aussagen sowie damit insgesamt die wissenschaftliche Qualität sicherzustellen (Döring und Bortz, 2016). Dabei wird der
Fokus sowohl auf die beiden eingesetzten Testinstrumente, als auch auf die gesamte
Erhebung, also die Prozessdatenspeicherung inkludierend, gelegt. An dieser Stelle
sind also die drei sogenannten Hauptgütekriterien *Objektivität*, *Reliabilität*, sowie
Validität zu prüfen (Bühner, 2011; Döring und Bortz, 2016; Lienert und Raatz, 1998;
Moosbrugger und Kelava, 2012; J. Rost, 2004). Inwiefern diese drei Kriterien in
der vorliegenden Studie erfüllt werden können, wird im Nachfolgenden erörtert.
Darüber hinaus sollen jedoch auch die immer stärker in den Fokus gelangenden
sogenannten Nebengütekriterien beleuchtet werden. Hierunter können die Aspekte
Skalierung, *Normierung*, *Fairness* und *Ökonomie* fallen. Weiterhin nennen Döring
und Bortz (2016) jedoch die Wissenschaftsethik, auf die in dieser Studie ebenfalls –
aufgrund der massenhaften Speicherung womöglich sensibler Daten - besonderer
Wert gelegt wurde.

Objektivität
Die Objektivität beschreibt, inwiefern die Ergebnisse unabhängig von den durch-
führenden und untersuchenden Personen sind. Es lässt sich zwischen der Durchfüh-
rungsobjektivität, der Auswertungsobjektivität, sowie der Interpretationsobjektivität unterscheiden (Bühner, 2011; Moosbrugger und Kelava, 2012).
    Die Durchführungsobjektivität wurde bei der vorliegenden Studie gewährleis-
tet, indem alle teilnehmenden Klassen die gleichen Instruktionen durch die Autorin
selbst erhalten haben. Die Inhalte der Instruktion wurden zuvor festgelegt. Außerdem erhielten die anwesenden Lehrkräfte ein Informationsschreiben, in dem ihr
zurückhaltendes Verhalten erbeten wurde, um den Einfluss der Lehrkraft während
der Erhebung zu minimieren. Darüber hinaus waren alle Informationen, welche
die Schülerinnen und Schüler erhielten, in der Web-Anwendung enthalten. Insgesamt konnte also sichergestellt werden, dass allen teilnehmenden Schülerinnen und
Schüler die gleichen für die Durchführung der Erhebung relevanten Informationen
übermittelt wurden.
    Die Auswertungsobjektivität wird dadurch sichergestellt, dass möglichst viele
Antworten automatisiert bewertet werden, indem Hintergrundvariablen angelegt
wurden. Zudem werden die Auswertungsskripte, welche auf der Basis der statis-

tischen Programmiersprache R erstellt wurden, im Anhang dieser Arbeit veröffentlicht, um eine Nachvollziehbarkeit und erneute Durchführung unabhängig von
bestimmten Personen gewährleisten zu können.

Die Interpretationsobjektivität wird in dem Sinne sichergestellt, dass innerhalb
jeder Dimension eines Testinstruments die Fähigkeiten als numerische Werte auf
einer Skala zugeordnet werden können, die sich über die beiden Messzeitpunkte
hinweg nicht verändert (Lienert und Raatz, 1998).

Reliabilität

In dieser Studie werden die beiden eingesetzten Testinstrumente mithilfe der probabilistischen Testtheorie skaliert. Somit bildet diese die Grundlage aller weiteren
Berechnungen. Auch die Bestimmung der Reliabilität, also der Genauigkeit einer
Messung, sollte sich daran orientieren[5]. So können die EAP/PV-Reliabilitäten[6] herangezogen werden, welche in den Abschnitten 9.1 und 9.2 im Rahmen der Skalierung der beiden Testinstrumente für die jeweiligen Dimensionen bestimmt werden.
Die genannten Werte der EAP/PV-Reliabilitäten sind zur Einordnung mit dem Wert
von Cronbachs Alpha aus der klassischen Testtheorie vergleichbar. Entsprechend
lässt sich aus Lienert und Raatz (1998) eine Untergrenze von 0.5 für Gruppenvergleiche entnehmen; Bühner (2011) und Moosbrugger und Kelava (2012) geben als
Untergrenze für einen guten Test 0.7 an. Die Ergebnisse zu den Reliabilitätsbetrach-
tungen finden sich in den bereits genannten Abschnitten 9.1 und 9.2, da sie auch als
Teil der Überprüfung der Modellpassung zu sehen sind.

Validität

Die Validität ist vor allem kennzeichnend für die methodische Strenge einer Studie
(Döring und Bortz, 2016). Sie wird unterteilt in *Konstruktvalidität, interne Validität*
und die *externe Validität* (Campbell, 1957; Campbell und Fiske, 1959; J. Rost,
2004; Shadish et al., 2002). Insgesamt ist hier das Ziel, die Übereinstimmung von
angestrebter und tatsächlicher Messung zu prüfen.

Die interne Validität, welche auch als Inhaltsvalidität bezeichnet wird, wurde
im Test zum metakognitiven Wissen mathematischen Modellierens durch eine eng
an die theoretischen Vorüberlegungen sowie an die Diskussionen mit Expertinnen
und Experten angelehnte Konstruktion der inhaltlichen Aspekte gewährleistet. In
Bezug auf das Testinstrument zu den Modellierungsteilkompetenzen ist die interne

---

[5] Die Bestimmungen der Reliabilität, wie sie aus der klassischen Testtheorie bekannt sind,
werden in dieser Arbeit also nicht betrachtet. Weitere Ausführungen hierzu finden sich etwa
bei Moosbrugger und Kelava (2012) oder Bühner (2011).

[6] Die Erläuterungen zu deren Bedeutungen und Berechnungen erfolgen im nachfolgenden
Abschnitt zur probabilistischen Testtheorie (vgl. Abschnitt 8.4.3).

Validität außerdem durch die Konstruktion im Rahmen des LIMo-Projekts (vgl. Beckschulte, 2019; Hankeln, 2019; Hankeln et al., 2019) gegeben.

Die externe Validität beruht auf Korrelationen zwischen gemessenen Werten und einem äußeren, manifesten Kriterium. Es gibt jedoch kaum Erkenntnisse darüber, womit die Modellierungsteilkompetenzen und das metakognitive Wissen über mathematisches Modellieren korrelieren sollten.

Die Konstruktvalidität, welche mit der gemeinsamen Auswertung anderer, ähnlicher Testinstrumente einhergeht, wird durch die Analysen im Rahmen der Forschungsfrage zum Zusammenhang der Messungen durch die beiden eingesetzten Testinstrumente überprüft. Ergebnisse hierzu werden in Abschnitt 9.3 dargestellt.

Nebengütekriterien
Die Prüfung des Gütekriteriums der Skalierung für die beiden Testinstrumente erfolgt in den Abschnitten 9.1 und 9.2. Hierbei wird die Skalierung mit ein- oder mehrdimensionalen Rasch-Modellen geprüft. Passen diese zu den erhobenen Daten, so ist das Kriterium der Skalierung gegeben.

Die Normierung kann für das Testinstrument zur Erfassung der Modellierungsteilkompetenzen, wie von Hankeln (2019) vorgeschlagen, auf Basis der Vortestergebnisse des LIMo-Projekts erfolgen, welches mit einer Stichprobengröße von circa 1200 Probanden eine Normstichprobe liefert. Eine solche Normierung ist bisher allerdings nicht durchgeführt worden. Im Rahmen der vorliegenden Daten dieser Erhebung ist eine Normierung nicht möglich, da die erforderliche Stichprobengröße von 300 Probanden nicht erfüllt wird (Bühner, 2011). Dies gilt ebenso für das Testinstrument zur Erfassung des metakognitiven Wissens über mathematisches Modellieren.

Weder aufgrund der Teilnahme noch innerhalb der Erhebungen wurden Schülerinnen und Schüler benachteiligt, da für alle möglichst gleiche Rahmenbedingungen geschaffen wurden, indem die Verfügbarkeit technischer Geräte sowohl bei der Durchführung in der Schule als auch während der Durchführung im Rahmen des Homeschoolings geprüft wurde. Weiterhin stand allen Teilnehmenden gleich viel Zeit zur Verfügung. Die Daten oder Ergebnisse wurden nicht an Dritte weitergegeben, sodass beispielsweise auch keine unterrichtliche Benachteiligung bei bestimmten Antworten erfolgen konnte. Darüber hinaus wurde bei der Erstellung der gesamten digitalen Lernumgebung auf gendergerechte sowie möglichst wenig komplexe Sprache geachtet. Auch die eingesetzten Namen wurden hinsichtlich ihrer Herkunftsassoziationen willkürlich variiert. Außerdem wurde für beide Testinstrumente ein Differential Item Functioning durchgeführt, um die Benachteiligung bestimmter Personengruppen in den einzelnen Items ausschließen zu können. Insgesamt ist also das Kriterium der Fairness gegeben.

Durch die digitale Erhebungsform und die Minimierung der Testzeit auf 45 Minuten pro Erhebungszeitraum lässt sich auch das Kriterium der Ökonomie als erfüllt ansehen, da sowohl zeitliche als auch umweltbedingte Ressourcen – vor allem Papier – eingespart wurden.

Ethik

Leider konnte im Rahmen dieser Studie kein Ethikgutachten in Auftrag gegeben werden, da zu dem Zeitpunkt der Konzeption kein zuständiges Gremium zur Verfügung stand. Dennoch wurde besonderer Wert auf den verantwortungsvollen und ethisch korrekten Umgang mit den Daten der Teilnehmenden gelegt. Eine besondere Notwendigkeit für die vorsichtige Umgangsweise mit den Daten entstand aus der grundlegenden Möglichkeit in den Textfeldern persönliche Daten preiszugeben. Denn da in den Prozessdaten jegliche Veränderungen gespeichert wurden, war es prinzipiell auch möglich, von den Teilnehmenden getätigte, aber zuletzt gelöschte Aussagen einzusehen. Dennoch ist eine Rückverfolgung nur unter den Umständen möglich, dass die Personen tatsächlich solche Angaben in den Textfeldern tätigen.

Der Zugriff auf die computerbasierte Erhebungsumgebung erfolgte mit einem zufallsgenerierten Code, sodass auch das Problem pseudonymisierter Erhebungen auf diese Weise eliminiert werden konnte. Schülerinnen und Schüler sowie Eltern und Sorgeberechtigte wurden zuvor umfassend über Projektziele, beteiligte Personen, Verwendung und Verarbeitung der Daten, sowie die Art der Speicherung informiert. Nur nach Einwilligung beider Parteien war eine Teilnahme am Projekt möglich. Darüber hinaus werden selbstverständlich nur jene Daten oder Aussagen veröffentlicht, welche vollkommen anonym sind.

Dennoch geht mit der Speicherung der Daten einher, dass sie zu dem besonderen Ziel der wissenschaftlich relevanten Verarbeitung und Nutzung geeignet, zum Teil sogar notwendig sind. Somit ist es aus Sicht des Projekts vertretbar, diese Daten – natürlich nur für die projektinternen Zwecke – zu speichern und zu verwenden (Kadijevich, 2005). Durch die Speicherung und Verarbeitung der Daten entsteht keinerlei Schaden für die Probanden, da die Daten nicht an Dritte weitergegeben wurden und werden (Döring und Bortz, 2016).

Ein weiterer Aspekt der Wissenschaftsethik ist, dass die Daten weder gestohlen noch manipuliert wurden, sondern so wie im Rahmen dieser Arbeit beschrieben erhoben und ausgewertet wurden.

Ein Interessenskonflikt mit anderen Forschenden oder Institutionen besteht ebenfalls nicht.

8.4.2 Kodierung

8.4.2.1 Kodierung der Items

Zum ersten und zweiten Messzeitpunkt wurde sowohl ein Testinstrument zu Modellierungsteilkompetenzen sowie eines zum metakognitiven Wissen über mathematisches Modellieren eingesetzt. Darüber hinaus wurden zum ersten Messzeitpunkt einige demografische Daten sowie Selbstauskünfte zur bisherigen Verwendung digitaler Technologien im Mathematikunterricht wie auch im Privaten erhoben. Die Selbstauskünfte sollten jeweils auf einer fünfstufigen Likert-Skala eingeschätzt werden und wurden von Null für *Nie* bis Vier für *Häufig* kodiert (Bühner, 2011).

Innerhalb der beiden Testinstrumente wurden verschiedene Itemformate eingesetzt. So beinhalteten beide Tests offene Kurzantworten, welche manuell durch einen Rater mit 0 für *Falsch* und 1 für *Richtig* kodiert wurden. Dabei wurden jeweils Kodiermanuale hinzugezogen. Außerdem erfolgte eine Zweitkodierung von mindestens 50 % der offenen Antworten pro Item. Die Bestimmung der Interrater-Reliabilität erfolgte mithilfe der statistischen Programmiersprache *R* durch den Befehl *CohenKappa* im Paket *DescTools*. Daraus ergab sich Cohens Kappa zwischen 0.69 und 0.98, sodass die Ratings insgesamt als „substantial" bis „almost perfect" zu betiteln sind (Landis und Koch, 1977, S. 165).

Der Test zur Erhebung von Teilkompetenzen des mathematischen Modellierens enthielt außerdem Multiple-Choice-Items, welche über ein zuvor festgelegtes Schema automatisiert mit 0 für *Falsch* und 1 für *Richtig* kodiert wurden. Ebenso erfolgte die Kodierung der Combined-Single-Choice-Items in dem Test zur Erfassung des metakognitiven Wissens mittels einer automatischen Auswertung von jeweils drei Aussagen, die von den Probanden als richtig oder falsch eingeschätzt werden sollten. Nur wenn alle drei Aussagen eines Items korrekt eingeschätzt wurden, erhielt der Proband für das Item den Kode 1, ansonsten 0. Im automatischen Scoring wurde darüber hinaus der Kode 0 unterschieden, indem bei einer geringen Betrachtungszeit die 0 in der Kategorie *Nicht betrachtet*, bei einer hohen Betrachtungszeit ohne Interaktion mit dem Item die 0 in der Kategorie *Nicht bearbeitet* und bei der falschen Auswahl von Antwortalternativen die 0 in der Kategorie *Falsch* eingetragen wurde. Wie mit solchen Daten umgegangen werden kann, erläutert der nachfolgende Abschnitt.

8.4.2.2 Umgang mit fehlenden Werten

In nahezu jedem Datensatz treten fehlende Werte auf, deren Ursachen jedoch unterschiedlicher Natur sein können. Um diese in Hinblick auf die Analysen einschätzen zu können, sowie adäquat damit umzugehen, stellt Göthlich (2009) sechs Kategorien auf.

Die erste Kategorie, *Unit-Nonresponse*, äußert sich darin, dass ein Proband die Befragung verweigert, sodass keinerlei Daten vorliegen. Solche Vorkommnisse liegen in dieser Studie in vereinzelten Fällen vor und waren dadurch bedingt, dass Sorgeberechtigte ihre Einwilligung in die Speicherung oder Verarbeitung der Daten nicht gegeben haben. Daher wurden diese Daten nach Absprache entweder sofort gelöscht oder die Probanden nahmen nicht an der Erhebung teil. Dementsprechend sind diese Fälle nicht in den vorliegenden Datensätzen enthalten.

Eine andere Kategorie bezieht sich auf das Fehlen von Daten bei einzelnen Items und wird daher als *Item-Nonresponse* bezeichnet. Dies ist in den vorliegenden Datensätzen teilweise der Fall. Es gibt jedoch, wie im vorherigen Abschnitt bereits angedeutet, verschiedene Arten von fehlenden Einzelantworten, sodass diese nach der Vorstellung weiterer Kategorien genauer ausgeführt werden.

Göthlich (2009) beschreibt als Spezialfall die Kategorie *Wave- Nonresponse*, worunter Nichtantworten im Rahmen von Längsschnittstudien in verschiedenen Wellen durch die fehlende Teilnahme an einer dieser Wellen zu fassen sind. Ebenfalls in Längsschnittstudien kann das sogenannte *Dropout* auftreten, bei dem Probanden ab einem bestimmten Zeitpunkt nicht mehr an den Erhebungen teilnehmen. Solche Wellen liegen in der hier beschriebenen Studie jedoch nicht vor, da es sich um zwei Messzeitpunkte handelt, welche in relativ kurzer Zeit aufeinander folgen. Darüber hinaus wurde darauf geachtet, dass alle Probanden sowohl Vor- als auch Nachtest bearbeiteten. Dementsprechend können fehlende Werte der beiden letztgenannten Kategorien ausgeschlossen werden.

Missings der Kategorie *Observation-Nonresponse* liegen dann vor, wenn einzelne Personen eines bestimmten Clusters (beispielsweise einer Familie) keine Erhebungsdaten liefern. Solche vorher definierten Cluster liegen in dieser Studie jedoch nicht vor.

Zuletzt kann die Kategorie *Missing by Design* genannt werden, welche auf ein Rotationsdesign der Items in unterschiedlichen Gruppen zurückzuführen ist und dementsprechend mit einkalkulierten fehlenden Werten einhergeht. Da in der vorliegenden Studie ein Rotationsdesign gewählt wurde, liegen fehlende Werte dieser Kategorie vor, mit denen im Rasch-Modell durch die Schätzung von Fähigkeitsparametern umgegangen werden kann (Göthlich, 2009).

Darüber hinaus sollte jedoch die Kategorie *Item-Nonresponse* genauer betrachtet werden. Hierunter fallen differente Fehlendmechanismen, welche ebenfalls verschiedene Konsequenzen in sich bürgen. Hier sind im Wesentlichen drei Aspekte zu nennen: Missing Completely At Random (MCAR), Missing At Random (MAR, auch: ignorierbare Nichtantwort), Missing Not At Random (MNAR, auch: nicht ignorierbare Nichtantwort) (Little und Rubin, 2002). MCAR-Werte entstehen zufällig, weil ein Proband beispielsweise ein Item überliest. Daher sind sie in großen

Stichproben unproblematisch und verzerren die Ergebnisse nicht. MAR-Werte hingegen sind bedingt zufällig und können bereits mit den beobachteten Eigenschaften zusammenhängen. Hier wäre als Beispiel anzuführen, dass Schülerinnen und Schüler aufgrund fehlender Motivation die Items nicht bearbeiten. Werte der letzten Kategorie, also MNAR, müssen jedoch beachtet werden und können die Ergebnisse stark verzerren. So kann ein nicht-beantwortetes Item am wahrscheinlichsten auf Unwissen oder fehlende Kompetenz zurückgeführt werden. Aus diesem Grund werden in der vorliegenden Studie fehlende Werte bei eigentlich zu beantwortbaren Items als falsch kodiert. Demnach wird die Grundannahme getroffen, dass Schülerinnen und Schüler bei entsprechender Kompetenz ein Item korrekt beantworten. Das Nichtausfüllen eines Items wird hingegen direkt auf die fehlende Personenfähigkeit zurückgeführt (vgl. auch Brand, 2014; Hankeln, 2019; Klock, 2020; Wess, 2020).

8.4.3   Verfahren der Probabilistischen Testtheorie

8.4.3.1 Grundlagen

In der probabilistischen Testtheorie, welche im Englischen auch *Item Response Theory* (kurz auch IRT) genannt wird, liegt der Fokus auf der Betrachtung der durch die Probanden gegebenen Antwortmuster zu einem Item. Dieses statistische Paradigma erfährt zunehmende Bedeutung und wird auch in bekannten internationalen wie auch nationalen Large-Scale-Studien wie PISA, TIMSS, PIAAC oder dem IQB-Bildungstrend verwendet (Keslair und Paccagnella, 2020; Mullis et al., 2020; OECD, 2012; Stanat et al., 2019).

Mithilfe der probabilistischen Testtheorie kann der Frage nachgegangen werden, wann das Bilden von Summenscores ein adäquates Mittel darstellt, um die tatsächlichen Fähigkeitsausprägungen einer Person in Bezug auf eine latente Variable zu beschreiben und somit eine suffiziente Statistik bietet. Denn das Bilden des Summenscores ist durch seine Additivität kompensatorisch, sodass eine falsche Bearbeitung eines Items durch die richtige Bearbeitung eines anderen Items ausgeglichen werden kann. Insgesamt erhält man in der probabilistischen Testtheorie durch das Schätzen der Itemschwierigkeiten und Personenparameter detailliertere Informationen über die Fähigkeiten. Dies ist besonders hilfreich, wenn eine dichotome Kodierung vorgenommen wurde, da aufgrund der zweistufigen Bewertung bereits eine bedeutende Reduktion der in den Antworten vorliegenden Informationen entsteht (vgl. auch J. Rost, 2004).

Der Grundsatz der probabilistischen Testtheorie ist, dass das Berechnen der Messwerte das Ergebnis der Analyse und nicht – wie bei der klassischen Testtheorie – die Voraussetzung darstellt (J. Rost, 2004). Darüber hinaus wird angenommen, dass die gegebenen, vorliegenden Antwortmuster als beobachtbare, auch manifeste Indikatoren für eine latente, also nicht beobachtbare Variable aufgefasst werden (Bühner, 2011). Darauf aufbauend werden Wahrscheinlichkeiten betrachtet, die beschreiben, inwiefern eine Person ein Item richtig beantwortet. Diese Wahrscheinlichkeit ist höher, wenn die latente Variable stärker ausgeprägt ist. Demnach hängt die Lösungswahrscheinlichkeit – im einfachsten, und in dieser Studie angenommenen Fall – zum einen von der Fähigkeit der Person, sowie zum anderen von der Schwierigkeit eines Items ab (Bühner, 2011).

Durch die in der hier beschriebenen Studie vorgenommene dichotome Kodierung aller Items in beiden Testinstrumenten werden im Nachfolgenden nur noch Rasch-Modelle als eine mögliche Umsetzung der probabilistischen Testtheorie betrachtet[7].

8.4.3.2 Rasch-Modelle

Das Rasch-Modell wurde bereits in den 1950er Jahren durch George Rasch entwickelt und 1960 veröffentlicht (G. Rasch, 1960). Diese erste Entwicklung zielte auf die Skalierung eines Testinstruments ab und war zunächst als eindimensionales Modell vorgesehen. Inzwischen wurde jedoch auch die Mehrdimensionalität unter den gleichen Voraussetzungen und der Verwendung dichotomer Items betrachtet (etwa Adams et al., 1997). Die im Rasch-Modell geschätzten Parameter können als intervallskaliert aufgefasst werden und lassen somit auch die Verwendung für weitere statistische Analysen, angefangen beim Bilden des arithmetischen Mittels, zu (J. Rost, 2004). Allein hierbei zeigt sich bereits, weshalb es sinnvoll ist, ein Testinstrument auf Rasch-Skalierbarkeit zu prüfen.

Wie im vorherigen Abschnitt bereits angedeutet, werden im Rasch-Modell Parameter zur Beschreibung der Fähigkeit einer Person (i) in einer latenten Variable (im Folgenden θ_i) sowie zur Beschreibung der Schwierigkeit eines Items (j) des Testinstruments (im Folgenden σ_j) betrachtet. Der Zusammenhang dieser beiden Größen ergibt sich im eindimensionalen dichotomen Rasch-Modell durch eine Art Wettquotient, der die Wahrscheinlichkeit beschreibt, dass die Person i das Item j richtig löst:

---

[7] Nicht nur in Abhängigkeit von der gewählten Skala oder Kodierung können verschiedene Modelle der probabilistischen Testtheorie ausgewählt werden. Auf eine Übersicht der in dieser Arbeit nicht verwendeten Modelle wird jedoch aufgrund der Ökonomie verzichtet. Stattdessen sei auf den detaillierten und aufschlussreichen Überblick nach J. Rost, (2004) verwiesen. In der Mathematikdidaktik sind außerdem in den letzten Jahren einige Dissertationen entstanden, welche ebenfalls verschiedene Modelle detailliert beschreiben. Hier sei beispielsweise auf die Arbeiten von Hankeln (2019), Klinger (2018), Klock (2020), Wess (2020) verwiesen.

$$p(x_{ij}) = \frac{\exp(x_{ij}(\theta_i - \sigma_j))}{1 + \exp(x_{ij}(\theta_i - \sigma_j))}.$$

Dabei hat x_{ij} die Ausprägungen 0 (falsch) und 1 (richtig). Durch die Logarithmierung bei Ermittlung der zu schätzenden Parameter entsteht für σ_j eine symmetrische Projektion auf die reellen Zahlen, sodass eine Lösungswahrscheinlichkeit von 0.5 der Nullstelle zugeordnet wird. Für die Interpretation ist außerdem relevant, dass σ_j die Itemschwierigkeit ausdrückt. Dementsprechend bedeutet ein höherer Wert, dass die Schwierigkeit größer ist (J. Rost, 2004). Darüber hinaus lässt sich aus der oben genannten Gleichung leicht herleiten, dass eine Person i mit zugehöriger Fähigkeit θ_i ein bestimmtes Item j mit Schwierigkeit σ_j genau dann mit einer Wahrscheinlichkeit von 0.5 löst, wenn $\theta_i = \sigma_j$ gilt, also die Ausprägung des Fähigkeitsparameters jener der Itemschwierigkeit entspricht.

Wie bereits erwähnt, können Rasch-Modelle auch bei mehrdimensionalen Konstrukten Anwendung finden. Das bedeutet, dass das manifeste Konstrukt in einzelnen Dimensionen und somit auch mehreren latenten Variablen abzubilden ist, die separiert voneinander betrachtet werden können.

8.4.3.3 Schätzung der Personen- und Itemparameter

Das Prinzip der Parameterschätzung im Rasch-Modell, welches die manifesten Daten aus den Erhebungen nutzt, basiert in der Regel auf dem *Maximum-Likelihood*-Ansatz (Strobl, 2012). Dabei wird das Ziel verfolgt, die maximale Wahrscheinlichkeit für das vorliegende, manifeste Antwortmuster in Abhängigkeit von Personen- und Itemparametern zu erreichen (Kelava und Moosbrugger, 2020). Diese beiden Parameter werden in der Regel nacheinander geschätzt. Eine Unterscheidung ist auch daher sinnvoll, weil die vorliegenden Anzahlen an Items und Personen sich zumeist stark unterscheiden. Obwohl prinzipiell die gleichen Verfahren geeignet sind, sollte die Anzahl berücksichtigt werden, um ein Verfahren auszuwählen.

Auch bei der Auswahl der Software sind die unterschiedlichen zur Verfügung stehenden Verfahren zu berücksichtigen. Da in der vorliegenden Studie vor der Anwendung probabilistischer Testverfahren die Extraktion der betrachteten Variablen aus den Prozessdaten mit der statistischen Programmiersprache R (R Core Team, 2020) in der R-Studio-Umgebung erfolgte und darüber hinaus auch R mit der Verwendung von Jupyter Notebooks direkt auf dem Server nutzbar ist, sollten die weiterführenden Analysen ebenfalls mit R umgesetzt werden. Hierbei stehen für die Anwendung der IRT jedoch ebenfalls verschiedenste Packages zur Verfügung (vgl. etwa Chu und Sheu, 2009; Mair, 2018). Aufgrund der Nähe zur Software *Con-Quest* (Wu et al., 2007), welche auch zur Analyse der PISA-Daten verwendet wird (Adams, 2002), sowie wegen der Möglichkeiten sowohl ein- als auch mehrdimensionale Rasch-Modelle zu berechnen, wurde das Paket *TAM* ausgewählt (Robitzsch et al., 2021).

Zur besseren Vergleichbarkeit der Ergebnisse der Modellierungsteilkompetenzen zu jenen aus dem LIMo-Projekt wird hier zur Itemparameterschätzung ebenfalls die Methode der Marginal Maximum Likelihood Estimation (MMLE) und zur Personenparameterschätzung die Methode der Weighted Likelihood Estimation (WLE) eingesetzt (vgl. Beckschulte, 2019; Hankeln, 2019; Hankeln und Greefrath, 2020). Dies wird dann ebenfalls für die Schätzung der Parameter bezüglich des metakognitiven Wissens über mathematisches Modellieren weitergeführt.

8.4.3.4 Überprüfung der Modellpassung

Auf der Basis theoretischer und empirischer Erkenntnisse lassen sich für eine bestimmte Anzahl entwickelter Items verschiedene Modellannahmen zum Zusammenhang dieser Items treffen. Bei der Rasch-Modellierung können dabei im Wesentlichen drei Typen unterschieden werden: (1) alle Items laden auf eine Dimension, (2) die einzelnen Items laden auf verschiedenen Dimensionen, aber jeweils auf genau einer, oder (3) die einzelnen Items laden auf verschiedenen Dimensionen, aber dabei auf mehreren (Adams et al., 1997). Letztere, auch *between-item*-Modelle genannt, sollten nach Hartig und Höhler (2008) jedoch wenn möglich vermieden werden. Da die Ergebnisse zu einem solchen Modell im LIMo-Projekt in Bezug auf die Modellierungsteilkompetenzen nicht nahelegten, dass eine Entscheidung für solch ein Modell getroffen werden sollte (Hankeln, 2019), werden in der vorliegenden Arbeit lediglich *within-item*-Modelle, also Modelle erster oder zweiter Art, betrachtet.

Mithilfe verschiedener Annahmen lassen sich also jeweils die Item- und Personenparameter – basierend auf den gleichen manifesten Antworten – schätzen. Zur Selektion eines dieser Modelle können dann verschiedene Kriterien herangezogen werden, um die Güte zu vergleichen und damit die Passung des Modells auf die Antwortmuster zu optimieren. Wichtig ist hierbei, dass diese Kriterien immer nur dem Vergleich verschiedener Modelle auf der Basis eines Antwortmusters dienen und keine allgemeinen Richtwerte formuliert werden können (J. Rost, 2004). Mithilfe der besten Passung eines Modells lassen sich dann jedoch Rückschlüsse auf die Struktur der zu messenden Eigenschaft ziehen, sodass auf diese Weise den Forschungsfragen Ia und Ib nachgegangen werden kann. Die zu betrachtenden Kriterien werden nun kurz erläutert. Dabei lässt sich eine Unterscheidung von Kriterien auf Itemebene sowie auf globaler Modellebene vornehmen.

Um die einzelnen Items zu evaluieren, werden im Rahmen der Modellschätzung Fit-Werte für jedes Item geschätzt. Diese drücken aus, wie gut die manifesten Ant-

worten mit den ermittelten Lösungswahrscheinlichkeiten übereinstimmen[8]. Hier
ist zunächst der Weighted Mean Square (WMNSQ), sowie der Unweighted Mean
Square (UMNSQ), oder auch kurz Infit bzw. Outfit, zu nennen. Diese bieten ein
Maß, mit dem die beobachteten Abweichungen der Antworten von den Lösungswahrscheinlichkeiten quantifiziert werden können. Dabei ist der Infit (WMNSQ)
unter Einbezug der Varianz im Gegensatz zum Outfit (UMNSQ) gewichtet. Bei
einer Übereinstimmung von beobachteten Antworten und geschätztem Itemschwierigkeitsparameter sind beide Werte gleich 1. Liegt der Wert unter 1, so ist das beob-
achtete Antwortverhalten willkürlicher; liegt der Wert hingegen über 1, passt das
Modell zu gut, was laut J. Rost (2004, S. 374) eine „seltsame Art von Modellverletzung" darstellt (J. Rost, 2004). Zur Itemselektion ist daher vor allem der sogenannte
Underfit (also falls Werte unter 1 liegen) relevant. Darüber hinaus sollte dann auch
der zugehörige t-Wert betrachtet werden, welcher eine signifikante Abweichung
angibt, wenn er außerhalb des Intervalls von $[-1, 96; 1, 96]$ liegt. Als akzeptable
Werte für Infit sowie Outfit kann ein Intervall von $[0, 8; 1, 2]$ zugrunde gelegt werden, wie es ebenfalls bei PISA erfolgt (vgl. Bond und Fox, 2007; Harks et al., 2014).
Wright und Linacre (1994) geben auch ein Intervall von $[0, 7; 1, 3]$ als akzeptabel
an, wenn es sich nicht um sogenannte High-Stakes-Erhebungen wie PISA handelt.

Darüber hinaus sollten bei dichotomen Items die Trennschärfen betrachtet werden, welche die Korrelation eines Items zum Gesamtscore darstellen und verallge-
meinert auch als Produkt-Moment-Korrelation bezeichnet werden. Hierbei wird ein
unteres Maß von 0.2 angelegt, welches ebenfalls bei den PISA-Studien gängig ist
(OECD, 2012).

Zur Prüfung des gewählten Modells auf globaler Ebene gibt es ebenfalls verschiedene zu berücksichtigende Maße. Zum einen kann beim Modellvergleich das Maß
der Likelihood (L) herangezogen werden, da die Schätzverfahren im Rasch-Modell
so lange iterieren, bis diese maximal ist. Hierzu wird in der Regel die Devianz (D)
verwendet, welche sich aus der Likelihood durch $D = -2 \log(L)$ berechnen lässt
und bei einem geringeren Wert für eine bessere Modellpassung steht (J. Rost, 2004).
Hierbei ist jedoch zu beachten, dass es sich beim Modellvergleich um zusammen-
hängende Modelle handelt, bei denen das eine durch Restriktionen aus dem anderen hervorgeht (Geiser, 2011). Das TAM-Paket bietet die direkte Möglichkeit zum
Modellvergleich, indem die Devianzen mithilfe eines χ^2-Tests verglichen und die
Differenz auf Signifikanz geprüft wird. Wird der beschriebene χ^2-Test signifikant,
so passt das allgemeinere Modell besser zu den beobachteten Antworten als das
restringierte (J. Rost, 2004).

---

[8] Zur Beschreibung der genauen Berechnung siehe etwa Bond und Fox (2007).

Weiterhin kann mithilfe des Befehls *IRT.compareModels* eine Übersicht zu den jeweiligen Informationskriterien (Bühner, 2011) erstellt werden, die in der ausgegebenen Tabelle schnell verglichen werden können (Robitzsch et al., 2021). Diese beziehen ebenfalls die Devianz mit ein, berücksichtigen jedoch auch Stichprobengröße, sowie Anzahl der geschätzten Parameter. Ausgegeben werden unter anderem das Informationskriterium nach Akaike (1974), kurz AIC, das Ba3ssche Informationskriterium, kurz BIC, (Schwarz, 1978), sowie CAIC als consistent Akaike Information Criterion (Bozdogan, 1987)[9]. Bei allen Kriterien stehen kleinere Werte für eine bessere Modellpassung, die jedoch auch nur vergleichend und nicht absolut heranzuziehen sind (J. Rost, 2004). Sollten die Werte der Informationskriterien zweier Modelle in Bezug auf die drei angegebenen Methoden unterschiedlich ausfallen, so ist das AIC zu bevorzugen (Anderson et al., 1998). Darüber hinaus müssen stets theoretische Überlegungen mit starker Gewichtung in die Entscheidung für oder gegen ein Modell einbezogen werden (Bühner, 2011).

Im Gegensatz zu Modellvergleichen besteht außerdem die Möglichkeit, die Gültigkeit eines Modells zu prüfen. Dabei basiert die Grundidee auf einer Teilung der Stichprobe, sodass mit den entstandenen Teilstichproben – kriterial oder zufällig gebildet – erneut die Schätzungen durchgeführt werden können. Das Modell gilt, wenn die erneuten Schätzungen nicht zu stark voneinander abweichen.

Dabei ist es möglich einen grafischen Modelltest durchzuführen, bei dem die neu geschätzten Itemparameter dann als bivariates Tupel in einem Streudiagramm aufgetragen werden, sodass Abweichungen visuell erkannt werden können (Strobl, 2012). Liegen die Punkte mit nur geringen Abweichungen auf der Winkelhalbierenden im ersten oder dritten Quadranten, so ist das Kriterium der Rasch-Homogenität erfüllt. Hierbei besteht jedoch der Nachteil, dass immer nur neu geschätzte Itemparameter zweier Teilstichproben miteinander verglichen werden können. Ergänzend hierzu kann ein Likelihood-Ratio-Test (kurz LR-Test) durchgeführt werden, welcher die globale Passung eines Modells zu den beobachteten Antworten mittels einer inferenzstatistischen Herangehensweise prüft (Andersen, 1973). Dabei lässt sich ein nicht-signifikantes Ergebnis als Modellkonformität interpretieren, da dies der Nullhypothese in dem Test entspricht (J. Rost, 2004). Wess (2020) stellt außerdem den Wald-Test, welcher ebenfalls ein globaler Modellgeltungstest ist, als geeignet heraus, da dieser „die geschätzten Schwierigkeitsparameter aus den betrachteten, anhand des Medians der Personenparameter gebildeten Teilstichproben für jedes einzelne Item direkt miteinander" vergleicht (Wess, 2020, S. 188). Aufgrund der Orientierung an den bisher durchgeführten Analysen zum Testinstrument zur Erfassung der Modellierungsteilkompetenzen auf der einen Seite, und der bisher

---

[9] Die jeweiligen Berechnungen und Herleitungen sind den einzelnen Beiträgen zu entnehmen.

noch nicht vorhandenen Implementation dieser Modelltests für mehrdimensionale Modelle in R auf der anderen Seite, wird von einer zusätzlichen Durchführung des Andersen- oder Wald-Tests in der vorliegenden Arbeit jedoch abgesehen.

8.4.3.5 Skalierung der Daten

In der vorliegenden Studie wurden Daten zu zwei Testzeitpunkten gesammelt. Diese sollen nun mithilfe eines Rasch-Modells bestmöglich abgebildet werden. Zunächst lassen sich dafür natürlich die Daten aus den beiden eingesetzten Erhebungsinstrumenten trennen. Die Prüfung der Gültigkeit eines Rasch-Modells erfolgt jedoch für beide Datensätze auf die gleiche Weise. Wie zuvor erläutert, werden zunächst die Itemparameter geschätzt. Um hierbei eine möglichst große Anzahl an Antworten einzubeziehen, dabei beide Messzeitpunkte in äquivalentem Maße einfließen zu lassen und schlussfolgernd die Kalibrierung valider zu gestalten, wird mit virtuellen Personen gearbeitet (vgl. Abbildung 8.20) (Wright, 2003). Diese Methode wird auch *Concurrent Calibration* genannt und hat sich als wertvoll herausgestellt, da Itemschwierigkeiten aus zwei verschiedenen Messzeitpunkten durch das gemeinsame Schätzen der Itemparameter verglichen werden können (Hartig und Kühnbach, 2006; Klinger, 2018; Wess, 2020). Das geht mit einer Umstrukturierung der Datenmatrix einher, sodass die Antworten der verschiedenen Messzeitpunkte einer Person untereinander und dementsprechend wie die Antworten zweier unabhängiger Personen betrachtet werden. Aus diesem Grund wird auch von der Analyse virtueller Personen gesprochen. Es ist offenkundig, dass mit dieser Methode auch der Vorteil einhergeht, die Stichprobe deutlich zu vergrößern und somit ein adäquateres Modell zu finden (Hanson und Béguin, 2002).

Aufbauend auf den so umstrukturierten Daten muss vor der eigentlichen Schätzung der Itemparameter die Modellstruktur festgelegt werden. In Bezug auf das Testinstrument zur Erhebung von Modellierungsteilkompetenzen soll die vorliegende Studie zur Replikation der Ergebnisse hinsichtlich der gefundenen Kompetenzstruktur dienen. Daher werden ein eindimensionales und ein vierdimensionales Modell miteinander verglichen, wobei das eindimensionale Modell eine übergreifende Modellierungskompetenz und das vierdimensionale Modell die vier Teilkompetenzen *Vereinfachen, Mathematisieren, Interpretieren*, sowie *Validieren* beschreibt (vgl. Abbildung 8.21). Wie in Kapitel 7 beschrieben, wird so die Hypothese überprüft, dass erneut das vierdimensionale Modell das adäquatere ist.

Hinsichtlich der Struktur metakognitiven Wissens über mathematisches Modellieren lassen sich theoretisch zwei Modelle herleiten. Hierbei sollte zunächst ein eindimensionales Modell herangezogen werden, welches das Konstrukt ganzheitlich beschreiben könnte. Darüber hinaus ist jedoch auch die von Flavell (1979) vorgenommene theoretische Unterteilung in die Aufgaben- und Strategievariablen zu

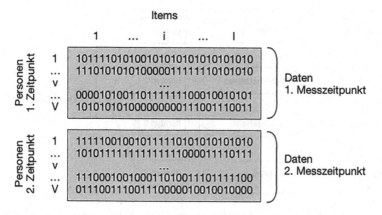

Abbildung 8.20 Schätzung der Itemparameter mit virtuellen Personen (nach Hartig und Kühnbach, 2006, S. 34)

prüfen. Hieraus resultiert ein zu prüfendes zweidimensionales Modell (vgl. Abbildung 8.22).

Mehrdimensionale Modelle werden mithilfe des TAM-Pakets geschätzt. Dabei wird eine Quasi-Monte-Carlo-Approximation mit 2000 Knoten gewählt. Diese weist im Vergleich zu der Monte-Carlo-Approximation, wie sie beispielsweise bei Hankeln (2019) oder Wess (2020) verwendet wurde, deutlich bessere Konvergenzeigenschaften auf, sodass auch die Anzahl der Knoten nicht so hoch gewählt werden muss (Caflisch, 1998; Robitzsch et al., 2021).

Nachdem für beide Testinstrumente auf Basis der im vorherigen Abschnitt 8.4.3.4 das jeweils adäquatere Modell ausgewählt wurde, können zunächst noch die ebenfalls beschriebenen Modellgeltungstests, sowie ein Differential Item Functioning durchgeführt werden. Die hierzu benötigten Personenfähigkeitsparameter werden geschätzt, indem nun die Datenmatrix erneut umstrukturiert wird, sodass die Antworten einer Person wieder in einer Zeile stehen. Allerdings werden darüber hinaus alle im Prä- und beziehungsweise oder Posttest bearbeiteten Items in der Matrix aufgenommen und durch eine Markierung des Erhebungszeitpunkts als unterschiedliche Items interpretiert, auch wenn sie keine Funktion als Ankeritem hatten und dementsprechend eigentlich nur einmal von einem Probanden oder einer Probandin bearbeitet wurden. Aus diesem Grund wird dieser Ansatz auch als Verwendung virtueller Items bezeichnet. Die beiden Messzeitpunkte werden als latente

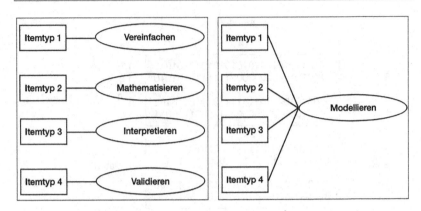

Abbildung 8.21 Überprüfte Modellstrukturen der Modellierungskompetenz (nach Hankeln, 2019, S. 200)

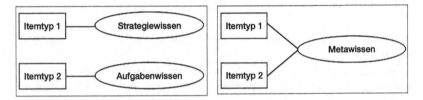

Abbildung 8.22 Überprüfte Modellstrukturen des metakognitiven Wissens über mathematisches Modellieren

Dimensionen angenommen, wie in Abbildung 8.23 dargestellt ist. Bei der Schätzung der Personenparameter werden jedoch die zuvor auf Basis des Ansatzes virtueller Personen bestimmten Itemparameter festgehalten. Auf diese Weise wird die zuvor noch bestehende Abhängigkeit der Personenparameter aufgehoben (Robitzsch, 2010) und gleichzeitig die Unabhängigkeit der Itemparameter durch die vorherige Methode sichergestellt.

Die erhaltenen Personenfähigkeitsparameter (WLEs) wurden exportiert, sodass sie zur Weiterverarbeitung, welche ebenfalls mit R erfolgte, dauerhaft zur Verfügung standen.

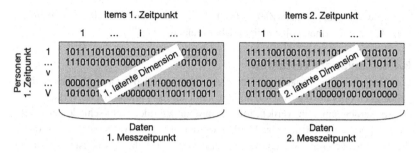

Abbildung 8.23 Schätzung der Personenparameter mit virtuellen Items (nach Hartig und Kühnbach, 2006, S. 35)

8.4.4 Verfahren der Klassischen Testtheorie

Das Ziel der in diesem Unterkapitel ausgewählten inferenzstatistischen Methoden ist die Überprüfung von Hypothesen (Eid et al., 2017). Solche Hypothesen können mit Methoden der Klassischen Testtheorie evaluiert werden. So zeigt sich auch, dass die beiden testtheoretischen Ansätze keine Gegenspieler sind, sondern ergänzend angesehen werden sollten. Auf Basis der wie in den vorherigen Abschnitten beschrieben ermittelten Personenparameter als Ausprägungen der Fähigkeiten in den Modellierungskompetenzen sowie im metakognitiven Wissen über mathematisches Modellieren sollen die weiteren Analysen zur Beantwortung der Forschungsfragen im Fragenkomplex II, III und IV dienen. Hierbei stehen verschiedene Ziele im Vordergrund. Zum einen sollen Zusammenhänge der beiden latenten Konstrukte herausgearbeitet werden. Darüber hinaus ist es außerdem von Interesse, die Auswirkungen der Intervention als Veränderung der Personenfähigkeiten zu den zwei gemessenen Zeitpunkten, auch unter Berücksichtigung der Gruppenzugehörigkeit, zu evaluieren. Zuletzt sind erneut Zusammenhänge weiterer aus den Prozessdaten extrahierter Variablen mit den Kompetenzentwicklungen zu betrachten.

Zusammenfassend lässt sich also folgern, dass sowohl Analysen hinsichtlich der Andersartigkeit, also Veränderungen über Zeit oder durch die Gruppenzugehörigkeit, durchzuführen, als auch andere Zusammenhänge verschiedener Konstrukte zu evaluieren sind. Dafür sind auch differente statistische Auswertungen notwendig, welche im Nachfolgenden ausgewählt und kurz erläutert werden. Hierbei ist anzumerken, dass die Erläuterungen stets dem Ziel dienen, die Interpretation der Ergebnisse nachvollziehen zu können. Wie auch im Abschnitt zur Item Response

Theory wird dabei nicht das Ziel verfolgt, die statistischen Methoden mathematisch herzuleiten oder einen vollständigen Überblick zu geben[10].

8.4.4.1 Bivariate Verfahren

Liegt lediglich eine Variable zur Unterscheidung vor (also etwa die der Gruppenzugehörigkeit oder die des Testzeitpunkts), kann auf das parametrische Verfahren des t-Tests zurückgegriffen werden, um Veränderungen oder Unterschiede der geteilten Gruppen zu identifizieren. Hierbei werden die Mittelwerte der beiden durch die Variable geteilten Wertegruppen betrachtet. Wird das Teilungskriterium der Gruppenzugehörigkeit gewählt, so liegen unabhängige Stichproben vor; wird hingegen das Teilungskriterium des Testzeitpunktes zugrunde gelegt, so sind die beiden Stichproben abhängig (Bühner und Ziegler, 2017). Darüber hinaus müssen vor der Anwendung von t-Tests einige Voraussetzungen geprüft werden. Zunächst sollten die Personenparameter der jeweiligen Stichproben normalverteilt sein, was nur möglich ist, wenn die Messwerte intervallskaliert sind, sodass auch die Intervallskalierung eine Voraussetzung ist. Nur dann darf auch erst der Mittelwert gebildet werden (Bühner und Ziegler, 2017; Eid et al., 2017). Hinsichtlich der Normalverteilung konnten jedoch verschiedene Studien die Robustheit des t-Tests bei Verletzung dieser Voraussetzung zeigen (D. Rasch und Guiard, 2004; Wilcox, 2012). Daher folgern Kubinger et al. (2009), dass eine Prüfung auf Normalverteilung bei einer Stichprobengröße von über 30 nicht notwendig ist. Für die vorliegende Arbeit wird das Signifikanzniveau von $\alpha = 5\%$ festgelegt, da die Folgen einer Fehlentscheidung und des Begehens eines Fehlers erster Art nicht als gravierend anzusehen sind (Bortz und Schuster, 2010). Ist dieses unterschritten und dementsprechend der t-Test signifikant, so wird die Nullhypothese zugunsten der Alternativhypothese abgelehnt und es kann von einem systematischen Effekt ausgegangen werden (Bortz und Schuster, 2010; R. A. Fisher, 1935; Popper, 2005). Werden mehrere t-Tests durchgeführt, sollte stets überprüft werden, ob der α-Fehler bzw. Fehler 1. Art potenziert wurde. Dies ist der Fall, wenn eigentlich mehrere Variablen durch eine Verkettung von t-Tests überprüft werden. Ist dies der Fall, so sollte auf eine Varianzanalyse (ANOVA) zurückgegriffen werden, da hierbei die Potenzierung des α-Fehlers berücksichtigt wird oder alternativ eine Bonferroni-Korrektur durchgeführt werden, welche der Potenzierung des α-Fehlers entgegenwirkt.

Bei der Prüfung von Mittelwertsunterschieden ist methodisch außerdem relevant, ob eine gerichtete oder ungerichtete Alternativhypothese formuliert wird. Um die Veränderung zwischen zwei Messzeitpunkten zu prüfen, lässt sich die Nullhy-

---

[10] Für einen umfassenden Überblick siehe etwa Bortz und Schuster (2010), Bühner und Ziegler (2017) oder Eid et al. (2017).

pothese formulieren, dass die Mittelwerte der Personenfähigkeitsparameter zu den beiden Messzeitpunkten nicht signifikant verschieden sind.

Wird der t-Test nicht signifikant, so ist dies „kein Beleg dafür, dass die Nullhypothese richtig ist." (Bortz und Schuster, 2010, S. 106). Hierbei muss auch stets der Fehler 2. Art (β) berücksichtigt werden, welcher auch als Komplementärwahrscheinlichkeit zur Power oder Teststärke (also $1 - \beta$) angegeben bzw. ermittelt werden kann. Insgesamt ist β also die Wahrscheinlichkeit, sich fälschlicherweise gegen die Alternativhypothese zu entscheiden. Angestrebt wird also ein möglichst kleines β bzw. eine Teststärke nahe 1.

Tritt ein signifikantes Ergebnis ein, so ist auch die Effektstärke von großem Interesse. Diese kann mit *Cohens* δ angegebenen werden (Cohen, 1962). Für Zweistichprobentests lauten die Konventionen nach Cohen (1988) hierfür:

- ab $|\delta| \approx 0.20$: kleiner Effekt
- ab $|\delta| \approx 0.50$: mittlerer Effekt
- ab $|\delta| \approx 0.80$: großer Effekt

In der vorliegenden Arbeit werden lediglich t-Tests für abhängige Stichproben und intervallskalierte Daten verwendet, da sie herangezogen werden, um die Kompetenzentwicklung für die gesamte Stichprobe, für die Interventionsgruppe, sowie für die Kontrollgruppe – unabhängig voneinander – zu den beiden Testzeitpunkten zu evaluieren. Für weitere Analysen zum Zusammenhang von Gruppeneffekten oder weiteren Variablen werden multivariate Verfahren eingesetzt, welche im nachfolgenden Abschnitt erläutert und ausgewählt werden.

8.4.4.2 Multivariate Verfahren

Zur Beantwortung von Forschungsfragen in den Komplexen II, III und IV ist es notwendig, mehrere Variablen und deren Auswirkungen auf eine oder Zusammenhänge mit einer Variable aus den verschiedenen Dimensionen der Personenparameter im Posttest zu betrachten. Daher genügen die im vorherigen Abschnitt beschriebenen bivariaten Verfahren nicht mehr, sondern es sollten multivariate Verfahren angewendet werden. Hierbei steht nicht die Struktur der Daten im Vordergrund, sodass keine Faktoren- oder Clusteranalysen durchgeführt werden müssen. Stattdessen geht es darum, die Ausprägungen der Personenparameter im Posttest mithilfe mehrerer Variablen zu erklären. Zunächst einmal sollen die Analysen lediglich die beiden Variablen Personenfähigkeiten im Prätest und Gruppenzugehörigkeit als unabhängige Variablen inkludieren. Vor allem der explorativ gewählte Zugang für den letzten

Fragenkomplex erfordert dann jedoch eine sukzessive Erweiterung dieses Modells um weitere aus den Prozessdaten gewonnene Variablen.

Für die beschriebenen Ziele ist es möglich, multiple lineare Regressionen oder auch Varianzanalysen, also zusammengefasst das Allgemeine Lineare Modell (ALM), zu verwenden (Andres, 1996).

Alle Verfahren, die auf dem ALM beruhen, nehmen einen linearen Zusammenhang an. Die zweite Modellannahme schließt die Fehlerterme ein, welche das Kriterium der Varianzhomogenität erfüllen sollen (Andres, 1996; Fahrmeir et al., 2009).

Die eine Möglichkeit der Spezialisierung des ALMs ist die Varianzanalyse. Hierbei ist die Grundidee, die Mittelwerte von mehr als zwei Wertereihen zu analysieren, die sich durch die Zuordnung zu mehr als zwei Gruppen, mehr als zwei Testzeitpunkten oder die Kombination aus einer Gruppen- und Testzeitpunktvariablen identifizieren lassen, zu vergleichen. Dabei ist das Ziel, die α-Fehlerinflation, wie sie bereits im vorherigen Abschnitt beschrieben wurde, zu vermeiden, indem ein Globaltest durchgeführt wird, der anzeigt, dass sich mindestens zwei Mittelwerte unterscheiden. Eine wichtige Voraussetzung für Varianzanalysen ist jedoch die vollständige Unabhängigkeit der Daten. Diese kann bereits verletzt werden, wenn sogenannte *nested designs* verwendet werden. Das bedeutet, dass zum Beispiel die Antworten ganzer – oder wie in der vorliegenden Studie auch halber – Klassen in einer Wertereihe enthalten sind (Bortz und Schuster, 2010; Fahrmeir et al., 2009). Solchen eventuellen Abhängigkeiten gegenüber gelten varianzanalytische Verfahren als wenig robust. Aus diesem Grund erscheint die Varianzanalyse zur Beantwortung der in den Komplexen II bis IV formulierten Forschungsfragen als wenig geeignet.

Die andere bereits benannte Alternative ist die Verwendung der sehr flexiblen und für eine Vielzahl von Voraussetzungen einsetzbaren linearen Regressionsanalysen[11]. Hierbei liegt das Ziel darin, den Einfluss verschieden parametrisierter Variablen (z. B. nominal, intervallskaliert oder metrisch; auch unabhängige Variable oder kurz UV) auf die Ausprägungen einer Zielvariablen (auch abhängige Variable oder kurz AV) zu erklären (Bortz und Schuster, 2010; Fahrmeir et al., 2009; Fahrmeir et al., 2013). Mithilfe der Kleinste-Quadrate-Methode werden die sogenannten Regressionskoeffizienten, also Vorfaktoren der einzelnen Variablen, geschätzt.

Die Vorfaktoren werden auch als Regressionsgewichte bezeichnet. Sie sollten für jede Regression sowohl auf Basis der vorliegenden tatsächlichen Wertereihen als auch auf Basis der z-transformierten Wertereihen bestimmt werden. Letzteres dient der optimierten Vergleichbarkeit mit anderen Regressionsanalysen. Die

---

[11] Es existieren auch weitere Regressionsmodelle, die nicht auf Linearität, sondern beispielsweise auf einem logistischen Zusammenhang basieren. Diese sind in der vorliegenden Arbeit jedoch nicht notwendig, da die Zielvariable metrisch ist (Bortz und Schuster, 2010; Fahrmeir et al., 2009).

Regressionsgewichte können im Allgemeinen als bedingte Regressionsanalyse mit der Voraussetzung, dass alle anderen UVs konstant gehalten werden, interpretiert werden (Eid et al., 2017). Anders formuliert drückt das Regressionsgewicht einer UV aus, wie viele Einheiten – bzw. bei standardisierten Werten wie viele Standardabweichungseinheiten – der Veränderung bei der AV zu erwarten sind, wenn die UV um eine (Standardabweichungs-)Einheit verändert wird.

Um die Güte der linearen Modellpassung anzugeben, sollte der sogenannte Determinationskoeffizient R^2 bei Regressionsanalysen betrachtet werden. Die Wurzel aus dem Determinationskoeffizient wird auch als multiple Korrelation bezeichnet, da er als die Korrelation der AV und der mithilfe der durch die lineare Regression bestimmten Regressionsgewichte vorhergesagten Ausprägungen des Zielkriteriums ermittelt wird. Da R^2 jedoch häufig zu hoch ausfällt, sollte auch das sogenannte *adjustierte* R^2 ermittelt werden, in dem auch die quadrierten Schätzfehler eingehen (Bortz und Schuster, 2010).

Die Analyse eines Datensatzes mithilfe von Regressionsmodellen geht mit einigen Voraussetzungen einher (vgl. etwa Bortz und Schuster, 2010 oder Bühner und Ziegler, 2017). Zunächst wird selbstverständlich angenommen, dass der Zusammenhang überhaupt durch eine lineare Gleichung dargestellt werden kann. Darüber hinaus sollte Homoskedastizität vorliegen.

Eine Überprüfung kann mit dem im Paket *lmtest* (Zeileis und Hothorn, 2002) integrierten Breusch-Pagan-Test (Breusch und Pagan, 1979) durchgeführt werden, welcher die Nullhypothese der Homoskedastizität zugrunde legt. Ein Verwerfen dieser und demnach eine Annahme der Alternativhypothese zur Heteroskedastizität erfolgt entsprechend bei einem Signifikanzniveau $p < 0.05$ (vgl. etwa Bühner und Ziegler, 2017).

Zur Überprüfung von Ausreißern in den standardisierten Fehlertermen nennen Jensen et al. (2009) außerdem *Cooks D*, wobei als Kriterium $\frac{4}{n-k-1}$ mit n als Stichprobengröße und k als Anzahl der Prädiktoren zur Einstufung solcher verwendet werden könne. Allerdings stellt Weisberg (2013) dar, dass lineare Regressionsmodelle robust genug sind und somit ein Ausschluss von Personen mit einem *Cooks D* kleiner 1 kaum Einfluss auf das Modell hat. Als dritte Annahme nennen Bortz und Schuster (2010) außerdem, dass die Residuen normalverteilt sein sollen. Hinsichtlich dieser Voraussetzung ist jedoch zu konstatieren, dass eine Verletzung zur Folge hat, dass die Standardfehler verzerrt, und damit die Signifikanztests fehlerbehaftet sein können. Auf die Regressionsgewichte hat dies jedoch keinen Einfluss (Bortz und Schuster, 2010; Urban und Mayerl, 2018). Eine große Stichprobe kann die Annahme dieser Voraussetzung erleichtern.

Darüber hinaus sollte beim Vorgehen darauf geachtet werden, dass stets die minimale Anzahl an UVs in das Modell integriert werden sollte, da es ansonsten zu einem sogenannten *Overfit* kommt (Eid et al., 2017).

Eine weitere wichtige Modelleigenschaft sollte sein, dass die UVs keine Kollinearitäten aufweisen (Bortz und Schuster, 2010). Das bedeutet, dass sie ebenfalls als Linearkombination durch die anderen UVs dargestellt werden können. Eine solche Gegebenheit wird auch als Multikollinearität bezeichnet. In der empirischen Bildungsforschung lässt sich dies kaum vollständig vermeiden. Dies ist vergleichbar zu einer Vielzahl an Studien aus der Sozialforschung (Urban und Mayerl, 2018). D. H. Rost (2013) und Zuckarelli (2017) geben ein Maximum von $r = 0.8$ als Korrelation an. Bowerman et al. (2015) geben sogar ein Maß von $r = 0.9$ als obere Grenze an, konstituieren jedoch zeitgleich, dass auch moderate Multikollinearität bereits problematisch sein kann.

Zur Interpretation von Regressionsmodellen sollten nicht nur die Regressionsgewichte hinzugezogen werden. Stattdessen ist auch die globale Testsignifikanz relevant. Diese legt die Nullhypothese zugrunde, dass alle Regressionsgewichte gleich 0 sind. Die Alternativhypothese lautet also, dass mindestens ein Regressionsgewicht ungleich 0 ist. Die Prüfgröße der Regressionsgewichte ist F-verteilt[12].

Zur konkreten Anwendung von Regressionen sollten also zunächst möglichst wenige UVs hinzugezogen werden, nachdem die Voraussetzungen überprüft und eventuelle Ausreißer eliminiert wurden. Sollte der Determinationsindex klein sein, bedeutet dies, dass das gewählte Modell noch keine große Varianzaufklärung mit sich bringt. Cohen (1988) gibt für R^2 die folgenden Werte an:

- ab $R^2 \approx 0.02$: kleiner Effekt
- ab $R^2 \approx 0.13$: mittlerer Effekt
- ab $R^2 \approx 0.26$: großer Effekt.

Darüber hinaus lassen sich die z-standardisierten Regressionsgewichte wie Korrelationskoeffizienten interpretieren (Peterson und Brown, 2005; Tresp, 2015). Daraus folgen nach Cohen (1988) diese Interpretationen:

- ab $|\delta| \approx 0.10$: kleiner Effekt
- ab $|\delta| \approx 0.30$: mittlerer Effekt
- ab $|\delta| \approx 0.50$: großer Effekt

---

[12] Auf eine Erläuterung dieses statistischen Grundprinzips soll an dieser Stelle nicht eingegangen werden. Eine Erläuterung wird beispielsweise durch Bühner und Ziegler (2017) gegeben.

Für jedes Modell sollte der globale Test hinsichtlich der Prüfgröße aller Regressionsgewichte, sowie die lokalen Tests hinsichtlich der Signifikanz einzelner Regressionsgewichte überprüft werden.

Am Ende der Analyse auf Basis von Regressionsmodellen wurden also verschiedene UVs in das Modell inkludiert. Somit sollten die Modelle verglichen werden, sodass eine Entscheidung für das am adäquatesten abbildende Modell getroffen werden kann (Bowerman et al., 2015). Zunächst muss hierbei das R^2 hinzugezogen werden. Dieses sollte möglichst groß sein, wobei es die Tendenz hat, zuzunehmen, sobald eine weitere UV in das Modell inkludiert wird. Daher ist auch der Standardfehler zu betrachten, welcher möglichst klein sein sollte. Eine Abnahme des Standardfehlers spiegelt sich auch im adjustierten Determinationskoeffizienten R^2_{adj} wider, welcher genau dann steigt (Bowerman et al., 2015).

Ergebnisse

9

9.1 Struktur der Modellierungskompetenz

Um einer Replikation der Ergebnisse hinsichtlich der Struktur der Modellierungskompetenz aus dem LIMo-Projekt nachzugehen, werden in diesem Kapitel ein eindimensionales und ein vierdimensionales Modell miteinander verglichen. Darüber
hinaus werden nach der Wahl des adäquateren Modells die einzelnen Itemkennwerte sowie einige Modellgeltungstests durchgeführt, um eine solide Basis für die
Zusammenhangs-, Veränderungs- und Unterschiedsanalysen auf Basis der ermittelten Personenfähigkeiten zu gewährleisten.

9.1.1 Modellvergleich

Zu untersuchen sind, wie in Abschnitt 8.4.3.5 beschrieben, zwei Modelle. Die Schätzung der Itemparameter mit dem Ansatz virtueller Personen liefert dabei die Ergebnisse, welche in Tabelle 9.1 dargestellt werden.

Es lässt sich konstituieren, dass die Likelihood des vierdimensionalen Modells
höher ist, da die Devianz dort geringer ist. Darüber hinaus wird auch der χ^2-Test
signifikant, was zeigt, dass der Unterschied der Devianzen von Bedeutung ist und
somit für eine bessere Passung des vierdimensionalen Modells spricht. Dies bestätigt
auch der niedrigere Ausfall des AIC, welches zu bevorzugen ist, wenn die Informationskriterien unterschiedlich ausfallen. Dass die übrigen beiden Maße anderweitig
ausfallen, ist auf die integrierte Straffunktion hinsichtlich der größeren Anzahl zu
schätzender Parameter zurückzuführen. Aus theoretischer und empirischer Sicht
kann daher – vor allem unter Berücksichtigung der genannten Werte, sowie unter
Bezugnahme der Ergebnisse aus dem LIMo-Projekt – die Entscheidung für das vier-

© Der/die Autor(en), exklusiv lizenziert an Springer Fachmedien Wiesbaden
GmbH, ein Teil von Springer Nature 2022
L. Frenken, *Mathematisches Modellieren in einer digitalen Lernumgebung*,
Studien zur theoretischen und empirischen Forschung in der
Mathematikdidaktik, https://doi.org/10.1007/978-3-658-37330-6_9

Tabelle 9.1 Kennwerte zum Modellvergleich des ein- und des vierdimensionalen Rasch-Modells zur Erklärung der Testleistungen im Bereich der Kompetenz zum mathematischen Modellieren

	Eindimensional	Vierdimensional
Finale Devianz	8884	8863
Anzahl der geschätzten Parameter	32	41
Anzahl Personen	506	506
Differenz (chi-quadrat-verteilt)	21.04 bei $df = 9$ und $p < 0.05$	
AIC	8948	8945
BIC	9084	9119
CAIC	9116	9160
UMNSQ	0.76 bis 1.22	0.77 bis 1.29
t-Werte	−3.33 bis 3.67	−2.87 bis 3.22
WMNSQ	0.85 bis 1.18	0.86 bis 1.18
t-Werte	−2.36 bis 3.06	−1.91 bis 2.45

dimensionale Modell getroffen werden. Auf diese Weise lassen sich auch Aussagen über die einzelnen Teilkompetenzen treffen.

In Tabelle 9.1 werden außerdem noch die Werte des Outfits und Infits (oder auch UMNSQ bzw. WMNSQ) sowie die zugehörigen t-Werte aufgeführt. Bei den Infit-Werten lassen sich in beiden Modellen keinerlei Auffälligkeiten beschreiben, da sie zwischen 0.8 und 1.2 liegen (vgl. auch Abbildung 9.1). Einige der t-Werte werden signifikant, was jedoch bei passenden Infit-Werten zu vernachlässigen ist. Die Größe des Intervalls der t-Werte beim eindimensionalen Modell fällt jedoch deutlich größer aus. Hinsichtlich der nicht-gewichteten Outfit-Werte lassen sich diese zwar nicht mehr alle in dem strengen Intervall für High-Stake-Erhebungen nach Bond und Fox (2007) einordnen; sie genügen jedoch noch dem Kriterium nach Wright und Linacre (1994). Die zum Teil signifikanten t-Werte sind demnach auch hier zu vernachlässigen (M. Wilson, 2005).

In dem vierdimensionalen Modell sind außerdem die Korrelationen der einzelnen Dimensionen interessant, welche in Tabelle 9.2 abgebildet sind. Der Tabelle kann entnommen werden, dass die Korrelationen zum Teil recht hoch sind. Korrelationen der Varianzen der einzelnen Dimensionen über 0.9 sprechen laut Bond und Fox (2007) eigentlich gegen die Verwendung des mehrdimensionalen und stattdessen für die Annahme des eindimensionalen Modells. Dennoch sprechen die übrigen berichteten Modellkennwerte für die Verwendung des vierdimensionalen Modells.

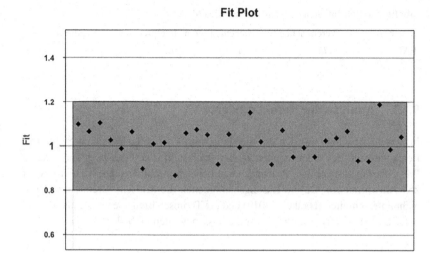

Abbildung 9.1 Darstellung des Infits der einzelnen Items im vierdimensionalen Modell mit einem Intervall zwischen 0.8 und 1.2

Tabelle 9.2 Korrelationen der vier Dimensionen

	Vereinfachen	Mathematisieren	Interpretieren	Validieren
Vereinfachen	1	0.92**	0.96**	0.92**
Mathematisieren		1	0.88**	0.97**
Interpretieren			1	0.88**
Validieren				1

**. Die Korrelation ist auf dem Niveau von .01 (2-seitig) signifikant.

Darüber hinaus muss – wie bereits erwähnt – die bisherige empirische und theoretische Grundlage berücksichtigt werden.

Unter Einbezug der Reliabilitäten (vgl. Tabelle 9.3), welche vergleichbar zu oder besser als jene aus dem LIMo-Projekt ausfallen (Hankeln, 2019), lässt sich schlussendlich das vierdimensionale Modell als das adäquatere Modell auswählen. Auf Basis der mit dem Ansatz virtueller Personen ermittelten Itemschwierigkeitsparameter lassen sich nun also die Personenparameter schätzen.

Tabelle 9.3 Reliabilitäten des vierdimensionalen Modells

Reliabilität	Vereinfachen	Mathematisieren	Interpretieren	Validieren
EAP	0.75	0.74	0.74	0.74

9.1.2   Analyse der Itemkennwerte

In diesem Abschnitt werden die mit dem Ansatz virtueller Personen ermittelten Itemkennwerte der einbezogenen Items[1] dargestellt. Da jedes Item entweder in Prä- oder Posttest von den Probanden bearbeitet wurde, liegen pro Item insgesamt 253 Antworten vor. Da die Lösungshäufigkeiten die kritische Grenze von 10 % nicht unterschreiten (Hankeln, 2019) und die Trennschärfen alle größer als 0.2 sind (OECD, 2012), muss kein Item ausgeschlossen werden (Tabelle 9.4).

Tabelle 9.4 Itemkennwerte im vierdimensionalen Rasch-Modell der Modellierungskompetenzen (aus der Skalierung mit virtuellen Personen)

Item	Messzeitpunkt	N	Lösungshäufigkeit	Trennschärfe
Schokolade	1 / 2	253	33.20 %	0.54
Leuchtturm	1 / 2	253	17.78 %	0.52
Schild	1 / 2	253	33.20 %	0.60
Futter	1 / 2	253	42.29 %	0.62
Fliesen	1 / 2	253	44.26 %	0.57
Horizont	1 / 2	253	16.20 %	0.54
Mensa	1 / 2	253	48.22 %	0.62
Piraten	1 / 2	253	47.03 %	0.69
Mallorca	1 / 2	253	23.32 %	0.54
Strohballen	1 / 2	253	32.80 %	0.56
Mensabesuch	1 / 2	253	62.45 %	0.72
Kanal	1 / 2	253	47.82 %	0.70
Filialen	1 / 2	253	22.13 %	0.63
Fernseher	1 / 2	253	31.62 %	0.63
Kornkreis	1 / 2	253	39.13 %	0.66

(Fortsetzung)

---

[1] Ein Item in der Dimension *Validieren* musste aufgrund von technischen Darstellungsproblemen während der Erhebungen im Voraus ausgeschlossen werden.

Tabelle 9.4 (Fortsetzung)

Item	Messzeitpunkt	N	Lösungshäufigkeit	Trennschärfe
Sonnensegel	1 / 2	253	13.83 %	0.42
Beet	1 / 2	253	15.01 %	0.45
Kaninchen	1 / 2	253	67.19 %	0.65
Leiter	1 / 2	253	36.36 %	0.62
Menhir	1 / 2	253	34.38 %	0.66
Topf	1 / 2	253	64.82 %	0.70
Dresden	1 / 2	253	33.59 %	0.68
Zuordnen	1 / 2	253	56.12 %	0.63
Trinkglas	1 / 2	253	30.83 %	0.65
Schulweg	1 / 2	253	59.68 %	0.65
Hund	1 / 2	253	61.66 %	0.63
Unterlage	1 / 2	253	29.64 %	0.59
Autolack	1 / 2	253	56.91 %	0.66
Stadion	1 / 2	253	49.40 %	0.56
Verkehrsschild	1 / 2	253	26.87 %	0.68
Pizza	1 / 2	253	46.24 %	0.63

9.1.3 Differential Item Functioning

Um die Geltung des Modells zu prüfen, bietet sich die Methode des Differential Item Functioning an, bei dem die Stichprobe zufällig oder kriteriengeleitet in zwei Gruppen unterteilt wird. Im Anschluss wird das Modell mit den beiden gebildeten Teilstichproben erneut geschätzt und dann wird überprüft, inwieweit die Itemschwierigkeitsparameter eines Items einander entsprechen. Im Rahmen dieser Studie wurden zwei Unterteilungen der Stichprobe vorgenommen. Zum einen wurde nach der Zugehörigkeit zur Experimental- oder Vergleichsgruppe differenziert und zum anderen wurde das Geschlecht als Kriterium verwendet.

In Abbildung 9.2 ist die Unterteilung nach Gruppenzugehörigkeit dargestellt. In der Experimentalgruppe dienten also die Antwortmuster derjenigen, die das Treatment und somit zusätzliches metakognitives Wissen über mathematisches Modellieren erfahren haben, als Basis zur Schätzung der eingetragenen Itemschwierigkeitsparameter. In der Vergleichsgruppe lagen dafür die Antwortmuster der Schülerinnen und Schüler zugrunde, die keine zusätzlichen Informationen bei der Bearbeitung der Modellierungsaufgaben innerhalb der digitalen Lernumgebung erhielten. Der

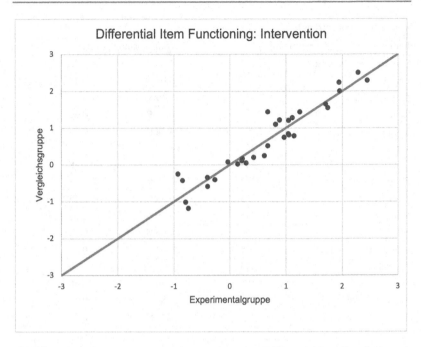

Abbildung 9.2 Grafischer Modelltest zur Prüfung eines Differential Item Functioning mit dem Teilungskriterium der Gruppenzugehörigkeit in der Intervention

Abbildung ist zu entnehmen, dass die Differenzen der geschätzen Itemschwierigkeitsparameter bei keinem Item die kritische Grenze von einem Logit (Pohl und Carstensen, 2012) überschreiten. Demnach lässt sich folgern, dass das Testinstrument keine Ungleichbehandlung der beiden Versuchsgruppen vornimmt.

In Abbildung 9.3 sind die geschätzten Itemschwierigkeitsparameter nach Unterteilung der Gesamtstichprobe in Abhängigkeit des angegebenen Geschlechts dargestellt. Hierbei fällt auf, dass bei drei Items die 1-Logit-Grenze (Pohl und Carstensen, 2012) der Differenzen der Itemschwierigkeiten überschritten wird. Es handelt sich um die Items *Mallorca*, *Autolack*, sowie *Kornkreis*. Bei allen drei Items fällt der Schwierigkeitsparameter für weibliche Testteilnehmende geringer aus als für männliche. Hieraus lässt sich folgern, dass eine geschlechtsabhängige Betrachtung der Kompetenzentwicklung nur bedingt aussagekräftig ist. Die drei Items werden dennoch nicht ausgeschlossen, da das Differential Item Functioning bei der fokussierten Kompetenzentwicklung in den beiden verschiedenen Interventionsgruppen nicht vorliegt. Darüber hinaus konnte Hankeln (2019) ein solches Differential Item

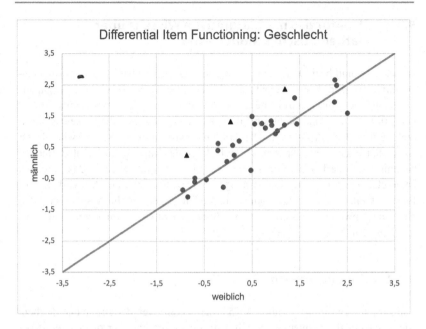

Abbildung 9.3 Grafischer Modelltest zur Prüfung eines Differential Item Functioning mit dem Teilungskriterium des angegebenen Geschlechts. [▲ Die Differenz der Itemschwierigkeitsparameter ist größer als 1 Logit.]

Functioning in einer deutlich größer angelegten Stichprobe bei der Evaluation des Testinstruments nicht finden.

Resultat: Die globalen Ergebnisse der Skalierung des Testinstruments zu Teilkompetenzen des mathematischen Modellierens nach Beckschulte (2019) sowie Hankeln (2019) ließen sich replizieren. Lediglich die Ergebnisse zum Differential Item Functioning bei drei Items stechen als negative Abweichungen hervor. Dahingegen sind die Reliabilitäten jedoch höher ausgefallen. Die Struktur der vier Teilkompetenzen wurde bestätigt. Das eingesetzte Messinstrument zum Erfassen von Modellierungsteilkompetenzen stellt für die vorliegende Studie ein adäquates Instrument dar und bildet das latente Konstrukt am adäquatesten vierdimensional ab.

9.2   Struktur des metakognitiven Wissens über mathematisches Modellieren

Dieser Abschnitt bezieht sich auf das zweite eingesetzte Testinstrument zum metakognitiven Wissen über mathematisches Modellieren. Dieses wurde in einem papierbasierten Format innerhalb einer Pilotierungsstudie des Projekts Modi erprobt (Frenken, 2021; Frenken und Greefrath, 2020). Dennoch soll die Skalierbarkeit an dieser
Stelle erneut überprüft werden. Darüber hinaus können so die Itemschwierigkeits-
sowie Personenfähigkeitsparameter auf Basis der vorliegenden Antwortmuster
bestimmt und die Dimensionalität des Konstrukts geprüft werden. Das Vorgehen
ist vergleichbar zu dem aus dem vorangegangenen Kapitel. Zunächst wird also auf
Basis virtueller Personen das adäquateste Modell ausgewählt. Im Anschluss werden
die Itemkennwerte analysiert und zur Prüfung der Modellgeltung wird analysiert,
inwiefern ein Differential Item Functioning vorliegt.

9.2.1   Modellvergleich

Zunächst sind, wie in Abschnitt 8.4.3.5 beschrieben, zwei Modelle zu untersuchen.
Die Schätzung der Itemparameter mit dem Ansatz virtueller Personen liefert dabei
die Ergebnisse, welche in Tabelle 9.5 dargestellt werden.

   Da die Devianzen sich nur geringfügig unterscheiden und dieser Unterschied
auch nicht signifikant ist, kann zunächst einmal die Annahme getroffen werden, dass
das einfachere, also eindimensionale Modell, zu bevorzugen ist. Dies kann durch
die Betrachtung der Informationskriterien unterstützt werden, welche beim eindimensionalen Modell jeweils geringer ausfallen. Im eindimensionalen Modell fallen
ebenfalls die Itemfit-Werte marginal besser aus. Einige davon befinden sich jedoch
knapp außerhalb des zu beachtenden Intervalls von [0.8; 1.2]. Auch die t-Werte
liefern zum Teil signifikante Abweichungen. Dementsprechend müssen einzelne
Items noch einmal hinsichtlich ihres Fits überprüft und eventuell ausgeschlossen
werden.

   Auf Basis des Infits (WMNSQ) wird lediglich ein Item auffällig (vgl. Abbildung
9.4). Hierbei handelt es sich um das Item *Ziel_Lesen_5*, in welchem drei Aussagen
zu Lesestrategien als wahr oder falsch bewertet werden mussten. Der Infit liegt hier
bei 1.21, wobei der zugehörige t-Wert jedoch 1.28 beträgt und dementsprechend
keinen signifikanten Unterschied herausstellt. Nach Wilson (2005) ist die Abweichung hier also zu vernachlässigen, weil Items nur aussortiert werden sollten, wenn
WMNSQ und t-Wert außerhalb der Bereiche von [0.8; 1.2] bzw. [−1, 96; 1, 96] liegen (vgl. Bond und Fox, 2007; Harks et al., 2014). Dem etwas weicheren Kriterium

Tabelle 9.5 Kennwerte zum Modellvergleich des ein- und des zweidimensionalen Rasch-Modells zur Erklärung der Testleistungen im Bereich des metakognitiven Wissens über mathematisches Modellieren

	Eindimensional	Zweidimensional
Finale Devianz	7262.718	7262.001
Anzahl der geschätzten Parameter	23	25
Anzahl Personen	506	506
Differenz (chi-quadrat-verteilt)	0.71 bei $df = 2$ und p > 0.05	
AIC	7308.71	7312.00
BIC	7405.92	7417.66
CAIC	7428.92	7442.66
UMNSQ	0.76 bis 1.85	0.77 bis 1.87
t-Werte	−4.73 bis 5.21	−4.67 bis 4.51
WMNSQ	0.81 bis 1.21	0.81 bis 1.22
t-Werte	−3.64 bis 1.94	−3.71 bis 2.15

nach Wright und Linacre (1994) genügen die Infit-Werte außerdem. Hinsichtlich der nicht-gewichteten Outfit-Werte (UMNSQ) fällt ebenfalls das bereits betrachtete Item *Ziel_Lesen_5* mit einem Outfit von 1.84 und einem zugehörigen t-Wert von 4.13 auf. Darüber hinaus ist jedoch auch noch das Item *Ziel_Plan_2* kritisch. Hierbei ist der Outfit bei 1.85 und der t-Wert bei 5.21. Hinsichtlich beider Items liegt also bei der nicht-gewichteten Betrachtung der quadratischen Abweichungen zwischen Antwortmustern und geschätzten Parametern eine deutlich zu gute Passung vor. Eine Abweichung in die entgegengesetzte Richtung wäre deutlich kritischer, dennoch sollten die beiden genannten Items in den nachfolgenden Analysen kritisch betrachtet werden. An dieser Stelle genügen die Abweichungen jedoch noch nicht, um die Items final zu eliminieren, da der gewichtete Infit vor dem ungewichteten Outfit zu bevorzugen ist (Bond und Fox, 2007) und dann sowohl Infit als auch der zugehörige t-Wert außerhalb der Intervalle liegen sollten (Wright und Linacre, 1994). Ansonsten sind theoretische Überlegungen, die bei der Erstellung der Items maßgeblich waren, zu bevorzugen. Im nachfolgenden Unterkapitel 9.2.2 werden die einzelnen Items jedoch hinsichtlich weiterer Kriterien analysiert, zunächst wird jedoch die Reliabilität angegeben und eingeordnet.

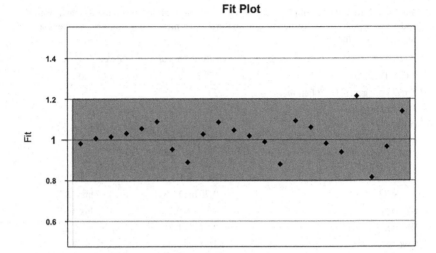

Abbildung 9.4 Darstellung des Infits der einzelnen Items im vierdimensionalen Modell mit einem Intervall zwischen 0.8 und 1.2

Die EAP/PV-Reliabilität beträgt in dem eindimensionalen Modell 0.78 und ist demnach zufriedenstellend.

9.2.2 Analyse der Itemkennwerte

Das Ziel des vorliegenden Abschnitts ist es, Kennwerte der klassischen Testtheorie zu verwenden, um die Items auch hinsichtlich dieser abzusichern oder zu eliminieren. Dabei werden wie auch in Abschnitt 9.1.2 die Modellparameter des Ansatzes virtueller Personen verwendet. In Abhängigkeit von der Itemfunktionalität als Ankeritem liegen entweder 506 oder alternativ 253 Antworten vor. Hinsichtlich der Trennschärfen werden erneut die beiden bereits betrachteten Items *Ziel_Lesen_5* und *Ziel_Plan_2* auffällig (vgl. OECD, 2012). Beide Items differenzieren nicht genügend zwischen den Probanden, da ihre Trennschärfen unter 0.2 liegen. Mit Hinblick auf die ebenfalls kritischen Fit-Werte werden nun also beide Items ausgeschlossen. Damit steigt bei erneuter Modellschätzung ohne die beiden Items die EAP/PV-Reliabilität auf 0.79. Die übrigen Items erreichen eine Trennschärfe über 0.2 und können daher weiter betrachtet werden.

Zuletzt sollten ebenfalls die Lösungshäufigkeiten betrachtet werden. Hierbei liegen die Items *Heißluftballon, Tanken* und *AW6* unter dem Ziel von 10 % (Hankeln, 2019) und waren dementsprechend sehr schwierig für die Teilnehmenden. Diese drei Items werden daher ebenfalls ausgeschlossen. Die Reliabilität des Testinstruments sinkt damit wieder marginal auf 0.78; die übrigen Fit-Werte bleiben wie angegeben und sind dementsprechend akzeptabel bis gut. Darüber hinaus ist aus inhaltlicher Perspektive zu konstituieren, dass trotz des Ausschlusses von fünf Items keine Problematiken hinsichtlich der Vollständigkeit getesteter Aspekte oder testtheoretischer Anforderungen entstehen (Tabelle 9.6).

Tabelle 9.6 Itemkennwerte im eindimensionalen Rasch-Modell zum metakognitiven Wissen über mathematisches Modellieren (aus der Skalierung mit virtuellen Personen). [▲ Aufgrund der Itemkennwerte ausgeschlossene Items]

Item	Messzeitpunkt	N	Lösungshäufigkeit	Trennschärfe
Feuerwehr	1 / 2	253	53.75 %	0.60
Riesenfuß	1 & 2	506	37.54 %	0.52
Heißluftballon ▲	1 & 2	506	8.10 %	0.28
Fachwerkhaus	1 / 2	253	15.01 %	0.34
Tanken ▲	1 & 2	506	6.32 %	0.20
Nagel	1 / 2	253	41.10 %	0.48
Zuckerhut	1 / 2	253	30.03 %	0.52
AW1	1 & 2	506	62.64 %	0.67
AW2	1 / 2	253	37.54 %	0.51
AW3	1 & 2	506	38.14 %	0.47
AW4	1 / 2	253	11.06 %	0.28
AW5	1 / 2	253	36.36 %	0.51
AW6 ▲	1 / 2	253	9.09 %	0.30
Ziel_Skizze_2	1 / 2	253	52.17 %	0.66
Ziel_Lösungsplan_1	1 / 2	253	24.11 %	0.39
Ziel_Lesen_3	1 / 2	253	14.62 %	0.33
Ziel_Skizze_3	1 / 2	253	45.45 %	0.56
Ziel_Lesen_4	1 / 2	253	41.89 %	0.58
Ziel_Lesen_5 ▲	1 / 2	253	9.09 %	0.11
Ziel_Analogie_1	1 & 2	506	64.22 %	0.71
Ziel_Kontrollieren_1	1 & 2	506	48.61 %	0.58
Ziel_Lösungsplan_2 ▲	1 & 2	506	8.30 %	0.16

9.2.3 Modellgeltungstests

Abschließend soll an dieser Stelle grafisch überprüft werden, inwiefern ein Differential Item Functioning unter bestimmten Teilungskriterien vorliegt. Im Gegensatz zum Abschnitt 9.1.3 wird hier jedoch nicht nach Interventionsgruppe geteilt, da die Versuchsgruppe aufgrund ihres Treatments per Design andere Voraussetzungen zur Bearbeitung des Posttests besitzen könnte und ein DIF nicht mehr aussagekräftig wäre. Entsprechend wird lediglich eine Teilung nach Geschlecht vorgenommen. Das Ergebnis ist Abbildung 9.5 zu entnehmen. Es ist erkennbar, dass ein Item, nämlich das Item AW4, für männliche Probanden schwieriger ausfiel. Aufgrund der Formulierungen innerhalb des Items können keine inhaltlichen Rückschlüsse darauf gezogen werden. Es besteht jedoch die Möglichkeit, dass aufgrund anderer, mit dem Geschlecht möglicherweise zusammenhängender Faktoren wie Motivation

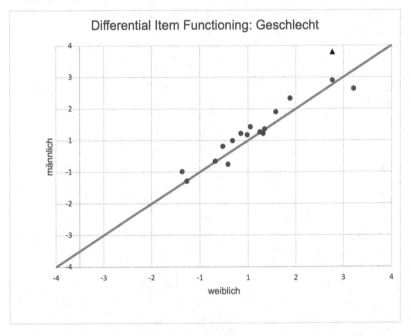

Abbildung 9.5 Grafischer Modelltest zur Prüfung eines Differential Item Functioning mit dem Teilungskriterium des angegebenen Geschlechts. [▲ Die Differenz der Itemschwierigkeitsparameter ist größer als 1 Logit.]

oder Selbstwirksamkeitserwartungen ein anderes Antwortverhalten zustande kam. Das Item muss entsprechend bei der Auswertung und Interpretation hinsichtlich des Geschlechts mit äußerster Vorsicht interpretiert werden. Es wird jedoch aufgrund der geringen Anzahl an Items zum Aufgabenwissen sowie wegen unproblematischer Ergebnisse hinsichtlich des Differential Item Functionings in der Pilotierung (Frenken, 2021) beibehalten.

Resultat: Das eingesetzte Messinstrument zum Erfassen metakognitiven Wissens über mathematisches Modellieren stellt für die vorliegende Studie ein adäquates Instrument dar und bildet das latente Konstrukt am adäquatesten eindimensional ab.

Demnach besteht auch die Möglichkeit, mit den Rohwerten weiterzuarbeiten, da durch die nachvollzogene Rasch-Skalierung auch das Verwenden dieser eine suffiziente Statistik darstellt. Die Verwendung der bereits geschätzten Personenparameter ist jedoch genauer und vergleichbarer, sodass im Nachfolgenden damit weitergearbeitet wird.

9.3 Zusammenhangsanalyse der Modellierungsteilkompetenzen und des metakognitiven Wissens über mathematisches Modellieren

Nachdem in den bisherigen Ergebnisdarstellungen die Modellierungsteilkompetenzen gesondert vom metakognitiven Wissen betrachtet wurden, ist es an dieser Stelle von Interesse, Zusammenhänge dieser beiden Kompetenzfacetten im Sinne einer holistischen Modellierungskompetenz zu ergründen (vgl. Kapitel 7, Forschungsfrage Ic). Diese können ebenfalls mithilfe eines Vergleichs von zwei Rasch-Modellen herausgearbeitet werden, indem – mit dem Ansatz virtueller Personen – ein eindimensionales Modell mit allen Items, sowohl zu Modellierungsteilkompetenzen als auch zum metakognitiven Wissen über mathematisches Modellieren, einem fünfdimensionalen Modell gegenübergestellt wird. Letzteres bildet die Erkenntnisse aus den beiden vorangegangenen Abschnitten ab, indem vier Dimensionen für die vier Teilkompetenzen, sowie eine Dimension für das metakognitive Wissen in das holistische Modell eingehen sollen. Die Parameter beider Modelle werden in Tabelle 9.7 dargestellt.

Tabelle 9.7 Kennwerte zum Modellvergleich des ein- und des fünfdimensionalen Rasch-Modells zur Erklärung der Testleistungen im Bereich der holistischen Modellierungskompetenz basierend auf vier Teilkompetenzen und dem metakognitiven Wissen über mathematisches Modellieren

	Eindimensional	Fünfdimensional
Finale Devianz	14907.83	14795.02
Anzahl der geschätzten Parameter	49	63
Anzahl Personen	506	506
Differenz (chi-quadrat-verteilt)	112.817 bei $df = 14$ und $p = 0$	
AIC	15005.83	14921.02
BIC	15212.94	15187.29
CAIC	15261.94	15250.29
UMNSQ	0.79 bis 1.37	0.79 bis 1.36
t-Werte	−4.04 bis 4.10	−3.45 bis 2.84
WMNSQ	0.87 bis 1.20	0.85 bis 1.20
t-Werte	−2.74 bis 3.02	−2.58 bis 2.80

Aus der Finalen Devianz lässt sich zunächst ableiten, dass das fünfdimensionale Modell die manifesten Antwortmuster im Sinne einer höheren Likelihood besser beschreibt. Der zugehörige Chi-Quadrat-Test zur Untersuchung der Differenzen der beiden Devianzen wird ebenfalls signifikant, sodass hier bereits eindeutige Indikatoren für das fünfdimensionale Modell bestehen. Darüber hinaus sind auch die Modellkennwerte AIC, BIC und CAIC beim fünfdimensionalen Modell im Vergleich zu denen des eindimensionalen Modells jeweils niedriger. Auch die Fit-Werte sind im Allgemeinen besser, sodass von einer empirischen Trennung der einzelnen Modellierungsteilkompetenzen und des metakognitiven Wissens über mathematisches Modellieren ausgegangen werden kann. Da die einzelnen Facetten der holistischen Modellierungskompetenz im Nachfolgenden einzeln und auf Basis der in den beiden vorherigen Abschnitten bestimmten Parameter betrachtet werden, soll an dieser Stelle auf eine detaillierte Diskussion der einzelnen Items verzichtet werden. Stattdessen sollen jedoch die Korrelationen der fünf Facetten dargestellt werden.

Anhand der Korrelationen lässt sich konstatieren, dass die vier Teilkompetenzen deutlich höher in Zusammenhang miteinander stehen als zum metakognitiven Wissen über mathematisches Modellieren (vgl. Tabelle 9.8). Dies erklärt auch die deutlich besseren Parameter des fünfdimensionalen Modells im Gegensatz zum eindimensionalen Modell.

Resultat: Auf Basis des Modellvergleichs eines eindimensionalen mit einem fünfdimensionalen Modell lässt sich konstituieren, dass sich die vier Teilkompetenzen des mathematischen Modellierens empirisch vom metakognitiven Wissen über mathematisches Modellieren trennen lassen. Darüber hinaus bestehen nur geringe Zusammenhänge zwischen den Teilkompetenzen und dem metakognitiven Wissen. Abgesehen von den hohen Zusammenhangsmaßen zwischen den vier einzelnen Teilkompetenzen besteht der größte Zusammenhang zwischen der Teilkompetenz des Mathematisierens und dem metakognitiven Wissen über mathematisches Modellieren.

Tabelle 9.8 Korrelationen der fünf Dimensionen mathematischen Modellierens

	Vereinf.	Math.	Inter.	Val.	Meta.
Vereinf.	1				
Math.	0.78 ∗∗	1			
Inter.	0.81 ∗∗	0.76**	1		
Val.	0.79 ∗∗	0.79**	0.76**	1	
Meta.	−0.04	0.19**	0.07	0.08	1

**. Die Korrelation ist auf dem Niveau von .01 (2-seitig) signifikant. *. Die Korrelation ist auf dem Niveau von .05 (2-seitig) signifikant.
Vereinf. $\hat{=}$ Vereinfachen, Math. $\hat{=}$ Mathematisieren, Inter. $\hat{=}$ Interpretieren, Val. $\hat{=}$ Validieren, Meta. $\hat{=}$ Metakognitives Wissen über Modellieren

9.4 Entwicklung der Modellierungsteilkompetenzen und des metakognitiven Wissens über mathematisches Modellieren

Auf Basis der geschätzten Personenparamter und unter Einbezug der deskriptiven Statistik erwies sich zunächst die Beobachtung, dass der Posttest von einigen Schülerinnen und Schülern – vermutlich aufgrund von mangelnder Motivation – gar nicht mehr beantwortet, sondern nur noch bis zum Ende durchgeklickt wurde, als wahr. Im letzten Teil zum metakognitiven Wissen über mathematisches Modellieren wurden so beispielsweise 49 Datensätze identifiziert, in denen keine einzige korrekte

Antwort vorlag[2]. Bei genaueren Analysen dieser Datensätze wird ersichtlich, dass in den Fällen häufig gar keine oder sehr schnelle Antworten gegeben wurden. Dies zeigt sich ebenfalls in den gleichen Datensätzen innerhalb des Modellierungskompetenztests. Neben der mangelnden Motivation zu Projektende lässt sich hier auch als Erklärung heranziehen, dass in einer Klasse nach der vorletzten Projektstunde ein Wechsel von Präsenz- zu Distanzunterricht stattfand und die Lehrkraft keine Videokonferenz zur Beendigung des Projekts organisieren konnte. Dies resultiert darin, dass lediglich die Daten derer vollständig vorliegen, die schneller als geplant gearbeitet haben und den Posttest schon vor Projektende abschließen konnten. Da in den weiteren Analysen Mittelwerte betrachtet werden, welche sich extrem verzerren können, wenn solche Ausreißer vorliegen, wurden die genannten 49 Datensätze für die weiteren Analysen ausgeschlossen (Bühner und Ziegler, 2017). Insgesamt werden also in die nun folgenden Analysen 204 Datensätze inkludiert. Um den Forschungsfragen in Fragenkomplex II nachzugehen und demnach die Intervention sowohl bezüglich aller Teilnehmenden, sowie bezüglich der Treatment- und Kontrollgruppe zu evaluieren, werden in diesem Kapitel die geschätzten Personenparameter in den vier Teilkompetenzen des mathematischen Modellierens, sowie bezüglich des metakognitiven Wissens über mathematisches Modellieren zu den verschiedenen Testzeitpunkten und in den benannten Gruppen analysiert.

9.4.1 Entwicklung der Modellierungsteilkompetenzen

Da die Personenparameter aus den einzelnen Dimensionen nicht verglichen werden können (Wu et al., 2007), wird an dieser Stelle zunächst die Entwicklung in den vier einzelnen Teilkompetenzen zwischen Prä- und Posttest betrachtet, indem zunächst deskriptive Statistiken angeführt und im Anschluss Ergebnisse der t-Tests für abhängige Stichproben mit gerichteter Hypothese dargestellt werden (vgl. Abschnitt 9.4.1.1).

Um eine mögliche unterschiedliche Entwicklung der Treatment- und Kontrollgruppe zu identifizieren, werden im darauffolgenden Unterkapitel die Ergebnisse einer linearen Regression mit zwei Variablen (Prätest und Gruppenzugehörigkeit) dargestellt (vgl. Abschnitt 9.4.1.2).

---

[2] Dies entspricht einem Personenparameter von -2.96 Logit im Test über metakognitives Wissen zum mathematischen Modellieren.

9.4.1.1 Globale Veränderungsanalysen

Vereinfachen und Strukturieren

In der Teilkompetenz *Vereinfachen und Strukturieren* lässt sich zunächst konstatieren, dass ein mittlerer Kompetenzzuwachs sowohl auf Gruppenebene als auch
für die gesamte Stichprobe zu beobachten ist (vgl. Tabelle 9.9 und Abbildung 9.6).
Nicht nur die Mittelwerte steigen, sondern auch die einzelnen Mediane, welche
robuster hinsichtlich Ausreißern sind. Die Streuungen entwickeln sich in den verschiedenen Gruppen unterschiedlich, wobei im Globalen kaum ein Unterschied zu
erkennen ist. Das Minimum der Personenparameter sank jedoch sogar vom Prä-
zum Posttest und in der Kontrollgruppe sank ebenfalls das Maximum (vgl. Tabelle
9.9). Inwiefern die Entwicklungen also auf eine tatsächliche Zunahme und nicht auf
zufällige Messfehler hindeuten, kann mit dem t-Test überprüft werden (vgl. Tabelle
9.10). Daraus wird ersichtlich, dass Kontrollgruppe und gesamte Stichprobe sich im
Bereich des Vereinfachens signifikant verbessern konnten. Die Differenz der Mittelwerte für die Kontrollgruppe beträgt 0.213 Logit und für die gesamte Stichprobe
0.146 Logit. Die Effekte sind jedoch schwach.

Die Experimentalgruppe mit zusätzlichen metakognitiven Wissenselementen
zeigt keine signifikante Veränderung, weshalb auf Basis dieser Daten die Alternativhypothese nicht angenommen werden kann. Es fällt jedoch auch auf, dass hier
die Power sehr gering ist, weshalb die Irrtumswahrscheinlichkeit für die Annahme
der Nullhypothese recht hoch ist. Es muss bei der Interpretation auch berücksichtigt
werden, dass die Experimentalgruppe im Vergleich zur Kontrollgruppe im Mittel
schon zum ersten Testzeitpunkt eine deutlich höhere Leistung in der Teilkompetenz
des Vereinfachens zeigte.

Tabelle 9.9 Deskriptive Statistik für die Dimension *Vereinfachen und Strukturieren*

Messzeitpunkt	Gruppe	N	M	m	σ	Min	Max
Prätest	Kontrolle	105	0.27	0.14	1.16	−1.57	3.46
	Experimental	99	0.36	0.14	1.32	−1.57	3.36
	Gesamt	204	0.31	0.14	1.24	−1.57	3.46
Posttest	Kontrolle	105	0.48	0.59	1.06	−1.79	3.43
	Experimental	99	0.44	0.59	1.33	−1.79	3.43
	Gesamt	204	0.46	0.59	1.2	−1.79	3.43

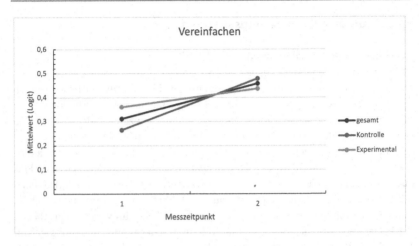

Abbildung 9.6 Grafische Darstellung der Mittelwerte in der Teilkompetenz Vereinfachen zu den beiden Testzeitpunkten für die gesamte Stichprobe, die Experimental-, sowie die Kontrollgruppe

Tabelle 9.10 Inferenzstatistische Kennwerte für die Dimension *Vereinfachen und Strukturieren*

Gruppe	Δ	t	p	d	1 − β
Kontrolle	0.213*	1.411	0.040	0.191	0.776
Experimental	0.076	0.458	0.161	0.057	0.129
Gesamt	0.146*	1.311	0.047	0.120	0.401

Legende: $\Delta \hat{=}$ Differenz der Mittelwerte, $t \hat{=}$ t-Wert, $p \hat{=}$ Signifikanz-Wert, $d \hat{=}$ Cohens d, $1 - \beta \hat{=}$ Power, $* \hat{=}$ signifikant mit $p < 0.05$

Resultat: In der Teilkompetenz des Vereinfachens und Strukturierens weisen alle Gruppen eine positive Veränderung der Leistung von Prä- zu Posttest auf. Diese ist mit einem schwachen Effekt in der Kontrollgruppe, sowie in der gesamten Stichprobe signifikant. In der Experimentalgruppe kann die Kompetenzentwicklung als nicht signifikant eingestuft werden.

Mathematisieren

Hinsichtlich der Teilkompetenz des *Mathematisierens* zeigt sich ebenfalls in allen drei untersuchten Gruppen, also gesamter Stichprobe, Kontroll-, sowie Experimentalgruppe, ein Zuwachs der Leistung (vgl. Abbildung 9.7). Die Experimentalgruppe weist bereits im Prätest im Mittel schon eine hohe Personenfähigkeit auf (0.51 Logit). Der Median ist in der Experimentalgruppe sogar noch höher und liegt bei 0.57 Logit. Die Kontrollgruppe hingegen weist zum ersten Messzeitpunkt eine durchschnittliche Leistung von 0.23 und einen Median von -0.02 auf. Zum zweiten Messzeitpunkt steigen die beiden Werte auf 0.57 bzw. 0.45 (vgl. Tabelle 9.11). Insgesamt weist die Stichprobe demnach auch einen Zuwachs auf. Hier ist auch eine Verschiebung des gesamten Intervalls der Personenfähigkeiten zu erkennen. Inwiefern diese beschriebenen Entwicklungen tatsächlich als solche angesehen werden können oder eher auf Messfehler und Zufälligkeiten zurückzuführen sind, wurde mit verschiedenen t-Tests für abhängige Stichproben und gerichteter Hypothese durchgeführt, da ein positiver Zusammenhang in der Entwicklung auf Basis der bisherigen Forschung sowie wegen der angestellten theoretischen Fundierung erwartbar ist (vgl. Kapitel 7).

Auf Basis der t-Tests lässt sich zusammenfassen, dass die Entwicklung der Kontrollgruppe wie auch der gesamten Stichprobe signifikant ist, wobei die Effekte jeweils marginal sind (vgl. Tabelle 9.12). Die Experimentalgruppe weist im Vergleich der Mittelwerte keine signifikanten Unterschiede auf, allerdings ist die Power mit 0.092 an dieser Stelle erneut sehr gering. Dies wirkt sich auch auf die Power für die gesamte Stichprobe aus.

Tabelle 9.11 Deskriptive Statistik für die Dimension *Mathematisieren*

Messzeitpunkt	Gruppe	N	M	m	σ	Min	Max
Prätest	Kontrolle	105	0.23	-0.02	1.42	-2.04	3.12
	Experimental	99	0.51	0.57	1.43	-2.04	3.12
	Gesamt	204	0.37	0.57	1.43	-2.04	3.12
Posttest	Kontrolle	105	0.44	0.45	1.17	-1.49	3.23
	Experimental	99	0.57	0.45	1.3	-1.49	3.88
	Gesamt	204	0.5	0.45	1.23	-1.49	3.88

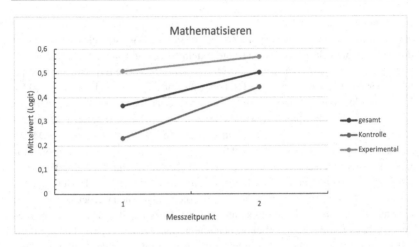

Abbildung 9.7 Grafische Darstellung der Mittelwerte in der Teilkompetenz Mathematisieren zu den beiden Testzeitpunkten für die gesamte Stichprobe, die Experimental-, sowie die Kontrollgruppe

Tabelle 9.12 Inferenzstatistische Kennwerte für die Dimension *Mathematisieren*

Gruppe	Δ	t	p	d	1 − β
Kontrolle	0.211*	1.400	0.041	0.162	0.634
Experimental	0.058	0.402	0.344	0.042	0.092
Gesamt	0.137*	1.310	0.047	0.102	0.307

Legende: $\Delta \hat{=}$ Differenz der Mittelwerte, $t \hat{=}$ t-Wert, $p \hat{=}$ Signifikanz-Wert, $d \hat{=}$ Cohens d, $1 - \beta \hat{=}$ Power, * $\hat{=}$ signifikant mit $p < 0.05$

Resultat: In der Teilkompetenz des Mathematisierens weisen alle Gruppen eine positive Veränderung der Leistung von Prä- zu Posttest auf. Diese ist mit einem schwachen Effekt in der Kontrollgruppe, sowie in der gesamten Stichprobe signifikant. In der Experimentalgruppe kann die Kompetenzentwicklung als nicht signifikant eingestuft werden.

Interpretieren

In der Teilkompetenz des *Interpretierens* sind die Mittelwertsunterschiede alle positiv, jedoch nahe null. Hier unterscheiden sich die Kontroll- und Experimentalgruppe jedoch zu den Messungen in den zuvor dargestellten Teilkompetenzen, da die Experimentalgruppe im Interpretieren zum ersten Messzeitpunkt im Mittel schwacher war als die Kontrollgruppe (vgl. Tabelle 9.13 und Abbildung 9.8). Die Mediane der beiden Gruppen entsprechen einander jedoch mit 0.86. Auch der Median der gesamten Stichprobe beträgt 0.86, der Mittelwert liegt allerdings mit 0.34 deutlich darunter. Die Intervalle der Personenparameter sind zum ersten wie auch zum zweiten Messzeitpunkt in den drei betrachteten Gruppierungen identisch und verschieben sich leicht in Richtung der positiven Werte (vgl. Tabelle 9.13). Demnach erhöhen sich auch Mittelwerte zum zweiten Messzeitpunkt hin, wohingegen die Mediane jedoch alle auf 0.21 abfallen. Anhand dieser Deskriptionen lässt sich die nicht-signifikante Veränderung der Mittelwerte in der Teilkompetenz des Interpretierens bereits vermuten, was anhand der durchgeführten t-Tests bestätigt werden kann (vgl. Tabelle 9.14). An dieser Stelle ist jedoch auf die geringe Power hinzuweisen, welche für alle drei Gruppen gerundet 0.07 beträgt. Demzufolge ist β, was in diesem Kontext auch als Fehler 2. Art, und demnach als Irrtumswahrscheinlichkeit für das Beibehalten der Nullhypothese, bezeichnet wird, nahe 1. Die Ergebnisse stellen also nicht unbedingt dar, dass kein Kompetenzzuwachs erfolgt ist.

Resultat: In der Teilkompetenz des Interpretierens sind im Mittel keine signifikanten Kompetenzveränderungen herauszustellen. Die Power des Tests ist an dieser Stelle jedoch sehr gering.

Validieren

In der letzten der vier Teilkompetenzen des mathematischen Modellierens, im *Validieren*, weist die Kontrollgruppe zum ersten Zeitpunkt erneut im Durchschnitt

Tabelle 9.13 Deskriptive Statistik für die Dimension *Interpretieren*

Messzeitpunkt	Gruppe	N	M	m	σ	Min	Max
Prätest	Kontrolle	105	0.41	0.86	1.56	−2.61	3.65
	Experimental	99	0.27	0.86	1.52	−2.61	3.65
	Gesamt	204	0.34	0.86	1.54	−2.61	3.65
Posttest	Kontrolle	105	0.45	0.21	1.41	−2.38	3.67
	Experimental	99	0.3	0.21	1.42	−2.38	3.67
	Gesamt	204	0.38	0.21	1.41	−2.38	3.67

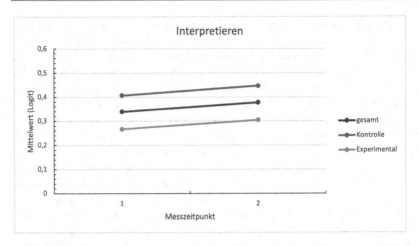

Abbildung 9.8 Grafische Darstellung der Mittelwerte in der Teilkompetenz Interpretieren zu den beiden Testzeitpunkten für die gesamte Stichprobe, die Experimental-, sowie die Kontrollgruppe

Tabelle 9.14 Inferenzstatistische Kennwerte für die Dimension *Interpretieren*

Gruppe	Δ	t	p	d	1 − β
Kontrolle	0.039	0.220	0.206	0.026	0.066
Experimental	0.037	0.215	0.415	0.025	0.065
Gesamt	0.038	0.308	0.189	0.026	0.065

Legende: $\Delta \,\hat{=}\,$ Differenz der Mittelwerte, $t \,\hat{=}\,$ t-Wert, $p \,\hat{=}\,$ Signifikanz-Wert, $d \,\hat{=}\,$ Cohens d, $1 - \beta \,\hat{=}\,$ Power, $* \,\hat{=}\,$ signifikant mit $p < 0.05$

deutlich geringere Personenfähigkeiten auf. Der Median ist allerdings in Kontroll- und Experimentalgruppe und somit auch in der gesamten Stichprobe bei 0.19. Dieser erhöht sich in allen Gruppierungen zum zweiten Test auf 0.77 Logit. Auch die Mittelwerte nehmen zu und die Intervalle der Personenfähigkeiten verschieben sich in eine positive Richtung (vgl. Tabelle 9.15). Erkennbar ist also eine im Mittel positive Entwicklung der Personenparameter in der Teilkompetenz des Validierens, welche auch in Abbildung 9.9 ersichtlich wird. Die inferenzstatistischen Kennwerte in Tabelle 9.16 zeigen, dass in der gesamten Stichprobe ein signifikanter Leistungszuwachs von 0.165 Logit zu verzeichnen ist. Dieser ist in der Kontrollgruppe ebenfalls signifikant und liegt mit 0.275 Logit über der Differenz der Gesamtstichprobenmittelwerte. Lediglich die Experimentalgruppe verzeichnet keine signifikante positive

Leistungsänderung, wobei hier erneut die Power gering ist. Die Effekte der signifikanten Entwicklungen sind in der Kontrollgruppe klein und in der Gesamtstichprobe marginal.

Tabelle 9.15 Deskriptive Statistik für die Dimension *Validieren*

Messzeitpunkt	Gruppe	N	M	m	σ	Min	Max
Prätest	Kontrolle	105	0.12	0.19	1.14	−2.46	2.64
	Experimental	99	0.41	0.19	1.27	−2.46	2.64
	Gesamt	204	0.26	0.19	1.21	−2.46	2.64
Posttest	Kontrolle	105	0.4	0.77	1.35	−2.07	2.67
	Experimental	99	0.46	0.77	1.38	−2.07	2.67
	Gesamt	204	0.43	0.77	1.36	−2.07	2.67

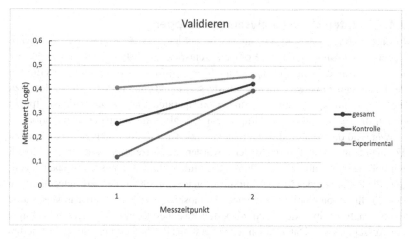

Abbildung 9.9 Grafische Darstellung der Mittelwerte in der Teilkompetenz Validieren zu den beiden Testzeitpunkten für die gesamte Stichprobe, die Experimental-, sowie die Kontrollgruppe

Tabelle 9.16 Inferenzstatistische Kennwerte für die Dimension *Validieren*

Gruppe	Δ	t	p	d	$1-\beta$
Kontrolle	0.275*	1.828	0.017	0.220	0.878
Experimental	0.049	0.323	0.373	0.037	0.082
Gesamt	0.165*	1.544	0.030	0.128	0.446

Legende: $\Delta \hat{=}$ Differenz der Mittelwerte, $t \hat{=}$ t-Wert, $p \hat{=}$ Signifikanz-Wert, $d \hat{=}$ Cohens d, $1-\beta \hat{=}$ Power, * $\hat{=}$ signifikant mit $p < 0.05$

Resultat: In der Teilkompetenz des Validierens weisen alle Gruppen eine positive Veränderung der Leistung vom ersten zum zweiten Messzeitpunkt auf. Diese Veränderung ist mit einem kleinen Effekt in der Kontrollgruppe, sowie einem marginalen Effekt in der gesamten Stichprobe signifikant. In der Experimentalgruppe kann die Kompetenzentwicklung als nicht signifikant eingestuft werden.

9.4.1.2 Unterschiedsanalysen der Gruppen

In diesem Abschnitt soll nun untersucht werden, inwiefern die Gruppenzugehörigkeit einen Einfluss auf die Kompetenzentwicklung hatte. Dazu werden lineare Regressionsmodelle der Form gewählt: $\theta_{2_i} = b_0 + b_1 \cdot \theta_{1_i} + b_2 \cdot g_i$ mit θ_{2_i} als Eintrag des Personenparameters vom zweiten Messzeitpunkt einer Person i, θ_{1_i} analog dazu die UV mit Einträgen der jeweiligen Personenparametern vom ersten Messzeitpunkt und g_i die zweite UV für die Gruppenzugehörigkeit innerhalb der Intervention.

Während der Analysen wurden an verschiedenen Stellen stets die notwendigen Voraussetzungen überprüft: Zunächst wurden die Korrelationen der in das Modell einfließenden Variablen ermittelt, um die Multikollinearität auszuschließen. Nachdem die Parameter des Modells mithilfe von R ermittelt wurden, erfolgte außerdem eine Prüfung von Cooks D sowie der Homoskedastizität[3]. Darüber hinaus wurde die Normalverteilung der standardisierten Residuen überprüft. Insgesamt erfolgte ein Ausschluss von Datenreihen jedoch erst aus der finalen und hier präsentierten Modellrechnung, wenn dies deutlich zur Steigerung der Modellgüte beitrug.

---

[3] Dabei wurden zur Prüfung von Cooks D alle studentisierten Residuen betrachtet, die größer als $\frac{4}{n-k-1} = \frac{4}{201}$ sind. Zur Prüfung der Homoskedastizität wurde mit dem Paket *lmtest* (Zeileis und Hothorn, 2002) der Breusch-Pagan-Test durchgeführt (Breusch und Pagan, 1979).

Vereinfachen und Strukturieren

In das Modell zur Prüfung auf Gruppenunterschiede sollten zunächst die Posttest-variable zum Vereinfachen als AV, sowie die Prätestvariable zum Vereinfachen und die Gruppenvariable als UVs eingehen. Die Korrelationen dieser drei Variablen können Tabelle 9.17 entnommen werden. Insgesamt fallen die Korrelationen sehr niedrig aus, wobei die höchste Korrelation 0.14 beträgt und den Zusammenhang zwischen Prä- und Posttest im Vereinfachen beschreibt. Die übrigen Vorausset-zungen der Homoskedastizität sowie der Normalverteilung der Residuen wiesen ebenfalls keine Verletzungen auf, sodass alle 204 Einträge in den Variablen in der Modellrechnung einbezogen werden konnten.

Die ermittelten Koeffizienten und Kennwerte des Regressionsmodells mit der Gleichung $Mod\_T2\_1 = b_0 + b_1 \cdot Mod\_T1\_1 + b_2 \cdot Gruppe$ sind in Tabelle 9.18 dargestellt. Hier bestätigt sich der nicht verwunderliche Einfluss der Prätest-Ergebnisse auf die Posttest-Variable mit einem Signifikanzniveau von $\alpha = 0.05$. Die Variable b, welche die unstandardisierte Schätzung des Vorfaktors zur Prätest-Variablen darstellt, zeigt an, dass bei Kontrolle der Gruppe ein um 0.13 Logit höhe-res Ergebnis im Posttest erwartet werden kann, wenn der Prätest um 1 Logit besser abgeschlossen wurde. β beschreibt das standardisierte Regressionsgewicht, welches zum Vergleich mit anderen Regressionsmodellen hinzugezogen werden kann. Die Gruppenzugehörigkeit zeigt mit $b = -0.05$ eine zur erwarteten Richtung entgegen-gesetzte Einflussgröße auf das Posttestergebnis an, wobei diese in dem Modell nicht signifikant ist. Insgesamt klärt das Modell lediglich weniger als 2 % der Varianz auf. Dies ist ein eindeutiges Indiz für die Notwendigkeit der Betrachtung weiterer Variablen, welche mithilfe von Forschungsfragenkomplex IV und dementsprechend in Abschnitt 9.5 herbeigeführt werden sollen. Dennoch zeigt der Prädiktor des Vor-wissens einen kleinen Effekt an ($\beta = 0.13$).

Es lässt sich an dieser Stelle jedoch noch überprüfen, inwiefern ein Interaktions-effekt zwischen Gruppenzugehörigkeit und Prätestergebnis vorliegt, da theoretisch die Möglichkeit besteht, dass die Gruppenzugehörigkeit unterschiedlich auf Per-sonen mit differenten Personenfähigkeiten zum ersten Messzeitpunkt wirkt. Daher wurde eine Interaktion der Form $Mod\_T1\_1 * Gruppe$ in das Regressionsmo-dell aufgenommen. Auf diese Weise ergeben sich jedoch keine deutlichen Ver-besserungen der Modellkennwerte. So steigt die Varianzaufklärung lediglich auf $R^2 = 2.95\,\%$ bzw. $R^2_{adj} = 1.49\,\%$. Darüber hinaus zeigt das Prätestergebnis wei-terhin einen schwach signifikanten Einfluss mit kleinem Effekt ($b = 0.12$, SE = 0.06, $\beta = 0.13$ und $p = 0.07$). Die Gruppenzugehörigkeit zeigt nach wie vor, bei Kontrolle von Interaktionseffekt sowie Prätestergebnis, keinen signifikanten Einfluss ($b = -0.05$, SE = 00.16 und $p = 0.74$). Lediglich der Einfluss des y-Achsenabschnitts nimmt deutlich zu ($b = 0.44$, SE = 0.11 und $p = 0$), wobei hier eine Interpretation hinsichtlich der formulierten Forschungsfragen ausbleibt. Der Interaktionseffekt selbst ist ebenfalls mit einem schwachen Effekt zu bezeichnen, wird allerdings nicht signifikant und deutet demnach allenfalls auf eine Tendenz hin. Aus diesem Grund sollte das Regressionsmodell jedoch hinsichtlich unterschiedlicher Teilgruppen basierend auf den Personenfähigkeiten im Prätest erneut analysiert werden.

Um detaillierte Aussagen darüber zu treffen, inwiefern die Gruppenzugehörigkeit unterschiedlich auf different leistungsstarke bzw. -schwache Lernende wirkt, wurde die Stichprobe in drei Teilstichproben zerlegt. Als Leistungsstarke wurden diejenigen identifiziert, deren Personenparameter im Prätest mindestens eine Standardabweichung oberhalb des Mittelwerts der Gesamtstichprobe im Prätest ausfiel; als Leistungsschwache wurden analog diejenigen identifiziert, deren Personenparameter im Prätest mindestens eine Standardabweichung unterhalb des Mittelwerts der Gesamtstichprobe im Prätest ausfiel. Das Mittelfeld bildet sich automatisch durch den Ausschluss der Leistungsstarken und -schwachen. Auf Basis der Modellkennwerte zu diesen drei Personengruppen lässt sich der Trend weiterhin bestätigen, wobei sich auch hier keine signifikanten Ergebnisse, vermutlich aufgrund der geringen Stichprobenzahlen, zeigen. So beträgt das standardisierte Regressionsgewicht der Gruppenvariable bei den Leistungsstarken 0.25 (SE = 0.34 und $p = 0.47$), wohingegen es bei den Leistungsstarken -0.44 beträgt (SE = 0.35 und $p = 0.21$). Werden die Prätestergebnisse der Leistungsschwachen, welche im Mittel -1.39 Logit betragen, festgehalten, so ist bei Zugehörigkeit zur Interventionsgruppe eine Verschlechterung um 0.44 Logit zu erwarten. Im Gegensatz dazu ist bei den Leistungsstarken bei Zugehörigkeit zur Interventionsgruppe und dementsprechend Aufnahme zusätzlicher Informationen über metakognitive Aspekte des Modellierens unter Kontrolle des Vorwissens (M = 2.09) eine Zunahme um 0.25 Logit zu erwarten. Auch in der Gruppe der mittleren Vorwissensleistungen lässt sich eine solche Tendenz ausmachen, wobei diese deutlich geringer ist, da das Regressionsgewicht $\beta = 0.03$ beträgt. Insgesamt lassen sich an dieser Stelle jedoch allenfalls Tendenzen

Tabelle 9.17 Korrelationen der inkludierten Variablen

Variable	Mod_T1_1	Mod_T2_1	Gruppe
Mod_T1_1	1		
Mod_T2_1	0.14*	1	
Gruppe	0.04	−0.02	1

Legende: *. Die Korrelation ist auf dem Niveau von .05 (2-seitig) signifikant.
Mod_T1_1 $\hat{=}$ Vereinfachen im Prätest, Mod_T2_1 $\hat{=}$ Vereinfachen im Posttest, Gruppe $\hat{=}$ Art der Intervention [0 $\hat{=}$ Kontrollgruppe, 1 $\hat{=}$ Experimentalgruppe]

Tabelle 9.18 Ergebnisse des Regressionsmodell $Mod\_T2\_1 = b_0 + b_1 \cdot Mod\_T1\_1 + b_2 \cdot Gruppe$

AV	Prädiktor	b	SE	β	p	Sig.	R^2	R^2_{adj}
Mod_T2_1	Konstante	0.49	0.26	0	0.05	.		
	Mod_T1_1	0.13	0.06	0.13	0.04	*	1.95 %	0.98 %
	Gruppe	−0.05	0.16	−0.02	0.74			

Signifikanzniveaus: *** $p < 0.001$, ** $p < 0.01$, * $p < 0.05$, . $p < 0.1$

beschreiben, die statistisch keine signifikante Bedeutung in den Modellen erlangt haben.

Resultat: Die Gruppenzugehörigkeit zeigt in der Teilkompetenz des Vereinfachens und Strukturierens keinen signifikanten Effekt auf die Ergebnisse zum zweiten Messzeitpunkt, wenn die Ergebnisse aus dem ersten Messzeitpunkt kontrolliert werden. Letztere hingegen stellen, wenn für die Gruppe sowie die Interaktion zwischen Gruppe und Prätestergebnis kontrolliert wird, einen leicht signifikanten Prädiktor dar, wobei der Einfluss gering ist. Die globale Teststatistik sowie die Betrachtung der geringen Aufklärung der Varianz fordern jedoch die Hinzunahme weiterer Variablen in das Modell ein.

Mathematisieren

In Bezug auf die Teilkompetenz des Mathematisierens sollten ebenfalls zunächst die Korrelationen der drei in das Modell einfließenden Variablen betrachtet werden (vgl. Tabelle 9.19). Im Vergleich zu den Korrelationen im Vereinfachen und Strukturieren fallen diese vor allem hinsichtlich der Personenfähigkeiten in Prä- und Posttest höher aus. Die Korrelation beträgt $r = 0.37$. Die Korrelationen zwischen der Gruppenvariable und den Personenfähigkeiten liegen deutlich darunter, sodass kein Anlass zur Annahme von Multikollinearität besteht. Bei der Überprüfung der übrigen Voraussetzungen sind ebenfalls keine Auffälligkeiten aufgetreten, sodass das Modell mit den 204 Personen bestimmt werden kann. Die Ergebnisse werden in Tabelle 9.20 zusammengefasst. Auf globaler Ebene ist zu konstatieren, dass mithilfe der beiden abhängigen Variablen zum Vorwissen und zur Gruppenzugehörigkeit bereits $R^2 = 14.29 \%$ bzw. $R^2_{adj} = 13.44 \%$ der Varianz erklärt werden können. Somit wird auch die globale Teststatistik signifikant. Der einflussreiche Faktor ist hierbei das Vorwissen, welches hochsignifikant zur Varianzerklärung beiträgt. Ist das Testergebnis zum ersten Messzeitpunkt 1 Logit höher, so ist zu erwarten, dass ein um 0.32 höheres Posttestergebnis erzielt wird ($b = 0.32$, SE = 0.05 und $p = 0$). Dementsprechend lässt sich hier bereits ein moderater Effekt des Vorwissens annehmen.

Die Gruppenvariable ist unter Kontrolle der Prätestmessungen nicht signifikant und der Vorfaktor ist nahe 0. Durch die zusätzliche Vermittlung des metakognitiven Wissens kann lediglich eine Erhöhung des Posttestergebnisses um 0.03 Logit erwartet werden, doch hier ist anzunehmen, dass kein systematischer Effekt vorliegt.

Theoretisch besteht auch hier die Möglichkeit von vorliegenden Interaktionseffekten, die eine Auswirkung der Prätestergebnisse in Abhängigkeit von der Gruppenzugehörigkeit different behandeln. Dementsprechend wurde ein weiteres lineares Regressionsmodell aufgestellt, bei dem genau dieser Interaktionseffekt mit der Variable $Mod\_T1\_1 * Gruppe$ inkludiert wurde. Hierbei konnten jedoch keine Verbesserungen hinsichtlich globaler oder lokaler Modellgüte festgestellt werden. Lediglich die Konstante $b_0 = 0.35$ wird mit $\alpha = 0.001$ signifikant. Der Vorfaktor für die Vortestvariable entspricht in diesem Modell $b_1 = 0.32$ (SE = 0.05, $\beta_1 = 0.38$ und $p = 0$) und bleibt damit ein mittlerer Einfluss, wenn die Gruppenvariable kontrolliert wird. Diese hingegen ist nicht als signifikanter Prädiktor anzusehen ($b_2 = 0.03$, SE = 0.16, $\beta_2 = 0.01$ und $p = 0.83$). Die Interaktion ist ebenfalls

Tabelle 9.19 Korrelationen der inkludierten Variablen

Variable	Mod_T1_2	Mod_T2_2	Gruppe
Mod_T1_2	1		
Mod_T2_2	0.38***	1	
Gruppe	0.10	0.05	1

Legende: ***. Die Korrelation ist auf dem Niveau von .001 (2-seitig) signifikant.
Mod_T1_1 ≙ Mathematisieren im Prätest, Mod_T2_1 ≙ Mathematisieren im Posttest, Gruppe ≙ Art der Intervention [0 ≙ Kontrollgruppe, 1 ≙ Experimentalgruppe]

Tabelle 9.20 Ergebnisse des Regressionsmodell $Mod\_T2\_2 = b_0 + b_1 \cdot Mod\_T1\_2 + b_2 \cdot Gruppe$

AV	Prädiktor	b	SE	β	p	Sig.	R^2	R^2_{adj}
Mod_T2_2	Konstante	0.33	0.25	0	0.18			
	Mod_T1_2	0.32	0.05	0.37	0	***	14.29 %	13.44 %
	Gruppe	0.03	0.16	0.01	0.83			

Signifikanzniveaus: *** $p < 0.001$, ** $p < 0.01$, * $p < 0.05$, . $p < 0.1$

nicht signifikant in das Modell eingeflossen ($b_3 = 0.15$, SE = 0.11, $\beta_3 = 0.09$ und $p = 0.15$). Dementsprechend kann an dieser Stelle angenommen werden, dass die Zugehörigkeit zur Interventionsgruppe bei unterschiedlichem Vorwissen ähnlich schwach gewirkt hat. Eine Analyse verschieden leistungsstarker Gruppierungen ist daher auch nicht notwendig.

Resultat: Die Gruppenzugehörigkeit zeigt in der Teilkompetenz des Mathematisierens keinen signifikanten Effekt auf die Ergebnisse zum zweiten Messzeitpunkt, wenn die Ergebnisse aus dem ersten Messzeitpunkt kontrolliert werden. Letztere hingegen stellen, wenn für die Gruppe sowie die Interaktion zwischen Gruppe und Prätestergebnis kontrolliert wird, einen hoch signifikanten Prädiktor dar, wobei der Einfluss mit 0.26 noch als gering einzustufen ist. Die globalen Teststatistiken weisen mit einer Varianzaufklärung von 14 % bereits auf einen insgesamt mittleren Effekt und somit auf ein zufriedenstellendes Modell hin.

Interpretieren

Die Ergebnisse des linearen Regressionsmodells in Bezug auf die Teilkompetenz des Interpretierens lassen sich auf Basis der in den Tabellen 9.21 und 9.22 dargestellten Werte als ähnlich wie die in der Teilkompetenz des Mathematisierens einstufen. Zunächst einmal lässt sich konstatieren, dass keine der Voraussetzungen verletzt wurde. So zeigen auch die Korrelationen in Tabelle 9.21 keine zu großen Abhängigkeiten zwischen den ins Modell einfließenden UVs an. Die Korrelation zwischen *Mod_T1_3* und *Gruppe* ist sogar negativ und beträgt -0.04. Ebenso ist die Korrelation zwischen den Personenfähigkeiten zum zweiten Messzeitpunkt und der Gruppenzugehörigkeit negativ (-0.05). Die erneut zu erwartende größte Korrelation besteht mit $r = 0.27$ zwischen Prä- und Posttestergebnis in der Teilkompetenz des Interpretierens.

Die lineare Regression zur Schätzung der Posttestparameter auf Basis der Gruppenzugehörigkeit sowie des Vorwissens zeigt ein global zufriedenstellendes Modell mit einer Varianzaufklärung von $R_{adj} = 6.37\%$. Auf lokaler Ebene zeigt sich das Vorwissen als signifikanter Prädiktor, welcher mit einem Vorfaktor $b_1 = 0.24$ auf einen kleinen Effekt hindeutet. Ist die Leistung im Prätest hinsichtlich des Interpretierens also um 1 Logit besser, so ist eine um 0.24 höhere Personenfähigkeit zum zweiten Messzeitpunkt zu erwarten. Standardisiert wird das

Tabelle 9.21 Korrelationen der inkludierten Variablen

Variable	Mod_T1_3	Mod_T2_3	Gruppe
Mod_T1_3	1		
Mod_T2_3	0.27 $*$ $**$	1	
Gruppe	−0.05	−0.05	1

Legende: $***$. Die Korrelation ist auf dem Niveau von .001 (2-seitig) signifikant.
Mod_T1_1 $\hat{=}$ Interpretieren im Prätest, Mod_T2_1 $\hat{=}$ Interpretieren im Posttest, Gruppe $\hat{=}$ Art der Intervention [0 $\hat{=}$ Kontrollgruppe, 1 $\hat{=}$ Experimentalgruppe]

Tabelle 9.22 Ergebnisse des Regressionsmodell $Mod\_T2\_3 = b_0 + b_1 \cdot Mod\_T1\_3 + b_2 \cdot Gruppe$

AV	Prädiktor	b	SE	β	p	Sig.	R^2	R^2_{adj}
Mod_T2_3	Konstante	0.45	0.30	0	0.13			
	Mod_T1_3	0.24	0.06	0.26	0	$***$	7.29%	6.37%
	Gruppe	−0.10	0.19	−0.03	0.57			

Signifikanzniveaus: $***$ $p < 0.001$, $**$ $p < 0.01$, $*$ $p < 0.05$, . $p < 0.1$

Regressionsgewicht um 0.02 höher, sodass $\beta_1 = 0.26$ in das Modell eingeht und sich der kleine Effekt manifestiert. Die Gruppenzugehörigkeit wird mit einem Regressor von −0.1 angegeben, sodass hier eine Zugehörigkeit zur Interventionsgruppe eher als negativ angesehen werden kann. Da der Effekt klein und die Variable im Allgemeinen nicht als signifikant einzustufen ist, kann hier auch von einer zufälligen Auswirkung ausgegangen werden. Insgesamt lässt sich auf Basis dieses Modells jedenfalls nicht konstatieren, dass die Experimentalgruppe einen Vorteil durch das zusätzlich vermittelte metakognitive Wissen innerhalb des Lernprozesses erhielt.

Der theoretisch möglicherweise bestehende Interaktionseffekt zwischen Gruppenzugehörigkeit und Vorwissen wurde überprüft, indem eine solche Variable zusätzlich in das Modell aufgenommen wurde. Bis auf die hinzukommende geringe Signifikanz der Konstanten ($b = 0.34$, SE = 0.13 und $p = 0.013$) lassen sich an dieser Stelle allerdings keine besonderen Veränderungen der Modellparameter berichten. Die Interaktionsvariable erhält in dem Modell ein standardisiertes Regressionsgewicht in Höhe von $\beta_3 = 0.04$ (SE = 0.06 und $p = 0.54$), sodass von einem Interaktionseffekt nicht ausgegangen wird. Dementsprechend ist an dieser Stelle keine differenzierte Betrachtung der Gesamtstichprobe auf Basis der Leistungsunterschiede notwendig.

Resultat: Die Gruppenzugehörigkeit zeigt in der Teilkompetenz des Interpretierens keinen signifikanten Effekt auf die Ergebnisse zum zweiten Messzeitpunkt, wenn die Ergebnisse aus dem ersten Messzeitpunkt kontrolliert werden. Letztere hingegen stellen, wenn für die Gruppe sowie die Interaktion zwischen Gruppe und Prätestergebnis kontrolliert wird, einen hoch signifikanten Prädiktor dar, wobei der Einfluss mit 0.24 noch als klein einzustufen ist. Die globalen Teststatistiken weisen mit einer Varianzaufklärung von 7 % auf einen insgesamt kleinen Effekt hin. Das Hinzuziehen weiterer Variablen könnte zu einer verbesserten Varianzaufklärung beitragen.

Validieren

Auch für das Validieren als letzte der vier erhobenen Teilkompetenzen des mathematischen Modellierens sollte mittels eines linearen Regressionsmodells der Einfluss des Vorwissens sowie der Gruppenzugehörigkeit, jeweils unter Kontrolle der anderen Variable, analysiert werden. Die Voraussetzungen für ein solches Vorgehen sind als erfüllt anzusehen und wurden, wie bereits beschrieben, überprüft. Auf die Korrelationen der einzelnen Variablen, welche in Tabelle 9.23 dargestellt sind, soll an dieser Stelle nur noch kurz eingegangen werden. Der höchste Wert ergibt sich an dieser Stelle erneut zwischen den Ergebnissen in der Teilkompetenz des Validieren zu Vor- und Nachtest ($r = 0.29$). Die übrigen beiden Korrelationen, welche die Gruppenzugehörigkeit berücksichtigen, sind mit $r = 0.11$ (Messzeitpunkt 1) und $r = 0.02$ (Messzeitpunkt 2) ziemlich gering und deuten bereits auf keine signifikante Prädiktorvariable im Regressionsmodell hin. Dies bestätigt sich in der Darstellung der Regressionsanalyse (vgl. Tabelle 9.24). Das Vorwissen geht unter Kontrolle der Gruppenvariable mit einem Regressionsgewicht $b_1 = 0.33$ hoch signifikant in das Modell ein, wohingegen die Gruppenzugehörigkeit keine systematische Erklärungsleistung beisteuert ($b = -0.03$, SE = 0.18 und $p = 0.85$). Der Effekt des Vorwissens ist noch als klein zu bezeichnen, da das standardisierte Regressionsgewicht mit 0.29 angegeben werden kann. Demnach lässt sich insgesamt auch beim Validieren kein verbesserter Lernzuwachs aufgrund des Treatments konstituieren. Mit den einbezogenen Variablen lassen sich 8.69 % der Varianz aufklären, sodass die Modellgüte zufriedenstellend ist, wobei lediglich ein kleiner Effekt erreicht wird und weitere Variablen hinzugezogen werden sollten.

Mögliche Interaktionseffekte der beiden Variablen wurden ebenfalls erneut ausgeschlossen. Vergleichbar zu den bisherigen Ergebnissen wird bei Hinzunahme einer Interaktionsvariable lediglich die Konstante signifikant ($b = 0.35$, SE = 0.12,

Tabelle 9.23 Korrelationen der inkludierten Variablen

Variable	Mod_T1_4	Mod_T2_4	Gruppe
Mod_T1_4	1		
Mod_T2_4	0.29***	1	
Gruppe	0.12*	0.02	1

Legende: ***. Die Korrelation ist auf dem Niveau von .001 (2-seitig) signifikant.
*. Die Korrelation ist auf dem Niveau von .05 (2-seitig) signifikant.
Mod_T1_1 $\hat{=}$ Validieren im Prätest, Mod_T2_1 $\hat{=}$ Validieren im Posttest, Gruppe $\hat{=}$ Art der Intervention [0 $\hat{=}$ Kontrollgruppe, 1 $\hat{=}$ Experimentalgruppe]

Tabelle 9.24 Ergebnisse des Regressionsmodell $Mod\_T2\_4 = b_0 + b_1 \cdot Mod\_T1\_4 + b_2 \cdot Gruppe$

AV	Prädiktor	b	SE	β	p	Sig.	R^2	R^2_{adj}
Mod_T2_4	Konstante	0.39	0.28	0	0.17			
	Mod_T1_4	0.33	0.07	0.29	0	***	8.69 %	7.79 %
	Gruppe	−0.03	0.18	−0.01	0.85			

Signifikanzniveaus: *** $p < 0.001$, ** $p < 0.01$, * $p < 0.05$, . $p < 0.1$

$\beta = 0$ und $p = 0.007$). Die übrigen Kennwerte ändern sich nur marginal. Die Variable zur Interaktion hat den standardisierten Vorfaktor $\beta_3 = 0.04$ (SE = 0.06 und $p = 0.54$), sodass auch an dieser Stelle keine differenzierte Betrachtung der Gesamtstichprobe hinsichtlich unterschiedlicher Leistungsniveaus im Vortest von Nöten ist.

Resultat: Die Gruppenzugehörigkeit zeigt in der Teilkompetenz des Validierens keinen signifikanten Effekt auf die Ergebnisse zum zweiten Messzeitpunkt, wenn die Ergebnisse aus dem ersten Messzeitpunkt kontrolliert werden. Letztere hingegen stellen, wenn für die Gruppe sowie die Interaktion zwischen Gruppe und Prätestergebnis kontrolliert wird, einen hoch signifikanten Prädiktor dar, wobei der Einfluss mit 0.29 als klein einzustufen ist. Die globalen Teststatistiken weisen mit einer Varianzaufklärung von 8 % auf einen insgesamt kleinen Effekt hin. Das Hinzuziehen weiterer Variablen könnte zu einer verbesserten Varianzaufklärung beitragen.

9.4.2 Entwicklung des metakognitiven Wissens über mathematisches Modellieren

Vergleichbar zu den bereits dargestellten Analysen zur Veränderung der Modellierungsteilkompetenzen von Prä- zu Posttest sowie zu Gruppenunterschieden, werden nun die geschätzten Personenfähigkeitsparameter zum metakognitiven Wissen über mathematisches Modellieren betrachtet. Da dieses Konstrukt am besten mit einem eindimensionalen Modell abgebildet werden konnte, ist die Trennung in Dimensionen nicht notwendig.

9.4.2.1 Globale Veränderungsanalysen

Zunächst sollen hinsichtlich des metakognitiven Wissens über mathematisches Modellieren deskriptive Statistiken für die gesamte Stichprobe, die Kontrollgruppe, sowie die Experimentalgruppe dargestellt werden. Diese können auch Tabelle 9.25 entnommen werden. Insgesamt ist der Mittelwert der Experimentalgruppe, welche eine zusätzliche Vermittlung metakognitiven Wissens erfuhr, zum ersten Messzeitpunkt mit 0.36 Logit im Vergleich zur Kontrollgruppe mit 0.41 Logit etwas geringer. Der Median in der Experimentalgruppe ist jedoch deutlich höher (0.77 im Gegensatz zu 0.39). Die Spannweiten der Intervalle, in denen sich die Personenparameter bewegen, werden von Testzeitpunkt 1 zu Testzeitpunkt 2 kleiner. In der Kontrollgruppe fällt das Maximum insgesamt, wohingegen dieses in der Experimentalgruppe gleich bleibt. In der Kontrollgruppe verringert sich auch der Mittelwert um 0.11 Logit auf 0.3 Logit. Im Gegensatz dazu vergrößert sich der Mittelwert in der Experimentalgruppe um 0.08 Logit. Diese Veränderungen sind auch der inferenzstatistischen Tabelle 9.26 zu entnehmen. Dass die Kontrollgruppe also im Mittel eine negative, die Experimentalgruppe hingegen eine positive Entwicklung aufweist, lässt sich auch

Tabelle 9.25 Deskriptive Statistik für das metakognitive Wissen über mathematisches Modellieren

Messzeitpunkt	Gruppe	N	M	m	σ	Min	Max
Prätest	Kontrolle	105	0.41	0.39	1.22	−2.98	3.59
	Experimental	99	0.36	0.77	1.52	−2.98	3.59
	Gesamt	204	0.38	0.58	1.37	−2.98	3.59
Posttest	Kontrolle	105	0.3	0.39	1.27	−2.98	2.69
	Experimental	99	0.44	0.39	1.28	−1.72	3.59
	Gesamt	204	0.37	0.39	1.27	−2.98	3.59

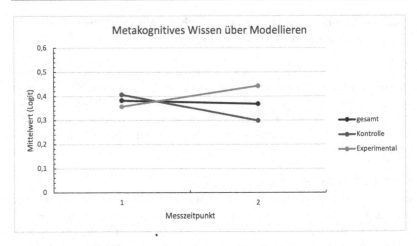

Abbildung 9.10 Grafische Darstellung der Mittelwerte im metakognitiven Wissen über mathematisches Modellieren zu den beiden Testzeitpunkten für die gesamte Stichprobe, die Experimental-, sowie die Kontrollgruppe

Tabelle 9.26 Inferenzstatistische Kennwerte für das metakognitive Wissen über mathematisches Modellieren

Gruppe	Δ	t	p	d	$1 - \beta$
Kontrolle	−0.108	−0.819	0.396	0.087	0.234
Experimental	0.085	0.588	0.278	0.060	0.138
Gesamt	−0.014	−0.144	0.278	0.010	0.052

Legende: $\Delta \,\hat{=}$ Differenz der Mittelwerte, $t \,\hat{=}$ t-Wert, $p \,\hat{=}$ Signifikanz-Wert, $d \,\hat{=}$ Cohens d, $1 - \beta \,\hat{=}$ Power, * $\hat{=}$ signifikant mit $p < 0.05$

aus Abbildung 9.10 entnehmen. Die insgesamt negative Entwicklung der Gesamtstichprobe ist dort ebenfalls ersichtlich. Diese ist jedoch mit einer Differenz von 0.01 Logit marginal.

Die t-Tests zeigen, dass auch die hier noch zu interessierende positive mittlere Veränderung der Experimentalgruppe nicht signifikant ist. Demnach lässt sich also für keine der Gruppierungen die Alternativhypothese zur positiven Leistungsveränderung annehmen.

Resultat: Im metakognitiven Wissen über mathematisches Modellieren sind im Mittel lediglich positive Veränderungen in der Experimentalgruppe herauszustellen. Diese sind jedoch nicht signifikant, sodass insgesamt weder für Experimental- noch für Kontrollgruppe oder Gesamtstichprobe ein Wissenszuwachs konstituiert werden kann.

9.4.2.2 Unterschiedsanalysen der Gruppen

Äquivalent zu dem Vorgehen hinsichtlich der Prüfung auf Gruppenunterschiede bei der Veränderungsmessung in den Teilkompetenzen des Modellierens wurde auch an dieser Stelle eine lineare Regressionsanalyse durchgeführt. Dabei stellt die Variable der Personenfähigkeiten zum metakognitiven Wissen über mathematisches Modellieren im Posttest die abhängige Variable dar. Die Gruppenzugehörigkeit sowie die entsprechende Personenfähigkeit zum ersten Messzeitpunkt, auch als Vorwissen anzusehen, gehen als unabhängige Variablen in das Modell ein. Die Korrelation (vgl. auch Tabelle 9.27) dieser beiden letztgenannten Variablen sind im negativen Bereich nahe Null ($r = -0.0181$). Die Korrelationen mit der AV betragen $r = 0.4407$ in Bezug auf die beiden Fähigkeitsparameter sowie $r = 0.0569$ zwischen Gruppenzugehörigkeit und Leistung zum zweiten Messzeitpunkt. Weitere Voraussetzungen wie die Homoskedastizität, eine homogene Verteilung der Residuen (mittels Cooks D) sowie die Normalverteilung dieser wurden überprüft und lassen keine Annahme zur Modellverletzung zu. Dementsprechend lassen sich die Parameter des Regressionsmodells, welche auch in Tabelle 9.28 dargestellt, wie folgt erörtern.

Unter Kontrolle des Vorwissens zeigen sich keine signifikanten Effekte der Gruppenzugehörigkeit auf die Leistung im Posttest. Das Regressionsgewicht ist jedoch positiv mit $b_2 = 0.16$, sodass zumindest eine als hilfreich einzuordnende Tendenz anzunehmen ist ($p = 0.30$). Das standardisierte Regressionsgewicht zeigt allerdings keinen bennenenswerten Effekt an ($\beta = 0.06$). Als hoch signifikant geht jedoch die Leistung zum ersten Messzeitpunkt in das Modell ein ($b = 0.40$, SE = 0.05 und $p = 0$). Mit einem $\beta = 0.44$ lässt sich hier auch ein mittlerer Effekt angeben. Die Varianzaufklärung des vorliegenden Modells ist ebenfalls als gut einzuschätzen. So beträgt das adjustierte R^2 19.05 %.

Interessant ist weiterhin die Betrachtung eines zusätzlichen Interaktionseffekts zwischen Prätestergebnis und Gruppenzugehörigkeit, sodass ein weiteres Modell – ebenfalls vergleichbar zu den bisher dargestellten Regressionsanalysen – mit einer Interaktionsvariablen *Meta_T1 * Gruppe* inkludiert wurde. An dieser Stelle lassen sich allerdings keine bemerkenswerten Veränderungen der Modellparameter

Tabelle 9.27 Korrelationen der inkludierten Variablen

Variable	Meta_T1	Meta_T2	Gruppe
Meta_T1	1		
Meta_T2	0.44***	1	
Gruppe	−0.02	0.06	1

Legende: ***. Die Korrelation ist auf dem Niveau von .001 (2-seitig) signifikant.
Mod_T1_1 $\hat{=}$ Metakognitives Wissen im Prätest, Mod_T2_1 $\hat{=}$ Metakognitives Wissen im Posttest, Gruppe $\hat{=}$ Art der Intervention [0 $\hat{=}$ Kontrollgruppe, 1 $\hat{=}$ Experimentalgruppe]

Tabelle 9.28 Ergebnisse des Regressionsmodell $Meta\_T2 = b_0 + b_1 \cdot Meta\_T1 + b_2 \cdot Gruppe$

AV	Prädiktor	b	SE	β	p	Sig.	R^2	R^2_{adj}
Meta_T2	Konstante	−0.03	0.25	0	0.89			
	Meta_T1	0.40	0.05	0.44	0	***	19.84 %	19.05 %
	Gruppe	0.16	0.16	0.06	0.30			

Signifikanzniveaus: *** $p < 0.001$, ** $p < 0.01$, * $p < 0.05$, . $p < 0.1$

berichten. Die Interaktionsvariable zeigt mit einem standardisierten Regressionsgewicht $\beta_3 = -0.01$ nicht einmal einen kleinen Effekt an und wird auch nicht signifikant (SE = 0.06 und $p = 0.84$). Insgesamt kann also nicht davon ausgegangen werden, dass die Intervention für im Prätest Starke anders wirkt als für jene, die im Prätest zum metakognitiven Wissen über mathematisches Modellieren geringe Personenfähigkeiten aufwiesen. Eine differenzierte Analyse wird daher an dieser Stelle nicht durchgeführt.

Resultat: Die Gruppenzugehörigkeit zeigt hinsichtlich des metakognitiven Wissens über mathematisches Modellieren keinen signifikanten Effekt auf die Ergebnisse zum zweiten Messzeitpunkt, wenn die Ergebnisse aus dem ersten Messzeitpunkt kontrolliert werden. Letztere hingegen stellen, wenn für die Gruppe sowie die Interaktion zwischen Gruppe und Prätestergebnis kontrolliert wird, einen hoch signifikanten Prädiktor dar, wobei der Einfluss mit 0.44 als moderat einzustufen ist. Die globalen Teststatistiken weisen mit einer Varianzaufklärung von 19 % auf einen insgesamt mittleren Effekt hin. Das Hinzuziehen weiterer Variablen könnte dennoch zu einer verbesserten Varianzaufklärung beitragen.

9.5 Einflussfaktoren auf die Kompetenzentwicklung

Zusammenfassend zeigen die Ergebnisse, dass sich die Kompetenzentwicklung nur zum Teil durch signifikante Mittelwertsunterschiede beschreiben lässt, wobei keine der Entwicklungen auf die Gruppenzugehörigkeit zurückgeführt werden konnte. Dennoch sind in den Datensätzen durchaus Personen zu identifizieren, welche einen starken Kompetenzzuwachs erfahren haben. Dies steht in Einklang mit den dargestellten bisherigen Forschungserkenntnissen: der Einsatz digitaler Medien und Werkzeuge auf der einen Seite sowie das Vermitteln metakognitiven Wissens auf der anderen Seite können zu einem Kompetenzzuwachs führen. Allerdings sind die Gelingensbedingungen bisher noch unklar. Aus diesem Grund beschäftigt sich das vorliegende Kapitel explorativ damit, Faktoren aus den Prozessdaten zu extrahieren, welche prädiktiv für einen Kompetenzzuwachs im mathematischen Modellieren gesehen werden können. Aufgrund des explorativen Vorgehens ist es an dieser Stelle nicht möglich, alle betrachteten Regressionsmodelle darzustellen. Stattdessen soll jeweils dasjenige Modell dargestellt werden, welches die besten globalen und lokalen Modellparameter aufwies. Zuvor werden darüber hinaus alle inkludierten Variablen dargestellt. Von Interesse ist nun nicht mehr, inwiefern das Vorwissen ein Prädiktor für die Leistung zum zweiten Messzeitpunkt ist. Stattdessen sollen weitere Faktoren identifiziert werden, die prädiktiv für einen Kompetenzzuwachs sind. Daher wird als abhängige Variable erneut jeweils jene der Posttestfähigkeitsparameter gewählt. Ziel ist eine bestmögliche Erklärleistung des Modells.

Insgesamt sollten vor den Analysen die Korrelationen der aus den Prozessdaten extrahierten Variablen betrachtet und hinsichtlich zu großer Abhängigkeiten überprüft werden. Im Anschluss sind die Voraussetzungen für lineare Regressionen jedoch als erfüllt anzusehen, da sie in den vorherigen Analysen bereits verifiziert wurden.

Dieses Kapitel wird unterteilt, da zunächst einmal lediglich die Interventionsgruppe bezüglich der tatsächlichen Nutzung des Treatments untersucht werden soll. Im zweiten Abschnitt wird dann wieder die gesamte Stichprobe betrachtet.

9.5.1 Einflussfaktor Zeit in der Experimentalgruppe: Nutzung des Treatments

Die Analyse der verstrichenen Zeiten zwischen einem Wechsel von einer beliebigen Seite auf eine Seite mit zusätzlichen Informationen über metakognitives Wissen bis zum Wechsel von dieser zusätzlichen Informationsseite auf eine weitere beliebige Seite kann als Kontrolle angesehen werden, inwieweit das Treatment genutzt wurde.

Es kann davon ausgegangen werden, dass die Informationen erst verarbeitet wurden,
wenn die Schülerinnen und Schüler eine bestimmte Zeit auf den Seiten verbracht
haben.

Insgesamt lässt sich aus den temporären Informationen zu diesen Seiten jedoch
ableiten, dass die Probanden wenig Zeit auf den zusätzlichen Seiten verbracht haben.
So beträgt der Mittelwert der gesamten Zeit auf den acht zusätzlichen Seiten lediglich 2 Minuten. Maximal betrug die Zeit auf den acht Seiten insgesamt 6.5 Minuten
und minimal lediglich 12 Sekunden. Die Verteilung der auf den Informationsseiten
verbrachten Zeiten ist in Abbildung 9.11 dargestellt.

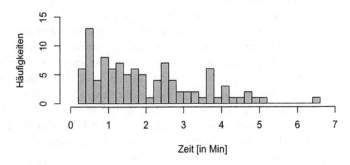

Abbildung 9.11 Verstrichene Zeit auf den Seiten mit zusätzlichen domänenspezifischen
metakognitiven Informationen [mit 30 Schritten auf der x-Achse]

Auch wenn die verstrichenen Zeiten dementsprechend recht gering ausfallen, können innerhalb der Experimentalgruppe Einflüsse im Sinne eines positiven
Zusammenhangs zwischen diesen Zeiten und dem Posttest unter Kontrolle des Vorwissens untersucht werden. Im Nachfolgenden werden dazu Regressionsmodelle
mit den Variablen *Zeit_Meta*, *Ergebnis aus dem Prätest* und *Ergebnis aus dem
Posttest* in den fünf bisher auch betrachteten Dimensionen dargestellt.

Metakognitives Wissen über mathematisches Modellieren
Zunächst soll das Posttestergebnis zum metakognitiven Wissen über mathematisches Modellieren in Abhängigkeit von der Zeit sowie dem Prätestergebnis betrachtet werden (vgl. Tabelle 9.29). Das Regressionsmodell zeigt wie zu erwarten einen
signifikanten Einfluss mit mittelgroßer Effektstärke des Vorwissens bei Kontrolle
der Zeit. Darüber hinaus geht die Zeitvariable nicht signifikant in das Modell ein,

Tabelle 9.29 Ergebnisse des Regressionsmodell $Meta\_T2 = b_0 + b_1 \cdot Meta\_T1 + b_2 \cdot Zeit\_Meta$

AV	Prädiktor	b	SE	β	p	Sig.	R^2	R^2_{adj}
Meta_T2	Konstante	0.07	0.19	−0.02	0.71			
	Meta_T1	0.39	0.07	0.43	0	***	25.96 %	24.44 %
	Zeit_Meta	0.11	0.08	0.12	0.17			

Signifikanzniveaus: *** $p < 0.001$, ** $p < 0.01$, * $p < 0.05$, . $p < 0.1$

um die Varianz der Posttestergebnisse zu erklären, allerdings zeigt der standardisierte Koeffizient β einen kleinen Effekt mit positivem Zusammenhang an. Mit dem Modell können insgesamt 24.44 % der Varianz erklärt werden, wobei zu beachten ist, dass hier die Stichprobe im Gegensatz zu den bisher dargestellten Regressionsmodellen um die Hälfte, also auf die Experimentalgruppe, reduziert wurde. Dennoch kann das Modell global als zufriedenstellend angesehen werden.

Vereinfachen

Wie in Tabelle 9.30 ersichtlich wird, besteht hinsichtlich der Teilkompetenz des Vereinfachens ein leicht signifikanter Einfluss des Vorwissens auf die Ergebnisse im Nachtest, wobei die Effektstärke mit 0.24 einen kleinen Effekt anzeigt. Das Regressionsgewicht zur Variable der Zeit auf den Seiten mit zusätzlichem metakognitiven Wissen hat ein negatives Vorzeichen, ist im Betrag allerdings nahe null, sodass hier nicht von einem Einfluss ausgegangen werden kann. Insgesamt werden mit dem Modell nur 3.68 % der Varianz erklärt, sodass bezüglich der Erklärung der Posttestergebnisse im Vereinfachen weitere Variablen hinzugezogen werden sollten.

Mathematisieren

Das Regressionsmodell mit Testvariablen zum Mathematisieren zeigt einen mäßig starken, nahezu großen Effekt des Vorwissens auf die Nachtestergebnisse, wenn

Tabelle 9.30 Ergebnisse des Regressionsmodell $Mod\_T2\_1 = b_0 + b_1 \cdot Mod\_T1\_1 + b_2 \cdot Zeit\_Meta$

AV	Prädiktor	b	SE	β	p	Sig.	R^2	R^2_{adj}
Mod_T2_1	Konstante	0.36	0.23	−0.02	0.11			
	Mod_T1_1	0.23	0.09	0.24	0.01	*	5.62 %	3.68 %
	Zeit_Meta	−0.01	0.09	−0.01	0.86			

Signifikanzniveaus: *** $p < 0.001$, ** $p < 0.01$, * $p < 0.05$, . $p < 0.1$

Tabelle 9.31 Ergebnisse des Regressionsmodell $Mod\_T2\_2 = b_0 + b_1 \cdot Mod\_T1\_2 + b_2 \cdot$ $Zeit\_Meta$

AV	Prädiktor	b	SE	β	p	Sig.	R^2	R^2_{adj}
Mod_T2_2	Konstante	0.12	0.20	−0.09	0.55			
	Mod_T1_2	0.41	0.08	0.48	0	***	22.77%	21.17%
	Zeit_Meta	0.11	0.08	0.12	0.18			

Signifikanzniveaus: *** $p < 0.001$, ** $p < 0.01$, * $p < 0.05$, . $p < 0.1$

die Zeitvariable kontrolliert wird (vgl. Tabelle 9.31). Dieser Effekt geht auch mit einem Signifikanzlevel von $p < 0.001$ in das Modell ein. Die Variable der Zeit unter Kontrolle von diesem Aspekt des Vorwissens zeigt allerdings keine Signifikanz. Dennoch beträgt das standardisierte Regressionsgewicht β hier 0.12, sodass zumindest ein kleiner Effekt angenommen werden kann. Dieser Effekt ist auch in positiver Richtung zu vermerken, sollte allerdings lediglich als Tendenz betrachtet werden. Insgesamt hat das Modell mit $R^2_{adj} = 21.17\,\%$ einen mittleren Effekt mit zufriedenstellender Varianzaufklärung für die Versuchsgruppe.

Interpretieren

Die Ergebnisse des Regressionsmodells zur Teilkompetenz Interpretieren sind in Tabelle 9.32 dargestellt. Es lässt sich zusammenfassen, dass das Vorwissen erneut signifikant in das Modell eingeht und eine mittlere Effektstärke ($\beta = 0.32$) aufweist. Darüber hinaus lässt sich hinsichtlich der Zeit kein Einfluss für die Posttestergebnisse unter Kontrolle der Prätestergebnisse konstituieren, da das standardisierte Regressionsgewicht 0.02 beträgt und keine Signifikanz vorliegt. Insgesamt ist die Varianzaufklärung mit diesem Modell noch im geringen Effektbereich, sodass weitere Variablen hinzugezogen werden sollten.

Tabelle 9.32 Ergebnisse des Regressionsmodell $Mod\_T2\_3 = b_0 + b_1 \cdot Mod\_T1\_3 + b_2 \cdot$ $Zeit\_Meta$

AV	Prädiktor	b	SE	β	p	Sig.	R^2	R^2_{adj}
Mod_T2_3	Konstante	0.17	0.23	−0.05	0.47			
	Mod_T1_3	0.29	0.08	0.32	0.001	**	10.38%	8.53%
	Zeit_Meta	0.02	0.09	0.02	0.83			

Signifikanzniveaus: *** $p < 0.001$, ** $p < 0.01$, * $p < 0.05$, . $p < 0.1$

Tabelle 9.33 Ergebnisse des Regressionsmodell $Mod\_T2\_4 = b_0 + b_1 \cdot Mod\_T1\_4 + b_2 \cdot Zeit\_Meta$

AV	Prädiktor	b	SE	β	p	Sig.	R^2	R^2_{adj}
Mod_T2_4	Konstante	0.11	0.22	−0.09	0.62			
	Mod_T1_4	0.33	0.10	0.30	0.001	**	12.40 %	10.59 %
	Zeit_Meta	0.11	0.09	0.11	0.24			

Signifikanzniveaus: *** $p < 0.001$, ** $p < 0.01$, * $p < 0.05$, . $p < 0.1$

Validieren

Die Posttestergebnisse des Validierens lassen sich ebenfalls hauptsächlich durch das Vorwissen erklären (vgl. 9.33). So beträgt das standardisierte Regressionsgewicht $\beta = 0.30$ und stellt damit eine mittlere Effektgröße dar, die auch signifikant in das Modell einfließt. Wird diese Variable im betrachteten Regressionsmodell kontrolliert, so zeigt die Variable der verstrichenen Zeit auf den zusätzlichen Seiten die Tendenz eines positiven Prädiktors der Posttestergebnisse im Validieren. Die Effektstärke ist als klein zu beschreiben ($\beta = 0.11$), wobei die Variable insgesamt jedoch nicht signifikant wird. Die globale Güte des Modells sollte durch das Hinzuziehen weiterer Variablen optimiert werden, da das adjustierte R^2 lediglich 10.59 % Prozent beträgt.

Resultat: Zusammenfassend ist die Variable der verstrichenen Zeit auf den Seiten mit metakognitiven Wissenselementen unter Kontrolle des Vorwissens für die Dimensionen zum metakognitiven Wissen über mathematisches Modellieren, zum Mathematisieren, sowie zum Validieren tendenziell ein Einflussfaktor mit kleinem Effekt, der jedoch nicht signifikant in die jeweiligen Modelle eingeht. Hinsichtlich des Vereinfachens und des Interpretierens lassen sich keine Einflüsse der auf den betrachteten Seiten verbrachten Zeit in Bezug auf die Ergebnisse aus dem Posttest ableiten. Besonders in diesen beiden Modellen ist die Varianzaufklärung außerdem gering.

9.5.2 Einflussfaktoren in Bezug auf die Entwicklung der gesamten Stichprobe

In diesem Abschnitt steht die Fragestellung im Fokus, welche Variablen aus den Prozessdaten extrahiert werden können, die außerdem als Prädiktoren für die Posttestergebnisse in den vier Facetten der Teilkompetenzen des mathematischen Modellierens dienen. Es werden nur noch die Teilkompetenzen und nicht mehr das metakognitive Wissen betrachtet, da zu Letzterem kein direkter inhaltlicher Bezug zu weiteren Variablen auf Basis der Prozessdaten hergestellt werden kann. Ein solcher sollte jedoch immer gegeben sein, bevor Regressionsmodelle betrachtet werden.

Zur Extraktion der Variablen wurden vor dem in dieser Arbeit gewählten theoretischen Hintergrund die Prozessdaten analysiert. Das Verwenden einzelner, für die bearbeitenden Schülerinnen und Schüler optionaler Elemente in der digitalen Lernumgebung stand im Mittelpunkt. Entsprechend wurden Anzahlen zur Verwendung von Werkzeugen in GeoGebra-Applets, das Tool zur Skizzenanfertigung, der Notizzettel, sowie der Taschenrechner betrachtet. Darüber hinaus kann die Anzahl an eingegebenen Textzeichen in den Antwortfeldern betrachtet werden. Ebenso besteht die Möglichkeit, dass die Anzahl angeklickter Buttons, die zur Navigation innerhalb der Lernumgebung dienen, Aufschluss geben könnte. Weiterhin sollte die gesamte verstrichene Zeit innerhalb der Lernumgebung sowie die Zeit auf den Seiten mit GeoGebra-Übungen betrachtet werden. Zudem wurden ebenfalls einige von den Schülerinnen und Schülern angegebenen Informationen zu personenbezogenen Eigenschaften, wie zum Beispiel die letzte Mathematiknote oder auch das Geschlecht, einbezogen. Eine Übersicht aller extrahierter Variablen mit zugehörigen Erklärungen und verwendeten Abkürzungen ist in Tabelle 9.34 sowie in Abbildung 9.12 dargestellt.

Bevor in diesem Abschnitt auf die Ergebnisse der explorativen Analyse der in Tabelle 9.34 dargestellten und aus den Prozessdaten extrahierten Variablen sowie deren Einfluss auf die Leistung im Posttest in der Facette des Vereinfachens eingegangen wird, soll zunächst einmal das allgemeine Vorgehen erörtert werden.

Als Orientierung und erstes Modell für die Regressionsanalyse wurde die Gleichung $Mod\_T2\_k = b_0 + b_y \cdot Mod\_T1\_k$ gewählt, wobei k für die vier Teilkompetenzen Vereinfachen (1) bis Validieren (4) steht. Zu diesem Modell wurde sukzessive jeweils eine Variable hinzugefügt. Stieg dabei das adjustierte R^2, so wurde die Variable als möglicherweise zu inkludierender Prädiktor vermerkt, andernfalls konnte die Variable ausgeschlossen werden. Nach dem Erstellen einer solchen Liste wurden sukzessive mögliche Kombinationen aus den weiterhin zu betrachtenden Variablen in das Modell inkludiert, wobei stets die Ziele eines möglichst großen adjustierten R^2 auf der einen Seite, und einer möglichst geringen Anzahl an Variablen auf der

Tabelle 9.34 Übersicht der aus den Prozessdaten extrahierten Variablen zur explorativen Analyse

Variable	Abkürzung	Beschreibung
Geschlecht	–	Durch die Teilnehmenden Angabe zum Geschlecht; Ausprägungen: 1 weiblich, 2 männlich, NA bzw. keine Angabe
Note	–	Durch die Teilnehmenden Angabe zur letzten Mathematiknote; Ausprägungen: 1-6, NA
Daz	–	Durch die Teilnehmenden Angabe zu Deutsch als Erstsprache; Ausprägungen: 1 ja, 2 nein, NA
Anzahl_login	no_login	Anzahl der Logins
totalTime	–	Gesamte Zeit, die innerhalb der digitalen Lernumgebung verbracht wurde (Tests und Intervention)
TimeUebung	–	Gesamte Zeit, die auf den Seiten zur Übung mit GeoGebra verbracht wurde
Buttons_Anzahl	Buttons_no	Anzahl der angegklickten Buttons zur Navigation zwischen den Seiten
werkzeuge_anzahl_Uebung	w_no_Uebung	Anzahl der verwendeten Werkzeuge in den GeoGebra-Applets zur GeoGebra-Übung
werkzeuge_anzahl_Schlosspark	w_no_Park	Anzahl der verwendeten Werkzeuge in den GeoGebra-Applets zur Schlosspark-Aufgabe
werkzeuge_anzahl_Triangle	w_no_Triangle	Anzahl der verwendeten Werkzeuge im GeoGebra-Applet zur Triangle-Aufgabe
werkzeuge_anzahl_Supermarkt	w_no_Markt	Anzahl der verwendeten Werkzeuge im GeoGebra-Applet zur Supermarkt-Aufgabe
werkzeuge_anzahl_Torschuss	w_no_Tor	Anzahl der verwendeten Werkzeuge im GeoGebra-Applet zur Torschuss-Aufgabe
werkzeuge_anzahl_Volleyball	w_no_Volley	Anzahl der verwendeten Werkzeuge im GeoGebra-Applet zur Volleyball-Aufgabe
Schlosspark_AllPointsNext	Park_points	Anzahl der gesetzten Punkte im GeoGebra-Applet zur Schlosspark-Aufgabe
Triangle_AllPointsNext	Triangle_points	Anzahl der gesetzten Punkte im GeoGebra-Applet zur Triangle-Aufgabe
Spielplatz_richtig1	Spielplatz_r	Boolsche Variable, die prüft, ob der den Spielplatz markierende Punkt S an einer mathematisch korrekten Position (auf dem See oder nah am Ufer) platziert wurde

(Fortsetzung)

Tabelle 9.34 (Fortsetzung)

Variable	Abkürzung	Beschreibung
Supermarkt_AllPointsNext	Markt_points	Anzahl der gesetzten Punkte im GeoGebra-Applet zur Supermarkt-Aufgabe
Volleyball_richtig	Volleyball_r	Boolsche Variable, die prüft, ob die Punkte der einzelnen Spieler:innen mit sinnvollen, gleich großen Abständen auf einer Spielfeldhälfte positioniert wurden
Aufruf_GGBHilfe	no_GGBHilfe	Anzahl der Aufrufe zusätzlicher Hilfevideos zum jeweiligen GeoGebra-Applet
Aufruf_Notizen	no_Notizen	Anzahl der Aufrufe der Notizen-Tools
Aufruf_TR	no_TR	Anzahl der Aufrufe der Taschenrechners
Aufruf_Skizze	no_Skizze	Anzahl der Aufrufe der Skizzen-Tools
texts_no	–	Anzahl der Textzeichen in den Antwortfeldern

anderen Seite verfolgt wurden. Insgesamt konnten so Regressionsmodelle mit Varianzaufklärungen von mindestens 11 % erreicht werden. Dabei wurden vier bis sechs Variablen als Prädiktoren identifiziert, die in den vier verschiedenen Teilkompetenzen teilweise verschieden sind. Die finalen Ergebnisse dieser vier Modelle werden nun dargestellt.

Vereinfachen

Das finale Modell zur Erklärung der Posttestleistung in der Teilkompetenz Vereinfachen ist Tabelle 9.35 zu entnehmen. In diesem Modell fällt zunächst die Variable zur Prätestleistung in ebendieser Teilkompetenz auf, welche nicht mehr signifikant in das Modell eingeht und mit einem standardisierten Regressionsgewicht von $\beta = 0.09$ nicht einmal einen kleinen Effekt erzielt. Stattdessen ist jedoch die von den Teilnehmenden angegebene letzte Mathematiknote ein starker, hoch signifikanter Prädiktor, wenn die übrigen Variablen kontrolliert werden. Eine bessere Notenstufe führt demnach zu einer um 0.3 Logit besseren Posttestleistung. Das negative Vorzeichen ist nicht verwunderlich, da die bekannte Notenskalierung von 1 bis 6 verwendet wurde, bei der ein kleinerer Wert für eine bessere Leistung steht. Insgesamt hat der Einfluss der Note lediglich einen kleinen Effekt ($\beta = -0.26$).

Ebenfalls signifikant gehen die Anzahl der Werkzeuge im GeoGebra-Applet zur Aufgabe Torschuss ($b = -0.08$, $\beta = -0.18$, $p = 0.01$) sowie die Anzahl an gesetzten Punkten im GeoGebra-Applet zur Aufgabe Triangle ($b = 0.01$, $\beta = 0.15$, $p = 0.03$) in das Modell ein. Die Anzahl der verwendeten Werkzeuge hat dabei ein negatives Vorzeichen, sodass sich eine bessere Posttestleistung unter Kontrolle der

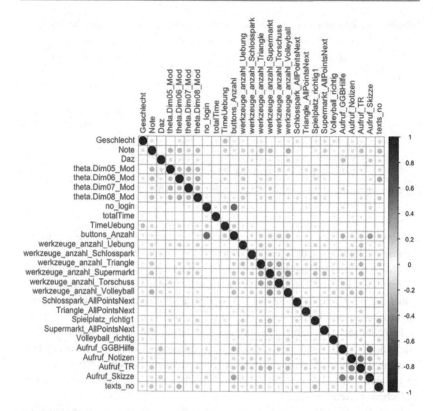

Abbildung 9.12 Grafische Darstellung der Korrelationen aller in diesem Abschnitt betrachteten Variablen

übrigen Variablen ergibt, wenn weniger Werkzeuge in der Aufgabe verwendet wurden. Lösbar war diese Aufgabe bereits durch die Nutzung des Streckentools sowie des Messwerkzeugs. In Bezug auf die gesetzten Punkte in der Aufgabe Triangle besteht ein positiver Zusammenhang mit kleinem Effekt. Diese Aufgabe konnte durch das Setzen vieler Punkte präziser gelöst werden als durch das Verwenden weniger Punkte oder anderer Formen.

Nicht signifikant, aber dennoch relevant für das Regressionsmodell und entsprechend die Varianzaufklärung steigernd, sind die beiden Variablen *Daz* und *texts_no*. Die Variable *Daz* zeigt mit der Ausprägung 1 an, dass die Schülerin oder der Schüler die Angabe getätigt hat, Deutsch als Erstsprache erlernt zu haben. Die Ausprägung

Tabelle 9.35 Ergebnisse des finalen Regressionsmodells zur Erklärung des Posttestergebnisses in der Teilkompetenz Vereinfachen

AV	Prädiktor	b	SE	β	p	Sig.	R^2	R^2_{adj}
Mod_T2_1	Konstante	1.77	0.80	0.01	0.02	*		
	Mod_T1_1	0.08	0.06	0.09	0.21			
	Note	−0.30	0.08	−0.26	0	***		
	Daz	−0.72	0.66	−0.08	0.27		16.05 %	13.25 %
	w_no_Tor	−0.08	0.03	−0.18	0.01	**		
	texts_no	0.001	0.00	0.10	0.16			
	Triangle_points	0.01	0.00	0.15	0.03	*		

Signifikanzniveaus: *** $p < 0.001$, ** $p < 0.01$, * $p < 0.05$, . $p < 0.1$

2 hingegen steht für die Angabe „Deutsch als Zweitsprache". Der negative Zusammenhang zeigt also an, dass jene, die Deutsch als Erstsprache erlernt haben, ein um 0.72 Logit höheres Posttestergebnis erreichen als jene, die Deutsch als Zweitsprache erlernt haben. Dies ist, wie am standardisierten Regressionsgewicht zu erkennen ist, jedoch lediglich eine Tendenz, die sich weder durch einen Effekt noch durch eine Signifikanz ausdrückt. Die Anzahl der eingegebenen Textzeichen in den Antwortfeldern aller sechs Modellierungsaufgaben hingegen zeigt zumindest einen kleinen Effekt an ($b = 0.001$, $\beta = 0.10$ und $p = 0.16$), der jedoch ebenfalls nur eine Tendenz ist. Dennoch ist abzuleiten, dass ein positiver Zusammenhang zwischen gegebenen Antworten und dem Kompetenzzuwachs in der Teilkompetenz des Vereinfachens bestehen könnte.

Insgesamt erreicht das Modell einen kleinen Effekt mit einer Varianzaufklärung von 13.25 %. Es ist abschließend zu konstituieren, dass hier eine deutliche Steigerung der Varianzaufklärung im Gegensatz zum Regressionsmodell mit untersuchten Gruppenunterschieden, wo diese lediglich 0.98 % betrug (vgl. 9.4.1.2), erreicht werden konnte.

Mathematisieren

In das finale Modell zur Posttestvariable der Personenfähigkeitsparameter in der Facette des Mathematisierens gehen sechs Variablen zur Erklärung ein. Diese weisen alle eine Signifikanz auf. Als hoch signifikant können das Vorwissen, die Anzahl der Aufrufe des Skizzentools, sowie die Anzahl der Zeichen in den Antwortfeldern eingestuft werden. Bei allen drei Variablen lässt sich ein positiver Zusammenhang mit mittlerem oder kleinem Effekt feststellen (vgl. Tabelle 9.36).

Tabelle 9.36 Ergebnisse des finalen Regressionsmodells zur Erklärung des Posttestergebnisses in der Teilkompetenz Mathematisieren

AV	Prädiktor	b	SE	β	p	Sig.	R^2	R^2_{adj}
Mod_T2_2	Konstante	−0.06	0.26	0.01	0.79			
	Mod_T1_2	0.31	0.05	0.36	0	***		
	Aufruf_Skizze	0.11	0.03	0.24	0	***		
	Aufruf_Notizen	−0.02	0.01	−0.14	0.03	*	28.49 %	26.26 %
	w_no_Triangle	0.05	0.02	0.13	0.03	*		
	buttons_no	−0.01	0.001	−0.17	0.009	**		
	texts_no	0.001	0.00	0.27	0	***		

Signifikanzniveaus: *** $p < 0.001$, ** $p < 0.01$, * $p < 0.05$, . $p < 0.1$

Moderat signifikant wird außerdem die Variable zur Häufigkeit der Seitenwechsel über das Anklicken der Navigationsbuttons. Hier ist ein negativer Zusammenhang zu verzeichnen. Weniger Seitenwechsel deuten demnach auf bessere Posttestergebnisse im Mathematisieren hin, wenn die übrigen Variablen kontrolliert werden. Mit einem standardisierten Regressionsgewicht von $\beta = −0.17$ ist der Effekt jedoch als klein einzustufen.

Ebenfalls mit einem negativen Zusammenhang in das Modell einfließend ist die Variable zur Notizfeldnutzung, welche sich auf die Häufigkeit des Aufrufs bezieht. Hierbei ist eine geringe Signifikanz festzustellen ($p = 0.03$) und der Effekt ist ebenfalls gering ($\beta = −0.14$). Dennoch lässt sich so die Tendenz herleiten, dass ein häufigerer Aufruf des Notizentools mit einer geringeren Posttestleistung – unter Kontrolle der anderen fünf Variablen – einhergeht. Ebenso schwach signifikant, aber relevant für das Modell, ist die Anzahl der im GeoGebra-Applet zur Aufgabe Triangle verwendeten Werkzeuge. Hier besteht jedoch ein positiver Zusammenhang.

Insgesamt lässt das Modell sehr gute globale Kennwerte zu, welche sich vor allem in einer Varianzaufklärung von 26.26 % erkennen lassen. Dies deutet bereits auf einen großen Effekt bezüglich der Erklärungsleistung hin.

Interpretieren

Die Variablen und zugehörigen Parameter des finalen Modells zur Erklärung der Posttestleistung in der Teilkompetenz des Interpretierens sind Tabelle 9.37 zu entnehmen. In dieses Modell sind insgesamt nur vier Variablen eingegangen, um eine bestmögliche Varianzaufklärung zu erzielen. Zu bedenken ist, dass sich der Kompetenzzuwachs im Bereich des Interpretierens in der Gesamtstichprobe als nicht signifikant herausgestellt hat (vgl. Abschnitt 9.4.1.1). Die größte Erklärleistung trägt hierbei das Vorwissen, wenn die übrigen drei Variablen Note, Anzahl der Werkzeuge in der Aufgabe Supermarkt und Anzahl der Aufrufe der GeoGebra-Hilfen kontrolliert werden. Das Vorwissen hat jedoch mit einem standardisierten Regressionsgewicht von 0.25 lediglich einen kleinen Effekt, wobei die Signifikanz das zweite Niveau von $p < 0.01$ unterschreitet. Weiterhin geht die Variable zur Anzahl der Aufrufe der GeoGebra-Hilfen signifikant in das Modell ein ($b = -0.10$, $\beta = -0.14$, $p = 0.03$). Dieser Zusammenhang ist mit einem negativen Vorzeichen versehen. Entsprechend ist also eine höhere Leistung im Posttest zu erwarten, wenn die Hilfen seltener aufgerufen wurden. Diese Variable zeigt ebenfalls einen schwachen Effekt.

Weiterhin ist das Regressionsgewicht zur Variable Note mit einem negativem Vorzeichen versehen. Ein solcher Zusammenhang ist erneut erwartungskonform, da eine bessere mathematische Leistung mit einer geringeren Note einhergeht. Dies lässt sich entsprechend des Modells auf die Posttestleistung im Interpretieren übertragen, wenn die übrigen Variablen kontrolliert werden. Die Note geht allerdings nicht signifikant in das Modell ein, wobei sie mit einem standardisierten Regressionsgewicht $\beta = 0.10$ knapp einen kleinen Effekt anzeigt. Insgesamt ist der Einfluss der Note jedoch lediglich als Tendenz zu betrachten.

Die letzte Variable, welche von den 23 betrachteten Variablen zur Erklärleistung des Modells beiträgt, bezieht sich auf die Anzahl der Werkzeuge, die in der Aufgabe Supermarkt im GeoGebra-Applet verwendet wurden. In dieser Aufgabe konnten verschiedene Ansätze gewählt werden, wobei das Konstruieren verschiedener Mittelsenkrechten und entsprechend das Erstellen eines Vonoroi-Diagramms sicherlich die evaluierteste Möglichkeit ist. Dahingegen konnte auch das Einzeichnen von Kreisen um die Supermarktfilialen beobachtet werden, welches ein nicht so genaues und realistisches, aber ebenfalls mögliches Ergebnis liefert. In den Abbildungen 9.13, 9.14 und 9.15 sind drei exemplarische Lösungen, die aus den Prozessdaten rekonstruiert wurden, einzusehen.

Insgesamt ist die Varianzaufklärung des finalen Regressionsmodells mit 10.91 % zufriedenstellend, aber noch einem kleinen Effekt zuzuordnen. Sie ist dennoch höher als das erreichte adjustierte R^2 im ersten Modell, in welchem der Gruppenfaktor sowie das Vorwissen eingegangen sind (vgl. Abschnitt 9.4.1.2).

Validieren

Die letzte untersuchte Leistung einer Teilkompetenz des mathematischen Modellierens im Posttest, nämlich das Validieren, kann bestmöglich durch ein sechs Variablen inkludierendes lineares Regressionsmodell erklärt werden (vgl. Tabelle 9.38). In diesem Modell werden drei Variablen signifikant: das Vorwissen im Bereich des

Tabelle 9.37 Ergebnisse des finalen Regressionsmodells zur Erklärung des Posttestergebnisses in der Teilkompetenz Interpretieren

AV	Prädiktor	b	SE	β	p	Sig.	R^2	R^2_{adj}
Mod_T2_3	Konstante	0.58	0.37	0.00	0.12			
	Mod_T1_3	0.23	0.07	0.25	0.001	**		
	Note	−0.16	0.10	−0.12	0.10		12.80 %	10.91 %
	w_no_Markt	0.04	0.03	0.09	0.19			
	no_GGBHilfe	−0.10	0.04	−0.14	0.03	*		

Signifikanzniveaus: *** $p < 0.001$, ** $p < 0.01$, * $p < 0.05$, . $p < 0.1$

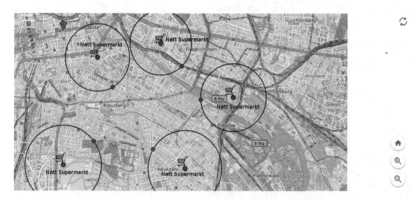

Abbildung 9.13 Exemplarische Lösung der Aufgabe Supermarkt mit zwei verwendeten Werkzeugen (Punkt und Kreis)

Validierens ($b = 0.35$, $\beta = 0.30$ und $p = 0$), die Note ($b = −0.24$, $\beta = −0.18$ und $p = 0.01$), sowie schwach signifikant die Anzahl an Textzeichen in den Antwortfeldern ($b = 0.001$, $\beta = 0.11$ und $p = 0.08$). Dabei zeigt das Vorwissen erneut einen positiven Zusammenhang mit mittlerem Effekt und die Note einen negativen Zusammenhang mit kleinem Effekt. Der Zusammenhang der Anzahl der Textzeichen zum Posttestergebnis ist positiv. Hier lässt sich herleiten, dass ein Textzeichen mehr in einem der Antwortfelder zu einer um 0.001 Logit höheren Leistung im Posttest führt, wenn die übrigen Variablen kontrolliert werden.

Nicht signifikant, aber für die Erklärleistung des Modells relevant, sind außerdem die folgenden Variablen: Anzahl der Werkzeuge in den GeoGebra-Übungen mit einem positiven Zusammenhang und kleinem Effekt, Anzahl der händisch gesetzten Punkte im GeoGebra-Applet zur Aufgabe Supermarkt mit einem negativen Zusammenhang, sowie Anzahl der Aufrufe des Taschenrechners mit einem

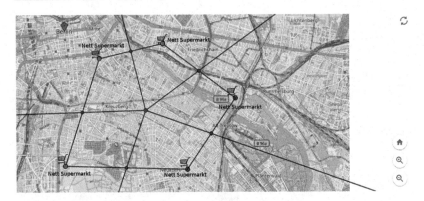

Abbildung 9.14 Exemplarische Lösung der Aufgabe Supermarkt mit drei verwendeten Werkzeugen (Punkt, Mittelpunkt, Strecke)

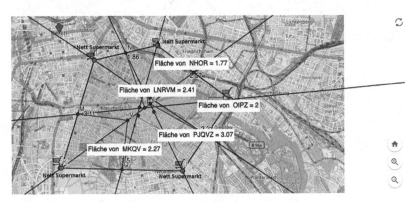

Abbildung 9.15 Exemplarische Lösung der Aufgabe Supermarkt mit sechs verwendeten Werkzeugen (Punkt, Mittelpunkt, Schnittpunkt, Strecke, Vieleck, Flächeninhalt)

positiven Zusammenhang und kleinem Effekt. Insgesamt kann also bei den Variablen mit positivem Zusammenhang zumindest von einer Tendenz ausgegangen werden.

Zusammenfassend erreicht das Modell ein adjustiertes R^2 in Höhe von 20.54 % und entsprechend eine mittlere Erklärungsleistung. Das Modell ist demnach als zufriedenstellend anzusehen.

Tabelle 9.38 Ergebnisse des finalen Regressionsmodells zur Erklärung des Posttestergebnisses in der Teilkompetenz Validieren

AV	Prädiktor	b	SE	β	p	Sig.	R^2	R^2_{adj}
Mod_T2_4	Konstante	−0.01	0.57	0.00	0.98			
	Mod_T1_4	0.34	0.07	0.30	0	***		
	Note	−0.24	0.09	−0.18	0.01	*		
	w_no_Uebung	0.04	0.03	0.10	0.16		23.20%	20.54%
	Markt_points	−0.01	0.006	−0.04	0.54			
	no_TR	0.02	0.01	0.11	0.11			
	texts_no	0.001	0.000	0.11	0.08	.		

Signifikanzniveaus: *** $p < 0.001$, ** $p < 0.01$, * $p < 0.05$, . $p < 0.1$

Resultat: Zusammenfassend konnten Variablen aus den Prozessdaten extrahiert werden, welche die Varianzaufklärung der Posttestergebnisse in den vier Teilkompetenzen Vereinfachen, Mathematisieren, Interpretieren und Validieren erhöhen. Hierbei wurde vor allem ein Fokus auf eine Quantifizierung der in der Lernumgebung verwendeten Elemente gelegt. Von den 23 extrahierten Variablen waren in den Regressionsmodellen insgesamt 14 relevant. Die finalen Modelle inkludieren vier bis sechs Variablen und erreichen alle eine zufriedenstellende Varianzaufklärung. Die Interpretation der einzelnen Variablen in den vier Modellen erfolgt im nächsten Kapitel durch Hinzuziehen geeigneter theoretischer sowie empirischer Erkenntnisse.

Teil III
Diskussion, Fazit und Ausblick

Diskussion 10

Im vorherigen Kapitel wurden die verschiedenen Ergebnisse dargestellt. Diese Darstellung verfolgte das Ziel, die in den Forschungsfragen formulierten Untersuchungsgegenstände auf Basis der im Projekt Modi erhobenen Daten zu erörtern. Das nun folgende Kapitel dient der inhaltlichen Diskussion und Interpretation dieser Ergebnisse, sowie der dazugehörigen Einbettung in bisherige Erkenntnisse aus Theorie und Empirie. Dabei wird zum einen das Ziel verfolgt, die Struktur einer holistischen Modellierungskompetenz auf Basis der vier Teilkompetenzen und des metakognitiven Wissens über mathematisches Modellieren, welches in Prä- und Posttest erhoben wurde, zu ergründen. Zum anderen besteht das Ziel, mithilfe dieser Erkenntnisse die Intervention aus verschiedenen Perspektiven zu evaluieren und Indikatoren für einen Kompetenzerwerb zu identifizieren.

Eine schrittweise Näherung an die beschriebenen Ziele erfolgte, indem zunächst auf Basis der probabilistischen Testtheorie verschiedene Modelle zur Beschreibung der Modellierungsteilkompetenzen (Abschnitt 9.1), des metakognitiven Wissens über mathematisches Modellieren (Abschnitt 9.2), sowie einer holistischen Sichtweise auf Basis der Modellierungsteilkompetenzen und des metakognitiven Wissens (Abschnitt 9.3) evaluiert wurden.

Die Analyse der Intervention erfolgte, indem die Entwicklung der Modellierungsteilkompetenzen und des metakognitiven Wissens über mathematisches Modellieren auf globaler Ebene sowie auf Gruppenebene mithilfe von t-Tests zur Identifikation von Mittelwertsunterschieden zu den beiden Testzeitpunkten eruiert wurden (vgl. Abschnitte 9.4.1.1 und 9.4.2.1). Weiterhin wurden für die insgesamt fünf erhobenen Facetten Unterschiede zwischen Experimental- und Kontrollgruppe untersucht, indem lineare Regressionsmodelle analysiert wurden (vgl. Abschnitte 9.4.1.2 und 9.4.2.2).

© Der/die Autor(en), exklusiv lizenziert an Springer Fachmedien Wiesbaden GmbH, ein Teil von Springer Nature 2022
L. Frenken, *Mathematisches Modellieren in einer digitalen Lernumgebung*, Studien zur theoretischen und empirischen Forschung in der Mathematikdidaktik, https://doi.org/10.1007/978-3-658-37330-6_10

Weitere Regressionsanalysen wurden durchgeführt, um zum einen Aussagen über die Rezeption des Treatments tätigen zu können, indem der Einfluss der auf Seiten mit metakognitivem Wissen verbrachten Zeiten in ein Regressionsmodell aufgenommen wurde, welches als Stichprobe die Interventionsgruppe betrachtet (vgl. Abschnitt 9.5.1). Zum anderen wurden explorativ in einem letzten Schritt weitere Variablen in den Prozessdaten identifiziert, welche sukzessive in die Regressionsmodelle aufgenommen wurden. Mit dem Ziel einer bestmöglichen Varianzaufklärung der Posttestergebnisse in den Modellierungsteilkompetenzen konnten so Prädiktoren für die Kompetenzentwicklung identifiziert werden (vgl. Abschnitt 9.5.2).

In diesem Kapitel werden nun zunächst die Ergebnisse entlang der in Kapitel 7 formulierten Forschungsfragen zusammengefasst und interpretiert. Im Anschluss dient die Diskussion der Methode außerdem der Einordnung der in dieser Studie herausgearbeiteten Ergebnisse. Darauf aufbauend können im nächsten Kapitel Implikationen für die Forschung auf der einen Seite, sowie Implikationen für die schulische Verankerung auf der anderen Seite als Ausblick formuliert werden.

10.1 Diskussion der Ergebnisse

Entlang der vier Fragenkomplexe werden nun die Ergebnisse kurz dargestellt, um im Anschluss eine Einordnung in bisherige theoretische sowie empirische Erkenntnisse leisten zu können. Darauf aufbauend werden die Ergebnisse interpretiert.

10.1.1 Fragenkomplex I: Kompetenzstrukturen und Zusammenhänge

Das erste Erkenntnisinteresse dieser Arbeit bezieht sich auf die Struktur der Modellierungskompetenz unter Verwendung des Testinstruments nach Beckschulte (2019) und Hankeln (2019), sowie die Struktur des metakognitiven Wissens, welches mit einem im Rahmen des Projekts Modi konzipierten Testinstrument erhoben wurde. Darüber hinaus war der Zusammenhang dieser beiden Konstrukte als mögliche Unterfacetten einer holistischen Modellierungskompetenz, wie sie etwa Kaiser (2007) und K. Maaß (2006) beschreiben, von Interesse. Mit diesen drei Aspekten kann der Forderung nachgekommen werden, standardisierte Erhebungsinstrumente zum mathematischen Modellieren zu entwickeln (Cevikbas et al., 2021) und darüber hinaus die Kompetenzstruktur des mathematischen Modellierens adäquater beschreiben zu können (Blum, 2002).

In Kohärenz zu den Ergebnissen nach Beckschulte (2019) und Hankeln (2019) zeigte sich, dass ein vierdimensionales *between-item*-Modell die vorliegenden Daten am besten beschreibt. Demnach lässt sich die Hypothese stützen, dass die vier verschiedenen Teilkompetenzen als einzelne, empirisch voneinander trennbare Facetten eines latenten Konstrukts aufgefasst werden können. Dies ist ebenfalls in Einklang zu bringen mit den Erkenntnissen nach Brand (2014) und Zöttl (2010), welche bereits von der empirischen Umsetzbarkeit zur komponentenweisen Erfassung der Modellierungskompetenz über Teilfacetten berichteten. In der vorliegenden Studie wurde allerdings weder die auch schon theoretisch beschriebene Teilkompetenz des mathematischen Arbeitens noch eine Facette zur Lösung einer gesamten, holistischen Modellierungsaufgabe erhoben. Wie bereits durch Beckschulte (2019) und Hankeln (2019) erläutert, ist der Ansatz der Erfassung von vier Teilkompetenzen nicht unstrittig, bietet jedoch eine möglichst genaue Diagnostik der für das mathematische Modellieren charakteristischen Aktivitäten.

Herauszustellen sind die guten Kennwerte der Rasch-Skalierung, welche vergleichbar oder bezüglich der Reliabilitäten sogar etwas besser als im LIMo-Projekt einzuordnen sind (vgl. Beckschulte, 2019; Hankeln, 2019). Daher sind etwaige Moduseffekte (Robitzsch et al., 2017), die durch die Digitalisierung des Testinstruments hätten entstehen können, auszuschließen oder zu vernachlässigen. Entsprechend kann, vergleichbar zu Analysen des Modus-Effekts mit PISA-Daten (Goldhammer et al., 2019), von einer Konstruktäquivalenz ausgegangen werden. Auch die durchgängige, dichotome Kodierung im Gegensatz zu einer teilweise auf Dichotomie, teilweise auf Partial Credit-Modellen beruhenden Kodierung (vgl. Beckschulte, 2019; Hankeln, 2019), ergibt keine deutlichen Verschlechterungen der Itemkennwerte und Fit-Statistiken. Dementsprechend kann das Testinstrument, welches für diese Studie in ein digitales Format übertragen wurde, mit den vier empirisch trennbaren latenten Dimensionen *Vereinfachen*, *Mathematisieren*, *Interpretieren* sowie *Validieren* zum Vergleich unterschiedlicher Gruppen und Testzeitpunkten in der vorliegenden Studie herangezogen werden, um Facetten der Modellierungskompetenz zu messen.

Das eingesetzte Testinstrument zum metakognitiven Wissen über mathematisches Modellieren wurde vor der Haupterhebung im Projekt Modi konzipiert. Dazu wurden zunächst die Facetten des Konstrukts identifiziert, indem in einem ersten Schritt das *fuzzy concept* (Flavell, 1981, S. 37) der Metakognition hergeleitet, eingegrenzt sowie strukturiert wurde (vgl. Abschnitt 5.1.1). Darauf aufbauend konnte das metakognitive Wissen als ein Teil der Metakognition identifiziert werden, welcher sich erneut in Subfacetten aufteilen lässt (vgl. Abschnitt 5.2). Erkenntnisse aus der empirischen Forschung zum mathematischen Modellieren wurden in einem letzten Schritt auf die Konzeptualisierung des metakognitiven Wissens bezogen, um so

Items zum Aufgaben- und Strategiewissen zu entwickeln (vgl. auch Frenken, 2021; Frenken und Greefrath, 2020). Bei der Konzeption des Testinstruments wurden die bisherigen Operationalisierungen und die geäußerten Kritiken berücksichtigt (vgl. Abschnitt 5.2.1). Insbesondere die Validität innerhalb direkter Erhebungsformen sollte optimiert werden, da das konkrete Benennen verschiedener Strategien zur Erhebung des Strategierepertoires zum einen und die Selbstberichte der Testteilnehmenden zum anderen nicht immer zu verlässlichen Messungen führten (Spörer und Brunstein, 2006; Veenman und van Cleef, 2019). Dem konnte in der vorliegenden Studie begegnet werden, indem Strategien explizit lediglich bei den Items zu Strategiezielen benannt wurden. Im Voraus wurde das Strategierepertoire erhoben und eine Navigation zurück zu diesen Items wurde durch die computerbasierte Erfassung restringiert. Während der Erfassung des Strategierepertoires ohne das Benennen einzelner Strategien erfolgte außerdem eine Reduktion der Textlastigkeit, indem Dialoge in Form von Audiodateien eingebettet wurden. Dies ermöglicht in weiteren Studien auch die Analyse weiterer Testkennwerte, da beispielsweise als zusätzlicher Parameter aufgenommen werden kann, wie häufig die einzelnen Audiodateien abgespielt wurden.

Insgesamt zeigen die Modellvergleiche mithilfe der probabilistischen Testtheorie, dass sich das metakognitive Wissen über mathematisches Modellieren bestmöglich als eindimensional darstellen lässt. Das Aufgabenwissen und das Strategiewissen sind entsprechend nicht als empirisch trennbare Subfacetten des metakognitiven Wissens anzusehen, auch wenn sie sich theoretisch voneinander abgrenzen lassen. Dies ist kohärent zu den Ergebnissen aus der Pilotierungsstudie (Frenken, 2021). Zu betonen ist jedoch die Domänenspezifität des Testinstruments, sodass sich die Erkenntnisse nur bedingt auf das allgemeine Konstrukt der Metakognition bzw. des metakognitiven Wissens zurückführen lassen (Pintrich et al., 2000). Daher betont Vorhölter (2017) den Bedarf nach einer Entwicklung verschiedener Testinstrumente zur Erhebung metakognitiver, modellierungsspezifischer Kompetenzen. Dem konnte in der vorliegenden Studie nachgegangen werden.

Es wäre auch denkbar gewesen, ein dreidimensionales Modell mit den Facetten *Ziele der Strategien*, *Strategierepertoire* und *Aufgabenwissen* zu überprüfen. Da jedoch die Art der Items im Strategierepertoire durch die offenen Kurzantworten so different zu den übrigen Combined-Single-Choice Items ist, wäre ein Zerfall in ein solches dreidimensionales Modell nicht mehr ausschließlich auf inhaltliche Aspekte zurückzuführen gewesen, sondern hauptsächlich auf die Art der Itemgestaltung. Diese wurde jedoch bewusst so gewählt, um den Problemen bisheriger Testinstrumente, in denen Strategien auch zur Erhebung des Strategierepertoires explizit erwähnt wurden (vgl. Spörer und Brunstein, 2006; Tropper, 2019), zu begegnen. Darüber hinaus sollte bei der Untersuchung der Dimensionalität stets der theoretische und bisher empirisch bekannte Rahmen berücksichtigt werden (J. Rost, 2004). So dient eine Modellprüfung auch stets nur einer Gegenüberstellung der angenommenen Dimensionen, nicht aber der Bestätigung einer global bestmöglichen Passung (J. Rost, 2004). Es ist also denkbar, dass weitere Facetten, wie das in diesem Testinstrument nicht erhobene Personenwissen, ebenfalls eine Dimension des metakognitiven Wissens bildet oder sich in die hier gewählte Eindimensionalität eingliedert.

Zu diskutieren ist in Bezug auf das Testinstrument zum metakognitiven Wissen über mathematisches Modellieren außerdem die Notwendigkeit des Ausschlusses einiger Items. Hierzu zählen die Items *Heißluftballon, Tanken, AW6, Ziel_Lesen_5,* sowie *Ziel_Lösungsplan_2.* Insgesamt konnten nach Ausschluss dieser fünf Items Wissensfacetten über Ziele des Einsatzes von Skizzen, Lösungsplan, Lesestrategien, Analogieanwendungen und des Kontrollierens erfasst werden. Darüber hinaus wurden innerhalb des Strategierepertoires die tatsächliche Benennung oder Umschreibung von Skizzen, Lesestrategien, Analogieanwendungen und des Kontrollierens erfasst. Das Item zum Lösungsplan (Heißluftballon) musste ausgeschlossen werden. Auch in der Pilotierung war dies bereits bei zwei anderen Items der Fall. Hier lässt sich die Vermutung aufstellen, dass der gesamte Lösungsplan nicht innerhalb eines Items zu erheben ist, sondern erneut in seine Facetten aufgeteilt werden muss. Es ist in Erwägung zu ziehen, dass zum Umgang mit und zum Wissen über den Lösungsplan ein eigenständiges Testinstrument entwickelt werden könnte, welches jedoch mit dem hier entwickelten Testinstrument zum metakognitiven Wissen korrelieren müsste, da einzelne Strategien, wie beispielsweise das Kontrollieren, das Finden von Analogien oder das Zeichnen einer Skizze, auch Elemente des Lösungsplans sind. Genau das war bei dem Item *Heißluftballon* problematisch, sodass die Lösungsquote mit 8.10 % zu gering für einen sinnvollen Einsatz im Testinstrument war. Auch die übrigen vier Items wurden selektiert, weil die Lösungsquoten unter 10 % lagen und somit nicht geeignet für eine Leistungsdifferenzierung waren. Dies lässt auch darauf schließen, dass metakognitives Wissen über mathematisches Modellieren im Allgemeinen bei den Schülerinnen und Schülern dieser Stichprobe teilweise sehr gering ausgeprägt war. Ein ähnliches Ergebnis wurde ebenfalls in der Pilotierung gefunden (Frenken, 2021).

Das Ergebnis nach Vorhölter (2018), dass modellierungsspezifische Metakognition in einzelne Komponenten zerfällt, die empirisch voneinander trennbar sind, steht nicht im Gegensatz zu den Ergebnissen der vorliegenden Studie, da die genannte Autorin sich bei der Erhebung auch auf Strategien bezieht, welche Auswirkungen auf den gesamten Modellierungsprozess haben. Die in dieser Studie fokussierten Strategien können in den durch Vorhölter (2018) gebildeten Kategorien *strategies for proceeding, strategies used if difficulties occur* und *strategies for evaluating* vor allem der zweiten Facette zugeordnet werden. Weiterhin ist als Abgrenzung der beiden Studien herauszustellen, dass in der vorliegenden Studie der Fokus auf dem Wissen über die jeweiligen Strategien lag, wohingegen bei Vorhölter (2018) die Anwendung und Umsetzung der jeweiligen Strategien eruiert wurde.

Insgesamt lässt sich also mithilfe des konzipierten Testinstruments das metakognitive Wissen über mathematisches Modellieren als ein latentes Konstrukt erheben. Es sollte in weiteren Studien evaluiert werden, inwiefern dieses Konstrukt mit weiteren metakognitiven, modellierungsspezifischen Komponenten korreliert. Dazu könnte beispielsweise das von Vorhölter (2018) entwickelte Testinstrument zur Erhebung prozeduraler Metakognition im Bereich der Strategien verwendet werden. Weiterhin ließe sich mithilfe des Testinstruments nach Lingel (2016) bzw. Lingel et al. (2014) untersuchen, inwiefern allgemeines mathematisches metakognitives Wissen und das metakognitive Wissen über mathematisches Modellieren zusammenhängen. Außerdem ist es auf Basis des entwickelten Testinstruments möglich, den Einfluss des metakognitiven Wissens über mathematisches Modellieren mit den Teilkompetenzen in Verbindung zu bringen und darüber hinaus die Wirksamkeit von Interventionen mit Zielen der Aktivierung von Modellierungsprozessen hinsichtlich des metakognitiven Wissens als grundlegende Voraussetzung für den tatsächlichen Einsatz metakognitiver Strategien zu evaluieren.

Der Zusammenhang zwischen metakognitivem Wissen über mathematisches Modellieren und den vier erhobenen Teilkompetenzen bildet das letzte Forschungsinteresse des ersten Fragenkomplexes. Hierbei lässt sich das Forschungsinteresse vor allem aus der theoretischen Überlegung ableiten, dass eine holistische Modellierungskompetenz, welche auch als Kompetenz den gesamten Modellierungskreislauf zu durchlaufen und entsprechend eine Modellierungsaufgabe zu bearbeiten aufgefasst werden kann, nicht nur aus den Teilkompetenzen besteht, sondern auch weitere Aspekte wie die Metakognition relevant sind (Kaiser, 2007; K. Maaß, 2006). Die Ergebnisse einer Gegenüberstellung eines fünfdimensionalen mit einem eindimensionalen Modell zeigen, dass sich das fünfdimensionale Modell eindeutig besser zur Beschreibung des latenten Konstrukts der Modellierungskompetenz eignet. Daraus lässt sich nicht herleiten, dass eine holistische Modellierungskompetenz genau aus den fünf Facetten besteht, sondern es ist lediglich zu konstituieren, dass sich die fünf Facetten empirisch trennen lassen. Weiterhin zeigen die Korrelationen der fünf Dimensionen wesentlich stärkere Zusammenhänge unter den Teilkompetenzen als einzelne Teilkompetenzen mit dem metakognitiven Wissen. Lediglich die Teilkompetenz des Mathematisierens zeigt einen signifikanten Zusammenhang zum metakognitiven Wissen, wohingegen auf Basis der vorliegenden Daten keine Zusammenhänge zwischen den übrigen Teilkompetenzen herausgestellt werden können. Demnach besteht ein Zusammenhang des erhobenen Wissens über

Modellierungsaufgaben und adäquate Strategien vor allem hinsichtlich der Teilkompetenz des Mathematisierens. Dies sollte jedoch nicht zur Vernachlässigung der Relevanz des metakognitiven Wissens über mathematisches Modellieren für holistische Modellierungsprozesse führen. Cohors-Fresenborg et al. (2010) konstituieren, dass vor allem der prozedurale Aspekt der Metakognition relevant für erfolgreiche Modellierungsprozesse ist. Dies sollte in weiteren Studien eruiert werden. Dennoch kann die Hypothese, dass auch das metakognitive Wissen relevant für das Durchlaufen eines Modellierungskreislaufs ist, beibehalten werden. In weiteren Studien sollte aufgrund der Ergebnisse überprüft werden, inwiefern das erhobene Wissen vor allem für das Mathematisieren relevant ist. Es lässt sich vermuten, dass weitere Strategien und Wissensaspekte für die übrigen Teilkompetenzen relevanter sind. Außerdem sollte bei der Interpretation der vorliegenden Ergebnisse berücksichtigt werden, dass mathematische Leistung und allgemeines metakognitives mathematisches Wissen durch parallele Entwicklungsverläufe beschreibbar sind, welche zeitgleich ablaufen (Lingel, 2016). Die Teilkompetenz des Mathematisierens ist womöglich am ehesten mit den bei Lingel (2016) erhobenen Anforderungen zur mathematischen Leistung zu vergleichen, wobei Kompetenzen im Vereinfachen, Interpretieren und Validieren in diesem Testinstrument kaum erhoben wurden. Weitere Studien zur Vergleichbarkeit der Aussagen sind demnach notwendig. Es besteht ebenfalls die Möglichkeit in zukünftigen Studien, metakognitive prozedurale Aspekte auf Basis der erhobenen Prozessdaten zu identifizieren und messbar zu machen.

Aus den Erkenntnissen zum ersten Fragenkomplex lässt sich zusammenfassen, dass beide eingesetzten Testinstrumente für den Gruppenvergleich geeignet sind. Die Modellierungskompetenz wird im Folgenden über die Konzeptualisierung der Teilkompetenzen betrachtet. Darüber hinaus wird außerdem das metakognitive Wissen über mathematisches Modellieren als weitere empirisch trennbare Facette evaluiert. Der Zusammenhang zwischen den Modellierungsteilkompetenzen und dem metakognitiven Wissen über mathematisches Modellieren lässt sich auf Basis der vorliegenden Instrumente und Daten lediglich teilweise bestätigen, wobei jedoch vor allem die Teilkompetenz des Mathematisierens einen signifikanten Zusammenhang zum metakognitiven Wissen aufweist. Dementsprechend kann das metakognitive Wissen als ein relevanter Teil zum Durchlaufen eines gesamten Modellierungsprozesses angesehen werden, wobei weitere – vor allem prozedurale Aspekte – in Zukunft ebenfalls betrachtet werden sollten, um eine globale Aussage zur Struktur der Modellierungskompetenz treffen zu können.

10.1.2 Fragenkomplex II: Auswirkungen der Intervention

Das zweite große Erkenntnisinteresse dieser Arbeit lag darin, die Intervention zu
evaluieren. Dieses Interesse lässt sich nicht nur in die zuvor beschriebenen fünf zum
Prä- und Posttest erhobenen Facetten gliedern, sondern auch sowohl auf globaler
Ebene der gesamten Stichprobe als auch auf Ebene der beiden Versuchsgruppen eruieren. Entsprechend der Reihenfolge der Forschungsfragen wird in diesem Abschnitt
zunächst auf die Modellierungsteilkompetenzen und im Anschluss auf das metakognitive Wissen fokussiert. Dabei werden jeweils zuerst globale Veränderungsmes-
sungen diskutiert. Im Anschluss erfolgt die Betrachtung der Gruppenunterschiede.

Die Mittelwerte der Personenfähigkeiten in den Teilkompetenzen Vereinfachen,
Mathematisieren und Validieren unterscheiden sich von Prä- zu Posttest signifikant
und zeigen kleine Effekte mit positivem Zusammenhang. Entsprechend haben die
teilnehmenden Schülerinnen und Schüler im Mittel eine höhere Leistung im Post- als
im Prätest in den genannten drei Teilkompetenzen gezeigt. Im Interpretieren besteht
ebenfalls ein positiver Zusammenhang, welcher sich jedoch lediglich als Tendenz
beschreiben lässt, da die Mittelwertunterschiede sich nicht signifikant voneinander
unterscheiden. Dennoch ist für die Teilkompetenzen Vereinfachen, Mathematisieren und Validieren die formulierte Hypothese eines mittleren Kompetenzzuwaches
für die gesamte Stichprobe als erfüllt anzusehen. Durch das Bearbeiten der sechs
Modellierungsaufgaben konnte eine bessere Leistung zum zweiten Messzeitpunkt
erreicht werden. Testwiederholungseffekte, die zu einem Kompetenzzuwachs hätten
führen können, sind aufgrund von unterschiedlichen Testversionen zu vernachlässigen. Zunächst einmal kann in dieser Studie also bestätigt werden, dass Modellierungsteilkompetenzen erlernbar sind (Beckschulte, 2019; Brand, 2014; Hankeln,
2019; Kaiser, 2007; Kaiser-Messmer, 1986; K. Maaß, 2004; Schukajlow und Blum,
2018b; Schukajlow, Krug und Rakoczy, 2015; Zöttl, 2010)

Diese Ergebnisse sind vor allem mit der Kompetenzentwicklung der Experimentalgruppe bei Hankeln (2019) zu vergleichen, welche die ersten vier Modellierungsaufgaben mithilfe von GeoGebra innerhalb von vier Unterrichtsstunden gelöst
haben. In dieser Studie zeigte sich ein signifikanter Kompetenzzuwachs lediglich
im Validieren, wohingegen die Kontrollgruppe ohne GeoGebra in allen vier Teilkompetenzen eine signifikante Leistungssteigerung zeigte. Entsprechend ließ sich
vermuten, dass die Übersetzung der realen und mathematischen Modelle in ein digitales Modell eine weitere Hürde darstellt, die auch kognitive Ressourcen einnimmt.
Dass die im Projekt Modi untersuchte Stichprobe, welche insgesamt mit GeoGebra
arbeitete und zwei Aufgaben mehr löste, nun ebenfalls einen signifikanten Kompetenzzuwachs in den Teilkompetenzen des Vereinfachens und des Mathematisierens,

jedoch nicht in der Teilkompetenz des Interpretierens zeigt, stützt diese Überlegungen nach Hankeln (2019) und ist nicht verwunderlich.

Darüber hinaus waren die Anforderungen in der vorliegenden Studie durch das selbstregulierte Arbeiten für die Schülerinnen und Schüler noch höher. Zum Vergleich wurden die betreuenden Lehrkräfte im LIMo-Projekt geschult, sodass mögliche Lösungen am Ende einer jeden Unterrichtseinheit besprochen wurden. So konnten vor allem die einzelnen Teilkompetenzen erneut besonders betont werden. In der vorliegenden Studie hingegen waren die Lehrkräfte dazu angehalten, nur bei dringenden Fragen auf die Teilnehmenden einzugehen und auch dann keine inhaltlichen Antworten zu geben. Die Schülerinnen und Schüler sollten sowohl ihre Lösungen eigenständig überprüfen als auch mit Schwierigkeiten im Umgang mit den Modellierungsaufgaben oder GeoGebra eigenständig durch die Verwendung der integrierten Elemente umgehen. Die Rolle der Lehrkraft wurde auch im DISUM-Projekt untersucht. Hierbei zeigte sich vor allem für den langfristigen Kompetenzerwerb, welcher aufgrund der Pandemielage in der vorliegenden Studie nicht eruiert werden konnte[1], ein eigenständiger, aber durch die Lehrkraft begleitender *operativstrategischer* Unterricht als förderlicher im Gegensatz zu dem direktiven, lenkenden Ansatz (Schukajlow et al., 2009). Allerdings gab es in der genannten Studie ebenfalls Schülerinnen und Schüler, die ohne Lehrkraft arbeiteten und dabei keinerlei Lernzuwachs im Modellieren erfuhren (Blum und Schukajlow, 2018). Die Rolle der Lehrkraft im Projekt Modi war deutlich geringer als im operativ-strategischen Ansatz, jedoch zeigte sie Präsenz und die Lernumgebung war entsprechend gestaltet, sodass sich im Rahmen dieser Studie Hinweise darauf ergeben, dass auch die Gestaltung der Lernumgebung relevant für die Rolle der Lehrkraft und deren Auswirkungen auf den Kompetenzzuwachs ist. Darüber hinaus lässt sich im Vergleich zu der Gruppe ohne Lehrkraft im DISUM-Projekt schlussfolgern, dass die Lernumgebung und deren charakteristische Eigenschaften, wie die Vorstrukturierung oder optionale Hilfen, eine für den Kompetenzzuwachs förderliche und notwendige Rolle spielten.

Zu diskutieren bleibt, inwiefern die eingesetzten, atomistischen und dadurch sehr reduzierten Testitems die tatsächlich geforderten Teilkompetenzen in den holistischen Modellierungsaufgaben erfassen. Die Erhebungsform über Multiple-Choice-Items ist sicherlich eingeschränkter und fokussierter, wohingegen die Schülerinnen und Schüler beispielsweise beim tatsächlichen Interpretieren innerhalb des Lösungsprozesses einer Modellierungsaufgabe zunächst einmal eigenständig zu der jeweiligen Übersetzungsleistung angeregt werden müssen. Darüber hinaus waren

---

[1] Die Diskussion der Methode und Rahmenbedingungen erfolgt ausführlich in Abschnitt 10.2.2.

die zur Verfügung gestellten GeoGebra-Applets weitestgehend noch in der Realität verankert, indem beispielsweise das Hintergrundbild auf die jeweilige Situation hindeutete. Entsprechend ist es möglich, dass der Schritt der Interpretation in den eingesetzten Aufgaben sehr gering war, sodass hier ein Kompetenzzuwachs nicht angemessen erfolgen konnte. Dahingegen waren in der Lernumgebung zum Vereinfachen, zum Mathematisieren und zum Validieren jeweils eigenständige Seiten integriert, über die Prozesse der jeweiligen Teilkompetenzen angeregt werden konnte. In Bezug auf das Mathematisieren kommen Greefrath et al. (2018) zu dem Ergebnis, dass die Einbettung von GeoGebra-Applets in Modellierungsaufgaben vermutlich nur dann zuträglich für eine Steigerung der Teilkompetenz ist, wenn die Aufgaben so gestaltet werden, dass ein tatsächlicher Vorteil durch die Verwendung des digitalen Werkzeugs entsteht. In der vorliegenden Studie wurden daher zu den vier im Rahmen des LIMo-Projekts erstellten Aufgaben zwei weitere hinzugefügt, die den dynamischen Aspekt besonders erfordern und somit eine papierbasierte Lösung kaum mehr zulassen. Es schließt sich also die Vermutung an, dass auch aufgrund dieser Gestaltung ein Zuwachs der mittleren Leistungen im Bereich des Mathematisierens zu beobachten war.

Die Kompetenzentwicklung sollte in der hier dargestellten Studie ebenfalls in Abhängigkeit der Gruppenzugehörigkeit untersucht werden, um das Treatment des zusätzlich zur Verfügung gestellten metakognitiven Wissens über mathematisches Modellieren zu eruieren. Entsprechend wurde für alle vier Teilkompetenzen ein lineares Regressionsmodell aufgestellt, welches die Gruppenzugehörigkeit und das Vorwissen im Sinne der Leistung aus dem Prätest als unabhängige, und die Leistung im Posttest als abhängige Variable inkludierte. In den vier Teilkompetenzen ergaben sich standardisierte Regressionsgewichte zwischen -0.03 und 0.01 für die Variable der Gruppenzugehörigkeit, wobei die Kontrollgruppe mit 0 und die Experimentalgruppe mit 1 kodiert war. Insgesamt ist die Gruppenzugehörigkeit und dementsprechend das Treatment also nicht als Einflussfaktor für die Modellierungsleistung im Posttest zu deklarieren, wenn das Vorwissen kontrolliert wird. Diese Ergebnisse lassen sich vor dem Hintergrund des theoretischen Rahmens verschiedenartig interpretieren und begründen. Zunächst kann die *Cognitive Load Theory* (Sweller, 1988, 1994) herangezogen werden. Aus verschiedenen Studien ist zu entnehmen, dass innerhalb von Modellierungsprozessen in jedem der Teilschritte Schwierigkeiten für Schülerinnen und Schüler auftreten können (Blum und Borromeo Ferri, 2009; Galbraith und Stillman, 2006; Stillman, 2011). Hinzu kommt der für viele Schülerinnen und Schüler ungewohnte Umgang mit der digitalen Lernumgebung, welche nicht nur die Selbstregulation des eigenen Lösungsprozesses, sondern auch die eigenständige Auswahl relevanter Inhalte und Hilfestellungen, sowie die kombinierte Verarbeitung über verschiedene Medienarten zur Verfügung gestellter Informationen erfordert (vgl. auch Barzel, 2006; Haleva et al., 2021). Insgesamt ist der Cognitive Load dementsprechend für die Studentteilnehmerinnen und -teilnehmer bereits sehr hoch, sodass die zusätzlichen, mit Bild und Text gestalteten, allgemeinen Informationsseiten vermutlich nicht geeignet in den Lernprozess integriert wurden. Weitere Aufschlüsse hierzu soll die Interpretation der Ergebnisse zur Nutzung der metakognitiven Wissenselemente im nächsten Abschnitt liefern, indem die auf den zusätzlichen Seiten der Experimentalgruppe verbrachten Zeiten analysiert werden (vgl. Abschnitt 10.1.3). Hier könnte auch ein weiterer relevanter Faktor die Motivation gewesen sein, wodurch das Lesen der Informationstexte nicht gründlich erfolgte. Eine solche Erkenntnis stellten auch Artelt et al. (2003) im Rahmen der Analysen von PISA-2000-Daten heraus. Auch mit Erkenntnissen zur Lernumgebung *MathePrisma* sind diese Ergebnisse vergleichbar (Krivsky, 2003). Weiterhin ist die Lesefreude bei deutschen Schülerinnen und Schülern deutlich unter dem OECD-Durchschnitt (Diedrich et al., 2019) und das Lesen digitaler Texte stellt weitere Anforderungen (Ramalingam und Adams, 2018; Weis et al., 2019).

Darüber hinaus bleiben ebenfalls die nicht eindeutigen Ergebnisse zur Metakognition zu diskutieren, welche sich auch in der vorliegenden Studie widerspiegeln. So war auch in der Studie nach Beckschulte (2019) zum Lösungsplan kein eindeutiger Gruppeneffekt der Experimentalgruppe zu erkennen. Weiterhin bleibt auch in anderen Studien zur Vermittlung metakognitiver Unterstützungsangebote ein positiver Effekt aus (Hagena et al., 2017; Schukajlow und Leiss, 2011). Die Hypothese, dass ein Erwerb metakognitiver Kompetenzen im Rahmen des mathematischen Modellierens nur langfristig erfolgen kann, bleibt also bestehen. Das textuelle Beschreiben und bildliche Darstellen verschiedener Aspekte des metakognitiven Wissens über mathematisches Modellieren trägt zunächst nicht zu einem verbesserten Kompetenzerwerb bei, es verlangsamt diesen jedoch auch nicht maßgeblich. Es bleibt also zu vermuten, dass die Wissenselemente über einen längeren Zeitraum hinweg verarbeitet und in Modellierungsprozesse integriert werden können. Dennoch scheint nicht die deklarative Metakognition, sondern wie durch Cohors-Fresenborg et al. (2010) beschrieben, die prozedurale Komponente relevanter für den Kompetenzerwerb zu sein, auch wenn das Wissen über Strategien und Aufgabeneigenschaften zumindest aus theoretischer Perspektive nach wie vor als grundlegend für einen zielführenden und problemorientierten Einsatz einer bestimmten Strategie zu sein scheint. Diese Annahme stützend ist die Erkenntnis, dass nach dem Erwerb metakognitiven Wissens die Anwendung dessen stark von dem eingeschätzten Aufgabenwert abhängt (Wolters und Pintrich, 2002). Nicht nur der Aufgabenwert, sondern auch die eingesetzten Aufgaben könnten relevant für die Interpretation und Erklärung der Ergebnisse sein, da zu erwägen ist, dass die Aufgaben primär keine metakognitiven Aspekte erforderten oder der Fokus beim Lösen der Aufgaben auf den digitalen Werkzeugen und den teilkompetenzbezogenen Anforderungen lag.

Die bisherigen Darstellungen in diesem Abschnitt bezogen sich auf die vier erhobenen Teilkompetenzen des mathematischen Modellierens. Mithilfe des Testinstruments zum metakognitiven Wissen über mathematisches Modellieren soll nun die globale Entwicklung dessen sowie der Einfluss der Gruppenzugehörigkeit auf den Leistungsunterschied hierbei dargestellt werden.

Insgesamt ist der Mittelwertunterschied im Posttest 0.01 Logit geringer als im Prätest. Es lässt sich also die Hypothese einer Zunahme des metakognitiven Wissens durch das Lösen von Modellierungsaufgaben im Allgemeinen nicht bestätigen. Es besteht demnach die Vermutung, dass dieses Wissen durch das explizite Thematisieren, das Einüben verschiedener Strategien und die Sensibilisierung auf die Eigenschaften von Modellierungsaufgaben notwendig ist, um metakognitives Wissen über mathematisches Modellieren zu erlangen. Dies steht im Gegensatz zu der Erkenntnis nach Lingel (2016), dass metakognitives Wissen im Bereich der Mathematik einen parallelen Verlauf zu mathematischen Fähigkeiten annimmt. Eine mögliche Erklärung ist allerdings, dass die Motivation zur Bearbeitung der allerletzten Testitems im gesamten Testblock zu Erhebungszeitpunkt 2 nachgelassen hat und daher eine sinnvolle Bearbeitung dieses Tests nicht mehr durch alle Schülerinnen und Schüler erfolgte. Dies kann von dem Ergebnis gestützt werden, dass bereits einige Studienteilnehmende gänzlich aus den Auswertungen exkludiert werden mussten, da sie keinerlei Antworten zum zweiten Testzeitpunkt lieferten. Auch hier ist das selbstregulierte Arbeiten von großer Bedeutung gewesen. In der grafischen Abbildung der mittleren Prä- und Posttestergebnisse im metakognitiven Wissen über mathematisches Modellieren (vgl. Abbildung 9.10) ist dieser Abwärtstrend vor allem der Kontrollgruppe zuzuschreiben. Diese lieferte im Posttest im Mittel ein um 0.11 Logit schlechteres Ergebnis ab. Als erwartungskonform zu bezeichnen ist hingegen die Entwicklung des metakognitiven Wissens in der Experimentalgruppe, welche eine um 0.08 verbesserte mittlere Leistung zum zweiten Messzeitpunkt aufwies. Entsprechend lässt sich bestätigen, dass auch der deklarative Teil der Metakognition in Bezug auf mathematisches Modellieren prinzipiell erlernbar ist (Bannert, 2003; R. Fisher, 1998, Kuhn, 1999, 2000; Mahdavi, 2014). Aufgrund des geringen Zuwachses lässt sich jedoch auch die Vermutung stützen, dass Metakognition im Allgemeinen, sowie Teilaspekte dieser im Speziellen längerfristig aufgebaut werden müssen (Alzahrani, 2017; Beckschulte, 2019; Cullen, 1985; Lester et al., 1989; Mevarech und Kramarski, 1997; Semana und Santos, 2018; Shilo und Kramarski, 2019; Veenman et al., 2006). Insgesamt zeigen sich zumindest Tendenzen, dass es notwendig ist, dieses metakognitive Wissen explizit zu vermitteln. Alternativ ist herzuleiten, dass metakognitives Wissen ebenfalls durch die Anregung und Vermittlung prozeduraler metakognitiver Kompetenzen erworben werden kann (Semana und Santos, 2018).

Um genauere Aussagen über den Einfluss der Gruppenzugehörigkeit zu tätigen, wurden die beschriebenen Tendenzen mithilfe eines Regressionsmodells untersucht. Hierbei lässt sich ein positiver Zusammenhang zwischen Zugehörigkeit zur Interventionsgruppe und Leistung im Posttest erkennen, wenn das Vorwissen kontrolliert wird. Dieser Zusammenhang ist jedoch statistisch nicht signifikant. Zur Erklärung lässt sich hier die bereits diskutierte Notwendigkeit einer langfristigen Vermittlung anführen. Allerdings ist auch von großer Relevanz, inwiefern die zusätzlichen Seiten zum metakognitiven Wissen über mathematisches Modellieren überhaupt verarbeitet und wahrgenommen wurden. Entsprechend widmet sich der nachfolgende Abschnitt dem Einfluss der auf diesen Seiten verbrachten Zeit auf die Posttestleistung zum metakognitiven Wissen innerhalb der Experimentalgruppe.

10.1.3 Fragenkomplex III: Nutzung des Treatments

Um die Nutzung der zusätzlichen metakognitiven Wissenselemente über mathematisches Modellieren zu eruieren, kann analysiert werden, inwiefern eine Variable, die anzeigt, wie viel Zeit auf diesen Seiten verbracht wurde, einen Prädiktor darstellt. In Abschnitt 9.5.1 wurde daher zunächst dargestellt, wie viel Zeit dort überhaupt investiert wurde. Hierbei ist die zusammenfassende Erkenntnis, dass die zusätzlichen Elemente im Allgemeinen nur für einen sehr kurzen Zeitraum aufgerufen wurden. Von den sechs zur Verfügung stehenden 45-Minuten-Stunden, wovon nach dem Hochfahren der Rechner und weiterer Vorbereitungen in allen Gruppen mindestens 30 Minuten zur Verfügung standen, beträgt der Mittelwert der verbrachten Zeit auf den insgesamt acht zusätzlichen Seiten lediglich 2 Minuten. Die maximale Summe aller auf den zusätzlichen Seiten verbrachten Zeiten beträgt ungefähr 6.5 Minuten und die minimale Summe nur 12 Sekunden. Dementsprechend haben alle Schülerinnen und Schüler der Experimentalgruppe im Verhältnis zu der insgesamt zur Verfügung stehenden Zeit nur einen sehr geringen Anteil auf den zusätzlichen Seiten verbracht. Da die Lernenden die Seiten aufgrund der Navigationseinstellungen alle jeweils mindestens einmal aufrufen mussten, lässt sich schließen, dass einige der Experimentalgruppe nahezu sofort auf die nächste Seite gewechselt sind und die Informationen weder gelesen noch verarbeitet haben. Wird ein Schwellenparameter zugrunde gelegt, der angibt, ob der Text in seiner Gänze überhaupt gelesen wurde, kann etwa wie bei Zhang und Conrad (2014) der Wert von 300 Millisekunden pro Wort herangezogen werden. In Abbildung 8.12 ist eine Beispielseite mit zusätzlichen metakognitiven Elementen dargestellt. Die reine textuelle Darlegung, welche noch nicht den auch abgebildeten Modellierungskreislauf betrifft, enthält bereits 84 Wörter. Entsprechend müssten die Lernenden allein auf dieser Seite mindestens 25 Sekunden verbracht haben, um die Informationen gänzlich wahrnehmen zu können. Aus den dargestellten Erkenntnissen zur Verarbeitungsschwelle lässt sich also herleiten, dass entsprechend der für eine sinnvolle Verarbeitung zu geringen Zeiten auf den zusätzlichen Seiten, bei den nachfolgenden Regressionsanalysen maximal Tendenzen zu erwarten sind.

Dennoch sind solche Tendenzen in der Facette des metakognitiven Wissens über mathematisches Modellieren wie auch in den Teilkompetenzen des Mathematisierens und des Validierens herauszustellen. In diesen drei Modellen können in Bezug auf die Variable der Zeit keine signifikanten Einflüsse festgestellt werden, doch die standardisierten Regressionsgewichte sind leicht über 0.1. Vor allem in Hinblick auf das metakognitive Wissen entspricht der positive Zusammenhang den aus bisherigen Erkenntnissen hergeleiteten Erwartungen: je mehr Zeit mit den zusätzlichen modellierungsspezifischen metakognitiven Wissenselementen verbracht wird, desto größer ist unter Kontrolle der Leistung im Vortest der Zuwachs in ebendem Wissen (Creemers, 1994; Klieme, Schümer et al., 2001; Louw et al., 2008; Mulqueeny et al., 2015). Zu beachten ist hierbei, dass die gemessene Zeit lediglich ein Indiz für die tatsächlich mit den Inhalten verbrachte Zeit der Individuen liefert und nicht mit der tatsächlichen *time on task* gleichzusetzen ist. Dass die verbrachten Zeiten ebenfalls schwache Effekte für die Teilkompetenz des Mathematisierens und des Validierens zeigt, kann zunächst auf die Vermutung zurückgeführt werden, dass die Schülerinnen und Schüler, die viel Zeit auf den zusätzlichen Seiten verbracht haben, auch im Allgemeinen mehr Zeit auf den übrigen Seiten verbracht und dementsprechend auch die Modellierungsaufgaben intensiver bearbeitet haben. Umgekehrt ist auch eine schnellere Bearbeitung der Modellierungsaufgaben bei jenen Lernenden denkbar, die wenig Zeit auf den Seiten zum metakognitiven Wissen verbracht haben. Diese Vermutung wurde empirisch jedoch nicht überprüft. Erklärbar wäre das beschriebene Verhalten erneut durch die Cognitive Load Theory (Sweller, 1988, Sweller, 1994). Die Schülerinnen und Schüler, die innerhalb der Modellierungsprozesse häufiger auf Schwierigkeiten gestoßen sind und keinen so großen Kompetenzzuwachs erreichen konnten, waren kognitiv bereits so ausgelastet, dass die zusätzlichen Informationsseiten überforderten und zum schnellen Weiterklicken verleiteten. Neben des theoretischen Rahmens lassen sich weitere Vermutungen herleiten, welche die geringen Zeiten erklären könnten. So besteht etwa die Möglichkeit, dass die Seiten als nicht direkt notwendig für das Lösen der Aufgaben identifiziert und dementsprechend als nicht wertvoll empfunden wurden. Im Vorfeld gab es keine Hinweise auf die zusätzlichen Elemente oder Anweisungen zur intensiven Auseinandersetzung mit diesen, da die Instruktion für die einzelnen Klassen immer für alle Lernenden zusammen stattgefunden hat. Bewusst wurde auf eine zusätzliche Einweisung der Experimentalgruppe verzichtet, um so keine Beeinflussung im Antwortverhalten hinsichtlich einer Erwartungskonformität zu erzeugen.

Weshalb diese Tendenzen jedoch nur in den beiden Teilkompetenzen Mathematisieren und Validieren beobachtet werden konnten, bleibt im Rahmen weiterer, auf einzelne Teilkompetenzen fokussierender Studien etwa mit einer Lernumgebung, in der atomistische Modellierungsaufgaben zur Verfügung gestellt werden, zu eruieren. Vertiefende Analysen zur Entwicklung der vier Teilkompetenzen unter Verwendung einer digitalen Lernumgebung sollten angestrebt werden. Einen ersten Ansatz bietet die im letzten Abschnitt des Ergebniskapitels vorgenommene Extraktion von Variablen aus den Prozessdaten, mit denen komplexere lineare Regressionsmodelle evaluiert werden können. Die Ergebnisse hieraus werden im nachfolgenden Abschnitt diskutiert.

10.1.4 Fragenkomplex IV: Einflussfaktoren auf die Entwicklung von Modellierungskompetenz innerhalb einer digitalen Lernumgebung

Aufgrund der heterogenen Forschungsergebnisse zum erfolgsbringenden Einsatz digitaler Medien und Werkzeuge im Mathematikunterricht und spezifisch beim mathematischen Modellieren (Arzarello et al., 2012; Confrey und Maloney, 2007; Daher und Shahbari, 2015; Hankeln, 2019; Hillmayr et al., 2020) lässt sich die Forderung nach der Untersuchung komplexerer Wirkungsmechanismen formulieren. So sollte beispielsweise eruiert werden, wie digitale Lernumgebungen gestaltet werden sollten, um Schülerinnen und Schülern lernförderliche Materialien zu bieten. Diese Forderung lässt sich auch konkret für das mathematische Modellieren mit digitalen Medien und Werkzeugen formulieren (Hankeln, 2019). Doch auch die Diskussion über die Art der Integration digitaler Technologien in Modelle des mathematischen Modellierens zeigt, dass unklar ist, welche Eigenschaften digitaler Medien und Werkzeuge mögliche Verläufe von Modellierungsprozessen genau beeinflussen (Frenken, Greefrath, Siller et al., 2021; Galbraith et al., 2003; Greefrath, 2011; Siller und Greefrath, 2010). Auch das eigenständige Arbeiten innerhalb digitaler Lernumgebungen kann zu weiteren Herausforderungen führen, die vor allem in Bezug auf das Mathematiklernen ebenfalls fokussiert werden sollten (Barzel, 2006; Haleva et al., 2021). Theorien wie die Instrumentelle Genese (Artigue, 2002; Béguin und Rabardel, 2000; Guin und Trouche, 2002; Rabardel, 2002; Verillon und Rabardel, 1995), affordances (Gibson, 1986; Kaptelinin, n.d., 2014; Scarantino, 2003) oder die Cognitive Load Theory (Sweller, 1994) lassen sich an dieser Stelle

heranziehen, um verschiedene Variablen und deren Bedeutung theoretisch herzuleiten. Die im Rahmen dieser Studie hergeleiteten Variablen stützen sich darauf und
nehmen beispielsweise die Anzahl der Werkzeugwechsel, die Anzahl der aufgerufe-
nen Hilfselemente (Notiz, Skizze, Taschenrechner, GeoGebra-Videotutorial) sowie
die Häufigkeit von Seitenwechseln in den Blick. Auch die Anzahl gesetzter Punkte
in einzelnen GeoGebra-Applets oder die Richtigkeit der Lösung, falls diese automatisiert und numerisch evaluierbar ist, können Informationen über die Umgangsweisen der Schülerinnen und Schüler mit der digitalen Lernumgebung und den dadurch
angeregten Kompetenzveränderungen liefern. Da außerdem in vorangegangen Studien Effekte des Geschlechts (Beckschulte, 2019; Gebhardt et al., 2019a; Hankeln,
2019; Rustemeyer und Jubel, 1996; Tian et al., 2018), der allgemeinen Mathematikleistung (Gebhardt et al., 2019b; Mischo und Maaß, 2012; Tian et al., 2018), sowie
das Erlernen der deutschen Sprache als Erst- oder Zweitsprache in Zusammenhang
mit digitalen Werkzeugen oder Lesekompetenzen (Hagena et al., 2017; Plath und
Leiss, 2018; Ramalingam und Adams, 2018; Weis et al., 2019) gefunden wurden,
konnten auch Variablen diesbezüglich gebildet werden, indem die Antworten aus
den demografischen Angaben der Teilnehmenden verwendet wurden. Insgesamt
konnten so 23 Variablen numerischer Art aus den Prozessdaten extrahiert werden
(vgl. Tabelle 9.34), die nun die Möglichkeit bieten, weitere Prädiktoren für die Posttestleistungen in den vier Teilkompetenzen zu identifizieren. Bevor die Ergebnisse
dieser Analysen diskutiert werden, ist noch zu erwähnen, dass die Liste der Variablen sicherlich nicht erschöpft ist. Es handelt sich hierbei um eine erste Näherung,
deren Vorgehen rein explorativ war. Durch die Kombination verschiedener quanti-
fizierbarer Umgangsweisen ist es für nachfolgende Studien denkbar, eine Messung
der holistischen Modellierungskompetenz anhand der Prozessdaten durchzuführen
(wie etwa Greiff et al., 2016 zum Problemlösen) oder auch das selbstgesteuerte
Arbeiten zu analysieren. Dazu bedarf es jedoch zunächst der hier vorgenommenen
Annäherung an relevante Variablen.

Nun werden die in Abschnitt 9.5.2 dargestellten finalen Regressionsmodelle
interpretiert und mit bisherigen theoretischen sowie empirischen Erkenntnissen verknüpft. Da die vier Regressionsmodelle differente Variablen inkludieren, die eine
ebenso differente Interpretation verlangen, wird entlang der vier Teilkompetenzen
jedes Modell einzeln betrachtet. Darauf aufbauend wird ein abschließender Vergleich der vier Teilkompetenzen angestellt.

Einflussfaktoren auf die Posttestleistung in der Teilkompetenz Vereinfachen
Die Posttestergebnisse im Vereinfachen konnten am besten durch ein Regressions-
modell mit insgesamt sechs verschiedenen Variablen erklärt werden, wobei eine
Variable davon die Prätestleistung darstellte, die bereits innerhalb der globalen Ent-

wicklungsanalysen betrachtet wurde. Erstaunlich ist jedoch, dass in diesem Modell die Prätestleistung zwar noch zu einer höheren Varianzaufklärung führt, jedoch nicht mehr signifikant in das Modell eingeht und auch keinen Effekt zeigt. Stattdessen ist die angegebene Mathematiknote mit einem hochsignifikanten Ergebnis und nahezu mittlerem Effekt am bedeutsamsten für die Varianzaufklärung. Diese zeigt sich durch ein negatives Regressionsgewicht erwartungskonform, da eine geringere Note mit einer besseren Mathematikleistung einhergeht.

Von den Variablen zur Anzahl der verwendeten Werkzeuge geht in diesem Modell lediglich die numerische Angabe des GeoGebra-Applets zu der Aufgabe Torschuss ein und ist dabei auch signifikant. Mit einem standardisierten Regressionsgewicht von -0.18 zeigt sich außerdem ein kleiner Effekt, der durch das negative Vorzeichen vergleichbar mit den Erkenntnissen nach Greiff et al. (2016) oder Frenken und Greefrath (2021) eine geringere Anzahl an Werkzeugwechseln mit einer höheren Leistung im Posttest verknüpft, wenn für die übrigen Variablen kontrolliert wird. In der Aufgabe Torschuss war die geforderte Leistung in der Teilkompetenz des Vereinfachens durch das eingebettete Video und somit die Anforderung, Informationen aus Text, Bild und Video zu entnehmen, zu reduzieren sowie zu verknüpfen im Vergleich zu den übrigen Modellierungsaufgaben am größten, wenn die Cognitive Load Theory hinzugezogen wird. Darüber hinaus konnte die Modellierungsaufgabe mit wenigen Werkzeugen aus dem GeoGebra-Applet gelöst werden. Es lässt sich herleiten, dass der Übersetzungsprozess von Situations- zum Realmodell in dieser Aufgabe direkte Einflüsse auf den Umgang mit dem GeoGebra-Applet hat, auch wenn dies zunächst primär dem Mathematisieren und Mathematisch arbeiten zugeordnet werden kann. Hieraus lässt sich folgern, dass auch während des Arbeitens mit dem durch das hinterlegte Bild in der Realität verankerten Applet Teilprozesse des Vereinfachens gefördert werden und eine Verarbeitung der Informationen aus Text, Bild und Video auf diese Weise angeregt wird. Dass eine geringere Anzahl an verwendeten Werkzeugen ein Indikator für eine bessere Leistung ist, kann auch mithilfe der Instrumentellen Genese erklärt werden, da Schülerinnen und Schüler, welche bereits die Schemata des zielführenden Werkzeugeinsatzes verinnerlicht haben, weniger zwischen den einzelnen Werkzeugen wechseln und diese erproben müssen. Doch auch die Möglichkeit innerhalb des Applets zur Strukturierung und Vereinfachung der gegebenen Informationen können im Sinne der gebotenen affordances als Interpretation herangezogen werden.

In der ebenfalls für das Modell relevanten Variable der Anzahl gesetzter Punkte im GeoGebra-Applet zur Aufgabe Triangle zeigt sich die Verinnerlichung der werkzeugbezogenen Schemata und die damit erfolgte Bildung eines Realmodells, welches eine möglichst präzise Annäherung an die Fläche erfordert. Nur, wenn die Funktion des Werkzeugs bekannt ist, werden gezielt viele Punkte gesetzt. Ansonsten kann eine Näherung durch die eher bekannten Funktionen des Einzeichnens von Kreisen oder Rechtecken erfolgen, die keine so große Anzahl an Punkten erfordern und eine weniger präzise Annäherung bietet. Der positive Zusammenhang, welcher sich in einem standardisierten Regressionsgewicht in Höhe von 0.15 ausdrückt und eine schwache Signifikanz zeigt, ist also ebenfalls durch die Instrumentelle Genese erklärbar. Außerdem ist auch hier erneut zu konstituieren, dass Prozesse des Vereinfachens und Strukturierens durch die Möglichkeiten, welche das digitale Werkzeug bietet, angeregt werden. Dass ein Maßstab eigenständig ermittelt und herangezogen werden muss, ist ebenso Teil dieses Prozesses und äußert sich auch in einer höheren Anzahl gesetzter Punkte.

Neben den bisher diskutierten Variablen gehen außerdem die Anzahl an in den Textfeldern zum Ergebnis eingetippten Textzeichen sowie die Auskunft darüber, ob Deutsch als Erst- oder Zweitsprache erlernt wurde, ein. Beide Variablen sind nicht mit Signifikanzen versehen, deuten jedoch tendenziell darauf hin, dass sprachliche Fähigkeiten, welche zu längeren Antworten in den Textfeldern führen oder auf dem Zeitpunkt des Erlernens der deutschen Sprache fußen können, relevant für einen Kompetenzzuwachs im Vereinfachen durch die Arbeit mit einer digitalen Lernumgebung sind. Dies lässt sich zum einen dadurch erklären, dass in der Teilkompetenz des Vereinfachens in der Regel mit Aufgabentexten umgegangen werden muss, welche die reale Situation und die Fragestellung sprachlich repräsentieren. Zum anderen ermöglicht eine solche digitale Lernumgebung sprachlich gewandteren Schülerinnen und Schülern auch einen größeren Kompetenzzuwachs, da die Inhalte zum Vereinfachen, welche in den Lösungsvorschlägen zu den sechs Modellierungsaufgaben enthalten sind, textuell dargelegt werden. Diese Ergebnisse gehen mit einer Studie zum Zusammenhang von sprachlicher und modellierungsspezifischer Kompetenz einher (Plath und Leiss, 2018).

Einflussfaktoren auf die Posttestleistung in der Teilkompetenz Mathematisieren
In das finale Regressionsmodell zum Mathematisieren gehen insgesamt sechs Variablen signifikant ein: das Vorwissen, die Anzahl der Aufrufe des Skizzentools, die Anzahl der Aufrufe des Notizentools, die Anzahl der Werkzeuge im GeoGebra-Applet zur Aufgabe Triangle, die Anzahl der geklickten Navigationsbuttons, und die Anzahl der Textzeichen in den Antwortfeldern, wobei lediglich bezüglich der Anzahl der Navigationsbuttons sowie der Anzahl an Aufrufen des Notizentools negative Zusammenhänge bestehen, welche beide einen kleinen Effekt aufweisen.

Eine höhere Anzahl geklickter Navigationsbuttons geht mit einem weniger linearen Arbeiten und häufigeren Sprüngen zwischen den Seiten einher, da immer nur vor oder zurück geklickt werden konnte. Greiff et al. (2016) identifizieren eine höhere allgemeine Problemlösekompetenz bei denjenigen, die ein lineares Arbeiten durch weniger Seitenwechsel aufweisen. Interpretiert werden kann dies, indem Mechanismen des selbstregulierten Arbeitens (Pintrich et al., 2000) herangezogen werden. Leistungsstärkere Schülerinnen und Schüler sind eher in der Lage, ihr problemorientiertes Arbeiten zu planen und sind daher nicht auf einen häufigen Wechsel zwischen den Seiten, welche in einer weiten Interpretation verschiedenen Stadien des Modellierungskreislaufs zugeordnet werden können, angewiesen. Dies schließt bisherige Ergebnisse hinsichtlich individueller Modellierungsverläufe – mit und ohne Technologie – nicht aus (etwa Borromeo Ferri, 2007, 2010; Frenken, Greefrath, Siller et al., 2021), sondern differenziert Lernende, die im Mathematisieren einen größeren Kompetenzzuwachs erfahren haben, von Lernenden, bei denen dieser Kompetenzzuwachs geringer war, durch die Anzahl der Seitenwechsel. Dabei ist zu berücksichtigen, dass ein Seitenwechsel zwischen der Aufgabenstellung und dem GeoGebra-Applet getätigt werden musste. Genau innerhalb dieses Seitenwechsels ist aus theoretischer Perspektive die Teilkompetenz des Mathematisierens zu verorten.

Die zweite mit negativem Regressionsgewicht versehene Variable ist die Anzahl der Aufrufe des Notizentools. Dieses ist für das Modell nur schwach signifikant, jedoch mit einem standardisierten Regressionsgewicht von -0.14 mit kleinem Effekt versehen. Zunächst erscheint der Zusammenhang, welcher beschreibt, dass Teilnehmende mit größerem Kompetenzzuwachs seltener auf die Notizen zurückgegriffen haben, verwunderlich, da das Anfertigen von Notizen vor allem in der Teilkompetenz des Vereinfachens und Strukturierens eine hilfreiche Strategie sein kann, um wichtige Informationen zu notieren. Allerdings sind die Erkenntnisse zum Lesestrategietraining im Bereich des mathematischen Modellierens noch sehr uneindeutig (Hagena et al., 2017). Eine mögliche Erklärung besteht darin, dass Lernende mit größerem Kompetenzzuwachs im Mathematisieren seltener auf ihre angefertigten Notizen zurückgreifen mussten, da das mathematische Modell sicherer aufgestellt werden konnte. Diese Interpretation geht mit der Linearität des Arbeitens, welche aus obiger Variable hergeleitet wurde, einher.

Ein weiteres Strategieinstrument, welches noch stärker direkt mit der Teilkompetenz Mathematisieren verknüpft ist, spiegelt sich im optional zu nutzenden Skizzentool wider. Hier besteht ein hoch signifikanter Zusammenhang, jedoch ebenfalls noch mit kleinem Effekt ($\beta = 0.24$). Dass eine positive Korrelation zwischen der Qualität eines skizzierten mathematischen Modells und der Modellierungskompetenz besteht, konnte eine Studie bereits belegen (Bräuer et al., 2021). Ebenso konnte in dieser Studie eruiert werden, dass die Aufforderung, eine Skizze zu zeichnen, die Modellierungskompetenz nicht verbessert hat (Bräuer et al., 2021). Hieran anknüpfend lässt sich das vorliegende Ergebnis interpretieren: Lernende mit höherem Kompetenzzuwachs haben eigenständig häufiger die Entscheidung getroffen, eine Skizze zu zeichnen. Hinsichtlich der Qualität der angefertigten Skizzen können weitere Untersuchungen angestrebt werden, indem etwa auf Basis der Prozessdaten die letzten Zustände in den Skizzentools, welche auf Freihandzeichnungen in GeoGebra basieren, rekonstruiert werden können. So könnten die Studienergebnisse nach Rellensmann et al. (2017) aus einer anderen, technologiebasierten Perspektive evaluiert werden, welche unter anderem eine starke Korrelation der Skizzenakkuratesse des mathematischen Modells und der Modellierungsleistung zeigten. Die vorliegenden Ergebnisse lassen sich auch hinsichtlich der Ergebnisse einer qualitativen, typenbildenden Studie zur Art der Skizzennutzung einordnen, in welcher Lernende entweder ein *erfolgreiches zieloffenes Entdecken* durch das Identifizieren mathematischer Beziehungen oder ein *nicht erfolgreiches vorbestimmtes Zeichnen* durch das reine Externalisieren eines vorgefertigten mentalen Modells beim Anfertigen einer Skizze zeigten (Rellensmann, 2019). Ein in der vorliegenden Studie durch häufigeres Auswählen des Skizzentools zu kennzeichnendes eigenständiges Heranziehen und Anfertigen einer Skizze lässt eine Zuordnung zum ersten Typ vermuten. An dieser Stelle ist zu berücksichtigen, dass die in der Studie eingesetzten Modellierungsaufgaben dem inhaltlichen Bereich der Geometrie zuzuordnen sind, in dem Skizzen des mathematischen Modells tendenziell geeigneter für Lernende sind als beispielsweise im Bereich der linearen Funktionen (Bräuer et al., 2021).

Weiterhin sind für die Varianz der Posttestergebnisse das Vorwissen in der Teilkompetenz Mathematisieren mit einem mitteleren Effekt ($\beta = 0.36$) sowie die Anzahl der Textzeichen mit einem noch kleinen Effekt ($\beta = 0.27$) hoch signifikant. Dies geht zum einen mit den Ergebnissen aus dem LIMo-Projekt einher, in dem das Vorwissen ebenfalls ein Prädiktor für die Kompetenzentwicklung im Mathematisieren war (Hankeln, 2019). Die Anzahl der Textzeichen in den Antwortfeldern kann darüber hinaus erneut auf sprachliche Fähigkeiten zurückgeführt werden, welche ebenfalls in einer anderen Studie mit der Modellierungsleistung korrelierten (Plath und Leiss, 2018).

Zuletzt soll noch die Variable der Anzahl an verwendeten Werkzeugen in dem GeoGebra-Applet zur Aufgabe Triangle interpretiert werden, welche mit einem kleinen Effekt und schwach signifikant als Prädiktor in das Modell einfließt. Auf Basis der vorher zu lösenden Aufgabe Schlosspark sollte den meisten Lernenden in der Aufgabe Triangle klar sein, dass der Flächeninhalt durch das Setzen von Punkten und Einschreiben einer oder mehrerer ebener Figuren zur Lösung der Aufgabe beiträgt. Die Anzahl der Werkzeuge hierbei ist somit für die unterschiedlichen Lösungswege recht ähnlich. Eine Erhöhung dieser Anzahl kann jedoch vermutet werden, wenn die Lernenden eigenständig das Ermitteln eines Maßstabes vollziehen. Dies war nicht explizit in der Aufgabe verlangt, zeugt jedoch von einer höheren Kompetenz im Bereich des Mathematisierens. Entsprechend kann der positive Zusammenhang der Anzahl der Werkzeuge in dieser Aufgabe mit einer höheren Teilkompetenz im Posttest interpretiert werden.

Einflussfaktoren auf die Posttestleistung in der Teilkompetenz Interpretieren
Das finale Regressionsmodell zur Erklärung der Posttestleistung in der Teilkompetenz Interpretieren umfasst im Gegensatz zu den übrigen Modellen lediglich vier statt sechs Variablen. Diese lauten: Prätestleistung im Interpretieren, letzte Mathematiknote, Anzahl der Werkzeuge im GeoGebra-Applet zur Aufgabe Supermarkt, sowie Anzahl der Aufrufe der GeoGebra-Hilfevideos. Als signifikant gehen dabei das Vorwissen, erneut kohärent zu den Ergebnissen nach Hankeln (2019), sowie die Anzahl der Aufrufe der GeoGebra-Tutorials ein. Das Vorwissen zeigt dabei einen kleinen Effekt mit erwartungskonformem positivem Zusammenhang ($\beta = 0.25$). Die GeoGebra-Tutorials wurden hingegen häufiger von jenen aufgerufen, die unter Kontrolle der übrigen Variablen eine niedrigere Personenfähigkeit im Posttest erreichten. Ein solcher Zusammenhang aus erschwertem mathematischem Kompetenzerwerb auf der einen Seite und Bedarf nach mehr Hilfen zum primär zu verwendenden digitalen Werkzeug lässt sich mit der Instrumentellen Genese erklären. Lernende, die Unterstützung im Umgang mit der Dynamischen Geometriesoftware benötigten und daher häufiger die Tutorials aufriefen, mussten womöglich die Schemata eines adäquaten Werkzeugeinsatzes zunächst erlernen. Entsprechend stand hier der digitale Kompetenzzuwachs im Vordergrund und erst danach konnte der modellierungsspezifische Kompetenzzuwachs vor allem im Interpretieren, welches erst nach der Konstruktion eines zur Beantwortung der Aufgabenstellung heranzuziehenden mathematischen Modells mit GeoGebra erfolgen kann, aktiviert werden. Auch die Cognitive Load Theory lässt sich hier als Erklärungsansatz anführen, da so bewusst gemacht werden kann, dass das Erlernen der Umgangsweisen mit dem digitalen Werkzeug zusätzliche kognitive Ressourcen erfordert. Dies liefert auch Hankeln (2019) als Erklärungsansatz für den im Rahmen einer vergleichbaren Interventionsstudie weniger ausgeprägten Kompetenzzuwachs in der GeoGebra-Gruppe als in der Kontrollgruppe ohne digitale Werkzeuge. Dennoch zeigt diese Studie im Allgemeinen, dass ein Kompetenzzuwachs mit geeigneten Unterstützungsmaßnahmen zu einem modellierungsspezifischen Komptenzzuwachs führen kann. Dass die GeoGebra-Hilfen aufgerufen wurden, lässt sich außerdem als Potenzial digitaler Lernumgebungen aufgreifen, da auch Lernende individuell unterstützt werden können, deren digitale Kompetenzen geringer sind. Es erfordert allerdings eine adäquate Selbsteinschätzung der Schülerinnen und Schüler, dass die Hilfen tatsächlich genutzt werden, falls diese benötigt werden. Unter Einbezug der erweiterten Sichtweise des Modellierungskreislaufs nach Siller und Greefrath (2010) muss

außerdem konstituiert werden, dass der Prozess des Interpretierens zum einen die Übersetzung des digitalen Werkzeugresultats in ein mathematisches Resultat und zum anderen das Übersetzen dieses mathematischen Resultats in ein reales Resultat erfordert. Dies wurde auch als besondere Herausforderung im Rahmen einer qualitativen Studie zu Modellierungsprozessen mit digitalen Medien und Werkzeugen herausgearbeitet (Frenken et al., 2021).

Im Modellierungskreislauf vor der Teilkompetenz des Interpretierens zu verorten ist der tatsächliche Werkzeugeinsatz innerhalb der vorstrukturierten GeoGebra-Applets, welcher sich im Regressionsmodell zum Interpretieren am deutlichsten in Bezug auf das Applet zur Aufgabe Supermarkt gezeigt hat. Zur Diskussion heranzuziehen sind auch die im zugehörigen Ergebniskapitel (9.5.2) exemplarisch rekonstruierten letzten Zustände in diesem Applet. Anhand dieser ist abzuleiten, dass eine geringere Anzahl benutzter Werkzeuge auf ein weniger detailliertes mathematisches Modell zurückzuführen ist. Entsprechend ist das positive Vorzeichen des Regressionsgewichts ($\beta = 0.09$) zu erklären. Allerdings weist dieses weder eine Signifikanz für das Modell noch einen Effekt auf, sodass hier lediglich eine Tendenz angezeigt wird. Der direkte Zusammenhang zur Teilkompetenz des Interpretierens wird nicht ganz deutlich.

Die letzte relevante Variable ist die durch die Teilnehmenden angegebene letzte Mathematiknote, welche ebenfalls nicht signifikant in das Modell eingeht, jedoch einen kleinen Effekt mit einem standardisierten Regressionsgewicht $\beta = -0.12$ angibt. Die negative Tendenz ist erneut erwartungskonform, da eine niedrigere Note mit einer besseren allgemeinen Mathematikleistung einhergeht, die auch Einfluss auf Faktoren wie Motivation (Goetz et al., 2004; Tian et al., 2018), eigenständiges Arbeiten in der digitalen Lernumgebung (Azevedo, 2005; Veenman und Spaans, 2005) und ebenfalls auf den, wie im Modell verankerten, stärkeren Kompetenzzuwachs im Interpretieren haben kann. Dass hier allerdings kein signifikantes Ergebnis erreicht wird, deutet ebenso darauf hin, dass die Lernumgebung Anknüpfungspunkte für alle Lernenden bietet und entsprechend geeignet in den Mathematikunterricht zu Kompetenzsteigerung eingebettet werden kann.

Einflussfaktoren auf die Posttestleistung in der Teilkompetenz Validieren
Das finale Regressionsmodell zur Erklärung der Posttestleistung im Validieren inkludiert erneut insgesamt sechs Variablen, wobei drei dieser eine Signifikanz aufweisen. Dabei wird erneut die Prätestleistung hoch signifikant und weist einen mittleren Effekt auf ($\beta = 0.30$). Darüber hinaus ist ebenfalls die letzte Mathematiknote äußerst relevant für das Modell, wobei das Vorzeichen erwartungskonform negativ ist. Mit einem Signifikanzniveau von $p < 0.1$ geht außerdem die Anzahl der Textzeichen in den Antwortfeldern als statistisch relevanter Prädiktor in das Modell ein,

wobei eine höhere Anzahl an Zeichen mit einer besseren Posttestleistung antizipierbar ist. Dieser Zusammenhang lässt sich durch die auf den Ergebnisseiten ebenfalls angeregten Validierungsprozesse erklären. Vor allem in der Gruppe mit zusätzlichen modellierungsspezifischen metakognitiven Wissenselementen wurde explizit danach gefragt, wie das Ergebnis kontrolliert wurde. Eine größere Anzahl an Textzeichen in der Antwort zur Beschreibung der Ergebnisse lässt auch eine intensivere Auseinandersetzung mit dieser Frage vermuten, sodass durch die Ergebnisseiten die Validierungsprozesse explizit angestoßen und somit gefördert wurden. Ein größerer Kompetenzzuwachs lässt sich so unter anderem erklären, wobei der Effekt als klein zu beschreiben ist ($\beta = 0.11$). Eine andere Erklärungsmöglichkeit stellt der Zusammenhang von sprachlichen Fähigkeiten und Modellierungsleistung dar (Plath und Leiss, 2018), welcher auch in dem Modell zu der Teilkompetenz des Vereinfachens herangezogen werden konnte.

Zwar ohne Signifikanz, jedoch mit kleinem Effekt und somit zumindest als relevante Tendenz zu beachten, ist die Anzahl der Aufrufe des Taschenrechners. Dieser diente als optionales Werkzeug im Sinne von R. Brown (2003, 2009). Eine wichtige Funktion des Taschenrechners kann das Überprüfen von im Kopf durchgeführten Rechnungen oder in GeoGebra ermittelten Ergebnissen sein. Eine mögliche Erklärung ist also auch, dass Lernende mit einem größeren Verständnis für das Potenzial der in der gesamten Lernumgebung gebotenen affordances häufiger den Taschenrechner hinzuzogen, um Ergebnisse zu kontrollieren.

In Bezug auf die Variablen, welche aus den GeoGebra-Applets generiert wurden, gehen zwei in das Modell ein. Zum einen ist die Variable zur Anzahl der Werkzeuge in den vor den Modellierungsaufgaben angebotenen Übungsaufgaben zum Umgang mit GeoGebra mit einem positiven Vorzeichen versehen. Zum anderen lässt sich aus der Anzahl der gesetzten Punkte im GeoGebra-Applet zur Aufgabe Supermarkt ein negativer Zusammenhang herleiten. Letztere Variable geht allerdings ohne Signifikanz und Effekt in das Modell ein, sodass auch eine Interpretation nicht sinnvoll erscheint. Die Variable zur GeoGebra-Übung hingegen weist zumindest einen ganz schwachen Effekt auf ($\beta = 0.10$). Eine intensivere Auseinandersetzung mit den GeoGebra-Übungen kann demnach als Prädiktor für einen größeren Kompetenzzuwachs im Validieren in Erwägung gezogen werden, wobei es sich hierbei lediglich um eine Tendenz handelt. Diese ist womöglich auf einen Zusammenhang zum selbstregulierten Arbeiten zurückzuführen (vgl. auch Azevedo, 2005; Veenman und Spaans, 2005), da eine höhere Anzahl ; verwendeter Werkzeuge auf eine intensivere Auseinandersetzung mit den Übungen hindeutet und auch zu einer ebenso intensiven Beschäftigung mit den beispielhaften Lösungen zu den sechs Modellierungsaufgaben führen könnte. Die Lösungen enthielten für jede Aufgabe auch Anregungen zu möglichen Modell- und Ergebnisvalidierungen. Diese

Interpretation ist jedoch nur eine mögliche Erklärung, da die Wirkungsmechanismen, wie die vier finalen Regressionsmodelle gezeigt haben, äußerst komplex sind und vielfältige Zusammenhänge verschiedener Umstände relevant sind.

Zusammenfassung

Auf Basis der nun diskutierten vier finalen Regressionsmodelle zu den jeweiligen Posttestleistungen in den Teilkompetenzen Vereinfachen, Mathematisieren, Interpretieren und Validieren lassen sich mithilfe der Betrachtung von Unterschieden und Gemeinsamkeiten tiefergreifende Erkenntnisse zum modellierungsspezifischen Kompetenzerwerb innerhalb einer digitalen Lernumgebung ableiten.

Zunächst ist zu konstituieren, dass die vier Modelle differente Variablen inkludieren und somit auf Spezifika der einzelnen Teilkompetenzen hinweisen. So sind beispielsweise die Parameter verschiedener GeoGebra-Applets relevant, welche auf unterschiedliche Anforderungen der sechs eingesetzten Modellierungsaufgaben hinweisen. Darüber hinaus lässt sich auch ableiten, dass in den vier verschiedenen Teilkompetenzen differente metakognitive Strategieelemente relevant sind. Deutliche Erklärungsansätze konnten in allen vier Modellen durch das Hinzuziehen der Cognitive Load Theory sowie der Instrumentellen Genese geliefert werden. Besonders herauszustellen sind neben den geforderten und geförderten digitalen Kompetenzen außerdem die sprachlichen Fähigkeiten, welche zum einen durch die Variable *Daz* und zum anderen durch die Variable *texts_no* relevant erscheinen, da sie in drei der vier Modelle eingeflossen sind. Lediglich beim Interpretieren konnte keine sprachliche Variable als Prädiktor identifiziert werden. Diese Teilkompetenz fällt jedoch im Allgemeinen auf, da für die gesamte Stichprobe kein signifikanter Kompetenzzuwachs erhoben werden konnte. Auch die Varianzaufklärung des finalen Regressionsmodells zum Interpretieren ist kleiner als in den übrigen drei Modellen. Daraus kann geschlossen werden, dass diese Kompetenz in der digitalen Lernumgebung nicht optimal gefördert wurde oder eine Förderung durch andere kognitive Ansprüche überlagert wurde.

In Bezug auf die nicht inkludierten Variablen ist hervorzuheben, dass in dieser Studie entgegen der Befunde nach Beckschulte (2019) und Hankeln (2019), welche vier der in dieser Studie verwendeten Aufgaben zur Förderung der Modellierungskompetenzen einsetzten, in keinem der finalen Regressionsmodelle das Geschlecht als Prädiktor identifiziert wurde. Allerdings ist eine direkte Vergleichbarkeit der jeweiligen Interventionen nicht gegeben, da in der vorliegenden Studie eigenständig gearbeitet wurde und im LIMo-Projekt Lehrkräfte die einzelnen Klassen unterrichteten. Außerdem waren im Projekt Modi alle Materialien digital eingebettet, wohingegen in der anderen Studie nur in einer Teilgruppe GeoGebra-Arbeitsblätter verfügbar waren und alle weiteren Materialien auf dem Papier bereitgestellt wurden.

Darüber hinaus ist ebenfalls herauszustellen, dass die Gesamtzeit innerhalb der digitalen Lernumgebung kein Prädiktor in einem der vier Modelle darstellt. Dies steht jedoch in engem Zusammenhang mit der durch die Konzeption der Studie vorgegebenen Zeiten, in denen sich die Schülerinnen und Schüler mit der digitalen Lernumgebung beschäftigen sollten. Auf Basis der Gesamtzeit ist jedoch noch nicht auf ein aktives Lernverhalten innerhalb dieser Zeit zu schließen.

An den Werten des adjustierten R^2 und somit der Varianzaufklärung in den vier Modellen ist zu erkennen, dass es sich bei dem Lernverhalten innerhalb dieser digitalen Lernumgebung um komplexe Wirkungsmechanismen handelt, die zu einem Kompetenzzuwachs führen oder nicht. An dieser Stelle sollte deshalb in zukünftigen Studien angesetzt werden, indem neue Variablen gebildet werden, die nicht so mikroskopisch auf einzelne Elemente fokussieren, sondern globalere Konstrukte, wie das selbstgesteuerte Arbeiten oder die Metakognition als Protokompetenzen für einen erfolgreichen Umgang mit einer solchen digitalen Lernumgebung darstellen könnten. Weiterhin sollten Konstrukte wie die computerbezogene Selbstwirksamkeit, Motivation oder das Interesse einbezogen werden. Auf diese Weise könnte auch eine deutlich bessere Varianzaufklärung erreicht werden.

10.2 Diskussion der Methode

Die dargestellten und diskutierten Ergebnisse können nur vor dem Hintergrund der gewählten sowie durchgeführten Forschungsmethodik abschließend bewertet werden. Daher wird in diesem Kapitel der Fokus auf die Methode gelegt, indem sie sowohl global als auch hinsichtlich ihrer einzelnen Bestandteile reflektiert wird. Zunächst wird dementsprechend die grundlegendste Entscheidung der vorliegenden Studie, also die Wahl des Forschungsparadigmas, diskutiert. Im Anschluss sollen das Studiendesign und die Rahmenbedingungen des Projekts inklusive des Einsatzes der digitalen Lernumgebung im schulischen Kontext reflektiert werden. Der letzte Aspekt der methodischen Diskussion bezieht sich auf die Erhebungsmethodik. Zunächst wird hierbei die Skalierung der Daten sowie die darauf aufbauende Auswertung der ermittelten Personenfähigkeiten diskutiert. Zuletzt soll der Einbezug der Log- und Prozessdaten aus der methodischen Perspektive evaluiert werden.

10.2.1 Gewähltes Forschungsparadigma

In der vorliegenden Studie wurde eine quantitativ ausgerichtete, quasi-experimentelle Durchführung im Interventionsdesign angestrebt. Hierbei stellten die Fragen, inwiefern eine digitale Lernumgebung zum Erwerb mathematischer Modellierungsteilkompetenzen und dem metakognitiven Wissen über mathematisches Modellieren beitragen kann, und, inwiefern Gruppenunterschiede festzustellen sind, zentrale Forschungsinteressen dar. Darüber hinaus sollte durch die Analyse ausgewählter Prozessdaten, welche innerhalb der digitalen Lernumgebung gespeichert werden konnten, neue Einsichten über den Kompetenzerwerb erlangt werden. Als zentrale Bestandteile der Intervention dienten zwei Versionen der digitalen Lernumgebung. In beiden Versionen bearbeiteten die Teilnehmenden in Einzelarbeit sechs Modellierungsaufgaben, die dem inhaltlichen Bereich der Geometrie zuzuordnen sind. Zur Verfügung stand dabei die dynamische Geometriesoftware GeoGebra, zu der beide Gruppen auch eine Einführung in der Lernumgebung erhielten. Darüber hinaus waren in beiden Versionen ein Taschenrechner, ein Notizentool, ein Skizzentool, sowie Tutorialvideos zu GeoGebra dauerhaft zugänglich. Die beiden Versionen unterschieden sich darin, dass eine Version zusätzliche Elemente zum metakognitiven Wissen über mathematisches Modellieren enthielt und die andere Version diese Seiten nicht enthielt. Dementsprechend sind die vorliegenden Ergebnisse dieser Studie zunächst auf die entwickelte und eingesetzte digitale Lernumgebung, auf die mathematische Kompetenz des Modellierens, sowie auf die Vermittlung metakognitiven Wissens über mathematisches Modellieren zu beziehen. Für einen solchen Gruppenvergleich und die Überprüfung der in Kapitel 7 formulierten Hypothesen eignet sich genau das quantitativ ausgerichtete Forschungsdesign (Döring und Bortz, 2016; Hopf, 2016; Witt, 2001). Darüber hinaus kann diese Studie so dem Ergebnis nachkommen, dass zur Förderung von Modellierungskompetenzen nur wenige Interventionsstudien und empirisch abgesicherte Testinstrumente bestehen (Cevikbas et al., 2021).

Ein qualitatives Design wäre für die vorliegende Studie nicht geeignet gewesen. Zum einen hätte dann nicht der Ansatz der Prozessdatenanalyse gewählt werden können, obwohl dieser für die Mathematikdidaktik neue Möglichkeiten zur Analyse des Umgangs von Lernenden mit mathematikspezifischen digitalen Medien und Werkzeugen bietet. Zum anderen konnten bereits Hypothesen in Bezug auf die Forschungsfragen formuliert werden, die sich – vor allem in Bezug auf Modellierungskompetenzen – in der Regel auf qualitative Erkenntnisse stützen. Insgesamt ist die Wahl eines quantitativen Forschungsparadigmas also aus verschiedenen Perspektiven als sinnvoll einzustufen. Daher sollten auch die Gütekriterien quantitativer Forschung, das Studiendesign sowie insgesamt die Rahmenbedingungen der Erhebung hinsichtlich ihrer Grenzen beleuchtet werden.

10.2.2 Studiendesign und Rahmenbedingungen

Einem interventionsbasierten Kontroll- und Experimentalgruppen-Design liegt die basale Annahme zugrunde, dass die vermittelten Inhaltsbereiche und gemessenen Fähigkeitskomponenten in den beiden Gruppen gleich sind. Dies wurde in der vorliegenden Untersuchung durch den Einsatz der gleichen Modellierungsaufgaben in beiden Versionen, sowie durch die gleichen erhobenen Konstrukte in beiden Gruppen gewährleistet. Ob die Gruppe mit zusätzlichen metakognitiven Wissenselementen in genau diesem Bereich mehr lernt als die Gruppe ohne diese zusätzlichen Seiten, war ein zentraler Untersuchungsgegenstand, dessen Veränderung zum einen durch die Konzeption eines neuen Testinstruments kontrolliert wurde und zum anderen auch als alleiniges Unterscheidungsmerkmal der beiden Versionen fungierte. Dementsprechend stellt ein Prä-Posttest-Design eine angemessene Operationalisierung dar (Döring und Bortz, 2016), bei dem unter anderem untersucht werden soll, inwiefern die beiden Gruppen hinsichtlich des metakognitiven Wissens unterschiedlich viel lernen. Es ist jedoch nicht auf Unterschiede hinsichtlich digitaler Kompetenzen oder Fähigkeiten wie das selbstregulierte Lernen und metakognitive Kompetenzen zu schließen, sondern lediglich auf die vier erhobenen Teilkompetenzen des mathematischen Modellierens sowie auf das metakognitive Wissen über mathematisches Modellieren. Dies entspricht allerdings den aufgezeigten Forschungsdesideraten und daraus abgeleiteten Forschungsfragen. Dennoch wären auch Untersuchungen in Bezug auf die anderen genannten Aspekte interessant und für Folgestudien durchaus als Forschungsinteresse anzusehen.

Durch den Verzicht auf eine Baseline, welche keinerlei Treatment erfährt und lediglich an Prä- und Posttest teilnimmt, sind die Ergebnisse der gesamten Kompetenzentwicklung mit Vorsicht zu interpretieren. Hier sind auch mögliche Gewöhnungseffekte an die Testitems zur Erklärung einer positiven Kompetenzentwicklung denkbar. Durch das gewählte Multimatrix-Design der Tests wurden jedoch Testwiederholungseffekte bestmöglich aufgefangen, wie es etwa auch in PISA-Längsschnittstudien umgesetzt wird (Heine et al., 2017). Darüber hinaus lag ein wesentlicher Fokus der Arbeit in der Untersuchung möglicher Gruppenunterschiede, sowie in der Evaluation von Prädiktoren für den Leistungsstand zum zweiten Messzeitpunkt, wobei das Vorwissen berücksichtigt und kontrolliert wurde.

Obwohl eine Klasse während des Homeschoolings von zu hause aus und die übrigen Klassen in der Schule, jedoch mit unterschiedlichen Geräten, an der Studie teilgenommen haben, lässt sich von einer Informations- und Durchführungsäquivalenz in den beiden Interventionsgruppen ausgehen, da jede Klasse randomisiert geteilt und somit zufällig zu den beiden Gruppen zugeteilt wurde. Etwaige Effekte, welche in einer quasi-experimentellen Studie im Feld nicht eliminiert werden konnten, wurden so gleichmäßig auf beide Gruppen verteilt. Auf diese Weise konnte auch Clustereffekten, die etwa durch die jeweils im Regelunterricht verantwortliche Lehrkraft entstehen können, begegnet werden.

Der Effekt der unterrichtenden Lehrkräfte in den Klassen (vgl. Baumert et al., 2010; Hattie, 2010) wurde während der Interventionsstudie außerdem dadurch möglichst minimiert, dass alle notwendigen Informationen in der Lernumgebung enthalten waren, sodass die Schülerinnen und Schüler nur in äußerst seltenen Fällen auf die Lehrkraft zurückgreifen wollten oder mussten. Darüber hinaus waren die begleitenden Lehrkräfte für solche Fälle instruiert, keine inhaltlichen Fragen zu beantworten. Entsprechend lässt sich konstituieren, dass in der vorliegenden Studie im Gegensatz zum LIMo-Projekt der Effekt der Lehrkraft eine untergeordnete Rolle spielt.

Ein Follow-up-Test wäre für das Studiendesign und zur Analyse langzeitiger Wirkung sinnvoll gewesen. Zu Beginn des Projekts Modi wurde eine Interventionsstudie mit Prä-, Post-, und Follow-up-Test geplant. Aufgrund der pandemischen Situation während der Durchführung des Projekts, wurde dieses Design auf den Prä- und Posttest reduziert, da eine sinnvolle Planung des Follow-up-Tests nicht möglich war. Darüber hinaus waren die Abläufe und unterrichtlichen Gestaltungen in den einzelnen Gruppen so unterschiedlich, dass ein Follow-up-Test nach drei Monaten kaum Aussagekraft gehabt hätte. Weiterhin ist die Interpretation eines solchen Tests zur langfristigen Wirkung bereits vor Homeschooling und Pandemie erschwert gewesen, da ungewiss ist, welche Inhalte und prozessbezogenen Kompetenzen in den untersuchten Klassen im Mathematikunterricht thematisiert wurden (vgl. etwa Beckschulte, 2019; Hankeln, 2019). Doch durch das Homeschooling und den Wechselunterricht, was an den Schulen jeweils sehr unterschiedlich organisiert wurde, hätte keinerlei Aussage über die Aktivitäten getroffen werden können. Aus diesem Grund wurde in der vorliegenden Studie kein Follow-up-Test durchgeführt, um auch aus der wissenschaftsethischen Perspektive zu agieren und nur jene Daten zu erheben, die zu einem projektbezogenen Ziel zweckdienlich gewesen sind.

Hinsichtlich der Versuchspersonen ist an dieser Stelle die Stichprobenziehung zu diskutieren. Diese konnte leider nicht randomisiert erfolgen. Zunächst einmal wurde der Fokus auf Schülerinnen und Schüler in Nordrhein-Westfalen gelegt, da so die organisatorischen Aspekte zur Durchführung einer Studie in den Schulen geringer waren und außerdem die Population beschreibbarer ist. Darüber hinaus war die Stichprobenziehung deutlich durch die Covid-19-Pandemie erschwert, da viele Lehrkräfte zwar Interesse an der Studie äußerten, jedoch aufgrund von Unterrichtsausfall keine Möglichkeit für eine Teilnahme sahen. Darüber hinaus erreichten vermutlich viele Lehrkräfte die Informationen zu dem Projekt gar nicht, da die Schulen wegen der zusätzlichen Organisation des Homeschoolings, Wechselunterrichts, etwaiger Quarantäneregelungen usw. überlastet waren. Daraus resultierte zum einen eine relativ geringe Stichprobe und zum anderen eine absolute Positivauswahl der Lehrkräfte, welche bereits Potenzial in der Verwendung digitaler Medien und Werkzeuge oder im Einbezug mathematischen Modellierens sehen. Die Einstellungen der Lehrkraft gegenüber Technologie und Modellieren können die teilnehmenden Schülerinnen und Schüler hinsichtlich der Motivation oder eigener Einstellungen positiv beeinflusst haben (Dubberke et al., 2008). Aufgrund der geringen Teilnahmebereitschaft am Projekt Modi ist die Stichprobengröße als recht gering, aber für die durchgeführten Analysen noch ausreichend einzustufen. Darüber hinaus mussten knapp fünfzig Datensätze aus den Analysen ausgeschlossen werden, bei denen im Posttest keine Daten vorlagen. Dies kann zum einen auf eine Klasse zurückgeführt werden, welche im Dezember 2020 kurz vor dem erneuten Lockdown mit der Teilnahme an dem Projekt begann, sodass die abschließende Projektstunde ins Homeschooling fiel und nicht alle Lernenden den Test zu hause abschlossen. Zum anderen war jedoch teilweise auch eine niedrige Motivation in einigen Klassen zu beobachten, sodass einige Schülerinnen und Schüler spätestens zum zweiten Testpunkt, in der Regel aber schon vorher, alle Seiten bis zum Ende hin ohne jegliche Rezeption oder Bearbeitung weiter klickten. Die Selektion dieser Datensätze muss kritisch beleuchtet werden. Allerdings gibt ein Einbezug dieser Daten keine Information über den Kompetenzzuwachs durch die Intervention. Daher war eine Selektion trotz der großen Menge sinnvoll. Insgesamt resultierte allerdings eine geringere statistische Power durch die für eine Interventionsstudie recht kleine Stichprobe (Eisend und Kuß, 2017).

Zur Stichprobe sollte weiterhin diskutiert werden, dass zum einen Klassen unterschiedlicher Jahrgangsstufen (9, 10 und EF) und zum anderen verschiedener Schulformen (Gymnasium und Gesamtschule) an der Erhebung teilnahmen. Dies reduziert die Aussagekraft über eine bestimmte Gruppe Lernender und sorgt stattdessen für eine größere Heterogenität innerhalb der Stichprobe. Die Ausweitung der Stichprobenziehung auf eine größere Gruppe durch weichere Kriterien bei der Auswahl ist ebenfalls deutlich erschwerten Bedingungen für solch ein Forschungsprojekt geschuldet. Darüber hinaus konnte auch aufgrund der Pandemie nicht mehr gewährleistet werden, dass die Schülerinnen und Schüler am Ende der Jahrgangsstufe 9 die in den Bildungsstandards und Kernlehrplänen beschriebenen Kompetenzen aufbauten, da im Vorfeld so viel Unterricht entfallen musste. Aus diesem Grund ist eine Durchführung in der Jahrgangsstufe EF bzw. 10 ebenfalls gerechtfertigt, auch wenn vor allem vier der eingesetzten Aufgaben sowie das Testinstrument zur Erhebung modellierungsspezifischer, geometrischer Teilkompetenzen für die Jahrgangsstufe 9 konzipiert wurden (Beckschulte, 2019; Hankeln, 2019).

Es sollte auch diskutiert werden, inwiefern weitere Variablen hätten erhoben werden können, die einen Einfluss auf die Kompetenzentwicklung haben. Denkbar wäre
hier vor allem die allgemeine, domänenunabhängige metakognitive Kompetenz oder
die Fähigkeit zum selbstregulierten Arbeiten, welche eine enorm wichtige Rolle bei
der eigenständigen Erarbeitung mathematischer Lerninhalten über sechs Schulstunden hinweg spielen könnten. Einige Anzeichen für einen solchen Einfluss liefern
bereits die Variablen aus den Prozessdaten, welche jedoch noch weiter entwickelt
werden müssten, um tatsächlich die genannten Kompetenzen abzubilden. Allerdings
kann auch angenommen werden, dass diese Kompetenz über die gezogene Stichprobe hinweg normalverteilt ausfällt und innerhalb der zufällig gebildeten Interventionsgruppen ähnlich verteilt ist. Auch Selbstwirksamkeitserwartungen könnten
relevant für den adäquaten Umgang mit einer solchen digitalen Lernumgebung sein
(Greefrath et al., 2018; Hankeln, 2019; Thurm und Barzel, 2019). Für unterschiedliches Vorwissen in den gemessenen Kompetenzen wurde in den Regressionsmodellen daher auch kontrolliert. Ebenso wurde durch die Randomisierung versucht,
Variablen wie sozialer Herkunft, Klassenzusammensetzung oder auch Motivation
zu begegnen. Die Motivation aufgrund des eventuell neuartigen Werkzeugeinsatzes
(Hillmayr et al., 2017) – wobei dies durch die Covid-19-Pandemie auch aus einer
anderen Perspektive zu überdenken ist – kann durch die Randomisierung innerhalb
der Klassen ebenfalls als ähnlich verteilt angesehen werden.

Ein wichtiger Bestandteil der vorliegenden Studie ist die Überprüfung der Nutzung des Treatments in der Experimentalgruppe. Auf diese Weise war es möglich,
die Wirkung der zusätzlichen Elemente zum metakognitiven Wissen über mathematisches Modellieren in Zusammenhang mit den auf diesen Seiten verbrachten
Zeiten zu setzen. Darauf aufbauend konnte eine deutlich adäquatere Interpretation
der nicht vorhandenen Gruppenunterschiede erfolgen. Somit ist bereits an dieser
Stelle die Analyse der Prozessdaten als Gewinn für empirische Studien im Feld
anzusehen. Weiterhin konnten mithilfe der Prozessdaten die Teilnehmenden identifizieren werden, welche den Posttest oder auch schon die Modellierungsaufgaben
in der Intervention gar nicht bearbeitet haben. Auch die computerbasierte Gene-
rierung von Zugangscodes ermöglichte eine deutlich verbesserte Anonymisierung,
sodass auch hier ein echter Vorteil in der Umsetzung einer digitalen Lernumgebung
gesehen werden kann.

Das gewählte Design und das Ausnutzen solcher Vorteile in der digitalen Lernumgebung erforderte jedoch mit Hinblick auf eine Interpretation der Prozessdaten,
dass die Teilnehmenden in Einzelarbeit an der Intervention und an den Testzeitpunkten teilnahmen. Dies steht im Gegensatz zu der eigentlichen Forderung, dass digitale Lernumgebungen bei der Gestaltung soziale Lernarrangements schaffen sollten
(Mandl und Kopp, 2006). Auch bezüglich des Kompetenzerwerbs beim mathema-

tischen Modellieren kann postuliert werden, dass diese in Gruppen aufgrund des diskursiven Austauschs besser erlernt werden können (Blum und Schukajlow, 2018; Blum et al., 2009; Schukajlow et al., 2012). Ebenso konnte eine Metastudie zum digitalen Werkzeugeinsatz herausstellen, dass die Effekte tendenziell etwas größer sind, wenn die Lernenden zu zweit arbeiten (Hillmayr et al., 2020). Dennoch wäre eine Interpretation der numerischen und abstrakten Variablen, welche aus den Prozessdaten gebildet wurden, bei Gruppen- oder Zweierarbeiten kaum möglich. Eine ähnliche Entscheidung aus methodischer Sicht wurde bereits durch Zöttl (2010) getroffen, wobei eine anschließende Auswertung der Logfiles zu dem Zeitpunkt noch zu komplex war.

Zuletzt sollen in Bezug auf das Design noch die Gestaltung der Lernumgebung sowie die darin enthaltenen Modellierungsaufgaben und damit das allgemeine Treatment für beide Gruppen diskutiert werden.

Für die Gestaltung der Lernumgebung wurden zunächst die vier im LIMo-Projekt eingesetzten Aufgaben ausgewählt, da diese zur Förderung der Modellierungskompetenz gestaltet und im Rahmen einer groß angelegten Interventionsstudie erprobt wurden. Ein relevanter Kritikpunkt war dabei jedoch, dass die Aufgaben sowohl für den papierbasierten als auch für einen GeoGebra-unterstützten Lernprozess zum Einsatz kommen sollten. Daher konnte das Potenzial der Aufgaben hinsichtlich des Werkzeugeinsatzes bei der Gestaltung nicht vollständig ausgeschöpft werden (Hankeln, 2019). Mit dem Ziel, dieser Problematik zu begegnen und den weiteren Kritikpunkt einer zu kurzen Intervention im LIMo-Projekt ebenfalls entgegenzuwirken, wurden zwei weitere Aufgaben konzipiert, die vor allem die ermöglichte Dynamik der Software GeoGebra einbezogen. Allerdings wurde ebenfalls berücksichtigt, dass aufgrund der womöglich notwendigen Instrumentalisierungsprozesse eine Verwendung des digitalen Werkzeugs für die Teilnehmenden nicht direkt intuitiv ablaufen kann. Daher wurde auch darauf geachtet, die ohnehin bereits kognitiv sehr komplexen Aufgaben nicht auf ein zu hohes Niveau zu bringen. Dennoch hätten auch die übrigen vier Aufgaben durch solche ersetzt werden können, die lediglich mithilfe von digitalen Werkzeugen lösbar sind. Dann hätte allerdings – wie es im nächsten Unterkapitel diskutiert wird – auch das Testinstrument zu Teilkompetenzen des mathematischen Modellierens weiter angepasst werden müssen.

Die Gestaltung der Lernumgebung war darauf bedacht, die einzelnen Elemente möglichst reduziert und intuitiv zu implementieren. Daher konnten zur Navigation nur die Pfeile nach links und rechts verwendet werden. Außerdem wurden die Inhalte so dargestellt, dass kein Scrollen notwendig war. Dies ermöglicht auch eine präzisere Auswertung der Prozessdaten hinsichtlich der Seitenwechsel oder der Verwendung einzelner Seiten. Zu diskutieren bleibt daher der Modus der Erhebung.

Die Teilnehmenden arbeiteten alle mit Geräten, sodass sie Tastatur und Maus oder Trackpad zur Verfügung hatten. Vor allem für die Texteingaben war die Tastatur erforderlich. Für eine präzise Steuerung – beispielsweise um Punkte zu setzen – war die Maus sinnvoll. Allerdings ist der Umgang mit Computern, Tastatur und Maus für die meisten Lernenden nicht mehr intuitiv und der Trend, dass Schulen mit mobilen Endgeräten wie Tablets ausgestattet werden, ist deutlich - vor allem im Zuge der Covid-19-Pandemie – zu beobachten, auch wenn Deutschland hinsichtlich der Ausstattung zum Stand der letzten großen Vergleichsstudie deutlich unter dem Durchschnitt lag (Fraillon et al., 2019). Dies bringt auch den Vorteil mit sich, dass nicht, wie in der vorliegenden Studie, zunächst die Computerräume für die Durchführung gebucht werden müssen, sondern eine lernendenzentrierte, flexible Anwendung möglich ist (Harrison und Lee, 2018). Insgesamt sollte in zukünftigen Studien die Konzeption für mobile Endgeräte angepasst werden. So könnte auch das handschriftliche Eintragen von Formeln oder Ergebnissen umgesetzt werden. In der vorliegenden Studie mussten Formeln hingegen umständlich mithilfe der Tastatur eingegeben werden, sodass die Teilnehmenden Schreibweisen wie $m\hat{\ }2$ anstelle von m^2 verwenden und erlernen mussten (vgl. auch Barzel, 2009). An dieser Stelle sollte allerdings auf die Integration einer KI-Software geachtet werden, um auch weiterhin automatisierte Auswertungen zu ermöglichen. In Bezug auf die Automatisierung kann die digitale Lernumgebung ebenfalls optimiert werden. So kann automatisiertes Feedback oder sogar ein Intelligentes Tutoring System, welches direkt auf verschiedene Aktionen in GeoGebra reagieren kann, als sinnvoll angenommen werden (Baker et al., 2010; Hillmayr et al., 2020; Jedtke, 2020; Jedtke und Greefrath, 2019). Ebenso könnte eine adaptive Gestaltung der Modellierungsaufgaben und Hilfestellungen für individuelle Lernprozesse sinnvoll sein (Hillmayr et al., 2020). Entsprechend sind in Bezug auf die Gestaltung der digitalen Lernumgebung deutliche Grenzen der Studie aufzuzeigen. Die Adaptivität der Testinstrumente wäre ebenfalls eine mögliche und sinnvolle Weiterentwicklung. Mit den eingesetzten Testinstrumenten und der daran anschließenden Auswertungsmethodik befasst sich das nächste Unterkapitel.

10.2.3 Erhebungsinstrumente und Auswertungsmethodik

Die dargestellten und im Rahmen der vorliegenden Studie abgeleiteten Ergebnisse fußen auf drei Säulen. Zum einen bestehen diese Säulen aus zwei eingesetzten Testinstrumenten, wobei eines innerhalb des LIMo-Projekts nach Beckschulte (2019) und Hankeln (2019) entwickelt wurde. Mithilfe dieses Testinstruments konnten erneut die vier Teilkompetenzen des mathematischen Modellierens Vereinfachen,

Mathematisieren, Interpretieren und Validieren erhoben werden. Eine Veränderung des Modus in ein digitales Format zeigte keine problematischen Teststatistiken. Insgesamt ergab die Rasch-Modellierung das Ergebnis einer suffizienten Statistik (Bühner, 2011) und das vierdimensionale Modell wies eine bessere Passung als das eindimensionale Modell auf. Somit replizieren sich die Ergebnisse aus den Studien nach Beckschulte (2019) und Hankeln (2019). Entsprechend kann auch die Erfüllung der Gütekriterien angenommen werden, wobei die Überprüfung der konvergenten sowie diskriminanten Validität nicht vorgenommen wurde. Vor allem die Werte der Reliabilitäten sollten in der vorliegenden Studie jedoch erneut beleuchtet werden. Hier kann konstituiert werden, dass mit EAP/PV-Reliabilitäten zwischen 0.74 und 0.75 für Gruppenvergleiche gute Werte erzielt wurden, die ebenfalls mit anderen Facetten der Modellierungskompetenz erfassenden Instrumenten vergleichbar sind (Brand, 2014; Hankeln, 2019; Zöttl, 2010). Zu kritisieren ist an diesem Testinstrument, welches lediglich vom papierbasierten in ein digitales Format übertragen wurde, dass keine digitalen Modellierungskompetenzen integriert wurden. Entsprechend können tatsächlich nur Aussagen über die vier erhobenen Teilkompetenzen, welche der Theorie entsprechend für Modellierungsaufgaben im Allgemeinen relevant sind, getroffen werden. Eine Erweiterung des Testinstruments um die digitalen Facetten, wie etwa den Schritt des Aufstellen eines Werkzeugmodells oder des Übersetzens eines digitalen Resultats in die Mathematik (vgl. beispielsweise die Kreisläufe nach Galbraith et al. (2003) oder Siller und Greefrath (2010)), aber auch Erweiterungen der erfassten Teilkompetenzen, wie etwa beim Vereinfachen durch das Entnehmen relevanter Informationen aus einem Video, sollten unbedingt in nachfolgenden Studien erfolgen. Hieran schließt sich auch eine Frage theoretischer Natur, wie digitale modellierungsspezifische Teilkompetenzen beschrieben sowie operationalisiert werden können, sodass sie auch empirisch erfassbar sind (vgl. auch Frenken, Greefrath, Siller et al., 2021). Dass die vorliegende Studie keine Aussagen über die Förderung digitaler Modellierungskompetenzen treffen kann, ist als eine der großen Schwächen anzusehen, war jedoch aufgrund der notwendigen Entwicklung der gesamten Lernumgebung sowie der Entwicklung eines Testinstruments zum metakognitiven Wissen über mathematisches Modellieren im Rahmen der vorliegenden Arbeit nicht umsetzbar.

Die zweite Säule fußt auf dem für diese Studie entwickelten Testinstrument zur Erhebung des metakognitiven Wissens über mathematisches Modellieren. Da dieses Testinstrument neben der durchgeführten Pilotierungsstudie das zweite Mal eingesetzt wurde, sollen die Testgütekriterien an dieser Stelle detaillierter beleuchtet und kritisch hinterfragt werden. Basierend auf einem Modellvergleich eines zwei- und eines eindimensionalen Modells konnte das eindimensionale Modell als geeigneter erachtet werden. Entsprechend wird die Einordnung der Gütekriterien darauf bezogen werden.

Die methodische Strenge, welche sich in der Validität ausdrückt, kann in drei Aspekte unterteilt werden: die Konstruktvalidität, die interne Validität sowie die externe Validität. Wie bereits in Abschnitt 8.4.1 diskutiert, wurde die interne, oder auch inhaltliche Validität gewährleistet, indem das Testinstrument eng an bisherige Erhebungsinstrumente in diesem Bereich sowie die zugehörigen theoretischen Fundierungen angelehnt wurde. Darüber hinaus erfolgte eine Expertendiskussion der Items, um die inhaltliche Strenge zu gewährleisten. Die Konstruktvalidität kann in einem ersten Ansatz überprüft werden, indem der Zusammenhang zu den ebenfalls für eine holistische Modellierungskompetenz relevanten Teilkompetenzen überprüft wird. Allerdings wäre eine Überprüfung des Zusammenhangs zur prozeduralen Metakognition angebrachter und aussagekräftiger, da bisher keine Erkenntnisse dazu vorliegen, inwiefern die Modellierungsteilkompetenzen mit dem metakognitiven Wissen über mathematisches Modellieren zusammenhängen. Die Ergebnisse aus Abschnitt 9.3 zeigen, dass lediglich eine moderate signifikante Korrelation zu der Teilkompetenz Mathematisieren vorliegt, sodass die interne Validität in weiteren Studien erneut überprüft werden sollte.

Die externe Validität, welche durch die Prüfung des Zusammenhangs mit äußeren manifesten Variablen erfolgen kann, wurde im Rahmen dieser Studie noch nicht geprüft. Eine solche Überprüfung setzt voraus, dass bekannt ist, mit welchen manifesten Variablen ein Zusammenhang bestehen müsste. Dies ist jedoch noch nicht abschließend geklärt, ein Einsatz anderer Testinstrumente zum metakognitiven Wissen (Lingel, 2016) oder etwa zu weiteren metakognitiven Aspekten (z. B. Vorhölter, 2017) wäre jedoch denkbar.

Zur Bestimmung der Reliabilität kann aufgrund der Rasch-Skalierung, genau wie beim Testinstrument zu den Modellierungsteilkompetenzen, die EAP/PV-Reliabilität herangezogen werden, welche eine Vergleichbarkeit zu dem bekannteren Cronbachs Alpha aufweist. Da die EAP/PV-Reliabilität in dem eindimensionalen Modell 0.78 beträgt, ist diese als gut anzusehen und in jedem Fall für Gruppenvergleiche geeignet (Bühner, 2011; Lienert und Raatz, 1998; Moosbrugger und Kelava, 2012). Die drei Aspekte der Objektivität wurden bereits in Abschnitt 8.4.1 diskutiert. Hier sind sowohl die Durchführungs-, die Auswertungs-, sowie die Interpretationsobjektivität als gewährleistet anzusehen.

Ein wichtiges Gütekriterium, welches sichergestellt werden konnte, ist die Skalierbarkeit, die durch den Vergleich zweier Modelle sowie die Analyse der Itemfitwerte gegeben ist. Hier mussten jedoch zunächst fünf Items ausgeschlossen werden, damit die Eigenschaften einer suffizienten Statistik vorliegen, die auch für den Gruppenvergleich geeignet ist (Bühner, 2011). Die Items wurden im Wesentlichen aufgrund ihrer geringen Lösungsquoten ausgeschlossen, sodass auch von einem insgesamt vorliegenden Bodeneffekt ausgegangen werden kann. Dieser lässt vermuten, dass das Wissen im Bereich der modellierungsspezifischen Metakognition in der Stichprobe gering ist.

Zur Ermittlung der finalen Personenfähigkeitsparameter wurde wie in vorangegangen Studien (Beckschulte, 2019; Hankeln, 2019; Klinger, 2018; Wess, 2020) die bewährte Methode der Concurrent Calibration angewendet. Diese stellt nicht die am leichtesten nachvollziehbare Methode dar, weist jedoch auch Vorzüge auf, da Abhängigkeiten von Items reduziert werden und stets mit möglichst großen Datenmengen zur Genauigkeit der Schätzungen gearbeitet werden kann. Zur Schätzung der Personenfähigkeiten wurde in dieser Studie die Weighted Likelihood Estimation verwendet, welche zwar messfehlerbehaftet ist, jedoch bei einer solchen Stichprobengröße zu den besten Punktschätzern führt (Hartig und Kühnbach, 2006; J. Rost, 2004).

Die verwendeten Daten für die Analysen beider Testinstrumente und die damit bestimmten Personenfähigkeiten in den fünf gemessenen Facetten wurden mithilfe einer Extraktion finaler Antworten aus den Log- und Prozessdaten herangezogen. Entsprechend bilden die computergenerierten Daten die Grundlage oder dritte Säule der vorliegenden Studie, auf Basis derer auch weitere Variablen identifiziert wurden, die eine Erklärung komplexerer Prozesse des Kompetenzerwerbs ermöglichten. Eine Interpretation der aus den Prozessdaten extrahierten Variablen erfordert eine absolut vorsichtige Interpretation, welche stets vor dem Hintergrund theoretischer Überlegungen sowie bisheriger empirischer Erkenntnisse erfolgen sollte. Darüber hinaus versteht sich die explorative Analyse solcher Variablen als Prädiktoren auf die Posttestleistungen in den vier Teilkompetenzen als experimentell. Entsprechend können die gefundenen Zusammenhänge an dieser Stelle eher als hypothesengenerierend angesehen werden, obwohl es sich um ein quantitatives Vorgehen handelt. Weitere qualitative, sowie vergleichbare quantitative Studien sollten angestrebt werden, um die Ergebnisse zu bestätigen und zu erklären.

Insgesamt konnten mit den Personenfähigkeitsparametern sowie den weiteren extrahierten Variablen auf der einen Seite t-Tests zur Veränderungsmessung der Gesamtstichprobe sowie multiple lineare Regressionen zur Betrachtung der übrigen Forschungsfragen auf der anderen Seite berechnet und analysiert werden. Bei den Analysen wurde stets eine Gewährleistung der Voraussetzung sowie ein eventueller Ausschluss von Ausreißern vorangestellt. Entsprechend können die Auswertungsmethoden als zufriedenstellend angesehen werden. Damit die Auswertungen ebenfalls nachvollziehbar sind, werden die R-Skripte im Anhang zur Verfügung gestellt. So kann eine nach wissenschaftsethischen Gesichtspunkten höchst relevante Vergleichbarkeit gewährleistet werden. Diese wird auch durch die Verwendung der

Opensource-Software und Programmiersprache R (R Core Team, 2020) ermöglicht, da sowohl der Code einsehbar als auch die Software allgemein zugänglich ist. Bei einer Skalierung mit der ansonsten weit verbreiteten Software ConQuest (Beckschulte, 2019; Hankeln, 2019; OECD, 2012; Wess, 2020) wäre dies nicht der Fall gewesen. Für zukünftige Studien sollte zur weiteren Optimierung der Vergleichbarkeit und Nachvollziehbarkeit die direkte Integration von JupyterNotebooks auf dem Server angestrebt werden. So können die Daten direkt und kollaborativ verarbeitet werden. Dies leitet bereits zu Ausblick und Implikationen auf Basis der hier vorgestellten Studie über. Zunächst sollen jedoch im nachfolgenden Kapitel die wichtigsten Aussagen und Schlussfolgerungen in einem Fazit zusammengefasst werden.

Fazit und Ausblick 11

Nachdem nun die Ergebnisse und die verwendete Methodik diskutiert wurden, ist es möglich, ein abschließendes Fazit für die in dieser Arbeit dargelegte Studie zu ziehen. Darauf aufbauend sollen außerdem einige Implikationen für weitere Forschungsprojekte sowie für die unterrichtliche Gestaltung und Entwicklung abgeleitet werden.

11.1 Fazit

Das Projekt Modi basiert auf drei Strängen theoretischer sowie empirischer Erkenntnisse. Ziel dieser Arbeit war es, vor allem die Kombination dieser drei Aspekte der Mathematikdidaktik zu verknüpfen, um die Entwicklung digitaler, modellierungsspezifischer, sowie metakognitiver Kompetenzen zu eruieren und zu fördern. Dazu wurde ein für die Mathematikdidaktik innovativer Ansatz gewählt, indem eine Serverumgebung entwickelt wurde, welche die Auslieferung von Test und digitaler Lernumgebung über einen Webbrowser, sowie gleichzeitig die Speicherung der Prozessdaten – resultierend aus den Interaktionen der Teilnehmenden mit der Lernumgebung – als Basis für die Auswertungen ermöglichte. Insgesamt wurde so ein Gruppenvergleich angestrebt, um zumindest Teile der Frage zu klären, inwiefern digitale Technologien eingesetzt werden können, um Modellierungskompetenzen zu fördern (Niss et al., 2007) und, wie digitale Technologien den Lernprozess mathematischer Kompetenzen beeinflussen (Lichti und Roth, 2018). Dabei strebte diese Studie keineswegs einen Vergleich oder ein Abwägen zwischen digitalen und papierbasierten Medien zum Kompetenzerwerb an. Stattdessen sollte evaluiert werden, unter welchen Bedingungen Kompetenzerwerbsprozesse erfolgreich verlaufen, welche Variablen sich als Prädiktoren identifizieren lassen und inwiefern die

L. Frenken, *Mathematisches Modellieren in einer digitalen Lernumgebung*, Studien zur theoretischen und empirischen Forschung in der Mathematikdidaktik, https://doi.org/10.1007/978-3-658-37330-6_11

Vermittlung metakognitiven Wissens über mathematisches Modellieren eine zusätzliche Unterstützung bieten kann.

Die entwickelte digitale Lernumgebung bildet demnach das Zentrum der vorliegenden Studie. Sie wurde nach den theoretischen Fundierungen der Instrumentellen Genese und der Cognitive Load Theory entwickelt. Der Fokus lag dabei auf der Integration der Dynamischen Geometriesoftware GeoGebra, mithilfe derer die sechs Modellierungsaufgaben während der Intervention bearbeitet werden sollten.

Die Umsetzung dieser Studie war besonders durch die Covid-19-Pandemie erschwert, obwohl dadurch zeitgleich die besondere Relevanz für empirisch fundierte Erkenntnisse im Rahmen des schulischen digitalen Medien- und Werkzeugeinsatzes aufgezeigt wurde. Dennoch war die Stichprobe geringer als zu Beginn der Studie geplant und die Umsetzung der Intervention aufgrund von sehr kurzfristigen Veränderungen der Regularien nicht so vergleichbar wie angestrebt. Eine Generalisierbarkeit der Ergebnisse ist demnach nur eingeschränkt möglich, wobei die Studie wichtige Erkenntnisse hervorbringt, Tendenzen anzeigt und zumindest Aussagen für die beschriebene Stichprobe zulässt.

Aus den erhobenen Log- und Prozessdaten im json-Format wurden zunächst Variablen definiert und extrahiert. Diese konnten dann in Kombination aus probabilistischer und klassischer Testtheorie ausgewertet werden. Eine Zusammenfassung der wichtigsten Ergebnisse erfolgt nun.

Erkenntnisse dieser Arbeit sind, dass die vier Modellierungsteilkompetenzen, welche empirisch voneinander trennbar erfasst werden konnten, im Allgemeinen durch eine digitale Lernumgebung gefördert werden können, die Einbettung expliziter Vermittlungsformen metakognitiven Wissens über mathematisches Modellieren jedoch nicht zu einem Gruppenunterschied in dieser Entwicklung geführt hat. Dennoch hat die Gruppe mit zusätzlichen metakognitiven Wissenselementen zumindest tendenziell einen Zuwachs hierin gezeigt. Es kann jedoch vermutet werden, dass ein tatsächlicher und hilfreicher Strategieeinsatz mehr erfordert als die kontextuell nicht angebundene Explikation verschiedener Strategien inklusive der Ziele und Anwendungsmöglichkeiten in Bezug auf Aufgabenmerkmale. Eine wichtige Erkenntnis ist demnach, dass die prozedurale Metakognition nicht nur durch das Vermitteln deklarativer Elemente angeregt werden kann, sondern ein umfassendes Strategietraining – womöglich auch langfristig – notwendig ist, um den Kompetenzerwerb zu unterstützen.

Als ausschlaggebend für die Entwicklung der vier erhobenen Modellierungsteilkompetenzen können allerdings neben der allgemeinen Mathematikleistung und neben dem Vorwissen vor allem sprachliche und selbstregulative Fähigkeiten sowie Werkzeugkompetenzen identifiziert werden. Hier sollte weitere Forschung ansetzen, um vor allem den Einfluss der selbstregulativen Fähigkeiten sowie der

Metakognition als Protokompetenz für das eigenständige Arbeiten zu evaluieren und neue Messmethoden basierend auf den Prozessdaten zu identifizieren.

11.2 Ausblick

Als quantitativ, zum Teil explorativ angelegte quasi-experimentelle Interventionsstudie können vor dem Hintergrund der diskutierten Ergebnisse und Methodik, sowie dem dargestellten Fazit einige Implikationen für die Forschung und für die Praxis abgeleitet werden. Diese sollen in Form eines Ausblicks kurz dargestellt werden und zur Anknüpfung weiterer Forschungsprojekte sowie für die Unterrichtsentwicklung dienen.

11.2.1 Implikationen für die Forschung

Der größte Gewinn für die Forschung ist die in dieser Arbeit angebahnte Analyse der computergenerierten Prozessdaten. Es konnte aufgezeigt werden, wie diese sich eignet, um die Nutzung des Treatments einzuordnen und Prädiktoren für einen Kompetenzzuwachs zu identifizieren. Darauf lässt sich in Folgestudien aufbauen. Hierbei ist es natürlich möglich, andere inhaltliche oder kompetenzspezifische Facetten in die Analyse zu integrieren. Da der Fokus in der vorliegenden Arbeit auf den Modellierungsteilkompetenzen lag, sollte in jedem Falle eine intensivere Auseinandersetzung mit digitalen Kompetenzen erfolgen. Auf diese Weise wäre es auch möglich, eine Konstruktdefinition enger zu fassen und die bisher vorwiegend theoretischen Überlegungen, welche auch mit der Instrumentellen Genese oder der Cognitive Load Theory verknüpft sind, empirisch zu untersuchen.

Aus Sicht der Beschreibung einer holistischen Modellierungskompetenz ist es von besonderem Interesse, die digitale holistische Modellierungskompetenz davon abzugrenzen und zu definieren. Bisherige Überlegungen hierzu werden in einem zweidimensionalen Kreislauf dargestellt, welcher die digitalen Möglichkeiten an jeder Stelle des Kreislaufs zusätzlich aufnimmt (vgl. Greefrath, 2011) oder alternativ, eine dritte digitale Welt integriert, die vor allem die Übersetzungsprozesse von der Mathematik zum digitalen Werkzeug und vom dort erhaltenen Resultat in die Mathematik zurück beleuchtet (vgl. Siller und Greefrath, 2010). Anhand der vorliegenden Studie kann jedoch konstituiert werden, dass beide Varianten der Darstellung digitaler Modellierungsprozesse nicht umfassend genug sind, wenn die Lernenden den gesamten Modellierungsprozess in einer digitalen Lernumgebung durchlaufen. Vielmehr fungiert das digitale Medium hier als ein ständiger

Begleiter, der jedoch zum Teil auch Übersetzungsprozesse von der Mathematik in ein spezifisches digitales Werkzeugmodell erfordert, sodass die digitale Welt womöglich als weitere Ebene in das Modell einfließen sollte. Allerdings entstehen so auch viele noch weniger trennbare Teilkompetenzen, da zum Beispiel das Vereinfachen in einer digitalen Lernumgebung das Entnehmen von Informationen aus dem Text sowie aus einem Video (wie in der Aufgabe Torschuss) erfordern. An dieser Stelle ist dann unklar, an welcher Stelle der dreidimensionalen Darstellung dieser Prozess lokalisiert werden müsste.

An diese Überlegungen schließt sich jedoch die Forderung nach einem Testinstrument zur digitalen Modellierungskompetenz an. Dieses sollte in jedem Falle auch die Verwendung adäquater Werkzeuge inkludieren. Mithilfe eines solchen Testinstruments könnten dann Lernprozesse innerhalb digitaler Lernumgebungen, aber auch mit einzelnen spezifischen Werkzeugen, evaluiert werden.

Durch die Verwendung computerbasierter, umfassender Daten ist es möglich, detailliertere Analysen zu den Bearbeitungsprozessen anzustreben. Da die Menge an gespeicherten Daten jedoch so umfassend ist, wäre es wünschenswert, diese vollständig zu anonymisieren und im Nachgang zu publizieren, um weitere Analysen zu ermöglichen und aus einer forschungsethischen Perspektive eine deutlich erhöhte Nachvollziehbarkeit zu gewährleisten. In weiteren Analysen könnten zum Beispiel die Mausspuren innerhalb der Testinstrumente herangezogen werden, um eine Variable der Konfidenz in das Berechnen der Personenfähigkeiten zu integrieren und so deutlich genauere Aussagen über die tatsächliche Kompetenz treffen zu können.

Inwiefern die Daten anonymisiert werden können, ist jedoch ein weiteres, eher informatisches Forschungsprojekt, da die Teilnehmenden auch unaufgefordert personenbezogene Daten, etwa in offenen Antwortfeldern, hinterlassen konnten. Da auch jegliche Veränderungen in diesen Antwortfeldern in den Prozessdaten verankert sind, können diese auch durch die Teilnehmenden gelöschte Eingaben enthalten. Dass Schülerinnen und Schüler zunächst personenbezogene Äußerungen in ein Antwortfeld eintragen, diese dann löschen und im Anschluss eine tatsächliche Antwort eingeben, konnte während der Durchführung mehrfach beobachtet werden. Eine Anonymisierung erfordert eine Künstliche Intelligenz, welche solche Eingaben erkennen und eliminieren kann, bevor die Daten publiziert werden.

Ein besonders relevanter Aspekt für zukünftige Studien ist weiterhin das selbstregulierte Arbeiten, welches in diesem Forschungsprojekt vermutlich einflussreich für den Kompetenzzuwachs war. Es lässt sich allerdings vermuten, dass die explizite Vermittlung metakognitiven Wissens über mathematisches Modellieren nicht zu einer Optimierung oder Anregung selbstregulativer beziehungsweise domänenunabhängiger metakognitiver Prozesse geführt hat. Entsprechend sollte eine

Folgestudie solche Kompetenzen in den Blick nehmen, indem zum einen ein Testinstrument hierzu eingesetzt wird, und zum anderen, indem die Prozessdaten diesbezüglich ausgewertet werden. Aufgrund der kleinen bis mittleren Varianzaufklärung der finalen Regressionsmodelle in dieser Studie lässt sich vermuten, dass solch ein Faktor als höchst relevanter Prädiktor eingehen kann. Auch die Problematik, dass einige Teilnehmende aus den Analysen ausgeschlossen werden mussten, weil keine Antwortmuster vorlagen, sondern lediglich das sekundenschnelle Weiterklicken in den Prozessdaten zu beobachten war, lässt eine solche Vermutung zu.

Insgesamt bietet die vorliegende Studie demnach eine Vielzahl von Anknüpfungsmöglichkeiten für weitere Forschung, welche die durch die Technik gewonnenen neuen empirischen Ansätze inkludieren, jedoch auch auf den gewonnenen Erkenntnissen aufbaut und neue Forschungslücken identifiziert.

11.2.2 Implikationen für die Praxis

Ebenso wie für die Forschung können aus der vorliegenden Studie und den daraus gewonnenen Erkenntnissen einige Implikationen für die unterrichtliche Praxis abgeleitet werden.

Diese beziehen sich vor allem auf die Förderung digitaler und modellierungsspezifischer mathematischer Kompetenzen im schulischen Kontext. Für beide Bereiche sind jedoch erneut die bereits als Protokompetenz angesehene Fähigkeit des selbstregulierten Arbeitens ebenso wie eng damit verknüpfte metakognitive Fähigkeiten als besonders relevant zu vermuten. Demnach sollte das Ziel eines eigenständigkeitsorientierten Mathematikunterrichts, bei dem Lehrkräfte begleiten, beraten und Lernmaterialien bereitstellen, weiterhin verfolgt werden.

Darüber hinaus können spezifische Handlungs- und Gestaltungsempfehlungen abgeleitet werden. So lässt sich hier auf den Umgang mit digitalen Werkzeugen und Medien abzielen, da innerhalb der finalen Regressionsanalysen deutliche Prädiktoren herausgearbeitet werden konnten, welche in Einklang mit der Instrumentellen Genese stehen. Hier zeigt sich also, dass der Umgang und das adäquate, mathematische Verwenden digitaler Medien und Werkzeuge – in dieser Studie besonders GeoGebra – erlernt werden muss. Entsprechend ist eine Reduktion der Applets durch das Einschränken der angebotenen Werkzeuge oder durch ein vorbereitetes Hintergrundbild essenziell. Doch durch solche, für Lehrkräfte mit geringem Aufwand verbundene Vorbereitungen kann dann ein Kompetenzerwerb, nicht nur im Digitalen, sondern auch für die Modellierungskompetenz stellvertretend für die sechs allgemeinen Kompetenzen, die es im Mathematikunterricht zu erlernen gilt, erfolgen.

Ein weiterer sehr relevanter Faktor erscheint die sprachliche Gestaltung zu sein. Dementsprechend ist eine durch digitale Medien überhaupt erst mögliche Integration von Audios und Videos sinnvoll, um verschiedene Ebenen der textuellen Vermittlung zu gewährleisten sowie verschiedene Lerntypen anzusprechen. Darüber hinaus ist diese Erkenntnis für Lehrkräfte relevant, da sie die Möglichkeit haben, während solcher eigenständiger Arbeitsphasen besser auf Schülerinnen und Schüler mit sprachlich weniger stark entwickelten Kompetenzen einzugehen. Auch bei anderen Schwierigkeiten, die bekanntlich innerhalb von Modellierungsprozessen, aber beispielsweise auch bei Problemlöseprozessen oder Darstellungswechseln auftreten können, ist es Lehrkräften in Arbeitsphasen mit digitalen Lernumgebungen möglich, individuell darauf einzugehen. Dies gilt nicht nur bei notwendigen Unterstützungsmaßnahmen aufgrund von Schwierigkeiten, sondern auch für die Förderung besonders starker oder schneller Schülerinnen und Schüler.

Diese Studie hat auch gezeigt, dass das mathematische Modellieren in einer digitalen Lernumgebungen eine Möglichkeit darstellt, um mit Leistungsheterogenität umzugehen. Dies erwies sich vor allem in den verschiedenen Konstruktionen in den GeoGebra-Applets, aber auch in den unterschiedlichen Arbeitsweisen. Für alle Schülerinnen und Schüler könnte eine solche Arbeitsform optimiert werden, indem langfristig mathematik- oder modellierungsspezifische, aber auch allgemeine Strategien erarbeitet werden. So kann ein individueller Kompetenzzuwachs erfolgen, wobei Lernende eigenständig arbeiten und die Lehrkräfte als Begleitpersonen oder Beratende fungieren.

Literatur

Adamek, C. (2016). Der Lösungsplan als Strategiehilfe beim mathematischen Modellieren – Ergebnisse einer Fallstudie. In Institut für Mathematik und Informatik der Pädagogischen Hochschule Heidelberg (Hrsg.), *Beiträge zum Mathematikunterricht 2016* (S. 87–90). WTM-Verlag. https://doi.org/10.17877/DE290R-17314

Adamek, C. & Hegen, J. (2018). Mathematisches Modellieren mit Lösungsplan aus Sicht von Schülerinnen und Schülern. In U. Kortenkamp & A. Kuzle (Hrsg.), *Beiträge zum Mathematikunterricht 2017* (S. 35–38). WTM-Verlag.

Adams, R. J. (2002). Scaling PISA cognitive data. In R. J. Adams & M. L. Wu (Hrsg.), *PISA 2000 technical report* (S. 99–108). OECD.

Adams, R. J., Wilson, M. & Wang, W.-c. (1997). The Multidimensional Random Coefficients Multinomial Logit Model. *Applied Psychological Measurement, 21* (1), 1–23. https://doi.org/10.1177/0146621697211001

Aebli, H. (1987). *Zwölf Grundformen des Lehrens. Eine Allgemeine Didaktik auf psychologischer Grundlage* (3. Aufl.). Klett-Cotta.

Akaike, H. (1974). A new look at the statistical model identification. *IEEE Transactions on Automatic Control, 19* (6), 716–723.

Akturk, A. O. & Sahin, I. (2011). Literature Review on Metacognition and its Measurement. *Procedia – Social and Behavioral Sciences, 15*, 3731–3736. https://doi.org/10.1016/j.sbspro.2011.04.364

Alzahrani, K. S. (2017). Metacognition and Its Role in Mathematics Learning: An Exploration of the Perceptions of a Teacher and Students in a Secondary School. *International Electronic Journal of Mathematics Education, 2* (3), 521–537. https://www.iejme.com/download/metacognition-and-its-role-in-mathematics-learning-an-exploration-of-the-perceptions-of-a-teacher.pdf

Andersen, E. B. (1973). Conditional Inference for Multiple-choice Questionnaires (A. R. Jonckheere, Hrsg.). *The British Journal of Mathematical & Statistical Psychology, 26*, 31–44.

Anderson, D. R., Burnham, K. P. & White, G. C. (1998). Comparison of Akaike information criterion and consistent Akaike information criterion for model selection and statistical inference from capture-recapture studies. *Journal of Applied Statistics, 25* (2), 263–282.

Andres, J. (1996). Das Allgemeine Lineare Modell. In E. Erdfelder, R. Mausfeld, T. Meiser & G. Rudinger (Hrsg.), *Handbuch Quantitative Methoden (Digitalisierte* Ausg. 2019, S. 185–200). Universitätsbibliothek Mannheim. https://doi.org/10.25521/HQM15

Ärlebäck, J. B. (2009). On the use of Realistic Fermi problems for introducing mathematical modelling in school. *The Montana Mathematics Enthusiast, 6* (3), 331–364.

Ärlebäck, J. B. & Albarracín, L. (2019). An extension of the MAD framework and its possible implication for research. *Eleventh Congress of the European Society for Research in Mathematics Education*, 1128–1135. https://hal.archives-ouvertes.fr/hal-02408679

Artelt, C., Baumert, J. & Julius-McElvany, N. (2003). Selbstreguliertes Lernen: Motivation und Strategien in den Ländern der Bundesrepublik Deutschland. In J. Baumert, C. Artelt, E. Klieme, M. Neubrand, M. Prenzel, U. Schiefele, W. Schneider, K.-J. Tillmann & M. Weiß (Hrsg.), *PISA 2000 – Ein differenzierter Blick auf die Länder der Bundesrepublik Deutschland* (S. 131–164). VS Verlag für Sozialwissenschaften. https://doi.org/10.1007/978-3-322-97590-4_6

Artelt, C., Schiefele, U. & Schneider, W. (2001). Predictors of reading literacy. *European Journal of Psychology of Education, 16* (3), 363–383. https://doi.org/10.1007/BF03173188

Artigue, M. (2002). Learning Mathematics in a CAS Environment: The Genesis of a Reflection about Instrumentation and the Dialectics between Technical and Conceptual Work. *International Journal of Computers for Mathematical Learning, 7*, 245–274.

Artigue, M. (2019). *ICMI AMOR artigue module 6.*

Arzarello, F., Ferrara, F. & Robutti, O. (2012). Mathematical modelling with technology: The role of dynamic representations. *Teaching Mathematics and its Applications, 31* (1), 20–30. https://doi.org/10.1093/teamat/hrr027

Arzarello, F., Olivero, F., Paola, D. & Robutti, O. (2002). A cognitive analysis of dragging practises in Cabri environments. *ZDM – Mathematics Education, 34*, 66–72. https://doi.org/10.1007/BF02655708

Australian Education Council (Hrsg.). (1990). *A national statement on mathematics for Australian schools: A joint project of the states, territories and the commonwealth of Australia.* Curriculum Corporation OCLC: 831418272.

Australian Education Council (Hrsg.). (1994). *Mathematics: A curriculum profile for Australian schools ; a joint project of the states, territories and the Commonwealth of Australia.* Curriculum Corporation OCLC: 315432212.

Ay, I., Mahler, N. & Greefrath, G. (2021). Family Background and Mathematical Modelling – Results of the German National Assessment Study. In M. Inprasitha, N. Changsri & N. Boonsena (Hrsg.), *Proceedings of the 44th Conference of the International Group for the Psychology of Mathematics Education* (S. 29–36). PME.

Azevedo, R. (2005). Using Hypermedia as a Metacognitive Tool for Enhancing Student Learning? The Role of Self-Regulated Learning. *Educational Psychologist, 40* (4), 199–209. https://doi.org/10.1207/s15326985ep4004_2

Azevedo, R. & Hadwin, A. F. (2005). Scaffolding Self-regulated Learning and Metacognition – Implications for the Design of Computer-based Scaffolds. *Instructional Science, 33* (5–6), 367–379. https://doi.org/10.1007/s11251-005-1272-9

Baker, R. S., D'Mello, S. K., Rodrigo, M. T. & Graesser, A. C. (2010). Better to be frustrated than bored: The incidence, persistence, and impact of learners' cognitive- affective states during interactions with three different computer-based learning environments. *International Journal of Human-Computer Studies, 68* (4), 223–241. https://doi.org/10.1016/j.ijhcs.2009.12.003

Balacheff, N. & Kaput, J. J. (1996). Computer-Based Learning Environments in Mathematics. In A. J. Bishop, K. Clements, C. Keitel, J. Kilpatrick & C. Laborde (Hrsg.), *International*

Handbook of Mathematics Education (S. 511–564). Springer Netherlands. https://doi.org/ 10.1007/978-94-009-1465-0_15

Bandura, A. (1986). *Social Foundations of Thought & Action. A Social Cognitive Theory* (10. Aufl.). Prentice-Hall.

Bannert, M. (2003). Effekte metakognitiver Lernhilfen auf den Wissenserwerb in vernetzten Lernumgebungen. *Zeitschrift für Pädagogische Psychologie, 17* (1), 13–25. https://doi.org/ 10.1024//1010-0652.17.1.13

Bannert, M. (2007). *Metakognition beim Lernen mit Hypermedien* (Bd. 61). Waxmann Verlag.

Bannert, M. & Mengelkamp, C. (2013). Scaffolding Hypermedia Learning Through Metacognitive Prompts. In R. Azevedo & V. Aleven (Hrsg.), *International Handbook of Metacognition and Learning Technologies* (S. 171–186). Springer New York. https://doi.org/10. 1007/978-1-4419-5546-3_12

Barlovits, S. & Ludwig, M. (2020). Mobile-Supported Outdoor Learning in Math Class: Draft of an Efficacy Study about the MathCityMap App. In M. Ludwig (Hrsg.), *Research on Outdoor STEM Education in the digital Age. Proceedings of the ROSETA Online Conference in June 2020* (1st, S. 55–62). WTM-Verlag. https://doi.org/10.37626/GA9783959871440. 0.07

Barzel, B. (2005). "Open learning? Computeralgebra?... No time left for that..." *ZDM, 37,* 336–342. https://doi.org/10.1007/s11858-005-0020-6

Barzel, B. (2006). *Mathematikunterricht zwischen Konstruktion und Instruktion. Evaluation einer Lernwerkstatt im 11. Jahrgang mit integriertem Einsatz von Computeralgebra.* Universität Duisburg-Essen. Duisburg-Essen. https://duepublico2.uni-due.de/receive/ duepublico_mods_00013537

Barzel, B. (2009). Schreiben in „Rechnersprache". Zum Problem des Aufschreibens beim Rechnereinsatz (B. Barzel & C. Ehret, Hrsg.). *mathematik lehren, Sonderheft Nr. 156,* 58–60.

Barzel, B., Drijvers, P., Maschietto, M. & Trouche, L. (2006). Tools and technologies in mathematical didactics. In M. Bosch (Hrsg.), *Proceedings of the Fourth Congress of the European Society for Research in Mathematics Education* (S. 927–938). FUNDEMI IQS Universitat Ramon Llull. Verfügbar 13. April 2021 unter http://www.mathematik.uni-dortmund.de/ ~erme/CERME4/CERME4_WG9.pdf

Barzel, B. & Greefrath, G. (2015). Digitale Mathematikwerkzeuge sinnvoll integrieren. In W. Blum, S. Vogel, C. Drüke-Noe & A. Roppelt (Hrsg.), *Bildungsstandards aktuell: Mathematik in der Sekundarstufe II* (S. 145–158). Bildungshaus Schulbuchverlage.

Barzel, B., Hußmann, S. & Leuders, T. (2005). Teil I: Grundfragen. In B. Barzel, S. Hußmann & T. Leuders (Hrsg.), *Computer, Internet & Co. im Mathematik-Unterricht* (S. 9–40). Cornelsen Verlag Scriptor.

Barzel, B. & Roth, J. (2018). Bedienen – Problemlösen – Reflektieren. *mathematik lehren,* 211, 16–19.

Baumert, J., Kunter, M., Blum, W., Brunner, M., Voss, T., Jordan, A., Klusmann, U., Krauss, S., Neubrand, M. & Tsai, Y.-M. (2010). Teachers' Mathematical Knowledge, Cognitive Activation in the Classroom, and Student Progress. *American Educational Research Journal, 47* (1), 133–180. https://doi.org/10.3102/0002831209345157

Beckschulte, C. (2019). *Mathematisches Modellieren mit Lösungsplan: Eine empirische Untersuchung zur Entwicklung von Modellierungskompetenzen.* Springer Fachmedien Wiesbaden. https://doi.org/10.1007/978-3-658-27832-8

Béguin, P. & Rabardel, P. (2000). Designing for instrument-mediated activity. *Scandinavian Jorunal of Information Systems, 12* (1), 19. http://aisel.aisnet.org/sjis/vol12/iss1/1

Bender, P. (2004). Theoretische Vertiefung von Modellen. In G. N. Müller, H. Steinbring & E. C. Wittmann (Hrsg.), *Arithmetik als Prozess* (S. 331–361). Kallmeyersche Verlagsbuchhandlung.

Best, D. L. & Ornstein, P. A. (1986). Children's Generation and Communication of Mnemonic Organizational Strategies. *Developmental Psychology, 22* (6), 845–853.

Blömeke, S., Gustafsson, J.-E. & Shavelson, R. J. (2015). Beyond Dichotomies: Competence Viewed as a Continuum. *Zeitschrift für Psychologie, 223* (1), 3–13. https://doi.org/10.1027/2151-2604/a000194

Blomhøj, M. & Jensen, T. H. (2003). Developing mathematical modelling competence: Conceptual clarification and educational planning. *Teaching Mathematics and its Applications, 22* (3), 123–139. https://doi.org/10.1093/teamat/22.3.123

Blomhøj, M. & Jensen, T. H. (2007). What's all the Fuss about Competencies? In W. Blum, P. Galbraith, H.-W. Henn & M. Niss (Hrsg.), *Modelling and Applications in Mathematics Education* (S. 45–56). Springer US. https://doi.org/10.1007/978-0-387-29822-1_3

Blum, W. (1985). Anwendungsorientierter Mathematikunterricht in der didaktischen Diskussion. *Mathematische Semesterberichte, 32* (2), 195–232.

Blum, W. (2002). ICMI study 14: Applications and modelling in mathematics education—Discussion document. *Zentralblatt für Didaktik der Mathematik, 34* (5), 229–239. https://doi.org/10.1007/BF02655826

Blum, W. (2007). Mathematisches Modellieren – zu schwer für Schüler und Lehrer? In E. Vásárhely (Hrsg.), *Beiträge zum Mathematikunterricht 2007* (S. 3–12). Franzbecker. https://doi.org/10.17877/DE290R-6149

Blum, W. (2010). Modellierungsaufgaben im Mathematikunterricht. Herausforderung für Schüler und Lehrer. *Praxis der Mathematik, 34* (52), 42–48.

Blum, W. (2011). Can Modelling Be Taught and Learnt? Some Answers from Empirical Research. In G. Kaiser, W. Blum, R. Borromeo Ferri & G. Stillman (Hrsg.), *Trends in Teaching and Learning of Mathematical Modelling: ICTMA14* (S. 15–30). Springer Netherlands. https://doi.org/10.1007/978-94-007-0910-2

Blum, W. (2012). Einführung. In W. Blum, C. Drüke-Noe, R. Hartung & O. Köller (Hrsg.), *Bildungsstandards Mathematik: konkret: Sekundarstufe I: Aufgabenbeispiele, Unterrichtsanregungen, Fortbildungsideen* (6. Aufl, S. 14–32). Cornelsen OCLC: 843443879.

Blum, W. (2015). Quality Teaching of Mathematical Modelling: What Do We Know, What Can We Do? In S. J. Cho (Hrsg.), *The Proceedings of the 12th International Congress on Mathematical Education* (S. 73–96). Springer International Publishing. https://doi.org/10.1007/978-3-319-12688-3_9

Blum, W. & Borromeo Ferri, R. (2009). Mathematical Modelling: Can It Be Taught And Learnt? *Journal of Mathematical Modelling and Application, 1* (1), 45–58.

Blum, W., Galbraith, P., Henn, H.-W. & Niss, M. (2007). *Modelling and Applications in Mathematics Education. The 14th ICMI Study*. Springer Science+Business.

Blum, W. & Kaiser, G. (1984). Analysis of applications and of conceptions for an application oriented mathematicsinstruction. In J. S. Berry, D. N. Burghes, I. D. Huntley, D. J. G. James & A. Moscardini (Hrsg.), *Teaching and applying mathematical modelling* (S. 201–214). Ellis Horwood Limited.

Blum, W. & Leiss, D. (2005). Modellieren im Unterricht mit der „TankenAufgabe. *mathematik lehren, 128*, 20–21.

Blum, W. & Leiss, D. (2007). How do students and teachers deal with modelling problems? In C. Haines, P. Galbraith, W. Blum & S. Khan (Hrsg.), *Mathematical modelling (ICTMA 12): Education, engineering and economics: Proceedings from the twelfth International Conference on the Teaching of Mathematical Modelling and Applications* (S. 222–231). Horwood OCLC: ocn137312746.

Blum, W., Neubrand, M., Ehmke, T., Senkbeil, M., Jordan, A., Ulfig, F. & Carstensen, C. (2004). Mathematische Kompetenz. In PISA-Konsortium Deutschland (Hrsg.), *PISA 2003. Der Bildungsstand der Jugendlichen in Deutschland – Ergebnisse des zweiten internationalen Vergleichs* (S. 47–92). Waxmann Verlag.

Blum, W. & Schukajlow, S. (2018). Selbstständiges Lernen mit Modellierungsaufgaben – Untersuchung von Lernumbungen zum Modellieren im Projekt DISUM. In S. Schukajlow & W. Blum (Hrsg.), *Evaluierte Lernumgebungen zum Modellieren* (S. 51–72). Springer Spektrum OCLC: 1030928871.

Blum, W., Schukajlow, S., Leiss, D. & Messner, R. (2009). Selbständigkeitsorientierter Mathematikunterricht im ganzen Klassenverband? Einige Ergebnisse aus dem DISUM-Projekt. In M. Neubrand (Hrsg.), *Beiträge zum Mathematikunterricht 2009* (S. 291–294). WTM – Verlag für wissenschaftliche Texte und Medien.

BMBF. (1998). *Kompetenz im globalen Wettbewerb: Perspektiven für Bildung, Wirtschaft und Wissenschaft; Feststellungen und Empfehlungen.* Bundesministerium für Bildung und Forschung.

BMBF. (2016). Bildungsoffensive für die digitale Wissensgesellschaft. Strategie des Bundesministeriums für Bildung und Forschung. https://www.bildung-forschung.digital/files/ Bildungsoffensive_fuer_die_digitale_Wissensgesellschaft.pdf

Boesen, J., Helenius, O., Bergqvist, E., Bergqvist, T., Lithner, J., Palm, T. & Palmberg, B. (2014). Developing mathematical competence: From the intended to the enacted curriculum. *The Journal of Mathematical Behavior, 33*, 72–87. https://doi.org/10.1016/j.jmathb. 2013.10.001

Bolisani, E. & Bratianu, C. (2018). The Elusive Definition of Knowledge. *Emergent Knowledge Strategies* (S. 1–22). Springer International Publishing. https://doi.org/10.1007/978-3-319-60657-6_1

Bond, T. G. & Fox, C. M. (2007). *Applying the Rasch model: Fundamental measurement in the human sciences* (2. Aufl.). Lawrence Erlbaum Associates.

Boone, W. J. (2016). Rasch Analysis for Instrument Development: Why, When, and How? (E. Dolan, Hrsg.). *CBE—Life Sciences Education, 15* (4), rm4. https://doi.org/10.1187/cbe. 16-04-0148

Borba, M. C., Askar, P., Engelbrecht, J., Gadanidis, G., Llinares, S. & Aguilar, M. S. (2016). Blended learning, e-learning and mobile learning in mathematics education. *ZDM, 48* (5), 589–610. https://doi.org/10.1007/s11858-016-0798-4

Borba, M. C. & Villarreal, M. E. (2005). *Humans-with-Media and the Reorganization of Mathematical Thinking.* Springer-Verlag. https://doi.org/10.1007/b105001

Borromeo Ferri, R. (2006). Theoretical and empirical differentiations of phases in the modelling process. *ZDM, 38* (2), 86–95. https://doi.org/10.1007/BF02655883

Borromeo Ferri, R. (2007). Modelling Problems From a Cognitive Perspective. In C. Haines, P. Galbraith, W. Blum & S. Khan (Hrsg.), *Mathematical Modelling (ICTMA 12) Education, Engineering and Economics* (S. 260–270). Horwood Publishing.

Borromeo Ferri, R. (2010). On the Influence of Mathematical Thinking Styles on Learners' Modeling Behavior. *Journal für Mathematik-Didaktik, 31* (1), 99–118. https://doi.org/10.1007/s13138-010-0009-8

Borromeo Ferri, R. (2011). Effective Mathematical Modelling without Blockages – A Commentary. In G. Kaiser, W. Blum, R. Borromeo Ferri & G. Stillman (Hrsg.), *Trends in Teaching and Learning of Mathematical Modelling. ICTMA 14* (S. 181–185). Springer Science+Business. https://doi.org/10.1007/978-94-007-0910-2

Borromeo Ferri, R. & Blum, W. (2010). Insights into Teachers' Unconscious Behaviour in Modeling Contexts. In R. Lesh, P. Galbraith, C. R. Haines & A. Hurford (Hrsg.), *Modeling Students' Mathematical Modeling Competencies* (S. 423–432). Springer Science+Business. https://doi.org/10.1007/978-1-4419-0561-1

Bortz, J. & Schuster, C. (2010). *Statistik für Human- und Sozialwissenschaftler* (7. Aufl.). Springer-Verlag. https://doi.org/10.1007/978-3-642-12770-0

Bowerman, B., O'Connell, R. T. & Murphree, E. (2015). *Regression Analysis : Unified Concepts, Practical Applications, and Computer Implementation.* Business Expert Press.

Bozdogan, H. (1987). Model selection and Akaike's Information Criterion (AIC): The general theory and its analytical extensions. *Psychometrika, 52* (3), 345–370.

Brand, S. (2014). *Erwerb von Modellierungskompetenzen.* Springer Fachmedien Wiesbaden OCLC: 961394370.

Brand, S. & Vorhölter, K. (2018). Holistische und atomistische Vorgehensweisen zum Erwerb von Modellierungskompetenzen im Mathematikunterricht. In S. Schukajlow & W. Blum (Hrsg.), *Evaluierte Lernumgebungen zum Modellieren* (S. 119–142). Springer Spektrum OCLC: 1030928871.

Bräuer, V., Leiss, D. & Schukajlow, S. (2021). Skizzen zeichnen zu Modellierungsaufgaben – Eine Analyse themenspezifischer Differenzen einer Visualisierungsstrategie beim mathematischen Modellieren. *Journal für Mathematik-Didaktik.* https://doi.org/10.1007/s13138-021-00182-7

Breusch, T. S. & Pagan, A. R. (1979). A simple test for heteroscedasticity and random coefficient variation. *Econometrica, 47* (5), 1287–1294. https://doi.org/10.2307/1911963

Brophy, J. (1986). Teaching and Learning Mathematics: Where Research Should Be Going. *Journal for Research in Mathematics Education, 17* (5), 323–346.

Brown, A. L. (1977). Knowing When, Where and How to Remember: A Problem of Metacognition. In R. Glaser (Hrsg.), *Advances in Instructional Psychology.* Lawrence Erlbaum Associates. Verfügbar 25. Februar 2020 unter https://files.eric.ed.gov/fulltext/ED146562.pdf

Brown, A. L. (1984). Metakognition, Handlungskontrolle, Selbststeuerung und andere, noch geheimnisvollere Mechanismen. In F. E. Weinert & R. H. Kluwe (Hrsg.), *Metakognition, Motivation und Lernen* (S. 60–109). W. Kohlhammer.

Brown, J. P. (2005). Identification of Affordances of a Technology-Rich Teaching and Learning Environment (TRTLE). In H. L. Chick & J. L. Vincent (Hrsg.), *Proceedings of the 29th Conference of the International Group for the Psychology of Mathematics Education* (S. 185–192). PME.

Brown, J. P. (2006). Manifestations of Affordances of a Technology-Rich Teaching and Learning Environment (TRTLE). In J. Novotná, H.Moraová & M. Krátká (Hrsg.), *Proceedings of the 30th Conference of the International Group for the Psychology of Mathematics Education* (S. 241–248). PME.

Brown, R. (2003). Computer Algebra Systems and Mathematics Examinations: A comparative study. *The International Journal of Computer Algebra in Mathematics Education, 10* (3), 155–182.

Brown, R. (2009). The use of the graphing calculator in high stakes examinations: Trends in extended response questions over time. In C. Winsløw (Hrsg.), *Nordic Research in Mathematics Education* (S. 253–260). Sense Publishers. https://doi.org/10.1163/9789087907839_039

Bruner, J. S. (1972). Nature and uses of immaturity. *American Psychologist, 27* (8), 687–708. https://doi.org/10.1037/h0033144

Buchholtz, N. F. (2020). Mathematische Wanderpfade unter einer didaktischen Perspektive. *mathematica didactica, 43* (2), 1–16.

Büchter, A. & Leuders, T. (2018). *Mathematikaufgaben selbst entwickeln. Lernen fördern – Leistung überprüfen* (8. Aufl.). Cornelsen Verlag Scriptor.

Büchter, A. & Henn, H.-W. (2015). Schulmathematik und Realität – Verstehen durch Anwenden. In R. Bruder, L. Hefendehl-Hebeker, B. Schmidt-Thieme & H.-G. Weigand (Hrsg.), *Handbuch der Mathematikdidaktik* (S. 19–49). Springer Berlin Heidelberg. https://doi.org/10.1007/978-3-642-35119-8_2

Bühner, M. (2011). *Einführung in die Test- und Fragebogenkonstruktion* (3. Aufl.). Pearson Studium.

Bühner, M. & Ziegler, M. (2017). *Statistik für Psychologen und Sozialwissenschaftler* (2. Aufl.). Pearson.

Cabrilog. (2017). About us. Cabrilog, supporting mathematics and science education. https://cabri.com/en/about-us

Caflisch, R. E. (1998). Monte Carlo and quasi-Monte Carlo methods. *Acta Numerica, 7*, 1–49. https://doi.org/10.1017/S0962492900002804

Calvani, A., Fini, A., Ranieri, M. & Picci, P. (2012). Are young generations in secondary school digitally competent? A study on Italian teenagers. *Computers & Education, 58* (2), 797–807. https://doi.org/10.1016/j.compedu.2011.10.004

Campbell, D. T. (1957). Factors relevant to the validity of experiments in social settings. *Psychological Bulletin, 54* (4), 297–312. https://doi.org/10.1037/h0040950

Campbell, D. T. & Fiske, D. W. (1959). Convergent and discriminant validation by the multitrait-multimethod matrix. *Psychological Bulletin, 56* (2), 81–105. https://doi.org/10.1037/h0046016

Carreira, S. (2015). Mathematical Problem Solving Beyond School: Digital Tools and Students' Mathematical Representations. In S. J. Cho (Hrsg.), *Selected Regular Lectures from the 12th International Congress on Mathematical Education* (S. 93–113). Springer International Publishing. https://doi.org/10.1007/978-3-319-17187-6_6

Carreira, S., Amado, N. & Canário, F. (2013). Students' modelling of linear functions: How GeoGebra stimulates a geometrical approach. In B. Ubuz, C. Haser & M. A. Mariotti (Hrsg.), *Proceedings of the Eigth Congress of the European Society for Research in Mathematics Education* (S. 1031–1040). Middle East Technical University and ERME. http://www.mathematik.uni-dortmund.de/~erme/doc/CERME8/CERME8_2013_Proceedings.pdf

Cevikbas, M., Kaiser, G. & Schukajlow, S. (2021). A systematic literature review of the current discussion on mathematical modelling competencies: State-of-the-art developments in conceptualizing, measuring, and fostering. *Educational Studies in Mathematics*. https://doi.org/10.1007/s10649-021-10104-6

Choppin, J., Carson, C., Borys, Z., Cerosaletti, C. & Gillis, R. (2014). A Typology for Analyzing Digital Curricula in Mathematics Education. *International Journal of Education in Mathematics, Science and Technology, 2* (1), 11–25. Verfügbar 21. April 2021 unter https://www.ijemst.net/index.php/ijemst/article/viewFile/8/8

Chu, M.-C. & Sheu, C.-F. (2009). Fitting Multidimensional IRT Models with R. https://www.r-project.org/conferences/useR-2009/abstracts/pdf/Chu+Sheu.pdf

Chytrý, V., Říčan, J., Eisenmann, P. & Medová, J. (2020). Metacognitive Knowledge and Mathematical Intelligence–Two Significant Factors Influencing School Performance. *Mathematics, 8* (6), 969. https://doi.org/10.3390/math8060969

Chytrý, V., Říčan, J. & Medová, J. (2019). How Teacher's Progressiveness in Using Digital Technologies Influences Levels of Pupils' Metacognitive Knowledge in Mathematics. *Mathematics, 7* (12), 1245. https://doi.org/10.3390/math7121245

Cohen, J. (1962). The statistical power of abnormal-social psychological research: A review. *The Journal of Abnormal and Social Psychology, 65* (3), 145–153. https://doi.org/10.1037/h0045186

Cohen, J. (1988). *Statistical power analysis for the behavioral sciences* (2. Aufl.). L. Erlbaum Associates.

Cohors-Fresenborg, E. & Kaune, C. (2001). Mechanisms of the Taking Effect of Metacognition in Understanding Processes in Mathematics Teaching. In G. Törner, R. Bruder, N. Neill, A. Peter-Koop & B. Wollring (Hrsg.), *Developments in mathematics education in German-speaking countries, selected papers from the annual conference on didactics of mathematics* (S. 29–38). Franzbecker. http://webdoc.sub.gwdg.de/ebook/e/gdm/2001/Cohors.pdf

Cohors-Fresenborg, E., Kaune, C. & Zülsdorf-Kersting, M. (2014). *Klassifikation von metakognitiven und diskursiven Aktivitäten im Mathematik- und Geschichtsunterricht: mit einem gemeinsamen Kategoriensystem*. Forschungsinst. für Mathe- matikdidaktik OCLC: 872705606.

Cohors-Fresenborg, E., Kramer, S., Pundsack, F., Sjuts, J. & Sommer, N. (2010). The role of metacognitive monitoring in explaining differences in mathematics achievement. *ZDM, 42*, 231–244. https://doi.org/10.1007/s11858-010-0237-x

Confrey, J. & Maloney, A. (2007). A Theory of Mathematical Modelling in Technological Settings. In W. Blum, P. Galbraith, H.-W. Henn & M. Niss (Hrsg.), *Modelling and Applications in Mathematics Education* (S. 57–68). Springer US. https://doi.org/10.1007/978-0-387-29822-1_4

Craig, S., Graesser, A., Sullins, J. & Gholson, B. (2004). Affect and learning: An exploratory look into the role of affect in learning with AutoTutor. *Journal of Educational Media, 29* (3), 241–250. https://doi.org/10.1080/1358165042000283101

Creemers, B. P. M. (1994). *The effective classroom*. Cassell.

Crompton, H. (2013). A historical overview of mobile learning: Toward learner-centered education. In Z. L. Berge & L. Y.Muilenburg (Hrsg.), *Handbook of mobile learning* (S. 3–14). Routledge.

Csapó, B., Molnár, G. & Tóth, K. R. (2009). Comparing Paper-and-Pencil and Online Assessment of Reasoning Skills. A Pilot Study for Introducing Electronic Testing in Large-scale Assessment in Hungary. In F. Scheuermann & J. Björnsson (Hrsg.), *The Transition to Computer-Based Assessment: New Approaches to Skills Assessment and Implications for Larg-scale Testing* (S. 120–125). Office for Official Publications of the European Communities.

Cullen, J. L. (1985). Children's Ability to Cope with Failure: Implications of a Metacognitive Approach for the Classroom. In D. L. Forrest-Pressley, G. E. MacKinnon & T. G. Waller (Hrsg.), *Metacognition, Cognition, and Human Performance* (S. 267–300). Academic Press.

curriculum.nu. (2019). *Leergebied Rekenen & Wiskunde. Voorstel voor de basis van de herziening van de kerndoelen en eindtermen van de leraren en schoolleiders uit het ontwikkelteam Rekenen & Wiskunde.* Verfügbar 11. Februar 2021 unter https://www.curriculum.nu/downloads/

Daher, W.M. & Shahbari, J. A. (2015). Pre-service teachers' modelling processes through engagement with model eliciting activities with a technological tool. *International Journal of Science and Mathematics Education, 13* (S1), 25–46. https://doi.org/10.1007/s10763-013-9464-2

Daumiller, M. & Dresel, M. (2019). Supporting Self-Regulated Learning With Digital Media Using Motivational Regulation and Metacognitive Prompts. *The Journal of Experimental Education, 87* (1), 161–176. https://doi.org/10.1080/00220973.2018.1448744

de Corte, E., Verschaffel, L. & op 't Eynde, P. (2000). Self-regulation. A characteristic and a goal of mathematics education. In M. Boekaerts, P. R. Pintrich & M. Zeidner (Hrsg.), *Handbook of self-regulation* (S. 687–726). Academic Press.

Depaepe, F., Corte, E. & Verschaffel, L. (2010). Teachers' metacognitive and heuristic approaches to word problem solving: Analysis and impact on students' beliefs and performance. *ZDM, 42* (2), 205–218. https://doi.org/10.1007/s11858-009-0221-5

Der Rat für Forschung, Technologie und Innovation. (1998). *Kompetenz im globalen Wettbewerb. Perspektiven für Bildung, Wirtschaft und Wissenschaft. Feststellungen und Empfehlungen.* Bundesministerium für Bildung, Wissenschaft, Forschung und Technologie (BMBF).

Devolder, A., van Braak, J. & Tondeur, J. (2012). Supporting self-regulated learning in computer-based learning environments: Systematic review of effects of scaffolding in the domain of science education: Scaffolding self-regulated learning with CBLES. *Journal of Computer Assisted Learning, 28* (6), 557–573. https://doi.org/10.1111/j.1365-2729.2011.00476.x

Diedrich, J., Schiepe-Tiska, A., Ziernwald, L., Tupac-Yupanqui, A., Weis, M., McElvany, N. & Reiss, K. (2019). Lesebezogene Schülermerkmale in PISA 2018: Motivation, Leseverhalten, Selbstkonzept und Lesestrategiewissen. In K. Reiss, M. Weis, E. Klieme & O. Köller (Hrsg.), *PISA 2018* (S. 81–110). Waxmann Verlag GmbH. https://doi.org/10.31244/9783830991007

Dinsmore, D. L., Alexander, P. A. & Loughlin, S. M. (2008). Focusing the Conceptual Lens on Metacognition, Self-regulation, and Self-regulated Learning. *Educational Psychology Review, 20*, 391–409. https://doi.org/10.1007/s10648-008-9083-6

Doerr, H. M. & Zangor, R. (2000). Creating Meaning for and with the Graphing Calculator. *Educational Studies in Mathematics, 41* (2), 143–163. https://doi.org/10.1023/A:1003905929557

Döring, N. & Bortz, J. (2016). *Forschungsmethoden und Evaluation in den Sozial- und Humanwissenschaften* (5. vollständig überarbeitete, aktualisierte und erweiterte Auflage). Springer OCLC: 865146933.

Drijvers, P. (2002). Learning mathematics in a computer algebra environment: Obstacles are opportunities. *Zentralblatt für Didaktik der Mathematik, 34* (5), 221–228. https://doi.org/10.1007/BF02655825

Drijvers, P. (2015). Digital Technology in Mathematics Education: Why It Works (Or Doesn't). In S. J. Cho (Hrsg.), *Selected Regular Lectures from the 12th International Congress on Mathematical Education* (S. 135–151). Springer International Publishing. https://doi.org/10.1007/978-3-319-17187-6_8

Drijvers, P. (2018a). Digital assessment of mathematics: Opportunities, issues and criteria. *Mesure et évaluation en éducation, 41* (1), 41–66. https://doi.org/10.7202/1055896ar

Drijvers, P. (2018b). Empirical Evidence for Benefit? Reviewing Quantitative Research on the Use of Digital Tools in Mathematics Education. In L. Ball, P. Drijvers, S. Ladel, H.-S. Siller, M. Tabach & C. Vale (Hrsg.), *Uses of Technology in Primary and Secondary Mathematics Education* (S. 161–175). Springer. https://doi.org/10.1007/978-3-319-76575-4_9

Drijvers, P., Ball, L., Barzel, B., Heid, M. K., Cao, Y. & Maschietto, M. (2016). *Uses of Technology in Lower Secondary Mathematics Education: A Concise Topical Survey.* Springer International Publishing. https://doi.org/10.1007/978-3-319-33666-4

Drijvers, P., Kieran, C. & Mariotti, M.-A. (2010). Integrating Technology into Mathematics Education: Theoretical Perspectives. In C. Hoyles & J.-B. Lagrange (Hrsg.), *Mathematics Education and Technology-Rethinking the Terrain. The 17th ICMI Study* (S. 89–132). Springer Science+Business.

Drüke-Noe, C. (2014). *Aufgabenkultur in Klassenarbeiten im Fach Mathematik.* Springer Fachmedien Wiesbaden. https://doi.org/10.1007/978-3-658-05351-2

Dubberke, T., Kunter, M., McElvany, N., Brunner, M. & Baumert, J. (2008). Lerntheoretische Überzeugungen von Mathematiklehrkräften: Einflüsse auf die Unterrichtsgestaltung und den Lernerfolg von Schülerinnen und Schülern. *Zeitschrift für Pädagogische Psychologie, 22* (34), 193–206. https://doi.org/10.1024/1010-0652.22.34.193

Dwyer, T. (1980). Heuristic Strategies for Using Computers to Enrich Education. In R. Taylor (Hrsg.), *The Computer in the school: tutor, tool, tutee* (S. 87–103). Teachers College Press.

Efklides, A. (2008). Metacognition: Defining Its Facets and Levels of Functioning in Relation to Self-Regulation and Co-regulation. *European Psychologist, 13* (4), 277–287. https://doi.org/10.1027/1016-9040.13.4.277

Efklides, A., Schwartz, B. L. & Brown, V. (2017). Motivation and Affect in Self-Regulated Learning. In D. H. Schunk & J. A. Greene (Hrsg.), *Handbook of Self-Regulation of Learning and Performance* (2. Aufl., S. 64–82). Routledge. https://doi.org/10.4324/9781315697048-5

Efklides, A. & Vlachopoulos, S. P. (2012). Measurement of Metacognitive Knowledge of Self, Task, and Strategies in Mathematics. *European Journal of Psychological Assessment, 28* (3), 227–239. https://doi.org/10.1027/1015-5759/a000145

Eid,M., Gollwitzer,M. & Schmitt,M. (2017). *Statistik und Forschungsmethoden* (5. Aufl.). Beltz Verlag.

Eisend, M. & Kuß, A. (2017). Hypothesen und Modelle beim Theorietest. *Grundlagen empirischer Forschung* (S. 155–179). Springer Fachmedien Wiesbaden. https://doi.org/10.1007/978-3-658-09705-9_7

Emans, T. (2020). Zeitliche Bearbeitungsverläufe bei vorstrukturierten Modellierungsaufgaben in einer digitalen Lernumgebung. Eine Logdaten-basierte explorative Erhebung in der 9. Jahrgangsstufe.

Engel, J. (2018). *Anwendungsorientierte Mathematik: Von Daten zur Funktion: Eine Einführung in die mathematische Modellbildung für Lehramtsstudierende.* Springer. https://doi.org/10.1007/978-3-662-55487-6

Engelbrecht, J., Llinares, S. & Borba, M. C. (2020). Transformation of the mathematics classroom with the internet. *ZDM – Mathematics Education.* https://doi.org/10.1007/s11858-020-01176-4

Erickson, S. & Heit, E. (2015). Metacognition and confidence: Comparing math to other academic subjects. *Frontiers in Psychology, 6* (742). https://doi.org/10.3389/fpsyg.2015.00742

Ernst, B. (2020, 27. Dezember). Künftige KMK-Präsidentin stellt Digital-Unterricht in den Mittelpunkt. https://www.nmz.de/kiz/nachrichten/kuenftige-kmkpraesidentin-stellt-digital-unterricht-in-den-mittelpunkt

Fahrmeir, L., Kneib, T. & Lang, S. (2009). *Regression.* Springer Berlin Heidelberg. https://doi.org/10.1007/978-3-642-01837-4

Fahrmeir, L., Kneib, T., Lang, S. & Marx, B. (2013). *Regression: Models, methods and applications.* Springer.

Falcade, R., Laborde, C. & Mariotti, M. A. (2007). Approaching functions: Cabri tools as instruments of semiotic mediation. *Educational Studies in Mathematics, 66,* 317–333. https://doi.org/10.1007/s10649-006-9072-y

Ferrari, A. (2012). *Digital Competence in Practice: An Analysis of Frameworks.* Publications Office of the European Union. https://doi.org/10.2791/82116

Ferrari, A. (2013). *DIGCOMP: A framework for developing and understanding digital competence in Europe* (Y. Punie & B. N. Brecko, Hrsg.). Publications Office of the European Union. https://doi.org/10.2788/52966

Fisher, R. A. (1935). *The design of experiments.* Oliver & Boyd.

Fisher, R. (1998). Thinking About Thinking: Developing Metacognition in Children. *Early Child Development and Care, 141* (1), 1–15. https://doi.org/10.1080/0300443981410101

Flavell, J. H. (1963a). *The Developmental Psychology of Jean Piaget.* D. Van Nostrand Company.

Flavell, J. H. (1963b). *The university series in psychology. The developmental psychology of Jean Piaget.* D Van Nostrand. https://doi.org/10.1037/11449-000

Flavell, J. H. (1976). Metacognitive aspects of problem solving. In L. B. Resnick (Hrsg.), *The nature of intelligence* (S. 231–236). Lawrence Erlbaum Associates.

Flavell, J. H. (1979). Metacognition and Cognitive Monitoring. A New Area of Cognitive-Developmental Inquiry. *American Psychologist, 34* (10), 906–911.

Flavell, J. H. (1981). Cognitive monitoring. In W. P. Dickson (Hrsg.), *Children's oral communication skills* (S. 35–60). Academic Press.

Flavell, J. H. (1984). Annahmen zum Begriff Metakognition sowie zur Entwicklung von Metakognition. In F. E. Weinert & R. H. Kluwe (Hrsg.), *Metakognition, Motivation und Lernen* (S. 23–31). W. Kohlhammer.

Flavell, J. H. & Wellman, H. M. (1977). Metamemory. In R. V. Kail & J. W. Hagen (Hrsg.), *Perspectives on the Development of Memory and Cognition* (S. 3–33). Lawrence Erlbaum Associates.

Fleischer, J., Koeppen, K., Kenk, M., Klieme, E. & Leutner, D. (2013). Kompetenzmodellierung: Struktur, Konzepte und Forschungszugänge des DFG-Schwerpunktprogramms. *Zeitschrift für Erziehungswissenschaft*, 16 (S1), 5–22. https://doi.org/10.1007/s11618-013-0379-z

Fraillon, J., Ainley, J., Schulz, W., Friedman, T. & Duckworth, D. (2019). *Preparing for Life in a Digital World: IEA International Computer and Information Literacy Study 2018 International Report*. IEA.

Frejd, P. (2013). Modes of modelling assessment—a literature review. *Educational Studies in Mathematics, 84*, 413–438. https://doi.org/10.1007/s10649-013-9491-5

Frenken, L. (2021). Measuring Students' Metacognitive Knowledge of Mathematical Modelling. In F. K. S. Leung, G. Stillman, G. Kaiser & K. L.Wong (Hrsg.), *Mathematical Modelling Education in East and West* (S. 215–225). Springer International Publishing. https://doi.org/10.1007/978-3-030-66996-6

Frenken, L. & Greefrath, G. (2020). Analysen eines Testinstruments zum Metawissen über mathematisches Modellieren. https://doi.org/10.17877/DE290R-21306

Frenken, L. & Greefrath, G. (2021). Successful modelling processes within a Computer- Based Learning Environment. *ICTMT 15. Book of accepted contributions. Making and Strengthening "Connections and Connectivity" (C&C) for Teaching Mathematics with Technology*, 108–115. https://conferences.au.dk/fileadmin/conferences/2021/ICTMT15/ictmt15_book_accepted.pdf

Frenken, L., Greefrath, G. & Schnitzler, C. (2021). Entwicklung und Evaluation innovativer E-Items für VERA-8. In K. Hein, C. Heil, S. Ruwisch & S. Prediger (Hrsg.), *Beiträge zum Mathematikunterricht 2021* (S. 141–144). WTM-Verlag. https://doi.org/10.17877/DE290R-22276

Frenken, L., Greefrath, G., Siller, H.-S. & Wörler, J. F. (2021). Analyseinstrumente zum mathematischen Modellieren mit digitalen Medien und Werkzeugen. *mathematica didactica, 44* (1), 1–19. http://www.mathematica-didactica.com/Pub/md_2020/2020_Mathematik_und_Realitaet/ges/md_2021_Frenken_et_al_Modellieren-Digital.pdf

Frenken, L., Libbrecht, P., Becker, B. & Greefrath, G. (2022). Dynamic geometry tasks in standardized assessment – analysis of solution processes and consequences for practice. *International Journal of Mathematical Education in Science and Technology*, 1–17. https://doi.org/10.1080/0020739X.2022.2036838

Frenken, L., Libbrecht, P., Greefrath, G., Schiffner, D. & Schnitzler, C. (2020). Evaluating Educational Standards using Assessment „with" and „through" Technology. In A. Donevska-Todorova, E. Faggiano, J. Trgalova, L. Zsolt, R. Weinhandl, A. Clark-Wilson & H.-G. Weigand (Hrsg.), *PROCEEDINGS of the Tenth ERME TOPIC CONFERENCE (ETC 10) on Mathematics Education in the Digital Age (MEDA)* (S. 361–368). Johannes Kepler University.

Freudenthal, H. (1977). *Mathematik als pädagogische Aufgabe* (Bd. 1&2). Klett.

Freudenthal, H. (1981). Major problems of mathematics education. *Educational Studies in Mathematics, 12* (2), 133–150. https://doi.org/10.1007/BF00305618

Frey, A., Hartig, J. & Rupp, A. A. (2009). An NCME Instructional Module on Booklet Designs in Large-Scale Assessments of Student Achievement: Theory and Practice. *Educational*

Measurement: Issues and Practice, 28 (3), 39–53. https://doi.org/10.1111/j.1745-3992.2009.00154.x

Galbraith, P. & Fisher, D. (2021). Technology and mathematical modelling: Addressing challenges, opening doors. *Quadrante*, 198–218. https://doi.org/10.48489/QUADRANTE.23710

Galbraith, P., Renshaw, P., Goos, M. & Geiger, V. (2003). Technology-enriched classrooms: Some implications for teaching applications and modelling. In Q.-X. Ye, W. Blum, K. Houston & Q. Y. Jiang (Hrsg.), *Mathematical Modelling in Education and Culture: ICTMA 10* (S. 111–125). Horwood Publishing.

Galbraith, P. & Stillman, G. (2006). A framework for identifying student blockages during transitions in the modelling process. *ZDM – Mathematics Education, 38* (2), 143–162. https://doi.org/10.1007/BF02655886

Gallegos, R. R. & Rivera, S. Q. (2015). Developing modelling competencies through the use of technology. In G. Stillman, W. Blum & M. Salett Biembengut (Hrsg.), *Mathematical Modelling in Education Research and Practice: Cultural, Social and Cognitive Influences.* Springer International Publishing. https://doi.org/10.1007/978-3-319-18272-8

Garofalo, J. & Lester, F. K. (1985). Metacognition, Cognitive Monitoring, and Mathematical Performance. *Journal for Research in Mathematics Education, 16* (3), 163–176. https://doi.org/10.2307/748391

Gebhardt, E., Thomson, S., Ainley, J. & Hillman, K. (2019a). Introduction to Gender Differences in Computer and Information Literacy. *Gender Differences in Computer and Information Literacy* (S. 1–12). Springer International Publishing. https://doi.org/10.1007/978-3-030-26203-7_1

Gebhardt, E., Thomson, S., Ainley, J. & Hillman, K. (2019b). Student Achievement and Beliefs Related to Computer and Information Literacy. *Gender Differences in Computer and Information Literacy* (S. 21–31). Springer International Publishing. https://doi.org/10.1007/978-3-030-26203-7_3

Geiger, V. (2011). Factors Affecting Teachers' Adoption of Innovative Practices with Technology and Mathematical Modelling. In G. Kaiser, W. Blum, R. Borromeo Ferri & G. Stillman (Hrsg.), *Trends in Teaching and Learning of Mathematical Modelling. ICTMA 14* (S. 305–314). Springer Science+Business.

Geiger, V. (2017). Designing for Mathematical Applications and Modelling Tasks in Technology Rich Environments. In A. Leung & A. Baccaglini-Frank (Hrsg.), *Digital Technologies in Designing Mathematics Education Tasks: Potential and Pitfalls* (S. 285–302). Springer International Publishing. https://doi.org/10.1007/978-3-319-43423-0

Geiger, V., Faragher, R. & Goos, M. (2010). Cas-enabled technologies as (,agents provocateurs' in teaching and learning mathematical modelling in secondary school classrooms. *Mathematics Education Research Journal, 22* (2), 48–68. https://doi.org/10.1007/BF03217565

Geiser, C. (2011). *Datenanalyse mit Mplus. Eine anwendungsorientierte Einführung* (2. Aufl.). VS Verlag für Sozialwissenschaften.

GeoGebra. (2021). Was ist GeoGebra? https://www.geogebra.org/about

Geraniou, E. & Jankvist, U. T. (2019). Towards a definition of "mathematical digital competency". *Educational Studies in Mathematics, 102* (1), 29–45. https://doi.org/10.1007/s10649-019-09893-8

Gesellschaft für Didaktik der Mathematik. (2017). Die Bildungsoffensive für die digitale Wissensgesellschaft: Eine Chance für den fachdidaktisch reflektierten Einsatz digitaler Werkzeuge im Mathematikunterricht. Positionspapier. Verfügbar 29. Juli 2021 unter https:// madipedia.de/images/6/6c/BMBF-KMK-Bildungsoffensive_PositionspapierGDM.pdf

Gibson, J. J. (1986). *The Ecological Approach to Visual Perception*. Psychology Press.

Goetz, T., Pekrun, R., Zirngibl, A., Jullien, S., Kleine, M., vom Hofe, R. & Blum, W. (2004). Leistung und emotionales Erleben im Fach Mathematik: Längsschnittliche Mehrebenen-analysenAcademic Achievement and Emotions in Mathematics: A Longitudinal Multilevel Analysis Perspective. *Zeitschrift für Pädagogische Psychologie, 18* (3/4), 201–212. https:// doi.org/10.1024/1010-0652.18.34.201

Goldhammer, F., Harrison, S., Bürger, S., Kroehne, U., Lüdtke, O., Robitzsch, A., Köller, O., Heine, J.-H. & Mang, J. (2019). Vertiefende Analysen zur Umstellung des Modus von Papier auf Computer. In K. Reiss, M. Weis, E. Klieme & O. Köller (Hrsg.), *PISA 2018* (S. 163–186). Waxmann Verlag GmbH. https://doi.org/10.31244/9783830991007

Goldhammer, F. & Zehner, F. (2017). What to Make Of and How to Interpret Process Data. *Measurement: Interdisciplinary Research and Perspectives, 15* (3–4), 128–132. https://doi. org/10.1080/15366367.2017.1411651

Gómez-Chacón, I. M. (2011). Mathematics attitudes in computerized environments. A proposal using GeoGebra. In L. Bu & R. Schoen (Hrsg.), *Model-Centered Learning: Pathways to Mathematical Understanding Using GeoGebra* (S. 145–168). SensePublishers. https:// doi.org/10.1007/978-94-6091-618-2_11

Gonzalez, E. & Rutkowski, L. (2010). Principles of multiple matrix booklet designs and parameter recovery in large- scale assessments. In M. von Davier & D. Hastedt (Hrsg.), *IERI Monograph Series: Issues and Methodologies in Large-Scale Assessments* (S. 125–156).

Goos, M., Galbraith, P., Renshaw, P. & Geiger, V. (2000). Reshaping teacher and student roles in technology-enriched classrooms. *Mathematics Education Research Journal, 12* (3), 303–320. https://doi.org/10.1007/BF03217091

Göthlich, S. E. (2009). Zum Umgang mit fehlenden Daten in großzahligen empirischen Erhebungen. In S. Albers, D. Klapper, U. Konradt, A. Walter & J. Wolf (Hrsg.), *Methodik der empirischen Forschung* (3. Aufl., S. 119–135). Gabler Verlag. https://doi.org/10.1007/978-3-322-96406-9_9

Göttsche, L. (2021). Einstellungen zu digitalen Medien und Werkzeugen sowie die Wahrnehmung ihrer Nutzung im Mathematikunterricht. Eine Interviewstudie mit Lehrenden und Lernenden während eines Projekts mit digitaler Lernumgebung.

Graesser, A. C., McNamara, D. S. & VanLehn, K. (2005). Scaffolding Deep Comprehension Strategies Through Point&Query, AutoTutor, and iSTART. *Educational Psychologist, 40* (4), 225–234. https://doi.org/10.1207/s15326985ep4004_4

Graesser, A. C., Rus, V., D'Mello, S. K. & Jackson, G. T. (2008). AutoTutor: learning through natural language dialogue that adapts to the cognitive and affective states of the learner. In D. H. Robinson & G. Schraw (Hrsg.), *Recent Innovations in Educational Technology that Facilitate Student Learning* (S. 95–125). Information Age Publishing.

Greefrath, G. (2010a). Analysis of Modeling Problem Solutions with Methods of Problem Solving. In R. Lesh, P. Galbraith, C. R. Haines & A. Hurford (Hrsg.), *Modeling Students' Mathematical Modeling Competencies* (S. 265–271). Springer US. https://doi.org/10.1007/ 978-1-4419-0561-1_23

Greefrath, G. (2010b). *Modellieren lernen mit offenen realitätsnahen Aufgaben* (3. Aufl.). Aulis Verlag.

Greefrath, G. (2011). Using technologies: New possibilites of teaching and learning modelling–Overview. In G. Kaiser, W. Blum, R. Borromeo Ferri & G. Stillman (Hrsg.), *Trends in Teaching and Learning of Mathematical Modelling* (S. 301–304). Springer Netherlands. https://doi.org/10.1007/978-94-007-0910-2

Greefrath, G. (2018). *Anwendungen und Modellieren im Mathematikunterricht: Didaktische Perspektiven zum Sachrechnen in der Sekundarstufe.* Springer Berlin Heidelberg. https://doi.org/10.1007/978-3-662-57680-9

Greefrath, G. (2020). Mathematical modelling competence. Selected current research developments. *AIEM – Avances de Investigación en Educación Matemática, 17,* 38–51. https://doi.org/10.35763/aiem.v0i17.303

Greefrath, G., Hertleif, C. & Siller, H.-S. (2018). Mathematical modelling with digital tools—a quantitative study on mathematising with dynamic geometry software. *ZDM – Mathematics Education, 50,* 233–244. https://doi.org/10.1007/s11858-018-0924-6

Greefrath, G., Kaiser, G., Blum, W. & Borromeo Ferri, R. (2013). Mathematisches Modellieren – Eine Einführung in theoretische und didaktische Hintergründe. In R. Borromeo Ferri, G. Greefrath & G. Kaiser (Hrsg.), *Mathematisches Modellieren für Schule und Hochschule: Theoretische und didaktische Hintergründe* (S. 11–37). Springer Spektrum. https://doi.org/10.1007/978-3-658-01580-0_1

Greefrath, G. & Maaß, K. (2020). Diagnose und Bewertung beim mathematischenModellieren. In G. Greefrath & K. Maaß (Hrsg.), *Modellierungskompetenzen – diagnose und bewertung* (S. 1–19). Springer Berlin Heidelberg. https://doi.org/10.1007/978-3-662-60815-9

Greefrath, G. & Mühlenfeld, U. (Hrsg.). (2007). *Realitätsbezogene Aufgaben für die Sekundarstufe II.* Bildungsverlag Eins.

Greefrath, G. & Siller, H.-S. (2017). Modelling and Simulation with the Help of Digital Tools. In G. Stillman, W. Blum & G. Kaiser (Hrsg.), *Mathematical modelling and applications: Crossing and researching boundaries in mathematics education* (S. 529–539). Springer International Publishing.

Greefrath, G., Siller, H.-S. & Ludwig, M. (2017). Modelling problems in German grammar school leaving examinations (Abitur)-Theory and practice. In T. Dooley & G. Gueudet (Hrsg.), *European Research in Mathematics: Proceedings of the Tenth Congress of the European Society for Research in Mathematics Education* (S. 932–939).

Greefrath, G., Siller, H.-S. & Weitendorf, J. (2011). Modelling Considering the Influence of Technology. In G. Kaiser, W. Blum, R. Borromeo Ferri & G. Stillman (Hrsg.), *Trends in Teaching and Learning of Mathematical Modelling. ICTMA 14* (S. 315–329). Springer Science+Business Media. https://doi.org/10.1007/978-94-007-0910-2_32

Greefrath, G. & Vorhölter, K. (2016). *Teaching and Learning Mathematical Modelling: Approaches and Developments from German Speaking Countries.* Springer International Publishing. https://doi.org/10.1007/978-3-319-45004-9_1

Greefrath, G. & Vos, P. (2021). Video-based Word Problems or Modelling Projects—Classifying ICT-based Modelling Tasks. In F. K. S. Leung, G. Stillman, G. Kaiser & K. L. Wong (Hrsg.), *Mathematical Modelling Education in East and West* (S. 489–499). Springer International Publishing. https://doi.org/10.1007/978-3-030-66996-6_41

Greefrath, G. & Weitendorf, J. (2013). Modellieren mit digitalen Werkzeugen. In R. Borromeo Ferri, G. Greefrath & G. Kaiser (Hrsg.), *Mathematisches Modellieren für Schule und*

Hochschule (S. 181–201). Springer Fachmedien Wiesbaden. https://doi.org/10.1007/978-3-658-01580-0_9

Greiff, S., Niepel, C., Scherer, R. & Martin, R. (2016). Understanding students' performance in a computer-based assessment of complex problem solving: An analysis of behavioral data from computer-generated log files. *Computers in Human Behavior, 61*, 36–46.

Guerrero, S., Walker, N. & Dugdale, S. (2004). Technology in Support of Middle Grade Mathematics: What Have We Learned? *Journal of Computers in Mathematics and Science Teaching, 23* (1), 5–20. https://www.learntechlib.org/primary/p/12870/

Guin, D. & Trouche, L. (1999). The Complex Process of Converting Tools into Mathematical Instruments: The Case of Calculators. *International Journal of Computers for Mathematical Learning, 3*, 195–227.

Guin, D. & Trouche, L. (2002). Mastering by the teacher of the instrumental genesis in CAS environments: Necessity of intrumental orchestrations. *34*, 8.

Gurjanow, I. & Ludwig, M. (2020). Mathematics Trails and Learning Barriers. In G. A. Stillman, G. Kaiser & C. E. Lampen (Hrsg.), *Mathematical Modelling Education and Sense-making* (S. 265–275). Springer International Publishing. https://doi.org/10.1007/978-3-030-37673-4_23

Hadas, N., Hershkowitz, R. & Schwarz, B. B. (2000). The role of contradiction and uncertainty in promoting the need to prove in Dynamic Geometry environments. *Educational Studies in Mathematics, 44*, 127–150. https://doi.org/10.1023/A:1012781005718

Hagena, M., Leiss, D. & Schwippert, K. (2017). Using Reading Strategy Training to Foster Students' Mathematical Modelling Competencies: Results of a Quasi- Experimental Control Trial. *EURASIA Journal of Mathematics, Science and Technology Education, 13* (7). https://doi.org/10.12973/eurasia.2017.00803a

Haines, C. & Crouch, R. (2001). Recognizing constructs within mathematical modelling. *Teaching Mathematics and its Applications, 20* (3), 129–138.

Haines, C., Crouch, R. & Davis, J. (2000). Understanding students' modelling skills. In J. F. Matos, W. Blum, K. Houston & S. Carreira (Hrsg.), *Modelling and mathematics education: ICTMA9 applications in science and technology*. Horwood.

Haldane, S. (2009). Delivery platforms for national and international computer-based surveys. In F. Scheuermann & J. Björnsson (Hrsg.), *The Transition to Computer- Based Assessment. New Approaches to Skills Assessment and Implications for Large-scale Testing* (S. 63–67). European Commission Joint Research Centre Institute for the Protection and Security of the Citizen. https://doi.org/10.2788/60083

Haleva, L., Hershkovitz, A. & Tabach, M. (2021). Students' Activity in an Online Learning Environment for Mathematics: The Role of Thinking Levels. *Journal of Educational Computing Research, 59* (4), 686–712. https://doi.org/10.1177/0735633120972057

Hankeln, C. (2019). *Mathematischs Modellieren mit dynamischer Geometire-Software. Ergebnisse einer Interventionsstudie*. Springer Fachmedien.

Hankeln, C., Adamek, C. & Greefrath, G. (2019). Assessing Sub-competencies of MathematicalModelling – Development of a New Test Instrument. In G. Stillman & J. P. Brown (Hrsg.), *Lines of Inquiry in Mathematical Modelling Research in Educati- on* (S. 143–160). Springer International Publishing. https://doi.org/10.1007/978-3-030-14931-4

Hankeln, C. & Greefrath, G. (2020). Mathematische Modellierungskompetenz fördern durch Lösungsplan oder Dynamische Geometrie-Software? Empirische Ergebnisse aus dem LIMo-Projekt. *Journal für Mathematik-Didaktik.* https://doi.org/10.1007/s13138-020-00178-9

Hanson, B. A. & Béguin, A. A. (2002). Obtaining a Common Scale for Item Response Theory Item Parameters Using Separate Versus Concurrent Estimation in the Common-Item Equating Design. *Applied Psychological Measurement, 26* (1), 3–24. https://doi.org/10.1177/0146621602026001001

Harks, B., Klieme, E., Hartig, J. & Leiss, D. (2014). Separating Cognitive and Content Domains in Mathematical Competence. *Educational Assessment, 19* (4), 243–266. https://doi.org/10.1080/10627197.2014.964114

Harrison, T. R. & Lee, H. S. (2018). iPads in the Mathematics Classroom: Developing Criteria for Selecting Appropriate Learning Apps. *International Journal of Education in Mathematics, Science and Technology, 6* (2), 155–172. https://doi.org/10.18404/ijemst.408939

Hartig, J. (2006). Kompetenzen als Ergebnisse von Bildungsprozessen. *dipf informiert. Journal des Deutschen Instituts für internationale Pädagogische Forschung, 10,* 2–7. https://www.dipf.de/de/forschung/publikationen/pdf-publikationen/dipfinformiert/dipf-informiert-nr.-10

Hartig, J. & Höhler, J. (2008). Representation of Competencies in Multidimensional IRT Models with Within-Item and Between-Item Multidimensionality. *Zeitschrift für Psychologie / Journal of Psychology, 216* (2), 89–101. https://doi.org/10.1027/0044-3409.216.2.89

Hartig, J. & Klieme, E. (2006). Kompetenz und Kompetenzdiagnostik. In K. Schweizer (Hrsg.), *Leistung und Leistungsdiagnostik* (S. 128–143). Springer Medizin OCLC: 181446736.

Hartig, J. & Kühnbach, O. (2006). Schätzung von Veränderung mit „plausible values" in mehrdimensionalen Rasch-Modellen. In A. Ittel & H. Merkens (Hrsg.), *Veränderungsmessung und Längsschnittstudien in der empirischen Erziehungswissenschaft* (S. 27–44). Verlag für Sozialwissenschaften.

Haschke, D., Vossen, A., Krajewski, K. & Ennemoser, M. (2013). Curricular-valide Diagnostik mathematischer Schulleistungen mit dem Deutschen Mathematiktest für neunte Klassen (DEMAT 9). *Diagnostik mathematischer Kompetenzen* (S. 261–269). Hogrefe.

Hasselhorn, M. (1992). Metakognition und Lernen. In G. Nold (Hrsg.), *Lernbedingungen und Lernstrategien: welche Rolle spielen kognitive Verstehensstrukturen?* (S. 35–63). Narr.

Hatlevik, O. E. & Christophersen, K.-A. (2013). Digital competence at the beginning of upper secondary school: Identifying factors explaining digital inclusion. *Computers & Education, 63,* 240–247. https://doi.org/10.1016/j.compedu.2012.11.015

Hattie, J. (2010). *Visible learning. A synthesis of over 800 meta-analyses relating to achievement* (Reprint). Routledge.

Hegedus, S. J., Laborde, C., Brady, C., Dalton, S., Siller, H.-S., Tabach, M., Trgalova, J. & Moreno-Armella, L. (2017). *Uses of technology in upper secondary mathematics education.* Springer Open.

Hegedus, S. J. & Moreno-Armella, L. (2009). Intersecting representation and communication infrastructures. *ZDM, 41* (4), 399–412. https://doi.org/10.1007/s11858-009-0191-7

Heine, J.-H., Nagy, G., Meinck, S., Zühlke, O. & Mang, J. (2017). Empirische Grundlage, Stichprobenausfall und Adjustierung im PISA-Längsschnitt 2012–2013. *Zeitschrift für Erziehungswissenschaft, 20* (S2), 287–306. https://doi.org/10.1007/s11618-017-0756-0

Henn, H.-W. (2002). Mathematik und der Rest der Welt. *mathematik lehren, 113,* 4–7.

Hernandez-Martinez, P. & Vos, P. (2018). "Why do I have to learn this?" A case study on students' experiences of the relevance of mathematical modelling activities. *ZDM, 50* (1–2), 245–257. https://doi.org/10.1007/s11858-017-0904-2

Hertleif, C. (2017). Dynamic Geometry Software in Mathematical Modelling: About the Role of Programme-Related Self-Efficacy and Attitudes towards Learning with the Software. In G. Aldon & J. Trgalova (Hrsg.), *Proceedings of the 13th International Conference on Technology in Mathematics Teaching* (S. 124–133).

Hertz, H. (1910). *Die Prinzipien der Mechanik in neuem Zusammenhange dargestellt* (P. Lenard, Hrsg.; 2. Aufl.). Barth.

Herzig, B. (2014). *Wie wirksam sind digitale Medien im Unterricht?* Bertelsmann Stiftung. Verfügbar 19. April 2021 unter https://www.bertelsmann-stiftung.de/fileadmin/files/BSt/Publikationen/GrauePublikationen/Studie_IB_Wirksamkeit_digitale_Medien_im_Unterricht_2014.pdf

Hilbert, D. (1968). *Grundlagen der Geometrie* (19. Aufl.). Vieweg+Teubner Verlag. https://doi.org/10.1007/978-3-322-92726-2

Hilbert, M. & Lopez, P. (2011). The World's Technological Capacity to Store, Communicate, and Compute Information. *Science, 332* (6025), 60–65. https://doi.org/10.1126/science.1200970

Hillmayr, D., Reinhold, F., Ziernwald, L. & Reiss, K. (2017). *Digitale Medien im mathematisch-naturwissenschaftlichen Unterricht der Sekundarstufe Einsatzmöglichkeiten, Umsetzung und Wirksamkeit.* Waxmann Verlag.

Hillmayr, D., Ziernwald, L., Reinhold, F., Hofer, S. I. & Reiss, K. M. (2020). The potential of digital tools to enhance mathematics and science learning in secondary schools: A context-specific meta-analysis. *Computers & Education, 153*, 103897. https://doi.org/10.1016/j.compedu.2020.103897

Hischer, H. (1989). Neue Technologien in allgemeinbildenden Schulen – Ein Beitrag zur begrifflichen Klärung. *Schulverwaltungsblatt für Niedersachsen, 4*, 94–98.

Hischer, H. (2010). *Was sind und was sollen Medien, Netze und Vernetzungen? Vernetzung als Medium zur Weltaneignung.* Franzbecker OCLC: 705765004.

Hischer, H. (2013). Mathematikunterricht und Medienbildung. In M. Pirner, W. Pfeiffer & R. Uphues (Hrsg.), *Medienbildung in schulischen Kontexten – Beiträge aus Erziehungswissenschaft und Fachdidaktiken* (S. 337–360). Kopaed.

Hölzl, R. (1995). Eine empirische Untersuchung zum Schülerhandeln mit Cabri-géomètre. *Journal für Mathematik-Didaktik, 16* (1–2), 79–113. https://doi.org/10.1007/BF03340167

Hölzl, R. (1996). How does ,Dragging' affect the learning of geometry. *International- Journal ofComputersfor MathematicalLearning, 1*, 169–187.

Hölzl, R. (1999). *Qualitative Unterrichtsstudien zur Verwendung dynamischer Geometrie-Software.* Wißner-Verlag.

Hopf, C. (2016). Hypothesenprüfung und qualitative Sozialforschung. *Schriften zu Methodologie und Methoden qualitativer Sozialforschung* (S. 155–166). Springer Fachmedien Wiesbaden. https://doi.org/10.1007/978-3-658-11482-4_7

Houston, K. & Neill, N. (2003a). Assessing Modelling Skills. In S. J. Lamon, W. A. Parker & K. Houston (Hrsg.), *Mathematical Modelling: A way of life. ICTMA 11* (S. 155–164). Horwood Publishing.

Houston, K. & Neill, N. (2003b). Investigating Students' Modelling Skills. In Q.-X. Ye, W. Blum, K. Houston & Q. Y. Jiang (Hrsg.), *Mathematical Modelling in Education and Culture* (S. 54–66). Horwood.

Hoyles, C. & Noss, R. (2003). What can digital technologies take from and bring to research in mathematics education? In A. J. Bishop, M. A. Clements, C. Keitel- Kreidt, J. Kilpatrick & F. K. S. Leung (Hrsg.), *Second international handbook of mathematics education* (S. 323–349). Springer. https://doi.org/10.1007/978-94-010-0273-8_11

Hoyles, C., Noss, R., Kent, P., Bakker, A. & Bhinder, C. (2007). Techno-mathematical Literacies in the Workplace: A Critical Skills Gap. *Teaching and Learning Research Programme (TLRP)*, 27.

Iranzo, N. & Fortuny, J. M. (2011). Influence of Geogebra on Problem Solving Strategies. In L. Bu & R. Schoen (Hrsg.), *Model-Centered Learning* (S. 91–103). SensePublishers. https://doi.org/10.1007/978-94-6091-618-2_7

Isaacs, W. & Senge, P. (1992). Overcoming limits to learning in computer-based learning environments. *European Journal of Operational Research, 59*, 183–196.

Jacinto, H. & Carreira, S. (2017). Mathematical Problem Solving with Technology: The Techno-Mathematical Fluency of a Student-with-GeoGebra. *International Journal of Science and Mathematics Education, 15* (6), 1115–1136. https://doi.org/10.1007/s10763-016-9728-8

Jacobs, J. E. & Paris, S. G. (1987). Children's Metacognition About Reading: Issues in Definition, Measurement, and Instruction. *Educational Psychologist, 22*, 255–278.

Jasute, E. & Dagiene, V. (2012). Towards Digital Competencies in Mathematics Education: A Model of Interactive Geometry. *International Journal of Digital Literacy and Digital Competence, 3* (2), 1–19. https://doi.org/10.4018/jdldc.2012040101

Jaworski, B. (2012). Mathematical competence framework: An aid to identyfying understanding? In C. Smith (Hrsg.), *Proceedings of the British Society for Research into Learning Mathematics* (S. 103–109). British Society for Research into Learning Mathematics. Verfügbar 3. Februar 2021 unter https://hdl.handle.net/2134/11997

Jedtke, E. (2020). *Feedback in digitalen Lernumgebungen. Eine Interventionsstudie zu dem wiki-basierten Lernpfad „Quadratische Funktionen erkunden".* Westfälische Wilhelms-Universität Münster. Münster.

Jedtke, E. & Greefrath, G. (2019). A Computer-Based Learning Environment About Quadratic Functions with Different Kinds of Feedback: Pilot Study and Research Design. In G. Aldon & J. Trgalova (Hrsg.), *Technology in Mathematics Teaching. Selected Papers of the 13th ICTMT conference* (S. 297–322). Springer Nature Switzerland.

Jensen, T., Landwehr, J. R. & Herrmann, A. (2009). Robuste Regression: Ein Marktforschungsansatz zur Analyse von Datensätzen mit Ausreißern. *Marketing: ZFP – journal of Research and Management, 31* (2), 101–115.

Jones, K., Mackrell, K. & Stevenson, I. (2010). Designing Digital Technologies and Learning Activities for Different Geometries. In C. Hoyles & J.-B. Lagrange (Hrsg.), *Mathematics Education and Technology-Rethinking the Terrain. The 17th ICMI Study* (S. 47–60). Springer Science+Business.

Jordan, A., Krauss, S., Löwen, K., Blum, W., Neubrand, M., Brunner, M., Kunter, M. & Baumert, J. (2008). Aufgaben im COACTIV-Projekt: Zeugnisse des kognitiven Aktivierungspotentials im deutschen Mathematikunterricht. *Journal für Mathematik-Didaktik, 29* (2), 83–107. https://doi.org/10.1007/BF03339055

Jordan, A., Ross, N., Krauss, S., Baumert, J., Blum, W., Neubrand, M., Löwen, K., Brunner, M. & Kunter, M. (2006). *Klassifikationsschema für Mathematikaufgaben: Dokumentation der Aufgabenkategorisierung im COACTIV-Projekt*. Max- Planck-Inst. für Bildungsforschung OCLC: 179952197.

Juandi, D. & Kusumah, Y. S. (2021). The Effectiveness of Dynamic Geometry Software Applications in Learning Mathematics: A Meta- Analysis Study. *International Journal of Interactive Mobile Technologies, 15* (02), 18–37. https://doi.org/10.3991/ijim.v15i02. 18853

Kadijevich, D. (2005). Towards Basic Standards for Research in Mathematics Education. *The Teaching of Mathematics, 8* (2), 73–81.

Kaiser, G. (1995). Realitätsbezüge im Mathematikunterricht -Ein Überblick über die aktuelle und historische Diskussion. In G. Graumann, T. Jahnke, G. Kaiser & J. Meyer (Hrsg.), *Materialien für einen realitätsbezogenen Mathematikunterricht* (S. 66–84). Franzbecker.

Kaiser, G. (2007). Modelling and Modelling competencies in school. In C. Haines, P. Galbraith, W. Blum & S. Khan (Hrsg.), *Mathematical Modelling (ICTMA 12): Education, Engineering and Economics* (S. 110–119). Horwood Publishing.

Kaiser, G. (2017). The Teaching and Learning of Mathematical Modeling. In J. Cai (Hrsg.), *Compendium for research in mathematics education* (S. 267–291). National Council of Teachers of Mathematics.

Kaiser, G., Blum, W., Borromeo Ferri, R. & Greefrath, G. (2015). Anwendungen und Modellieren. In R. Bruder, L. Hefendehl-Hebeker, B. Schmidt-Thieme & H.-G. Weigand (Hrsg.), *Handbuch der Mathematikdidaktik* (S. 357–383). Springer Berlin Heidelberg. https://doi. org/10.1007/978-3-642-35119-8_13

Kaiser, G. & Brand, S. (2015). Modelling Competencies: Past Development and Further Perspectives. In G. Stillman, W. Blum & M. S. Biembengut (Hrsg.), *Mathematical Modelling in Education Research and Practice. Cultural, Social and Cognitive Influences* (S. 129–149). Springer International Publishing. https://doi.org/10.1007/978-3-319-18272-8_10

Kaiser, G. & Schwarz, B. (2010). Authentic Modelling Problems in Mathematics Education– Examples and Experiences. *Journal für Mathematik-Didaktik, 31* (1), 51–76. https://doi. org/10.1007/s13138-010-0001-3

Kaiser, G. & Sriraman, B. (2006). A global survey of international perspectives on modelling in mathematics education. *Zentralblatt für Didaktik der Mathematik, 38* (3), 302–310. https://doi.org/10.1007/BF02652813

Kaiser, G. & Stender, P. (2015). Die Kompetenz mathematisch Modellieren. In W. Blum, S. Vogel, C. Drüke-Noe & A. Roppelt (Hrsg.), *Bildungsstandards aktuell: Mathematik in der Sekundarstufe II* (S. 95–106). Bildungshaus Schulbuchverlage.

Kaiser-Messmer, G. (1986). *Anwendungen im Mathematikunterricht. Bd. 1: Theoretische Konzeptionen. Bd. 2: Empirische Untersuchungen*. Franzbecker.

Kaptelinin, V. (n. d.). Affordances. *The Encyclopedia of Human-Computer Interaction* (2. Aufl.). https://www.interaction-design.org/literature/book/the-encyclopedia-of-human-computer-interaction-2nd-ed/affordances

Kaptelinin, V. (2014). *Affordances and Design*. Interaction Design Foundation.

Kaune, C. (2006). Reflection and metacognition in mathematics education– Tools for the improvement of teaching quality. *ZDM, 38* (4), 350–360. https://doi.org/10.1007/BF02652795

Kaune, C., Cohors-Fresenborg, E. & Kramer, S. (2010). Aufgaben zur Förderung metakognitiver Kompetenzen. In A. Lindmeier & S. Ufer (Hrsg.), *Beiträge zum Mathematikunterricht 2010* (S. 481–484). WTM-Verlag.

Kelava, A. & Moosbrugger, H. (2020). Einführung in die Item-Response-Theorie (IRT). In H. Moosbrugger & A. Kelava (Hrsg.), *Testtheorie und Fragebogenkonstruktion* (S. 369–409). Springer Berlin Heidelberg. https://doi.org/10.1007/978-3-662-61532-4_16

Kelemen, W. L., Frost, P. J. & Weaver, C. A. (2000). Individual differences in metacognition: Evidence against a general metacognitive ability. *Memory & Cognition, 28*, 92–107. https://doi.org/10.3758/BF03211579

Kent, P., Bakker, A., Hoyles, C. & Noss, R. (2005). Techno-mathematical Literacies in the Workplace. *MSOR Connections, 5* (1). https://doi.org/10.11120/msor.2005.05010016

Keslair, F. & Paccagnella, M. (2020). *Assessing adults' skills on a global scale: A joint analysis of results from PIAAC and STEP* (OECD Education Working Papers Nr. 230). https://doi.org/10.1787/ae2f95d5-en

Kilpatrick, J. (2001). Understanding mathematical literacy: The contribution of research. *Educational Studies in Mathematics, 47*, 101–116. https://doi.org/10.1023/A:1017973827514

King, A. (1991). Effects of training in strategic questioning on children's problem-solving performance. *Journal of Educational Psychology, 83* (3), 307–317. https://doi.org/10.1037/0022-0663.83.3.307

Kittel, A. (2007). *Dynamische Geometrie-Systeme in der Hauptschule. Eine interpretative Untersuchung an Fallbeispielen und ausgewählten Aufgaben der Sekundarstufe.* Verlag Franzbecker.

Klahr, D. (1974). Understanding understanding systems. *Knowledge and cognition, 12*.

Klieme, E., Avenarius, H., Blum, W., Döbrich, P., Gruber, H., Prenzel, M., Reiss, K., Riquarts, K., Rost, J., Tenorth, H.-E. & Vollmer, H. J. (2007). *Zur Entwicklung nationaler Bildungsstandards: Eine Expertise* (Bundesministerium für Bildung und Forschung, Hrsg.; Bd. 1).

Klieme, E., Hartig, J. & Rauch, D. (2008). The Concept of Competence in Educational Contexts. In J. Hartig, E. Klieme & D. Leutner (Hrsg.), *Assessment of Competencies in Educational Contexts* (S. 3–22). Hogrefe & Huber Publishers.

Klieme, E., Neubrand, M. & Lüdtke, O. (2001). Mathematische Grundbildung: Testkonzeption und Ergebnisse. In J. Baumert, E. Klieme, M. Neubrand, M. Prenzel, U. Schiefele, W. Schneider, P. Stanat, K.-J. Tillmann & M. Weiß (Hrsg.), *PISA 2000 – Basiskompetenzen von Schülerinnen und Schülern im internationalen Vergleich* (S. 139–190). Springer Fachmedien Wiesbaden. https://doi.org/10.1007/978-3-322-83412-6

Klieme, E., Schümer, G. & Knoll, S. (2001). Mathematikunterricht in der Sekundarstufe I: „Aufgabenkultur" und Unterrichtsgestaltung. In E. Klieme & J. Baumert (Hrsg.), *TIMSS – Impulse für Schule und Unterricht* (S. 43–57). Bundesministerium für Bildung und Forschung.

Klinger, M. (2018). *Funktionales Denken beim Übergang von der Funktionenlehre zur Analysis.* Springer Fachmedien. https://doi.org/10.1007/978-3-658-20360-3

Klock, H. (2020). *Adaptive Interventionskompetenz in mathematischen Modellierungsprozessen: Konzeptualisierung, Operationalisierung und Förderung.* Springer Fachmedien Wiesbaden. https://doi.org/10.1007/978-3-658-31432-3

Klock, H. & Wess, R. (2018). Lehrerkompetenzen zum mathematischen Modellieren. Test zur Erfassung von Aspekten professioneller Kompetenz zum Lehren mathematischen Modellierens. https://nbn-resolving.org/urn:nbn:de:hbz:6-35169679459

Kluwe, R. H. (1981). Metakognition. In W. Michaelis (Hrsg.), *Bericht über den 32. Kongress der Deutschen Gesellschaft für Psychologie* (S. 246–258). Hogrefe.

KMK. (2004). *Bildungsstandards im Fach Mathematik für den Mittleren Schulabschluss. Beschluss der Kultusministerkonferenz vom 4.12.2003.*

KMK. (2012). *Bildungsstandards im Fach Mathematik für die Allgemeine Hochschulreife. Beschluss der Kultusministerkonferenz vom 18.10.2012.*

KMK. (2017). Bildung in der digitalen Welt. Strategie der Kultusministerkonferenz. Beschluss der Kultusministerkonferenz vom 08.12.2016 in der Fassung vom 07.12.2017. https://www.kmk.org/fileadmin/Dateien/veroeffentlichungen_beschluesse/2016/2016_12_08-Bildung-in-der-digitalen-Welt.pdf

Knoche, N., Lind, D., Blum, W., Cohors-Fresenborg, E., Flade, L., Löding, W., Möller, G., Neubrand, M. & Wynands, A. (2002). (Deutsche PISA-Expertengruppe Mathematik, PISA-2000) Die PISA-2000-Studie, einige Ergebnisse und Analysen. *Journal für Mathematik-Didaktik, 23* (3–4), 159–202. https://doi.org/10.1007/BF03338955

Köller, O. (2018). Bildungsstandards. In R. Tippelt & B. Schmidt-Hertha (Hrsg.), *Handbuch Bildungsforschung* (4., überarbeitete und aktualisierte Auflage, S. 625–648). Springer VS. https://doi.org/10.1007/978-3-531-19981-8_26

Köller, O. & Reiss, K. (2013). Mathematische Kompetenz messen: Gibt es Unterschiede zwischen standardbasierten Verfahren und diagnostischen Tests? *Diagnostik mathematischer Kompetenzen* (S. 25–37). Hogrefe.

Kosch, J. (2019). Schwierigkeiten von Schülerinnen und Schülern bei der Bearbeitung eines Tests zum Metawissen über mathematisches Modellieren – eine qualitative Erhebung in der Jahrgangsstufe 9 mittels halbstrukturierter Interviews.

Kramarski, B. & Dudai, V. (2009). Group-Metacognitive Support for Online Inquiry in Mathematics with Differential Self-Questioning. *Journal of Educational Computing Research, 40* (4), 377–404. https://doi.org/10.2190/EC.40.4.a

Kramarski, B. & Mevarech, Z. R. (2003). Enhancing Mathematical Reasoning in the Classroom: The Effects of Cooperative Learning and Metacognitive Training. *American Educational Research Journal, 40* (1), 281–310. https://doi.org/10.3102/00028312040001281

Kramarski, B. & Mizrachi, N. (2006). Online Discussion and Self-Regulated Learning: Effects of Instructional Methods on Mathematical Literacy. *Journal of Educational Research, 99* (4), 218–230. https://doi.org/10.3200/JOER.99.4.218-231

Kratz, H. (2011). *Wege zu einem kompetenzorientierten Mathematikunterricht. Ein Studienund Praxisbuch für die Sekundarstufe.* Klett/Kallmeyer.

Krawitz, J. & Schukajlow, S. (2018). Do students value modelling problems, and are they confident they can solve such problems? Value and self-efficacy for modelling, word, and intra-mathematical problems. *ZDM, 50* (1–2), 143–157. https://doi.org/10.1007/s11858-017-0893-1

Kreckler, J. (2015). *Standortplanung und Geometrie : Mathematische Modellierung im Regelunterricht.* Springer Fachmedien Wiesbaden.

Krellmann, D. (2020). Modellierungsverläufe in einer digitalen Lernumgebung – Eine Fallstudie in der Jahrgangsstufe 9.

Krivsky, S. (2003). *Multimediale Lernumgebungen in der Mathematik : Konzeption, Entwicklung und Erprobung des Projekts MathePrisma.* Franzbecker.

Kroehne, U. & Goldhammer, F. (2018). How to conceptualize, represent, and analyze log data from technology-based assessments? A generic framework and an application to questionnaire items. *Behaviormetrika, 45* (2), 527–563. https://doi.org/10.1007/s41237-018-0063-y

Krug, A. & Schukajlow, S. (2020). Entwicklung prozeduraler Metakognition und des selbstregulierten Lernens durch den Einsatz multipler Lösungen zu Modellie-rungsaufgaben. *Journal für Mathematik-Didaktik, 41* (2), 423–458. https://doi.org/10.1007/s13138-019-00154-y

Kubinger, K. D., Rasch, D. & Moder, K. (2009). Zur Legende der Voraussetzungen des t-Tests für unabhängige Stichproben. *Psychologische Rundschau, 60* (1), 26–27. https://doi.org/10.1026/0033-3042.60.1.26

Kuhn, D. (1999). A Developmental Model of Critical Thinking. *Educational Researcher, 28* (2), 16–26, 46. https://doi.org/10.3102/0013189X028002016

Kuhn, D. (2000).Metacognitive Development. *Current Directions in Psychological Science, 9* (5), 178–181. https://doi.org/10.1111/1467-8721.00088

Kuhn, D. & Pearsall, S. (1998). Relations between metastrategic knowledge and strategic performance. *Cognitive Development, 13*, 227–247.

Laborde, C. (2002). Integration of Technology in the Design of Geometry Tasks with Cabri-Geometry. *International Journal of Computers for Mathematical Learning, 6*, 283–317. https://doi.org/10.1023/A:1013309728825

Laborde, C. & Laborde, J.-M. (2014). Dynamic and Tangible Representations in Mathematics Education. In S. Rezat, M. Hattermann & A. Peter-Koop (Hrsg.), *Transformation – A Fundamental Idea of Mathematics Education* (S. 187–202). Springer New York. https://doi.org/10.1007/978-1-4614-3489-4_10

Lackamp, P. (2020). Schwierigkeiten bei der Bearbeitung einer Modellierungsaufgabe mit GeoGebra und einem Lösungsplan – eine qualitative Untersuchung mit Schülerinnen und Schülern der Jahrgangsstufe 9.

Landis, J. R. & Koch, G. G. (1977). The Measurement of Observer Agreement for Categorical Data. *Biometrics, 33* (1), 159–174. https://doi.org/10.2307/2529310

Laurillard, D., Stratfold, M., Luckin, R., Plowman, L. & Taylor, J. (2000). Affordances for Learning in a Non-linear Narrative Medium. *Journal of Interactive Media in Education, 2000* (2), 1–19. https://doi.org/10.5334/2000-2

Leikin, R. & Levav-Waynberg, A. (2007). Exploring mathematics teacher knowledge to explain the gap between theory-based recommendations and school practice in the use of connecting tasks. *Educational Studies in Mathematics, 66* (3), 349–371. https://doi.org/10.1007/s10649-006-9071-z

Leiss, D. (2007). *„Hilf mir es selbst zu tun“: Lehrerinterventionen beim mathematischen Modellieren.* Franzbecker.

Leiss, D., Blum, W. & Messner, R. (2007). Die Förderung selbständigen Lernens im Mathematikunterricht – Problemfelder bei ko-konstruktiven Lösungsprozessen. *Journal für Mathematik-Didaktik, 28* (3–4), 224–248. https://doi.org/10.1007/BF03339347

Leiss, D., Blum, W., Messner, R., Müller, M., Schukajlow, S. & Pekrun, R. (2008). Modellieren lehren und lernen in der Realschule. In E. Vasarhelyi (Hrsg.), *Beiträge zum Mathematikunterricht 2008* (S. 449–452). Martin Stein Verlag.

Leiss, D., Schukajlow, S., Blum, W., Messner, R. & Pekrun, R. (2010). The Role of the Situation Model in Mathematical Modelling—Task Analyses, Student Competencies, and Teacher Interventions. *Journal für Mathematik-Didaktik, 31* (1), 119–141. https://doi.org/10.1007/s13138-010-0006-y

Lentfort, M. (2019). Metawissen zum mathematischen Modellieren. Pilotierung eines Test-instruments mit Fokus auf Strategiewissen.

Lester, F. K. (1982). Building bridges between psychological and mathematics education research on problem solving. In F. K. Lester & J. Garofalo (Hrsg.), *Mathematical problem solving* (S. 51–81). The Frankling Institute Press.

Lester, F. K., Garofalo, J. & Kroll, D. (1989). *The role of metacognition in mathematical problem solving. A study of two grade seven classes.* Mathematics Education Development, Indiana University. Bloomington, IN.

Leuders, T. (2014). Modellierungen mathematischer Kompetenzen – Kriterien für eine Validi-tätsprüfung aus fachdidaktischer Sicht. *Journal für Mathematikdidaktik, 35,* 7–48. https://doi.org/10.1007/s13138-013-0060-3

Leung, A. (2015). Discernment and Reasoning in Dynamic Geometry Environments. In S. J. Cho (Hrsg.), *Selected Regular Lectures from the 12th International Congress on Mathema-tical Education* (S. 451–469). Springer International Publishing. https://doi.org/10.1007/978-3-319-17187-6_26

Li, K. & Goos, M. (2017). Factors Influencing Social Processes of Statistics Learning within an IT Environment. *The International Journal of Science, Mathematics and Technology Learning, 24* (2), 21–33. https://doi.org/10.18848/2327-7971/CGP/v24i02/21-33

Libbrecht, P. & Winterstein, S. (2005). The Service Architecture in the ACTIVEMATH Lear-ning Environment, 1–7.

Lichti, M. & Roth, J. (2018). How to Foster Functional Thinking in Learning Environments Using Computer-Based Simulations or Real Materials. *Journal for STEM Education Rese-arch, 1* (1–2), 148–172. https://doi.org/10.1007/s41979-018-0007-1

Lienert, G. A. & Raatz, U. (1998). *Testaufbau und Testanalyse* (6. Aufl.). Psychologie Verlags Union.

Lingel, K. (2016). *Metakognitives Wissen Mathematik: Entwicklung und Zusammenhang mit der Mathematikleistung in der Sekundarstufe I.* Würzburg University Press OCLC: 956513210.

Lingel, K., Neuenhaus, N., Artelt, C. & Schneider, W. (2014). Der Einfluss des metakogni-tiven Wissens auf die Entwicklung der Mathematikleistung am Beginn der Sekundarstufe I. *Journal für Mathematik-Didaktik, 35* (1), 49–77. https://doi.org/10.1007/s13138-013-0061-2

Little, R. J. A. & Rubin, D. B. (2002). *Statistical analysis with missing data* (2. Aufl.). Wiley.

Louw, J., Muller, J. & Tredoux, C. (2008). Time-on-task, technology and mathematics achievement. *Evaluation and Program Planning, 31* (1), 41–50. https://doi.org/10.1016/j.evalprogplan.2007.11.001

Ludwig, M. & Jablonski, S. (2019). Doing Math Modelling Outdoors- A Special Math Class Activity designed with MathCityMap. *5th International Conference on Higher Education Advances (HEAd'19),* 901–909. https://doi.org/10.4995/HEAD19.2019.9583

Ludwig, M. & Xu, B. (2010). A Comparative Study of Modelling Competencies Among Chinese and German Students. *Journal für Mathematik-Didaktik, 31* (1), 77–97. https://doi.org/10.1007/s13138-010-0005-z

Maaß, J. (2015). *Modellieren in der Schule. Ein Lernbuch zu Theorie und Praxis des rea-litätsbezogenen Mathematikunterrichts.* WTM – Verlag für wissenschaftliche Texte und Medien. http://public.eblib.com/choice/PublicFullRecord.aspx?p=6274196

Maaß, K. (2004). *Mathematisches Modellieren im Unterricht: Ergebnisse einer empirischen Studie*. Franzbecker.

Maaß, K. (2005). Modellieren im Mathematikunterricht der Sekundarstufe I. *Journal für Mathematik-Didaktik, 26* (2), 114–142. https://doi.org/10.1007/BF03339013

Maaß, K. (2006). What are modelling competencies? *ZDM, 38* (2), 113–142. https://doi.org/10.1007/BF02655885

Maaß, K. (2007). Modelling in class: What do we want the students to learn? In C. Haines, P. Galbraith, W. Blum & S. Khan (Hrsg.), *Mathematical Modelling (ICTMA 12): Education, Engineering and Economics* (S. 63–78). Horwood Publishing.

Maaß, K. (2010). Classification Scheme for Modelling Tasks. *Journal für Mathematik- Didaktik, 31* (2), 285–311. https://doi.org/10.1007/s13138-010-0010-2

Maaß, K., Doorman, M., Jonker, V. & Wijers, M. (2019). Promoting active citizenship in mathematics teaching. *ZDM Mathematics Education, 51* (6), 991–1003. https://doi.org/10.1007/s11858-019-01048-6

MacGregor, S. K. (1999). Hypermedia Navigation Profiles: Cognitive Characteristics and Information Processing Strategies. *Journal for Educational Computing Research, 20* (2), 189–206.

Mackrell, K. (2011). Design decisions in interactive geometry software. *ZDM, 43* (3), 373–387. https://doi.org/10.1007/s11858-011-0327-4

Magajna, Z. & Monaghan, J. (2003). Advanced Mathematical Thinking in a Technological Workplace. *Educational Studies in Mathematics, 52*, 101–122. https://doi.org/10.1023/A:1024089520064

Mahdavi, M. (2014). An Overview: Metacognition in Education. *International Journal of Multidisciplinary and Current Research, 2*, 529–535.

Mair, P. (2018). *Modern Psychometrics with R*. Springer International Publishing. https://doi.org/10.1007/978-3-319-93177-7

Mandl, H. & Kopp, B. (2006). *Blended Learning: Forschungsfragen und Perspektiven (Forschungsbericht Nr. 182)*. Ludwig-Maximilians-Universität, Department Psychologie, Institut für Pädagogische Psychologie. München. https://doi.org/10.5282/ubm/epub.905

Mason, J. H. (1984). Modelling: What do we really want students to learn? In J. S. Berry, D. N. Burghes, I. D. Huntley, D. J. G. James & A. Moscardini (Hrsg.), *Teaching and applying mathematical modelling* (S. 215–234). Ellis Horwood Limited.

Mayer, R. E. (2002). Cognitive, metacognitive, and motivational aspects of problem solving. In H. J. Hartman (Hrsg.), *Metacognition in Learning and Instruction. Theory, Research and Practice* (2. Aufl., S. 87–101). Kluwer Academic Publishers.

Mayer, R. E. (2009). *Multimedia Learning* (2. Aufl.). Cambridge University Press. https://doi.org/10.1017/CBO9780511811678

Mayer, R. E. (2014). Cognitive Theory of Multimedia Learning. In R. E. Mayer (Hrsg.), *The Cambridge Handbook of Multimedia Learning* (S. 43–71). Cambridge University Press. https://doi.org/10.1017/CBO9781139547369.005

Mayer, R. E. & Moreno, R. (2003). Nine Ways to Reduce Cognitive Load in Multimedia Learning. *Educational Psychologist, 38* (1), 43–52. https://doi.org/10.1207/S15326985EP3801_6

McGraw-Hill Education. (2014). The Sketchpad Story. https://www.dynamicgeometry.com/General_Resources/The_Sketchpad_Story.html

Medienberatung NRW (Hrsg.). (2020). Medienkompetenz Rahmen NRW (3. Aufl.). https://medienkompetenzrahmen.nrw/fileadmin/pdf/LVR_ZMB_MKR_Broschuere.pdf

Melis, E., Andres, E., Budenbender, J., Frischauf, A., Goguadze, G., Libbrecht, P., Pollet, M. & Ullrich, C. (2001). A Generic and Adaptive Web-Based Learning Environment. *International Journal of Artificial Intelligence in Education, 12* (4), 384–407.

Mevarech, Z. R. & Kramarski, B. (1997). Improve: A Multidimensional Method For Teaching Mathematics in Heterogeneous Classrooms. *American Educational Research Journal, 34* (2), 365–394.

Meyer, J. (2020). Einschätzung metakognitiver Elemente beim Modellieren in einer digitalen Lernumgebung. Eine Interviewstudie mit Schülerinnen und Schülern der 9. Jahrgangsstufe.

Meyer, K. (2013). GeoGebra – Aspekte einer dynamischen Geometriesoftware. In M. Ruppert & J. Wörler (Hrsg.), *Technologien im Mathematikunterricht* (S. 5–12). Springer Fachmedien Wiesbaden. https://doi.org/10.1007/978-3-658-03008-7

Miller, C. (2013–2020). Sketchometry. Dokumentation. Universität Bayreuth. Forschungsstelle für Mobiles Lernen mit digitalen Medien. https://sketchometry.org/de/documentation/index.html

Ministerium für Schule und Bildung des Landes Nordrhein-Westfalen. (2007). *Kernlehrplan für das Gymnasium – Sekundarstufe I (G8) in Nordrhein-Westfalen Mathematik* (1. Aufl.). Ritterbach Verlag.

Ministerium für Schule und Bildung des Landes Nordrhein-Westfalen. (2019). *Kernlehrplan für die Sekundarstufe I Gymnasium in Nordrhein-Westfalen Mathematik* (1. Aufl.).

Mischo, C. & Maaß, K. (2012). Which personal factors affect mathematical modelling? The effect of abilities, domain specific and cross domain-competences and beliefs on performance in mathematical modelling. *Journal of Mathematical Modelling and Application, 1* (7), 3–19.

Molina-Toro, J., Rendón-Mesa, P. & Villa-Ochoa, J. (2019). Research Trends in Digital Technologies and Modeling in Mathematics Education. *Eurasia Journal of Mathematics, Science and Technology Education, 15* (8). https://doi.org/10.29333/ejmste/108438

Monaghan, J. & Trouche, L. (2016). Introduction to the book. In J. M. Borwein, J. Monaghan & L. Trouche (Hrsg.), *Tools and Mathematics* (S. 3–12). Springer International Publishing. https://doi.org/10.1007/978-3-319-02396-0

Montague, M. & Applegate, B. (1993). Middle School Students' Mathematical Problem Solving: An Analysis of Think-Aloud Protocols. *Learning Disability Quarterly, 16* (1), 19–32. https://doi.org/10.2307/1511157

Moos, D. C. & Azevedo, R. (2008). Exploring the fluctuation of motivation and use of self-regulatory processes during learning with hypermedia. *Instructional Science, 36* (3), 203–231. https://doi.org/10.1007/s11251-007-9028-3

Moos, D. C. & Azevedo, R. (2009). Learning With Computer-Based Learning Environments: A Literature Review of Computer Self-Efficacy. *Review of Educational Research, 79* (2), 576–600. https://doi.org/10.3102/0034654308326083

Moosbrugger, H. & Kelava, A. (Hrsg.). (2012). *Testtheorie und Fragebogenkonstruktion: mit 66 Abbildungen und 41 Tabellen* (2., aktualisierte und überarbeitete Auflage). Springer.

Moreno-Armella, L. & Hegedus, S. J. (2009). Co-action with digital technologies. *ZDM, 41* (4), 505–519. https://doi.org/10.1007/s11858-009-0200-x

Mullis, I. V. S., Martin, M. O., Foy, P., Kelly, D. L. & Fishbein, B. (2020). *TIMSS 2019: International Results in Mathematics and Science.* TIMSS & PIRLS International Study Center and International Association for the Evaluation of Educational Achievement (IEA).

Mulqueeny, K., Kostyuk, V., Baker, R. S. & Ocumpaugh, J. (2015). Incorporating effective e-learning principles to improve student engagement in middle-school mathematics. *International Journal of STEM Education, 2* (1), 15. https://doi.org/10.1186/s40594-015-0028-6

National Governors Association Center for Best Practices & Council of Chief State School Officers. (2010). *Common Core State Standards for Mathematics.* National Governors Association Center for Best Practices, Council of Chief State School Officers.

National Research Council. (2001). *Adding It Up: Helping Children Learn Mathematics.* National Academies Press. https://doi.org/10.17226/9822

NCTM. (1980). *An agenda for action: Recommendations for school mathematics of the 1980s.* National Council of Teachers of Mathematics.

NCTM. (2000). *Principles and standards for school mathematics.* National Council of Teachers of Mathematics.

NCTM. (2011). Technology in Teaching and Learning Mathematics. A Position of the National Council of Teachers ofMathematics. https://www.nctm.org/uploadedFiles/Standards_and_Positions/Position_Statements/Technology_(with%20references%202011).pdf

Nelson, T. O. (1999). Cognition versus Metacognition. *The nature of cognition* (S. 625–641). MIT Press.

Nelson, T. O. & Narens, L. (1990). Metamemory: A Theoretical Framework and New Findings. *Psychology of Learning and Motivation* (S. 125–173). Academic Press. https://doi.org/10.1016/S0079-7421(08)60053-5

Neubrand, M. (2004). Mathematical Literacy und mathematische Grundbildung. In M. Neubrand (Hrsg.), *Mathematische Kompetenzen von Schülerinnen und Schülern in Deutschland. Vertiefende Analysen im Rahmen von PISA 2000* (S. 15–29). VS Verlag für Sozialwissenschaften.

Neubrand, M., Biehler, R., Blum, W., Cohors-Fresenborg, E., Flade, L., Knoche, N., Lind, D., Löding, W., Möller, G. & Wynands, A. (2001). Grundlagen der Ergänzung des internationalen PISA-Mathematik-Tests in der deutschen Zusatzerhebung. *Zentralblatt für Didaktik der Mathematik, 33* (2), 45–59. https://doi.org/10.1007/BF02652739

Neumann, I., Duchhardt, C., Grüßing, M., Heinze, A., Knopp, E. & Ehmke, T. (2013). Modeling and assessing mathematical competence over the lifespan. *Journal for educational research online, 5,* 80–109. https://www.pedocs.de/volltexte/2013/8426/pdf/JERO_2013_2_Neumann_et_al_Modeling_and_assessing_mathematical_competencies.pdf

Niss, M. (1992). Applications and Modelling in School Mathematics—Directions for Future Development. *Development in School Mathematics Education Around the World* (S. 346–361). NCTM.

Niss, M. (2003). Mathematical competencies and the learning of mathematics: The danish KOM project. In A. Gagatsis & S. Papastavridis (Hrsg.), *3rd Mediterranean Conference on Mathematical Education* (S. 116–124). Hellenic Mathematical Society.

Niss, M. & Blum, W. (2020). *The Learning and Teaching of Mathematical Modelling* (1. Aufl.). Routledge. https://doi.org/10.4324/9781315189314

Niss, M., Blum, W. & Galbraith, P. (2007). Introduction. In W. Blum, P. Galbraith, H.-W. Henn & M. Niss (Hrsg.), *Modelling and Applications in Mathematics Education. The 14th ICMI-Study* (S. 3–32). Springer Science+Business.

Niss, M., Bruder, R., Planas, N., Turner, R. & Villa-Ochoa, J. A. (2016). Survey team on: Conceptualisation of the role of competencies, knowing and knowledge in mathematics education research. *ZDM, 48* (5), 611–632. https://doi.org/10.1007/s11858-016-0799-3

Niss, M. & Højgaard, T. (Hrsg.). (2011). *Competencies and Mathematical Learning. Ideas and inspiration for the development of mathematics teaching and learning in Denmark. English edition.* IMFUFA.

Niss, M. & Højgaard, T. (2019). Mathematical competencies revisited. *Educational Studies in Mathematics, 102* (1), 9–28. https://doi.org/10.1007/s10649-019-09903-9

Noss, R. & Hoyles, C. (1996). *Windows on Mathematical Meanings.* Springer Netherlands. https://doi.org/10.1007/978-94-009-1696-8

OECD. (1999). *Measuring student knowledge and skills: A new framework for assessment.* Organisation for Economic Co-operation and Development.

OECD. (2012). *PISA 2009 Technical report.* OECD. https://doi.org/10.1787/9789264167872-en

OECD (Hrsg.). (2015). *Students, computers and learning: Making the connection.* OECD. https://doi.org/10.1787/9789264239555-en

Orey, D. C. & Rosa, M. (2018). Developing a mathematical modelling course in a virtual learning environment. *ZDM, 50* (1–2), 173–185. https://doi.org/10.1007/s11858-018-0930-8

Ortlieb, C. P. (2004). Mathematische Modelle und Naturerkenntnis. *mathematica didactica, 27* (1), 23–40.

Ortlieb, C. P. (2008). Heinrich Hertz und das Konzept des mathematischen Modells. In G. Wolfschmidt (Hrsg.), *Heinrich Hertz (1857–1894) and the Development of Communication* (S. 53–70). Books on Demand.

Ortmann, G. (2014). Können und Haben, Geben und Nehmen. Kompetenzen als Ressourcen: Organisation und strategisches Management. In A. Windeler & J. Sydow (Hrsg.), *Kompetenz: sozialtheoretische Perspektiven* (S. 19–107). Springer VS OCLC: 865720330.

Paas, F., Renkl, A. & Sweller, J. (2004). Cognitive Load Theory: Instructional Implications of the Interaction between Information Structures and Cognitive Architecture. *Instructional Science, 32* (1/2), 1–8. https://doi.org/10.1023/B:TRUC.0000021806.17516.d0

Paas, F., Tuovinen, J. E., Tabbers, H. & Van Gerven, P. W. M. (2003). Cognitive Load Measurement as a Means to Advance Cognitive Load Theory. *Educational Psychologist, 38* (1), 63–71. https://doi.org/10.1207/S15326985EP3801_8

Paas, F., van Gog, T. & Sweller, J. (2010). Cognitive Load Theory: New Conceptualizations, Specifications, and Integrated Research Perspectives. *Educational Psychology Review, 22* (2), 115–121. https://doi.org/10.1007/s10648-010-9133-8

Pallack, A. (2018). *Digitale Medien im Mathematikunterricht der Sekundarstufen I + II.* Springer Spektrum.

Palm, T. (2007). Features and impact of the authenticity of applied mathematical school tasks. In W. Blum, P. Galbraith, H.-W. Henn & M. Niss (Hrsg.), *Modelling and Applications in Mathematics Education. New ICMI Study Series* (S. 201–208). Springer.

Panaoura, A., Gagatsis, A. & Demetriou, A. (2009). An intervention to the metacognitive performance: Self-regulation in mathematics and mathematical modeling. *Acta Didactica Universitatis Comenianae, Mathematics* (9), 63–79.

Paris, S. G., Lipson, M. Y. & Wixson, K. K. (1983). Becoming a Strategic Reader. *Contemporary Educational Psychology, 8* (3), 293–316. https://doi.org/10.1016/0361-476X(83)90018-8

Pekrun, R. & Jerusalem, M. (1996). Leistungsbezogenes Denken und Fühlen: Eine Übersicht zur psychologischen Forschung. In J. Möller & O. Köller (Hrsg.), *Emotionen, Kognitionen und Schulleistung* (S. 3–22). Psychologie Verlags Union.

Peterson, R. A. & Brown, S. P. (2005). On the Use of Beta Coefficients in Meta-Analysis. *Journal of Applied Psychology, 90* (1), 175–181. https://doi.org/10.1037/0021-9010.90.1.175

Piaget, J. (1950). *The psychology of intelligence.* International Universities Press.

Pierce, R. & Stacey, K. (2011). Using Dynamic Geometry to Bring the Real World Into the Classroom. In L. Bu & R. Schoen (Hrsg.), *Model-Centered Learning: Pathways to Mathematical Understanding Using GeoGebra* (S. 41–55). SensePublishers. https://doi.org/10.1007/978-94-6091-618-2_4

Pintrich, P. R., Wolters, C. A. & Baxter, G. P. (2000). Assessing Metacognition and Self-Regulated Learning. *Issues in the Measurement of Metacognition, 3*, 43–97.

Plath, J. & Leiss, D. (2018). The impact of linguistic complexity on the solution of mathematical modelling tasks. *ZDM, 50* (1–2), 159–171. https://doi.org/10.1007/s11858-017-0897-x

Pohl, S. & Carstensen, C. H. (2012). NEPS Technical Report – Scaling the Data of the Competence Tests. *NEPS Working Papers, 14.* https://doi.org/10.5157/NEPS:WP14:1.0

Pollak, H. O. (1979). The Interaction between Mathematics and Other School Subjects. In International Commission on Mathematical Instruction (Hrsg.), *New trends in mathematics teaching* (S. 232–248). UNESCO.

Polya, G. (2014). *How to Solve It: A New Aspect of Mathematical Method* (Expanded ed). Princeton University Press. https://doi.org/10.1515/9781400828678

Popper, K. R. (2005). *Logik der Forschung* (11. Aufl.). Mohr Siebeck.

Posta, D. (2020). Beliefs von Lernenden zum mathematischen Modellieren und dem Einsatz digitaler Werkzeuge im Mathematikunterricht – eine Interviewstudie mit schülerinnen und Schülern der 9. Klasse nach der Arbeit mit einer digitalen Lernumgebung.

Pressley, M., Borkowski, J. G. & O'Sullivan, J. T. (1985). Children's Metamemory and the Teaching of Memory Strategies. In D. L. Forrest-Pressley, G. E. MacKinnon & T. G. Waller (Hrsg.), *Metacognition, Cognition, and Human Performance. Theoretical Perspectives* (S. 111–153). Academic Press.

Preut, L. (2021). Einflussfaktoren auf die Bearbeitung einer Modellierungsaufgabe in einer digitalen Lernumgebung. Prozessdatenanalyse auf Basis einer Erhebung in der 9. Jahrgangsstufe.

R Core Team. (2020). *R: A Language and Environment for Statistical Computing* (Version 4.0.3). Vienna, Austria. https://www.R-project.org/

Rabardel, P. (2002). *People and technology: A cognitive approach to contemporary instruments* (H. Wood, Übers.). https://hal.archives-ouvertes.fr/hal-01020705

Ramalingam, D. & Adams, R. J. (2018). How Can the Use of Data from Computer-Delivered Assessments Improve the Measurement of Twenty-First Century Skills? In E. Care, P. Griffin & M. Wilson (Hrsg.), *Assessment and Teaching of 21st Century Skills* (S. 225–238). Springer International Publishing. https://doi.org/10.1007/978-3-319-65368-6_13

Ramírez-Montes, G., Carreira, S. & Henriques, A. (2021). Mathematical modelling routes supported by technology in the learning of linear algebra: A study with Costa Rican undergraduate students. *Quadrante*, 219–241. https://doi.org/10.48489/QUADRANTE.23721

Ramm, G., Prenzel, M., Baumert, J., Blum, W., Lehmann, R., Leutner, D., Neubrand, M., Pekrun, R., Rolff, H.-G., Rost, J. & Schiefele, U. (Hrsg.). (2006). *PISA 2003. Dokumentation der Erhebungsinstrumente*. Waxmann Verlag GmbH.

Ras, E., Swietlik, J., Plichart, P. & Latour, T. (2010). TAO – A Versatile and Open Platform for Technology-Based Assessment. In M. Wolpers, P. A. Kirschner, M. Scheffel, S. Lindstaedt & V. Dimitrova (Hrsg.), *Sustaining TEL: From Innovation to Learning and Practice* (S. 644–649). Springer Berlin Heidelberg. https://doi.org/10.1007/978-3-642-16020-2_68

Rasch, D. & Guiard, V. (2004). The robustness of parametric statistical methods. *Psychology Science, 46* (2), 175–208.

Rasch, G. (1960). *Probabilistic models for some intelligence and attainment tests*. Nielsen & Lydiche.

Reigeluth, C. M. & Stein, F. (1983). The elaboration theory of instruction. In C. M. Reigeluth (Hrsg.), *Instructional design theories and models: An overview of their current states* (S. 335–383). Lawrence Erlbaum Associates.

Reinhold, F. (2019). *Wirksamkeit von Tablet-PCs bei der Entwicklung des Bruchzahlbegriffs aus mathematikdidaktischer und psychologischer Perspektive: Eine empirische Studie in Jahrgangsstufe 6*. Springer Fachmedien. https://doi.org/10.1007/978-3-658-23924-4

Rellensmann, J. (2019). *Selbst erstellte Skizzen beim mathematischen Modellieren: Ergebnisse einer empirischen Untersuchung*. Springer Fachmedien. https://doi.org/10.1007/978-3-658-24917-5

Rellensmann, J., Schukajlow, S. & Leopold, C. (2017). Make a drawing. Effects of strategic knowledge, drawing accuracy, and type of drawing on students' mathematical modelling performance. *Educational Studies in Mathematics, 95* (1), 53–78. https://doi.org/10.1007/s10649-016-9736-1

Rellensmann, J., Schukajlow, S. & Leopold, C. (2019). Measuring and investigating strategic knowledge about drawing to solve geometry modelling problems. *ZDM*. https://doi.org/10.1007/s11858-019-01085-1

Reusser, K. (1988). Problem solving beyond the logic of things: Contextual effects on understanding and solving word problems. *Instructional Science, 17* (4), 309–338. https://doi.org/10.1007/BF00056219

Rieß, M. (2018). *Zum Einfluss digitaler Werkzeuge auf die Konstruktion mathematischen Wissens*. Springer Fachmedien. https://doi.org/10.1007/978-3-658-20644-4

Robitzsch, A. (2010). Methodische Herausforderungen bei der Kalibrierung von Leistungstests. In A. Bremerich-Vos, D. Granzer & O. Köller (Hrsg.), *Bildungsstandards Deutsch und Mathematik* (S. 42–106). Beltz Pädagogik.

Robitzsch, A., Kiefer, T. & Wu, M. L. (2021). Package 'TAM'. https://cran.r-project.org/web//packages/TAM/TAM.pdf

Robitzsch, A., Lüdtke, O., Köller, O., Kröhne, U., Goldhammer, F. & Heine, J.-H. (2017). Herausforderungen bei der Schätzung von Trends in Schulleistungsstudien: Eine Skalierung der deutschen PISA-Daten. *Diagnostica, 63* (2), 148–165. https://doi.org/10.1026/0012-1924/a000177

Rölke, H. (2012). The ItemBuilder. A graphical authoring system for complex item development. In T. Bastiaens & G. Marks (Hrsg.), *Proceedings of world conference on E-Learning in corporate, government, healthcar, and higher education 2012* (S. 344–353). AACE. https://www.learntechlib.org/p/41614/

Rosenzweig, C., Krawec, J. & Montague, M. (2011). Metacognitive Strategy Use of Eighth-Grade Students With and Without Learning Disabilities During Mathematical Problem Solving: A Think-Aloud Analysis. *Journal of Learning Disabilities, 44* (6), 508–520. https://doi.org/10.1177/0022219410378445

Rost, D. H. (2013). *Interpretation und Bewertung pädagogisch-psychologischer Studien* (3., vollst. überarb. und erw. Aufl.). Klinkhardt.

Rost, J. (2004). *Testtheorie – Testkonstruktion* (2. Aufl.). Hans Huber.

Roth, J. (2015). Lernpfade: Definition, Gestaltungskriterien und Unterrichtseinsatz. In J. Roth, E. Süss-Stepancik & H. Wiesner (Hrsg.), *Medienvielfalt im Mathematikunterricht. Lernpfade als Weg zum Ziel* (S. 3–25). Springer Spektrum.

Rotman, B. (2003). Will the digital computer transform classical mathematics? (A. G. J. MacFarlane, Hrsg.). *Philosophical Transactions of the Royal Society of London. Series A: Mathematical, Physical and Engineering Sciences, 361* (1809), 1675–1690. https://doi.org/10.1098/rsta.2003.1230

Ruppert, M. (2013). Isogonal konjugierte Punkte. Transversalenschnittpunkte mit Potenzial. In M. Ruppert & J. Wörler (Hrsg.), *Technologien im Mathematikunterricht* (S. 13–26). Springer Fachmedien Wiesbaden. https://doi.org/10.1007/978-3-658-03008-7

Rustemeyer, R. & Jubel, A. (1996). Geschlechtsspezifische Unterschiede im Unterrichtsfach Mathematik hinsichtlich der Fähigkeitseinschätzung, Leistungserwartung, Attribution sowie im Lernaufwand und im Interesse. *Zeitschrift für Pädagogische Psychologie, 10* (1), 13–25.

Savelsbergh, E., Drijvers, P., van de Giessen, C., Heck, A. J. P., Hooyman, K., Kruger, J., Michels, B., Seller, F. & Westra, R. (2008). *Modelleren en computermodellen in de Betavakken: Advies aan de gezamenlijke -vernieuwingscomissies.* Freudenthal Instituut voor Didactiek van Wiskunde en Natuurwetenschappen.

Scarantino, A. (2003). *Affordances Explained. Philosophy of Science, 70* (5), 949–961. https://doi.org/10.1086/377380

Schmidt, S., Ennemoser, M. & Krajewski, K. (2012). *DEMAT 9: Deutscher Mathematiktest für neunte Klassen.* Hogrefe.

Schmidt-Thieme, B. & Weigand, H.-G. (2015). Medien. In R. Bruder, L. Hefendehl-Hebeker, B. Schmidt-Thieme & H.-G. Weigand (Hrsg.), *Handbuch der Mathematikdidaktik* (S. 461–490). Springer Berlin Heidelberg. https://doi.org/10.1007/978-3-642-35119-8_17

Schneider, W. (1989). *Zur Entwicklung des Meta-Gedächtnisses bei Kindern.* Huber. Verfügbar 21. April 2020 unter https://nbn-resolving.org/urn:nbn:de:bvb:20-opus-87165

Schneider, W. (2010). Metacognition and Memory Development in Childhood and Adolescence. In H. S. Waters & W. Schneider (Hrsg.), *Metacognition, strategy use, and instruction* (S. 54–81). Guilford Press.

Schneider, W. & Artelt, C. (2010). Metacognition and mathematics education. *ZDM, 42* (2), 149–161. https://doi.org/10.1007/s11858-010-0240-2

Schneider, W., Körkel, J. & Weinert, F. E. (1987). The Effects of Intelligence, Self-Concept, and Attributional Style on Metamemory and Memory Behaviour. *International Journal of Behavioral Development, 10* (3), 281–299. https://doi.org/10.1177/016502548701000302

Schneider, W. & Pressley, M. (1989). *Memory Development Between 2 and 20.* Springer. https://doi.org/10.1007/978-1-4613-9717-5

Schoenfeld, A. H. (1981). Episodes and Executive Decisions in Mathematical Problem Solving.

Schoenfeld, A. H. (1983). Episodes and executive decisions in mathematical problem solving. In R. Lesh & M. Landau (Hrsg.), *Acquisition of mathematics concepts and processes*. Academic Press.

Schoenfeld, A. H. (1987). What's all the fuss about metacognition? In A. H. Schoenfeld (Hrsg.), *Cognitive Science and Mathematics Education* (S. 189–215). Lawrence Erlbaum Associates.

Schoenfeld, A. H. (1992). Learning to think mathematically: Problem solving, metacognition, and sense making in mathematics. In D. Grouws (Hrsg.), *Handbook for Research on Mathematics Teaching and Learning* (S. 334–370). Macmillan.

Schraw, G. (1994). The Effect of Metacognitive Knowledge on Local and Global Monitoring. *Contemporary Educational Psychology, 19* (2), 143–154. https://doi.org/10.1006/ceps.1994.1013

Schraw, G. (2001). Promoting General Metacognitive Awareness. In R. M. Joshi & H. J. Hartman (Hrsg.), *Metacognition in Learning and Instruction* (S. 3–16). Springer Netherlands. https://doi.org/10.1007/978-94-017-2243-8_1

Schukajlow, S. (2011). *Mathematisches Modellieren. Schwierigkeiten und Strategien von Lernenden als Bausteine einer lernprozessorientierten Didaktik der neuen Aufgabenkultur*. Waxmann Verlag.

Schukajlow, S., Blomberg, J., Rellensmann, J. & Leopold, C. (2021). Do emotions and prior performance facilitate the use of the learner-generated drawing strategy? Effects of enjoyment, anxiety, and intramathematical performance on the use of the drawing strategy and modelling performance. *Contemporary Educational Psychology, 65*, 101967. https://doi.org/10.1016/j.cedpsych.2021.101967

Schukajlow, S. & Blum, W. (Hrsg.). (2018a). *Evaluierte Lernumgebungen zum Modellieren*. Springer Spektrum. https://doi.org/10.1007/978-3-658-20325-2

Schukajlow, S. & Blum, W. (2018b). Lernumgebungen: von der Forschung in die Praxis. In S. Schukajlow & W. Blum (Hrsg.), *Evaluierte Lernumgebungen zum Modellieren* (S. 1–10). Springer Spektrum. https://doi.org/10.1007/978-3-658-20325-2_1

Schukajlow, S., Blum, W., Messner, R., Pekrun, R., Leiss, D. & Müller, M. (2009). Unterrichtsformen, erlebte Selbständigkeit, Emotionen und Anstrengung als Prä-diktoren von Schüler-Leistungen bei anspruchsvollen mathematischen Modellierungsaufgaben. *Unterrichtswissenschaft, 37* (2), 164–186.

Schukajlow, S., Kolter, J. & Blum, W. (2015). Scaffolding mathematical modelling with a solution plan. *ZDM, 47* (7), 1241–1254. https://doi.org/10.1007/s11858-015-0707-2

Schukajlow, S. & Krug, A. (2013). Considering multiple solutions for modelling problems— design and first results from the multima-project. In G. Stillman, G. Kaiser, W. Blum & J. P. Brown (Hrsg.), *Teaching Mathematical Modelling: Connecting to Research and Practice* (S. 207–216). Springer. https://doi.org/10.1007/978-94-007-6540-5

Schukajlow, S. & Krug, A. (2014). Do Multiple Solutions Matter? Prompting Multiple Solutions, Interest, Competence, and Autonomy. *Journal for Research in Mathematics Education, 45* (4), 497–533. https://doi.org/10.5951/jresematheduc.45.4.0497

Schukajlow, S., Krug, A. & Rakoczy, K. (2015). Effects of prompting multiple solutions for modelling problems on students' performance. *Educational Studies in Mathematics, 89* (3), 393–417. https://doi.org/10.1007/s10649-015-9608-0

Schukajlow, S. & Leiss, D. (2008). Textverstehen als Voraussetzung für erfolgreiches mathematisches Modellieren – Ergebnisse aus dem DISUM-Projekt. In E. Vasarhelyi (Hrsg.), *Beiträge zum Mathematikunterricht 2008* (S. 95–98). WTM – Verlag für wissenschaftliche Texte und Medien. https://doi.org/10.17877/DE290R-6832

Schukajlow, S. & Leiss, D. (2011). Selbstberichtete Strategienutzung und mathematische Modellierungskompetenz. *Journal für Mathematik-Didaktik, 32*, 53–77. https://doi.org/10.1007/s13138-010-0023-x

Schukajlow, S., Leiss, D., Pekrun, R., Blum, W., Müller, M. & Messner, R. (2012). Teaching methods for modelling problems and students' task-specific enjoyment, value, interest and self-efficacy expectations. *Educational Studies in Mathematics, 79* (2), 215–237. https://doi.org/10.1007/s10649-011-9341-2

Schupp, H. (1998). Anwendungsorientierter Mathematikunterricht in der Sekundarstufe I zwischen Tradition und neuen Impulsen. *Der Mathematikunterricht, 34* (6), 5–16.

Schwank, I. (1998). *QuaDiPF-Qualitative diagnostic instrument for predicative versus functional thinking.* Forschungsinstitut für Mathematikdidaktik.

Schwank, I. (1999). On predicative versus functional cognitive structures. *Proceedings of the First Conference of the European Society for Research in Mathematics Education, 2*, 84–96. https://www.fmd.uni-osnabrueck.de/ebooks/erme/cerme1-proceedings/papers_vol2/g5_schwank.pdf

Schwarz, G. (1978). Estimating the Dimension of a Model. *The Annals of Statistics, 6* (2), 461–464. www.jstor.org/stable/2958889

Scott, B. M. & Levy, M. (2013). Metacognition: Examining the Components of a Fuzzy Concept. *Educational Research eJournal, 2* (2), 120–131. https://doi.org/10.5838/erej.2013.22.04

Sedig, K. & Sumner, M. (2006). Characterizing Interaction with Visual Mathematical Representations. *International Journal of Computers for Mathematical Learning, 11*, 1–55. https://doi.org/10.1007/s10758-006-0001-z

Semana, S. & Santos, L. (2018). Self-regulation capacity of middle school students in mathematics. *ZDM, 50* (4), 743–755. https://doi.org/10.1007/s11858-018-0954-0

Shadish, W. R., Cook, T. D. & Campbell, D. T. (2002). *Experimental and quasiexperimental designs for generalized causal inference.* Houghton Mifflin Company.

Shilo, A. & Kramarski, B. (2019). Mathematical-metacognitive discourse: How can it be developed among teachers and their students? Empirical evidence from a videotaped lesson and two case studies. *ZDM, 51* (4), 625–640. https://doi.org/10.1007/s11858-018-01016-6

Siller, H.-S. (2015). Realitätsbezug im Mathematikunterricht. *Der Mathematikunterricht, 61* (5), 2–6.

Siller, H.-S. & Greefrath, G. (2010). Mathematical modelling in class regarding to technology. In V. Durand-Guerrier, S. Soury-Lavergne & F. Arzarello (Hrsg.), *Proceedings of the sixth congress of the European Society for Research in Mathematics Education (CERME6)* (S. 2136–2145). INSTITUT NATIONAL DE RECHERCHE PÉDAGOGIQUE. www.inrp.fr/editions/cerme6

Silver, E. A., Branca, N. A. & Adams, V. M. (1980). Metacognition: The Missing Link in Problem Solving? *Proceedings of the Fourth International Conference for the Psychology of Mathematics Education* (S. 213–221). University of California Berkeley.

Sinclair, N. (2020). On Teaching and Learning Mathematics – Technologies. In Y. Ben-David Kolikant, D. Martinovic & M. Milner-Bolotin (Hrsg.), *STEM Teachers and Teaching in the Digital Era* (S. 91–107). Springer International Publishing. https://doi.org/10.1007/978-3-030-29396-3_6

Sinclair, N. & Yerushalmy, M. (2016). Digital Technology in Mathematics Teaching and Learning. In Á. Gutiérrez, G. C. Leder & P. Boero (Hrsg.), *The Second Handbook of Research on the Psychology of Mathematics Education* (S. 235–274). SensePublishers. https://doi.org/10.1007/978-94-6300-561-6_7

Sjuts, J. (2003). Metakognition per didaktisch-sozialem Vertrag. *Journal für Mathematikdidaktik, 24* (1), 18–40.

Skutella, K. & Eilerts, K. (2018). Erfolgreich das Tor hüten – Ein Modellierungskontext für verschiedene Altersstufen. In K. Eilerts & K. Skutella (Hrsg.), *Neue Materialien für einen realitätsbezogenen Mathematikunterricht 5: ein ISTRON-Band für die Grundschule.* Springer Spektrum. https://doi.org/10.1007/978-3-658-21042-7_5

Son, H.-c. & Lew, H.-c. (2006). Discovering a rule and its mathematical justification in modelling activites using spreadsheet. In J. Novotná, H. Moraová, M. Krátká & N. Stehlíková (Hrsg.), *Proceedings 30th Conference of the International Group for the Psychology of Mathematics Education* (S. 137–144). PME.

Spörer, N. & Brunstein, J. C. (2006). Erfassung selbstregulierten Lernens mit Selbstberichtsverfahren: Ein Überblick zum Stand der Forschung. *Zeitschrift für Pädagogische Psychologie, 20* (3), 147–160. https://doi.org/10.1024/1010-0652.20.3.147

Stachowiak, H. (1973). *Allgemeine Modelltheorie.* Springer.

Stanat, P., Schipolowski, S., Mahler, N., Weirich, S. & Henschel, S. (Hrsg.). (2019). *IQBBildungstrend 2018. Mathematische und naturwissenschaftliche Kompetenzen am Ende der Sekundarstufe I im zweiten Ländervergleich.* Waxmann Verlag.

Stender, P. & Kaiser, G. (2015). Scaffolding in complex modelling situations. *ZDM, 47* (7), 1255–1267. https://doi.org/10.1007/s11858-015-0741-0

Stillman, G. (2004). Strategies employed by upper secondary students for overcoming or exploiting conditions affecting accessibility of applications tasks. *Mathematics Education Research Journal, 16* (1), 41–71. https://doi.org/10.1007/BF03217390

Stillman, G. (2011). Applying Metacognitive Knowledge and Strategies in Applications and Modelling Tasks at Secondary School. In G. Kaiser, W. Blum, R. Boromeo Ferri & G. Stillman (Hrsg.), *Trends in Teaching and Learning Mathematical Modelling. ICTMA 14* (S. 165–180). Springer Science+Business.

Stillman, G. & Brown, J. P. (2014). Evidence of implemented anticipation in mathematising by beginning modellers. *Mathematics Education Research Journal, 26* (4), 763–789. https://doi.org/10.1007/s13394-014-0119-6

Stillman, G., Brown, J. P. & Galbraith, P. (2010). Identifying Challenges within Transition Phases of Mathematical Modeling Activities at Year 9. In R. Lesh, P. Galbraith, C. R. Haines & A. Hurford (Hrsg.), *Modeling Students' Mathematical Modeling Competencies* (S. 385–398). Springer US. https://doi.org/10.1007/978-1-4419-0561-1_33

Stillman, G. & Galbraith, P. (1998). Applying mathematics with real world connections: Metacognitive characteristics of secondary students. *Educational Studies in Mathematics, 36*, 157–189.

Straesser, R. (2002). Cabri-Géomètre: Does Dynamic Geometry Software (DGS) change geometry and its teaching and learning? *International Journalg of Computers for Mathematical Learning, 6,* 319–333. https://doi.org/10.1023/A:1013361712895

Strobl, C. (2012). *Das Rasch-Modell. Eine verständliche Einführung für Studium und Praxis* (2. Aufl.). Hampp.

Swanson, H. L. (1990). Influence of Metacognitive Knowledge and Aptitude on Problem Solving. *Journal of Educational Psychology, 82* (2), 306–314. https://doi.org/10.1037/0022-0663.82.2.306

Sweller, J. (1988). Cognitive Load During Problem Solving: Effects on Learning. *Cognitive Science, 12* (2), 257–285.

Sweller, J. (1994). Cognitive load theory, learning difficulty, and instructional design. *Learning and Instruction, 4,* 295–312. https://doi.org/10.1016/0959-4752(94)90003-5

Sweller, J. (2010). Element Interactivity and Intrinsic, Extraneous, and Germane Cognitive Load. *Educational Psychology Review, 22* (2), 123–138. https://doi.org/10.1007/s10648-010-9128-5

Sweller, J. (2012). Cognitive load theory. In N. M. Seel (Hrsg.), *Encyclopedia of the sciences of learning* (S. 601–605). Springer US. https://doi.org/10.1007/978-1-4419-1428-6ˆa' CD46

Sweller, J., van Merrienboer, J. J. G. & Paas, F. G. W. C. (1998). Cognitive Architecture and Instructional Design. *Educational Psychology Review, 10* (3), 251–296. https://doi.org/10.1023/A:1022193728205

Tall, D. & Thomas, M. (1991). Encouraging versatile thinking in algebra using the computer. *Educational Studies in Mathematics, 22* (2), 125–147. https://doi.org/10.1007/BF00555720

Tanner, H. & Jones, S. (1993). Developing metacognition through peer and self assessment. In T. Breiteig, I. Huntley & G. Kaiser (Hrsg.), *Teaching and learning mathematics in context* (S. 228–240). Horwood Publishing.

Tanner, H. & Jones, S. (1995). Developing Metacognitive Skills in Mathematical Modelling—A Socio-Constructivist Interpretation. In C. Sloyer, W. Blum & I. Huntley (Hrsg.), *Advances and perspectives in the teaching of mathematical modelling and applications* (S. 61–70). Water Street Mathematics.

Taylor, R. (1980). Introduction. In R. Tylor (Hrsg.), *The computer in the school: Tutor, tool, tutee.* Teachers College Press.

TBA Zentrum für technologiebasiertes Assessment. (2021). Computer-Based Assessments mit CBA ItemBuilder. https://tba.dipf.de/de

Thiede, K. W. & de Bruin, A. B. H. (2017). Self-Regulated Learning in Reading. In D. H. Schunk & J. A. Greene (Hrsg.), *Handbook of Self-Regulation of Learning and Performance* (2. Aufl., S. 124–137). Routledge. https://doi.org/10.4324/9781315697048-8

Thies, S. & Weigand, H.-G. (2004). Working Styles of Students in a computer-based Environment- Results of a DFG Project. In G. Törner, R. Bruder, A. Peter-Koop, N. Neill, H.-G. Weigand & B. Wollring (Hrsg.), *Developments in Mathematics Education in German-speaking Countries. Selected Papers from the Annual Conference on Didactics of Mathematics, Ludwigsburg, Marc 5–9, 2001* (S. 137–148). Goettingen State and University Library. http://webdoc.sub.gwdg.de/ebook/e/gdm/2001/Thies.pdf

Thurm, D. & Barzel, B. (2019). Self-efficacy – the final obstacle on our way to teaching mathematics with technology? *Proceedings of CERME 11,* 2749–2756.

Tian, Y., Fang, Y. & Li, J. (2018). The Effect of Metacognitive Knowledge on Mathematics Performance in Self-Regulated Learning Framework—Multiple Mediation of Self-

Efficacy and Motivation. *Frontiers in Psychology, 9*, 2518. https://doi.org/10.3389/fpsyg. 2018.02518

Tresp, T. (2015). Wie stark sagt eine unabhängige Variable eine abhängige Variable vorher? Einfache lineare Regression. In K. Koch & S. Ellinger (Hrsg.), *Empirische Forschungsmethoden in der Heil- und Sonderpädagogik* (S. 173–180). Hogrefe.

Tropper, N. (2019). *Strategisches Modellieren durch heuristische Lösungsbeispiele: Untersuchungen von Lösungsprozeduren und Strategiewissen zum mathematischen Modellierungsprozess.* Springer Fachmedien. https://doi.org/10.1007/978-3-658-24992-2

Trouche, L. (2014). Instrumentation in Mathematics Education. In S. Lerman (Hrsg.), *Encyclopedia of Mathematics Education*. Springer. https://doi.org/10.1007/978-94-007-4978-8_80

Tulving, E. & Madigan, S. A. (1970). Memory and Verbal Learning. *Annual Review of Psychology, 21* (1), 437–484. https://doi.org/10.1146/annurev.ps.21.020170.002253

Urban, D. & Mayerl, J. (2018). *Angewandte Regressionsanalyse: Theorie, Technik und Praxis.* Springer Fachmedien Wiesbaden. https://doi.org/10.1007/978-3-658-01915-0

Valencia-Vallejo, N., López-Vargas, O. & Sanabria-Rodríguez, L. (2019). Effect of a metacognitive scaffolding on self-efficacy, metacognition, and achievement in elearning environments. *Knowledge Management & E-Learning: An International Journal*, 1–19. https://doi.org/10.34105/j.kmel.2019.11.001

Van Luit, J. E. H. & Kroesbergen, E. H. (2006). Teaching metacognitive skills to students with learning disabilities. In A. Desoete & M. V. J. Veenman (Hrsg.), *Metacognition in mathematics education* (S. 177–190). Nova Science Publishers, Inc.

van Merriënboer, J. J. G. & Kirschner, P. A. (2017). *Ten Steps to Complex Learning: A Systematic Approach to Four-Component Instructional Design* (3. Aufl.). Routledge. https://doi.org/10.4324/9781315113210

Veenman, M. V. J. (2005). The assessment of metacognitive skills: What can be learned from multi-method designs. In C. Artelt & B. Moschner (Hrsg.), *Lernstrategien und Metakognition: Implikationen für Forschung und Praxis* (S. 77–99). Waxmann Verlag.

Veenman, M. V. J. (2007). The assessment and instruction of self-regulation in computerbased environments: A discussion. *Metacognition and Learning, 2* (2–3), 177–183. https://doi.org/10.1007/s11409-007-9017-6

Veenman, M. V. J. (2013). Assessing Metacognitive Skills in Computerized Learning Environments. In R. Azevedo & V. Aleven (Hrsg.), *International Handbook of Metacognition and Learning Technologies* (S. 157–168). Springer New York. https://doi.org/10.1007/978-1-4419-5546-3_11

Veenman, M. V. J. & Spaans, M. A. (2005). Relation between intellectual and metacognitive skills: Age and task differences. *Learning and Individual Differences, 15* (2), 159–176. https://doi.org/10.1016/j.lindif.2004.12.001

Veenman, M. V. J., Van Hout-Wolters, B. H. A. M. & Afflerbach, P. (2006). Metacognition and learning: Conceptual and methodological considerations. *Metacognition and Learning, 1* (1), 3–14. https://doi.org/10.1007/s11409-006-6893-0

Veenman, M. V. J. & van Cleef, D. (2019). Measuring metacognitive skills for mathematics: Students' self-reports versus on-line assessment methods. *ZDM, 51* (4), 691–701. https://doi.org/10.1007/s11858-018-1006-5

Verillon, P. & Rabardel, P. (1995). Cognition and artifacts: A contribution to the study of though in relation to instrumented activity. *European Journal of Psychology of Education, 10* (1), 77–101. https://doi.org/10.1007/BF03172796

Verschaffel, L. (1999). Realistic mathematical modelling and problem solving in the upper elementary school: Analysis and improvement. In J. H. M. Hamers, J. E. H. Van Luit & B. Csapó (Hrsg.), *Teaching and learning thinking skills. Contexts of learning* (S. 215–240). Swets & Zeitlinger.

Verschaffel, L., Greer, B. & de Corte, E. (2000). *Making sense of word problems.* Swets & Zeitlinger.

Vorhölter, K. (2017). Measuring Metacognitive Modelling Competencies. In G. Stillman, W. Blum & G. Kaiser (Hrsg.), *Mathematical Modelling and Applications. Crossing and Researching Boundaries in Mathematics Education* (S. 175–185). Springer International Publishing. https://doi.org/10.1007/978-3-319-62968-1

Vorhölter, K. (2018). Conceptualization and measuring of metacognitive modelling competencies: Empirical verification of theoretical assumptions. *ZDM, 50,* 343–354. https://doi.org/10.1007/s11858-017-0909-x

Vorhölter, K. & Kaiser, G. (2015). Metakognitive Kompetenzen in Modellierungsprozessen. In I. Bausch, G. Pinkernell & O. Schmitt (Hrsg.), *Unterrichtsentwicklung und Kompetenzorientierung. Festschrift für Regina Bruder* (S. 195–205). WTM. http://wtm-verlag.de/ebook_download/Bausch_Pinkernell_Hrsg_Festschrift_Bruder_ISBN9783942197489.pdf

Vorhölter, K., Krüger, A. & Wendt, L. (2016). Förderung metakognitiver Modellierungskompetenzen von Schülerinnen und Schülern. *Beiträge zum Mathematikunterricht 2016* (S. 2).

Vorhölter, K., Krüger, A. & Wendt, L. (2019). Metacognition in Mathematical Modeling- An Overview. In S. A. Chamberlin & B. Sriraman (Hrsg.), *Affect in Mathematical Modeling.* Springer International Publishing. https://doi.org/10.1007/978-3-030-04432-9

Vos, P. (2011). What Is ‚Authentic‘ in the Teaching and Learning of Mathematical Modelling? In G. Kaiser, W. Blum, R. Borromeo Ferri & G. Stillman (Hrsg.), *Trends in Teaching and Learning of Mathematical Modelling* (S. 713–722). Springer Netherlands. https://doi.org/10.1007/978-94-007-0910-2_68

Vos, P. (2018). "How Real People Really Need Mathematics in the Real World"—Authenticity in Mathematics Education. *Education Sciences, 8* (4), 195. https://doi.org/10.3390/educsci8040195

Wagner, I., Loesche, P. & Bißantz, S. (2021). Low-stakes performance testing in Germany by the VERA assessment: Analysis of the mode effects between computer-based testing and paper-pencil testing. *European Journal of Psychology of Education.* https://doi.org/10.1007/s10212-021-00532-6

Weigand, H.-G. (2017). Competencies and digital technologies – reflections on a complex relationship. In G. Aldon & J. Trgalova (Hrsg.), *Proceedings of the 13th International Conference on Technology in Mathematics Teaching* (S. 40–47). https://hal.archives-ouvertes.fr/hal-01632970

Weinert, F. E. (1994). Lernen lernen und das eigenen Lernen verstehen. In K. Reusser & M. Reusser-Weyeneth (Hrsg.), *Verstehen. Psychologischer Prozeß und didaktische Aufgabe* (S. 183–206). Hans Huber.

Weinert, F. E. (1999). *Konzepte der Kompetenz.* OECD.

Weinert, F. E. (2001). Concept of Competence: A Conceptual Clarification. In D. S. Rychen & L. Hersh Salganik (Hrsg.), *Defining and Selecting Key Competencies* (S. 45–65). Hogrefe & Huber Publishers.

Weinert, F. E. (2014). Vergleichende Leistungsmessung in Schulen – eine umstrittene Selbstverständlichkeit. In F. E. Weinert (Hrsg.), *Leistungsmessung in Schulen* (3. Aufl., S. 17–31). Beltz Verlag.

Weis, M., Doroganov, A., Hahnel, C., Becker-Mrotzek, M., Lindauer, T., Artelt, C. & Reiss, K. (2019). Lesekompetenz in PISA 2018 – Ergebnisse in einer digitalen Welt. In K. Reiss, M. Weis, E. Klieme & O. Köller (Hrsg.), *PISA 2018* (S. 81–110). Waxmann Verlag GmbH. https://doi.org/10.31244/9783830991007

Weisberg, S. (2013). *Applied linear regression* (Fourth edition). John Wiley & Sons, Inc.

Wellman, H. M. (1983). Metamemory revisited. In M. T. H. Chi (Hrsg.), *Trends in memory development research* (S. 31–51). Karger.

Wess, R. (2020). *Professionelle Kompetenz zum Lehren mathematischen Modellierens: Konzeptualisierung, Operationalisierung und Förderung von Aufgaben- und Diagnosekompetenz.* Springer Fachmedien Wiesbaden. https://doi.org/10.1007/978-3-658-29801-2

Wilcox, R. R. (2012). *Introduction to robust estimation and hypothesis testing* (3rd ed.). Academic Press.

Wild, C. J. & Pfannkuch, M. (1999). Statistical Thinking in Empirical Enquiry. *International Statistical Review, 67* (3), 223–248. https://doi.org/10.1111/j.1751-5823.1999.tb00442.x

Wiliam, D. (2007). Keeping learning on track: Classroom assessment and the regulation of learning. In F. K. Lester (Hrsg.), *Second handbook of research on mathematics teaching and learning: A project of the National Council of Teachers of Mathematics* (S. 1051–1098). IAP-Information Age publishing.

Wilson, J. (1998). Metacognition within mathematics: A new and practical multi-method approach. In C. Kanes, M. Goos & E. Warren (Hrsg.), *Teaching Mathematics In New Times Volume 2* (S. 693–700). Mathematics Education Research Group of Australasia Incorporated. https://www2.merga.net.au/documents/RP_Wilson_1998.pdf

Wilson, J. (2001). *Assessing metacognition.* The University of Melbourne. Melbourne.

Wilson, J. & Clarke, D. (2004). Towards the modelling of mathematical metacognition. *Mathematics Education Research Journal, 16* (2), 25–48. https://doi.org/10.1007/BF03217394

Wilson, M. (2005). *Constructing Measures : An Item Response Modeling Approach.* Routledge.

Windeler, A. (2014). Kompetenz. Sozialtheoretische Grundprobleme und Grundfragen. In A. Windeler & J. Sydow (Hrsg.), *Kompetenz: sozialtheoretische Perspektiven* (S. 7–18). Springer VS OCLC: 865720330.

Winne, P. H. (2017). Cognition and Metacognition within Self-Regulated Learning. In D. H. Schunk & J. A. Greene (Hrsg.), *Handbook of Self-Regulation of Learning and Performance* (2. Aufl., S. 36–48). Routledge. https://doi.org/10.4324/9781315697048-3

Winne, P. H. & Hadwin, A. F. (1998). Studying as self-regulated learning. In D. J. Hacker, J. Dunlosky & A. C. Graesser (Hrsg.), *Metacognition in educational theory and practice* (S. 277–304). Erlbaum.

Winter, H. (1995). Mathematikunterricht und Allgemeinbildung. *Mitteilungen der Gesellschaft für Didaktik der Mathematik, 61.* https://doi.org/10.1515/dmvm-1996-0214

Winter, H. (2004). Die Umwelt mit Zahlen erfassen: Modellbildung. *Arithmetik als Prozess* (S. 107–130). Kallmeyersche Verlagsbuchhandlung.

Witt, H. (2001). Forschungsstrategien bei quantitativer und qualitativer Sozialforschung. *Forum Qualitative Sozialforschung / Forum: Qualitative Social Research, 2* (1), Art. 8.

Wolters, C. A. & Pintrich, P. R. (2002). Contextual differences in student motivation. In H. J. Hartman (Hrsg.), *Metacognition in Learning and Instruction. Theory, Research and Practice* (2. Aufl., S. 103–124). Kluwer Academic Publishers.

Wright, B. D. (2003). Rack and Stack: Time 1 vs. Time 2 or Pre-Test vs. Post-Test. *Rasch Measurement Transactions, 17* (1), 905–906.

Wright, B. D. & Linacre, J. M. (1994). Reasonable Mean-Square Fit Values. *Rasch Measurement Transactions, 8* (3), 370.

Wu, M. L., Adams, R. J., Wilson, M. R. & Haldane, S. A. (2007). *ACER ConQuest version 2.0: Generalised item response modelling software.* ACER Press.

Zbiek, R. M., Heid, M. K. & Glendon, W. B. (2007). Research on Technology in Mathematics Education. A Perspective of Constructs. In F. K. Lester (Hrsg.), *Second Handbook of Research on Mathematics Teaching and Learning* (S. 1169–1207). Information Age Publishing.

Zech, F. (2002). *Grundkurs Mathematikdidaktik. Theoretische und praktische Anleitung für das Lehren und Lernen von Mathematik.* Beltz Verlag.

Zeidner, M., Boekaerts, M. & Pintrich, P. R. (2000). Self-regulation. Directions and challenges for future research. In M. Boekaerts, P. R. Pintrich & M. Zeidner (Hrsg.), *Handbook of Self-Regulation* (S. 749–768). Academic Press.

Zeileis, A. & Hothorn, T. (2002). Diagnostic checking in regression relationships. *R News, 2* (3), 7–10. https://cran.r-project.org/doc/Rnews/Rnews_2002-3.pdf

Zhang, C. & Conrad, F. (2014). Speeding in Web Surveys: The tendency to answer very fast and its association with straightlining. *Survey Research Methods, 8* (2), 127–135. https://doi.org/10.18148/srm/2014.v8i2.5453

Zhao, N., Teng, X., Li, W., Li, Y., Wang, S., Wen, H. & Yi, M. (2019). A path model for metacognition and its relation to problem-solving strategies and achievement for different tasks. *ZDM, 51* (4), 641–653. https://doi.org/10.1007/s11858-019-01067-3

Ziegler, E., Stern, E. & Neubauer, A. (2012). Kompetenzen aus der Perspektive der Kognitionswissenschaften und der Lehr-Lern-Forschung. In M. Paechter, M. Stock, S. Schmölzer-Eibinger, P. Slepcevic-Zach & W. Weirer (Hrsg.), *Handbuch Kompetenzorientierter Unterricht* (S. 13). Beltz Verlag.

Zöttl, L. (2010). *Modellierungskompetenz fördern mit heuristischen Lösungsbeispielen.* Verlag Franzbecker.

Zöttl, L. & Reiss, K. (2008). Modellierungskompetenz fördern mit heuristischen Lösungsbeispielen. *Beiträge zum Mathematikunterricht 2008* (S. 189–192). WTM.

Zöttl, L., Ufer, S. & Reiss, K. (2010). Modelling with Heuristic Worked Examples in the KOMMA Learning Environment. *Journal für Mathematik-Didaktik, 31* (1), 143–165. https://doi.org/10.1007/s13138-010-0008-9

Zuckarelli, J. (2017). *Statistik mit R. Eine praxisorientierte Einführung in R.* O'Reilly.

Zwart, D. P., Van Luit, J. E. H., Noroozi, O. & Goei, S. L. (2017). The effects of digital learning material on students' mathematics learning in vocational education (M. Cheng, Hrsg.). *Cogent Education, 4* (1), 1313581. https://doi.org/10.1080/2331186X.2017.1313581

Printed in the United States
by Baker & Taylor Publisher Services